ERNST MAYR

DAS IST EVOLUTION

Mit einem Vorwort von Jared Diamond

Aus dem amerikanischen Englisch
übersetzt von Sebastian Vogel

C. Bertelsmann

Den Naturforschern von Aristoteles bis in unsere Zeit, die uns so viel über die Welt des Lebendigen gelehrt haben.

Die Originalausgabe ist erstmals 2001 unter dem Titel »What Evolution is« bei Basic Books, New York, erschienen.

Umwelthinweis:
Dieses Buch und der Schutzumschlag
wurden auf chlorfrei gebleichtem Papier gedruckt.
Die Einschrumpffolie (zum Schutz vor Verschmutzung)
ist aus umweltschonender und recyclingfähiger PE-Folie.

3. Auflage

Umschlaggestaltung: Design Team München
Satz: Uhl + Massopust, Aalen
Druck und Bindung: GGP Media, Pößneck
Printed in Germany
ISBN 3-570-12013-9
www.bertelsmann-verlag.de

INHALT

Anhang

GELEITWORT VON JARED DIAMOND

Die Evolutionstheorie ist das tiefgreifendste, machtvollste Gedankengebäude, das in den letzten 200 Jahren erdacht wurde. Im Einzelnen wurde es erstmals in dem 1859 erschienenen Buch *Die Entstehung der Arten* formuliert; sein Autor, Charles Darwin, erfreute sich eines langen und unglaublich produktiven Lebens. Darwins berufliche Laufbahn begann, als er mit 22 Jahren auf der HMS *Beagle* eine Weltreise zum Sammeln biologischen Materials antrat, aber mit Naturgeschichte hatte er sich schon als Junge beschäftigt.

Seit Darwins Zeit hat man eine Fülle neuer Erkenntnisse über die Funktionsweise der Evolution gewonnen. Am schönsten wäre es, wenn Darwin selbst, der größte Biologe seiner Generation und gleichzeitig ein Verfasser klarer, eindringlicher Texte, für uns ein neues Buch über den heutigen Stand der Evolutionsforschung schreiben könnte! Natürlich ist das nicht möglich, denn Darwin starb 1882. Dieses Buch ist die zweitbeste Lösung: Es wurde von einem der größten Biologen unserer Zeit verfasst, der sich ebenfalls eines langen, unglaublich produktiven Lebens erfreut und wie Darwin ein Verfasser klarer, eindringlicher Texte ist.

Um Ernst Mayr richtig einzuordnen, möchte ich über ein eigenes Erlebnis berichten. Im Jahr 1990 führte ich die zweite Übersichtsuntersuchung der Vogelbestände in den Cyclops Mountains durch, einem steilen, hohen, isolierten Gebirgszug an der Nordküste der tropischen Insel Neuguinea. Die Studie erwies sich als schwierig und gefährlich: Tagtäglich bestand die Gefahr, auf den steilen, glitschigen Wegen zu stürzen, sich im dichten Dschungel zu verlaufen, in schlechtes Wetter zu geraten oder Streit mit den Bewohnern der Gegend zu bekommen, auf die ich angewiesen war und die ihre eigenen Vorstellungen hatten. Glücklicherweise war Neuguinea schon seit vielen Jahren »befriedet«. Die Stämme der

Gegend führten untereinander keinen Krieg mehr, und Besucher aus Europa waren ein vertrauter Anblick, sodass sie nicht mehr fürchten mussten, umgebracht zu werden. Alle diese Vorteile gab es 1928, bei der ersten Vogel-Übersichtsuntersuchung in den Cyclops Mountains, noch nicht. Angesichts der immer noch schwer wiegenden Probleme, mit denen ich 1990 bei meiner zweiten Studie zu kämpfen hatte, konnte ich mir kaum vorstellen, wie jemand die schwierigen Bedingungen jener ersten Untersuchung überleben konnte.

Diese Untersuchung wurde 1928 von dem damals 23-jährigen Ernst Mayr durchgeführt, der gerade die bemerkenswerte Leistung vollbracht hatte, seine Doktorarbeit in Zoologie und gleichzeitig ein vorklinisches Studium an der medizinischen Fakultät abzuschließen. Wie Darwin, so hatte auch Ernst sich schon als Junge mit Leidenschaft der biologischen Freilandarbeit gewidmet, und dadurch war Erwin Stresemann auf ihn aufmerksam geworden, ein berühmter Ornithologe am Zoologischen Museum in Berlin. Im Jahr 1928 hatte Stresemann zusammen mit Ornithologen des American Museum of Natural History in New York und des englischen Lord Rothschild Museum den kühnen Plan, die noch verbliebenen Geheimnisse der Vogelwelt von Neuguinea zu lüften und die Heimat der rätselhaften Paradiesvögel ausfindig zu machen, die europäische Sammler nur in Form von Fundstücken einheimischer Bewohner kannten, von denen man aber nicht wusste, wo sie eigentlich herkamen. Dieses schwierige Forschungsprogramm vertraute man Ernst an, der noch nie außerhalb Europas gewesen war.

Ernsts Auftrag war eine gründliche Übersichtsuntersuchung über die Vogelbestände der fünf wichtigsten Gebirgszüge an der Nordküste Neuguineas. Wie schwierig das war, kann man sich heute, da Vogelforscher und ihre Freilandassistenten zumindest nicht akut Gefahr laufen, von Einheimischen aus dem Hinterhalt getötet zu werden, kaum vorstellen. Ernst schaffte es, sich mit den Stämmen der Gegend anzufreunden; dann wurde offiziell fälschlicherweise berichtet, er sei von ihnen ermordet worden. Später überlebte er mehrere schwere Erkrankungen mit Malaria, Denguefieber, Ruhr und anderen Tropenkrankheiten sowie einen unfreiwilligen Sturz über einen Wasserfall – bei der Landung wäre er im gekenterten Kanu durch die hohe Brandung beinahe ertrunken. Es gelang ihm, auf die Gipfel aller fünf Berge zu steigen, und er trug eine große Sammlung von Vögeln mit vielen neuen Arten und Unterarten zusammen. Aber trotz aller Gründlichkeit stellte sich heraus, dass seine Sammlungen keinen einzigen der »fehlenden« Paradiesvögel enthielten. Diese erstaunliche, negative Entdeckung lieferte Stresemann den entscheidenden Anhaltspunkt für die Lösung des Rätsels: Alle fehlenden Vögel waren Bastarde zwischen bekannten Paradiesvogelarten und dementsprechend selten.

Von Neuguinea ging Ernst auf die Salomonen im Südwestpazifik, wo er sich im Rahmen der Whitney South Sea Expedition an der Untersuchung der Vogelwelt mehrerer Inseln beteiligte, unter anderem auch auf der berüchtigten Insel Malaita, die zu jener Zeit noch gefährlicher war als Neuguinea. Per Telegramm wurde er dann 1930 an das American Museum of Natural History eingeladen, wo er die vielen zehntausend Vogelfunde bestimmen sollte, die man im Rahmen der Whitney-Expedition auf Dutzenden von Pazifikinseln gesammelt hatte. Wie für Darwin, dessen zu Hause durchgeführte »Erkundung« seiner Rankenfüßersammlung für die Entwicklung seiner Gedanken ebenso wichtig war wie der Besuch auf den Galapagosinseln, so war auch für Ernst Mayr die »Erkundung« der in Museen gesammelten Vögel ebenso wichtig wie seine Freilandarbeit in Neuguinea und auf den Salomonen; für ihn ging es darum, seine eigenen Erkenntnisse über geografische Variation und Evolution zu entwickeln. Im Jahr 1953 wechselte Ernst von New York an das Museum für Vergleichende Zoologie der Harvard University, wo er noch heute, mit 99 Jahren, tätig ist und fast jedes Jahr ein oder zwei neue Bücher schreibt. Für Wissenschaftler, die sich mit Evolution oder der Geschichte und Philosophie der Biologie beschäftigen, waren seine vielen hundert Fachaufsätze und Dutzende von Büchern über lange Zeit hinweg die Standard-Nachschlagewerke.

Erkenntnisse gewann Ernst aber nicht nur durch seine eigene Freilandarbeit auf Pazifikinseln und durch die Untersuchung von Vögeln in Museen, sondern er erweiterte in Zusammenarbeit mit anderen Wissenschaftlern auch die Kenntnisse über viele weitere biologische Arten, von Fliegen und Blütenpflanzen bis zu Schnecken und Menschen. Ein solches gemeinsames Projekt veränderte auch mein eigenes Leben, ganz ähnlich wie das Zusammentreffen mit Erwin Stresemann für Ernst einen Wendepunkt bedeutete. Als ich noch zur Schule ging, arbeitete mein Vater, ein Arzt und Fachmann für Blutgruppen, mit Ernst zusammen; sie wollten zum ersten Mal nachweisen, dass auch die Blutgruppen des Menschen der Evolution durch natürliche Selektion unterliegen. Auf diese Weise lernte ich Ernst bei einem Abendessen im Haus meiner Eltern kennen, und später brachte er mir bei, wie man die Vögel der Pazifikinseln bestimmt; 1964 ging ich dann auf die erste meiner insgesamt 19 ornithologischen Expeditionen nach Neuguinea und auf die Salomonen, und seit 1971 arbeitete ich zusammen mit Ernst an einem umfangreichen Buch über die Vogelwelt der Salomonen und des Bismarck-Archipels, das wir erst 2001, nach 30-jähriger Arbeit, fertig stellten. Meine Laufbahn ist also wie die so vieler anderer heutiger Wissenschaftler das beste Beispiel dafür, wie Ernst Mayr das Leben der Wissenschaftler im 20. Jahrhundert geprägt hat: mit seinen Ideen, seinen Schriften, seiner Mitarbeit, seinem Vorbild, seiner lebenslangen, warmherzigen Freundschaft und seiner Zuversicht.

Aber nicht nur die Fachwelt, sondern auch die Öffentlichkeit muss die Evolution verstehen. Ohne dass man zumindest ein wenig über das Thema weiß, hat man keine Chance, die Natur um uns herum zu begreifen, die Einzigartigkeit des Menschen, die genetisch bedingten Erkrankungen mit ihren Heilungsmöglichkeiten und die gentechnisch veränderten Pflanzen mit ihrem Gefahrenpotenzial. Kein anderer Aspekt in der Welt des Lebendigen ist so faszinierend und voller Rätsel wie die Evolution. Wie lässt sich erklären, dass jede Spezies so bemerkenswert gut an ihre ökologische Nische angepasst ist? Wie lässt sich die Schönheit der Paradiesvögel, der Schmetterlinge oder der Blüten begründen? Wie erklären wir das allmähliche Fortschreiten von den einfachsten Bakterien vor dreieinhalb Milliarden Jahren bis zu Dinosauriern, Walen, Orchideen und Mammutbäumen? Die Naturtheologen stellen solche Fragen schon seit Jahrhunderten, konnten aber keine andere Antwort finden als die von der Hand eines weisen, allmächtigen Schöpfers. Erst Darwin vertrat die Ansicht, die faszinierende Welt des Lebendigen habe sich allmählich und ganz natürlich aus den einfachsten bakterienähnlichen Lebewesen herausentwickelt, und diese Behauptung untermauerte er mit einer gut durchdachten Evolutionstheorie. Und was am wichtigsten ist:

Er formulierte auch eine Theorie über ihre Ursache – die Theorie der natürlichen Selektion.

Der Grundgedanke, dass Evolution die Ursache der biologischen Vielfalt ist, wurde nach 1859 praktisch sofort allgemein anerkannt, aber einzelne Aspekte blieben noch 80 Jahre lang umstritten. Während dieser Zeit herrschten ständig Meinungsverschiedenheiten über die Ursachen des entwicklungsgeschichtlichen Wandels, über die Wege der Artentstehung und über die Frage, ob Evolution ein allmählicher oder diskontinuierlicher Vorgang ist. Die so genannte Synthese der Evolutionsforschung, die von 1937 bis 1947 stattfand, führte zu allgemeiner Einigkeit, und die molekularbiologische Revolution der folgenden Jahre bedeutete eine weitere Stärkung für die Darwinsche Lehre und ihren Rückhalt unter den Biologen. Zwar wurden in diesen Jahren zahlreiche Versuche unternommen, Gegentheorien zu formulieren, aber alle scheiterten und wurden gründlich widerlegt.

Zunehmend kristallisierte sich die Erkenntnis heraus, dass die Darwinsche Lehre nicht nur zur Erklärung der biologischen Evolution wichtig ist, sondern ganz allgemein auch zum Verstehen unserer Welt und des Phänomens Mensch. Das führte zu einer bemerkenswerten Welle von Publikationen, die sich mit allen Aspekten der Evolution befassten. Bis heute konzentriert sich ein Dutzend überzeugende Widerlegungen der kreationistischen Behauptungen darauf, die umfangreichen Belege für die Tatsache der Evolution darzustellen. Spezialisten können dabei hervorragende Lehrbücher der Evolutionsbiologie von Futuyma, Ridley und Strickberger zu Rate ziehen, die sich jeweils auf über 600 Seiten mit allen Aspekten der Evolution bis in die letzten Einzelheiten auseinander setzen. Diese Bücher bieten eine ausgezeichnete Möglichkeit, sich mit Tatsachen und Theorien der Evolutionsforschung vertraut zu machen.

Aber so hervorragend die zur Verfügung stehende Literatur auch ist, so lässt sie doch eine Lücke: Es fehlt eine Darstellung der Evolution auf mittlerer Ebene, die nicht nur für Fachleute geschrieben ist, sondern auch für die gebildete Öffentlichkeit, mit besonderem Schwergewicht auf der Erläuterung von Phänomenen und Abläufen der Evolution. Genau hier hat *Das ist Evolution* von Ernst Mayr seine große Stärke. Wir können uns glücklich schätzen, dass Ernst, der ein Leben lang für Fachkollegen geschrieben hat, seine beispiellosen Erfahrungen hier für die Öffentlichkeit zusammenfasst. Jedes wichtige Evolutionsphänomen wird zu einer Frage, die eine ausführliche Antwort erfordert. Häufig zieht Ernst frühere, fehlgeschlagene Erklärungen heran, um die endgültige, richtige Lösung zu verdeutlichen.

Sehr hilfreich ist es auch, dass Ernst seine Darstellung in drei Teile gegliedert hat: erstens die Belege für die Evolution, dann Erläuterungen über entwicklungsgeschichtlichen Wandel und Anpassung und schließlich die Entstehung und Bedeutung der biologischen Vielfalt. Ein eigenes Kapitel über die Entstehung der Menschheit beschreibt sehr anschaulich die Evolution der Menschen und ihrer Vorfahren (Hominiden), die schlicht als eine von vielen Affengruppen entstanden sind. Dieses Kapitel enthält neue Ideen, beispielsweise über eine mutmaßliche Ursache für die plötzliche, drastische Zunahme der Gehirngröße während der Evolution von *Australopithecus* zu *Homo* und über die Entstehung altruistischen Verhaltens.

Für welchen Leserkreis eignet sich Ernst Mayrs Buch besonders? Die Antwort: für jeden, der sich für Evolution interessiert, insbesondere aber für alle, die den entwicklungsgeschichtlichen Wandel und seine eigentlichen Ursachen wirklich begreifen wollen. Fachliche Einzelheiten, beispielsweise die neuesten Entdeckungen der Molekularbiologie, wurden absichtlich weggelassen – sie sind in ausführlicheren Werken über Evolution ebenso zu finden wie in jedem modernen biologischen Lehrbuch. *Das ist Evolution* ist ein ideales Begleitbuch in einem Seminar über Evolution für Nichtbiologen. Paläontologen und Anthropologen werden es begrüßen, weil es das Schwergewicht auf Konzepte und Erklärungen legt. Ernsts klare Formulierungen machen das Thema der Evolution für jeden gebildeten Laien zugänglich.

Der Darwinismus ist in den letzten Jahren zu einem so faszinierenden Thema geworden, dass fast jedes Jahr mindestens ein neues Buch mit dem Wort »Darwin« im Titel erscheint. Beim Lesen solcher Werke und der Beurteilung ihrer Behauptungen wird es eine große Hilfe sein, wenn man Ernst Mayr zu Rate zieht. Das darwinistische Denken und insbesondere das Prinzip der »Variation und Selektion« ist heute auch in den Geistes- und Sozialwissenschaften allgemein verbreitet. Für seine Anwendung ist das vorliegende Werk ein nützlicher Leitfaden.

Meine eigene Meinung über Ernst Mayrs Buch kann ich so zusammenfassen: Jeder, der sich auch nur im Geringsten für Evolution interessiert, sollte dieses Buch besitzen und lesen. Er wird reich belohnt werden. Ein besseres Werk über Evolution gibt es nicht. Ein Buch wie dieses wird es nie wieder geben.

Jared M. Diamond

VORWORT

Evolution ist der wichtigste Begriff in der gesamten Biologie. Es gibt in diesem Fachgebiet keine einzige Frage nach dem Warum, die sich ohne Berücksichtigung der Evolution angemessen beantworten ließe. Aber die Bedeutung des Konzepts geht weit über die Biologie hinaus. Ob wir es uns klarmachen oder nicht: Das gesamte Denken der heutigen Menschen wird vom Evolutionsgedanken zutiefst beeinflusst – man ist sogar versucht zu sagen: bestimmt. Ein Buch über dieses wichtige Thema vorzulegen, bedarf es keiner Entschuldigung.

Allerdings könnte man einwenden: »Ist der Markt nicht schon mit Werken über die Evolution übersättigt?« Was die schiere Anzahl der Bücher betrifft, sollte man diese Frage vielleicht bejahen. Vor allem gibt es mehrere ausgezeichnete Lehrbücher für Biologen, die sich auf die Evolutionsforschung spezialisieren wollen. Ebenso wird die Evolution in mehreren hervorragenden Werken gegen die Angriffe der Kreationisten verteidigt, und andere berichten über Einzelaspekte wie Evolution des Verhaltens, Evolutionsökologie, Koevolution, sexuelle Selektion und Anpassung. Aber die Nische, um die es mir geht, füllt keines davon ganz aus.

Das vorliegende Buch ist für drei Lesergruppen bestimmt. Zuallererst richtet es sich an alle, ob Biologen oder nicht, die einfach mehr über die Evolution erfahren wollen. Diese Leser wissen, wie wichtig der Vorgang ist, aber sie verstehen nicht genau, wie er funktioniert und wie man auf gewisse Angriffe gegen die darwinistische Interpretation antworten soll. Die zweite Zielgruppe erkennt an, dass es eine Evolution gibt, hat aber Zweifel, ob die darwinistischen Vorstellungen richtig sind. Ich bin bestrebt, alle Fragen zu beantworten, die ein solcher Leser vielleicht stellen würde. Und schließlich richtet sich meine Darstellung an jene Kreationisten, die über den derzeitigen Stand der Evolutionslehre

Bescheid wissen möchten, und sei es auch nur, um besser dagegen argumentieren zu können. Den Ehrgeiz, solche Leser zu bekehren, habe ich nicht, aber ich möchte die stichhaltigen Belege erläutern, deretwegen die Evolutionsbiologie den biblischen Schöpfungsbericht nicht anerkennen kann.

Die bereits vorhandenen Bücher, die diesen Zielen gewidmet sind, haben eine Reihe von Schwächen. Alle sind relativ schlecht aufgebaut und enthalten keine prägnante, leserfreundliche Darstellung. Die meisten schenken dem didaktischen Aspekt nicht genügend Beachtung – ein so schwieriges Thema wie die Evolution sollte man als Antworten auf eine Reihe von Fragen präsentieren. Fast immer widmen sie speziellen Aspekten wie den genetischen Grundlagen der Variation oder dem Geschlechterverhältnis zu viel Platz. Praktisch alle sind zu wissenschaftlich und enthalten zu viel Fachsprache. Und die neueren Lehrbücher über Evolution bestehen nahezu ausnahmslos zu einem Viertel aus Genetik. Zwar bin auch ich der Ansicht, dass man die Prinzipien der Genetik gründlich erläutern muss, aber so viel Mendelsche Arithmetik ist dazu nicht erforderlich. Man sollte auch keinen Platz damit vergeuden, das Für und Wider veralteter Behauptungen zu erörtern, beispielsweise der Frage, ob das Gen Gegenstand der natürlichen Selektion ist, und ebenso wenig sollte man noch die extreme Rekapitulationstheorie widerlegen (wonach die Ontogenie eine Wiederholung der Phylogenie ist). Andererseits fehlt in manchen Büchern eine ausführliche Erörterung der verschiedenen Arten natürlicher Selektion und insbesondere der Selektion auf Fortpflanzungserfolg.

Auch zwei andere Schwachpunkte findet man in den meisten Büchern über Evolution. Erstens weisen sie nicht darauf hin, dass man fast alle Evolutionsphänomene einem von zwei Vorgängen zuordnen kann: entweder dem Erwerb und der Beibehaltung eines angepassten Zustandes oder der Entstehung und Funktion biologischer Vielfalt. Beide Prozesse laufen zwar gleichzeitig ab, aber wenn man ihre Bedeutung für die Evolution in vollem Umfang begreifen will, muss man sie getrennt analysieren.

Und zweitens sind die meisten Darstellungen der Evolution reduktionistisch: Sie führen alle Evolutionsphänomene auf die Ebene der Gene zurück. Anschließend wird dann der Versuch unternommen, Vorgänge auf höheren Ebenen mit »nach oben gerichteten« Überlegungen zu erklären. Eine solche Vorgehensweise ist zum Scheitern verurteilt. In der Evolution geht es um die Phänotypen von Individuen, um Populationen, um biologische Arten; sie ist keine »Veränderung von Genhäufigkeiten«. Die beiden wichtigsten Einheiten der Evolution sind das Individuum als grundlegendes Objekt der Selektion und die Population als Ebene in der Evolution von Vielfalt. Sie werden die wichtigsten Gegenstände meiner Analysen sein.

Wenn man versucht, Antworten auf ein bestimmtes Problem in der Evolution zu finden, unternimmt man bemerkenswert oft die gleiche Reihe erfolgloser Versuche, die auch das gesamte Fachgebiet der Evolutionsforschung in seiner langen Geschichte hinter sich hat. Man sollte nicht vergessen, dass unsere heutigen Kenntnisse über Evolution das Ergebnis 250-jähriger, intensiver Forschungsarbeiten sind. Wenn man die Lösung für ein Evolutionsproblem finden will, ist es häufig von großem Nutzen, die (vielfach erfolglosen) Schritte nachzuvollziehen, mit denen die richtige Antwort letztlich gefunden wurde. Aus diesem didaktischen Grund erläutere ich häufig mit vielen Einzelheiten, auf welchem Weg man zur Lösung schwieriger Probleme gelangte. Meine besondere Aufmerksamkeit gilt schließlich der Evolution des *Homo sapiens*, und ich werde erörtern, wie unsere erweiterten Kenntnisse über die Evolution sich auf Ansichten und Wertvorstellungen der heutigen Menschen ausgewirkt haben.

Mit diesem einführenden Text verfolge ich das Ziel, Grundprinzipien hervorzuheben und mich nicht in Einzelheiten zu verlieren. Ich versuche Missverständnisse auszuräumen, werde aber kleineren Meinungsverschiedenheiten wie den Fragen nach unterbrochenem Gleichgewicht und neutraler Evolution keinen übermäßig großen Raum widmen. Ebenso ist es heute nicht mehr notwendig, eine umfassende Liste mit Beweisen für die Evolution vorzulegen. Dass die Evolution stattgefunden hat, ist hinreichend belegt – eine detaillierte Darstellung der Gründe brauchen wir nicht mehr. Jene, die sich nicht überzeugen lassen wollen, würde sie ohnehin nicht überzeugen.

TEIL I
Was ist Evolution?

Kapitel I

IN WAS FÜR EINER WELT LEBEN WIR?

Die Menschen hatten wohl seit jeher das Bedürfnis, Unbekanntes oder Rätselhaftes zu erklären. Schon die Überlieferungen der einfachsten Kulturen lassen erkennen, dass man sich Gedanken über Ursprung und Vergangenheit der Welt gemacht hat. So fragte man zum Beispiel: Wer oder was hat die Welt hervorgebracht? Was wird die Zukunft bringen? Wie sind wir Menschen entstanden? Stammesmythen geben auf solche Fragen vielfältige Antworten. Dass die Welt existiert, wurde meist einfach als gegeben hingenommen, und ebenso glaubte man, sie sei immer so gewesen wie gegenwärtig; über den Ursprung oder die Erschaffung des Menschen gibt es aber unzählige Geschichten.

Später versuchten auch Religionsstifter und Philosophen, Antworten auf die gleichen Fragen zu finden. Befasst man sich näher mit ihren Erklärungsversuchen, kann man drei Kategorien unterscheiden: erstens jene, die eine Welt von unendlicher Dauer annehmen, zweitens solche, in denen die Welt unveränderlich und von kurzer Dauer ist, und drittens diejenigen, die von einer sich wandelnden Welt ausgehen.

1. *Eine Welt von unendlicher Dauer.*

Der griechische Philosoph Aristoteles glaubte, die Welt habe immer existiert. Manche Gelehrten waren überzeugt, diese ewige Welt habe sich niemals verändert und bliebe immer gleich; andere behaupteten, sie mache verschiedene Stadien (»Zyklen«) durch, kehre letztlich aber immer zu einem früheren Zustand zurück. Der Glaube an ein unendliches Alter der Welt war jedoch nie sonderlich beliebt: Offensichtlich bestand immer das Bedürfnis, ihren Ursprung zu erklären.

2. *Eine unveränderliche Welt von kurzer Dauer.*

Dies war natürlich die christliche Sicht, wie sie in der Bibel dargestellt wird. Sie beherrschte das Abendland im Mittelalter

Kasten 1.1 Bücher gegen den Kreationismus

Berra, Tim M. 1990. *Evolution and the Myth of Creationism.* Stanford: Stanford University Press.

Eldredge, Niles. 2000. *The Triumph of Evolution and the Failure of Creationism.* New York: W. H. Freeman.

Futuyma, Douglas J. 1983. *Science on Trial: The Case for Evolution.* New York: Pantheon Books.

Jessberger, Rolf. 1990. *Kreationismus: Kritik des modernen Antievolutionismus.* Berlin, Hamburg: Parey.

Kitcher, Philip. 1982. *Abusing Science: The Case Against Creationism.* Cambridge, Mass.: MIT Press.

Montagu, Ashley (Hrsg.). 1983. *Science and Creationism.* New York: Oxford University Press.

Newell, Norman D. 1982. *Creation and Evolution: Myth or Reality?* New York: Columbia University Press.

Peacocke, A. R. 1979. *Creation and the World of Science.* Oxford: Clarendon Press.

Ruse, Michael. 1982. *Darwinism Defended.* Reading, Mass.: Addison-Wesley.

Young, Willard. 1985. *Fallacies of Creationism.* Calgary, Alberta, Canada: Detrelig Enterprises.

und bis zur Mitte des 19. Jahrhunderts. Ihre Grundlage war der Glaube an ein höheres Wesen, einen allmächtigen Gott, der die ganze Welt einschließlich der Menschen geschaffen hat, wie es in den beiden biblischen Schöpfungsgeschichten (der Genesis) beschrieben ist.

Die Lehre, nach der die Welt von einem allmächtigen Gott erschaffen wurde, bezeichnet man als Kreationismus. Ihre Anhänger glauben meist auch, Gott habe seine Schöpfung so weise gestaltet, dass Tiere und Pflanzen aneinander und an ihre Umwelt mit höchster Vollkommenheit angepasst sind. Danach ist in der heutigen Welt noch alles so wie bei ihrer Schöpfung. Zu der Zeit, als die Bibel geschrieben wurde, war das auf Grund der damals bekannten Tatsachen eine völlig logische Schlussfolgerung. Manche Theologen rechneten mithilfe der biblischen Stammbäume aus, dass die Welt recht jung sein müsse – sie wurde demnach im Jahr 4004 v. Chr. erschaffen, das heißt vor rund 6000 Jahren.

Die Lehren des Kreationismus stehen im Widerspruch zu den Erkenntnissen der Naturwissenschaft, und das führte zu Auseinandersetzungen zwischen Kreationisten und Evolutionsforschern. Dieses Buch ist nicht der Ort, ihre Argumente abzuwägen – hier sei auf die umfangreiche Literatur verwiesen, die im Kasten 1.1 und im Literaturverzeichnis aufgeführt ist. Näheres über die Entstehung der biblischen Schöpfungsgeschichte findet sich bei Moore (2001).

Mehr oder weniger ähnliche Schöpfungsberichte begegnen wir in den volkstümlichen Überlieferungen auf der ganzen Welt. Sie kamen dem Bedürfnis entgegen, jene tief greifenden Fragen nach der Welt zu beantworten, die wir Menschen stellen, seit es überhaupt eine Kultur gibt. Noch heute schätzen und bewahren wir diese Geschichten als Teil unseres kulturellen Erbes, aber wenn wir die Wahrheit über die Geschichte der Welt erfahren wollen, halten wir uns an die Naturwissenschaft.

Der Aufstieg der Evolutionslehre

Seit im 17. Jahrhundert die naturwissenschaftliche Revolution begann, fand man immer mehr Widersprüche zwischen wissenschaftlichen Erkenntnissen und biblischen Berichten. Deren Glaubwürdigkeit geriet durch eine ganze Reihe von Entdeckungen stärker und stärker ins Wanken. Den ersten Nachweis, dass man nicht alle Behauptungen der Bibel wörtlich nehmen kann, lieferte die kopernikanische Revolution. Anfangs handelte es sich bei der neu entstehenden Naturwissenschaft vorwiegend um Astronomie: Man befasste sich mit der Sonne, den Sternen, Planeten und anderen physikalischen Erscheinungen. Im Lauf der Zeit entstand bei den ersten Naturwissenschaftlern zwangsläufig auch der Wunsch, Erklärungen für viele andere Phänomene in der Welt zu finden.

Nun warfen auch Entdeckungen in anderen Wissenschaftsgebieten neue, rätselhafte Fragen auf. Im 17. und 18. Jahrhundert zeigte sich durch die Arbeit der Geologen, wie ungeheuer alt die Welt ist, und die Entdeckung einer ausgestorbenen, versteinerten Tierwelt erschütterte den Glauben an die Unveränderlichkeit und Dauerhaftigkeit der Schöpfung. Aber obwohl immer mehr Erkenntnisse gegen die Annahme einer unveränderlichen Welt und ihrer kurzen Dauer sprachen, obwohl immer mehr Stimmen in

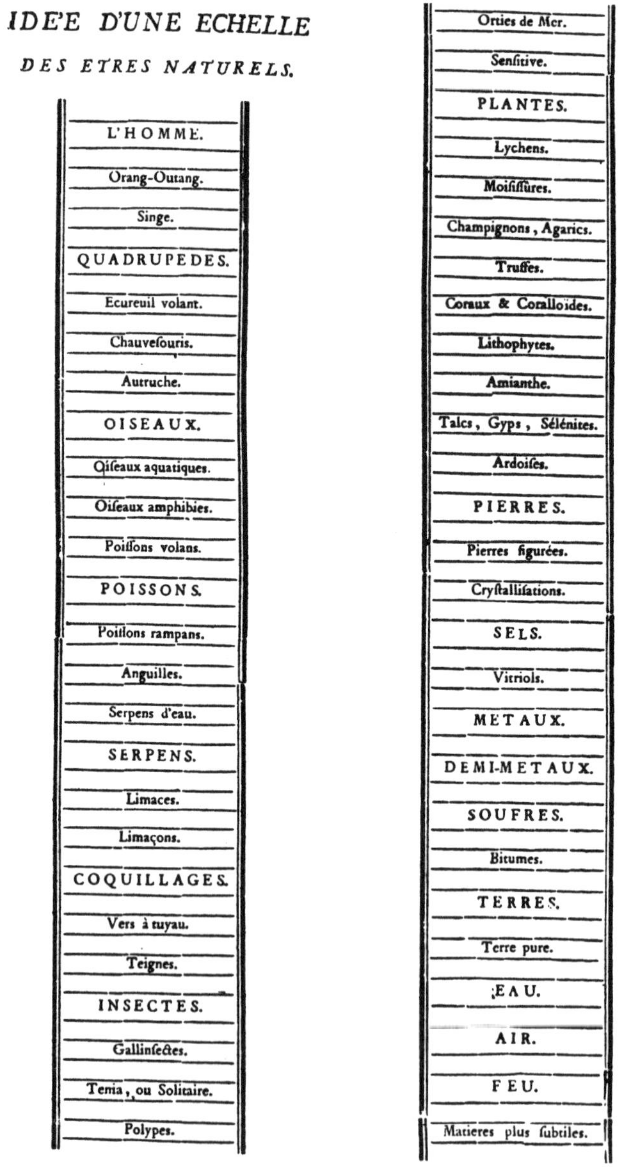

IDE'E D'UNE ECHELLE

DES ETRES NATURELS.

L'HOMME.
Orang-Outang.
Singe.
QUADRUPEDES.
Ecureuil volant.
Chauveſouris.
Autruche.
OISEAUX.
Oiſeaux aquatiques.
Oiſeaux amphibies.
Poiſſons volans.
POISSONS.
Poiſſons rampans.
Anguilles.
Serpens d'eau.
SERPENS.
Limaces.
Limaçons.
COQUILLAGES.
Vers à tuyau.
Teignes.
INSECTES.
Gallinſectes.
Tenia, ou Solitaire.
Polypes.
Orties de Mer.
Senſitive.
PLANTES.
Lychens.
Moiſiſſures.
Champignons, Agarics.
Truffes.
Coraux & Coralloïdes.
Lithophytes.
Amianthe.
Talcs, Gyps, Sélénites.
Ardoiſes.
PIERRES.
Pierres figurées.
Cryſtalliſations.
SELS.
Vitriols.
METAUX.
DEMI-METAUX.
SOUFRES.
Bitumes.
TERRES.
Terre pure.
EAU.
AIR.
FEU.
Matieres plus ſubtiles.

Abb. 1.1 Die Große Seinskette. Alle Dinge auf Erden, von verschiedenen Formen der Materie über die Tiere bis hinauf zum Menschen, sollten zu einer einzigen großen Kette oder *scala naturae* gehören. Die hier wiedergegebene Version stammt von Bonnet (1745).

Naturwissenschaft und Philosophie die Gültigkeit der biblischen Geschichte infrage stellten, ja sogar, obwohl der Naturforscher Jean-Baptiste Lamarck 1809 mit einer vollständigen Evolutionstheorie an die Öffentlichkeit getreten war, behielt bis 1859 eine mehr oder weniger biblisch geprägte Weltanschauung die Oberhand, und das nicht nur bei Laien, sondern auch bei Naturwissenschaftlern und Philosophen. Diese Denkweise gab eine einfache Antwort auf alle Fragen: Gott hatte die Welt erschaffen und seine Schöpfung so weise eingerichtet, dass jedes Lebewesen mit höchster Vollkommenheit an seinen Platz in der Natur angepasst war.

Während dieser Übergangszeit der gegensätzlichen Erkenntnisse versuchte man mit allen möglichen Kompromissen, die Widersprüche aufzulösen. Ein solcher Versuch war die so genannte *scala naturae*, die Große Seinskette (Abb. 1.1), in der man alle Dinge der Welt in einer aufsteigenden Leiter anordnete: Ganz unten standen unbelebte Gegenstände wie Steine und Mineralien, darüber folgten Flechten, Moose und Pflanzen; dann ging es über Korallen und andere niedere Tiere aufwärts zu den höheren Tieren und von ihnen zu den Säugetieren und schließlich zum Menschen. Diese *scala naturae* änderte sich angeblich nie und spiegelte einfach die Gedanken des Schöpfers wider, der alles in einer Abfolge mit immer höherer Vollkommenheit angeordnet hatte (Lovejoy 1936).

Aber schließlich wurde die Erkenntnis, dass die Welt sich ständig wandelt und nicht unveränderlich ist, durch überwältigende Belege so sehr gestützt, dass man sie nicht länger leugnen konnte. Das hatte zur Folge, dass eine dritte Weltsicht vorgeschlagen wurde und sich schließlich durchsetzte.

3. *Eine sich wandelnde Welt.*

Nach dieser dritten Sicht ist die Welt von langer Dauer und in ständigem Wandel begriffen: Sie macht eine Evolution durch. Es mag uns heute seltsam erscheinen, aber anfangs war die Vorstellung von einer Evolution dem abendländischen Denken fremd. Das christlich-fundamentalistische Dogma übte eine so starke Macht aus, dass es im 17. und 18. Jahrhundert einer langen Abfolge geistiger Entwicklungen bedurfte, bevor der Evolutionsgedanke in vollem Umfang Fuß fassen konnte. In der Naturwissenschaft hatte die allgemeine Anerkennung der Evolutionslehre zur

Folge, dass man die Welt nicht mehr nur als den Ort für die Wirkung physikalischer Gesetze betrachten konnte; man musste vielmehr auch ihre Vergangenheit und – noch wichtiger – die beobachteten Veränderungen der Welt des Lebendigen über die Zeit hinweg berücksichtigen. Für diese Veränderungen setzte sich allmählich der Begriff »Evolution« durch.

Was für Veränderungen?

Offensichtlich ist alles auf dieser Erde ständig im Fluss. Manche Veränderungen vollziehen sich sehr regelmäßig. Ein solcher zyklischer Wandel ist der Wechsel vom Tag zur Nacht und wieder zum Tag, der durch die Erddrehung verursacht wird. Das Gleiche gilt für die Gezeitenschwankungen des Meeresspiegels, die durch den Mondzyklus ausgelöst werden. Noch umfassender sind die jahreszeitlichen Schwankungen, die auf den alljährlichen Umlauf der Erde um die Sonne zurückgehen. Andere Veränderungen sind unregelmäßig – die Verschiebungen der tektonischen Platten, die Strenge des Winters in verschiedenen Jahren, nichtperiodische Klimaveränderungen (El Niño, die Eiszeiten) oder auch Aufschwungphasen in der Wirtschaft eines Staates. Unregelmäßige Veränderungen lassen sich in der Regel nicht vorhersagen, weil sie verschiedenen Zufallsprozessen unterliegen.

Es gibt aber eine Art des Wandels, die sich offensichtlich kontinuierlich fortsetzt und so etwas wie eine Richtung zu haben scheint. Diesen Wandel bezeichnet man als *Evolution* oder *Entwicklungsgeschichte*. Der erste allgemeine Eindruck, dass die Welt im Gegensatz zu den Aussagen der Schöpfungsgeschichte nicht unveränderlich ist, sondern eine Evolution durchmacht, lässt sich bis ins 18. Jahrhundert zurückverfolgen. Schließlich erkannte man, dass man aus der statischen *scala naturae* eine Art biologische Rolltreppe machen kann, die von den niedersten Lebewesen zu immer höheren Formen und schließlich zum Menschen führt. Genau wie allmähliche Veränderungen in der Entwicklung eines einzelnen Lebewesens von der befruchteten Eizelle zum ausgewachsenen Tier führen, so bewegt sich nach diesem Gedankengang auch die Welt des Lebendigen als Ganzes von den einfachsten zu immer komplexeren Lebensformen, und am oberen Ende steht schließlich der Mensch. Der erste Autor, der diese Vorstellung im Einzelnen formulierte, war der französische Naturforscher Lamarck. Sogar das Wort »Evolution«, das Charles Bonnet ursprünglich auf die Entwicklung der Eizelle angewandt hatte, übertrug man nun auf die Entwicklung der belebten Natur. Evolution, so hieß es, besteht aus dem Wandel vom Einfacheren zum Komplexeren, vom Niederen zum Höheren. Sie war tatsächlich ein Wandel, aber – so sagte man jedenfalls zu jener Zeit – sie schien auch eine Richtung zu haben, auf immer größere Vollkommenheit hinzuzielen, im Gegensatz zu zyklischen Schwankungen wie den Jahreszeiten oder unregelmäßigen Veränderungen wie Eiszeiten und Wetter.

Aber was steckt eigentlich hinter dem stetigen Wandel der belebten Natur? Diese Frage war anfangs umstritten, auch als Darwin die Antwort bereits kannte. Schließlich, im Rahmen der Synthese der Evolutionsforschung (mehr darüber später), schälte sich eine einheitliche Ansicht heraus: »Evolution ist die zeitliche Veränderung in den Eigenschaften der Populationen von Lebewesen.« Mit anderen Worten: Die Population ist die so genannte *Einheit der Evolution*. Gene, Individuen und biologische Arten (Spezies) sind zwar ebenfalls von Bedeutung, aber der Wandel der Populationen ist das charakteristische Kennzeichen für die Evolution des Lebendigen.

Evolution schafft Ordnung. Deshalb wird manchmal behauptet, sie stehe im Widerspruch zum »Entropiegesetz« der Physik, wonach alle Entwicklungsvorgänge zu einer Zunahme der Unordnung führen. In Wirklichkeit existiert dieser Widerspruch nicht: Das Entropiegesetz gilt nämlich nur für geschlossene Systeme, die Evolution einer biologischen Art findet aber in einem offenen System statt, in dem die Lebewesen auf Kosten der Umwelt eine Entropieabnahme herbeiführen können, wobei die Sonne für ständige Energiezufuhr sorgt.

In der zweiten Hälfte des 18. und der ersten Hälfte des 19. Jahrhunderts setzte sich der Evolutionsgedanke immer weiter durch, und zwar nicht nur in der Biologie, sondern auch in der Sprachwissenschaft, Philosophie, Soziologie, Wirtschaftswissenschaft und anderen Fachgebieten. Insgesamt jedoch blieb er lange Zeit eine Minderheitenmeinung in der Naturwissenschaft. Der eigentliche Übergang von dem Glauben an eine statische Welt zur Evolutionslehre wurde am 24. November 1859 ausgelöst, als Charles Darwins Werk *On the Origin of Species* (*Die Entstehung der Arten*) erschien.

Darwin und Darwinismus

Dieses Ereignis war vielleicht der größte geistige Umbruch in der Menschheitsgeschichte. Es stellte nicht nur den Glauben an die Unveränderlichkeit (und das geringe Alter) der Welt infrage, sondern auch die Erklärungen für die bemerkenswerte Anpassungsfähigkeit der Lebewesen und – was besonders schockierend war – die einzigartige Stellung des Menschen in der Natur. Aber Darwin postulierte bei weitem nicht nur die Evolution (für deren Existenz er eine überwältigende Fülle von Belegen anführte), sondern er lieferte dafür auch eine Begründung, die völlig ohne übernatürliche Mächte oder Kräfte auskam. Nach seiner Erklärung ist die Evolution etwas ganz Natürliches: Sie läuft mithilfe von Phänomenen und Vorgängen ab, die jedermann tagtäglich in der Natur beobachten kann. Eigentlich formulierte Darwin nicht nur die Theorie der Evolution als solche, sondern auch vier Theorien über das Wie und Warum. Da war es kein Wunder, dass *Die Entstehung der Arten* so großen Aufruhr verursachte. Das Buch sorgte fast allein für die endgültige Säkularisierung der Naturwissenschaft.

Charles Darwin wurde am 12. Februar 1809 als zweiter Sohn eines Arztes in einem englischen Landstädtchen geboren (Abb. 1.2). Schon in seiner Jugend war er ein begeisterter Naturforscher, und seine besondere Leidenschaft galt dabei den Käfern. Auf Wunsch seines Vaters studierte er eine Zeit lang in Edinburgh Medizin, aber insbesondere die Operationen fand er so abstoßend, dass er die Ausbildung schon bald abbrach. Nun entschied seine Familie, er solle Theologie studieren; für einen naturbegeisterten jungen Mann schien das damals eine völlig normale Laufbahn zu sein, denn fast alle führenden Naturforscher seiner Zeit waren ordinierte Geistliche. Darwin las zwar gewissenhaft die gesamte dazu erforderliche klassische und theologische Literatur, aber mit wirklicher Hingabe widmete er sich eigentlich nur der Biologie. Nachdem er am Christ College der Universität Cambridge sein Examen gemacht hatte, erhielt er durch einen seiner Dozenten die

Abb. 1.2 Der junge Darwin im Alter von ca. 29 Jahren, auf der Höhe seiner intellektuellen Kreativität. *Quelle:* Negativ Nr. 326694. Mit freundlicher Genehmigung der Bibliothek des American Museum of Natural History.

Einladung, auf der HMS *Beagle*, einem Forschungsschiff der britischen Marine, an einer Reise zur Vermessung der südamerikanischen Küste, hauptsächlich ihrer Häfen, teilzunehmen. Die *Beagle* stach Ende Dezember 1831 von England aus in See. Auf der Fahrt, die fünf Jahre dauerte, teilte Darwin die Kabine mit dem Kommandanten, Captain Robert Fitzroy. Während man im Osten die Küste Patagoniens, dann die Magellanstraße und schließlich Teile der Westküste Südamerikas sowie benachbarte Inseln vermaß, hatte Darwin reichlich Gelegenheit, das Festland und die Lebensgemeinschaften der Tiere auf den Inseln zu erforschen. Auf der gesamten Reise legte er nicht nur bedeutende Sammlungen naturgeschichtlicher Fundstücke an, sondern – noch wichtiger – er stellte auch unendlich viele Fragen nach der Vergangenheit des Landes einschließlich seiner Tier- und Pflanzenwelt. Das war der Nährboden, auf dem seine Gedanken zur Evolution gediehen.

Nachdem er im Oktober 1836 nach England zurückgekehrt war, widmete er sich der wissenschaftlichen Untersuchung seiner Sammlungen und der Veröffentlichung einer Reihe wissenschaftlicher Berichte, anfangs vor allem über seine geologischen Studien. Wenige Jahre später heiratete er seine Cousine Emma, die Tochter des berühmten Töpfers Wedgwood. Er kaufte das »Down House« in der Nähe von London und lebte dort, bis er am 19. April 1882 mit 73 Jahren starb. Im Down House schrieb er alle seine größeren Aufsätze und Bücher.

Wodurch wurde Darwin zu einem so großen Wissenschaftler und geistigen Neuerer? Er konnte ausgezeichnet beobachten und war von einer unstillbaren Neugier getrieben. Außerdem nahm er nie etwas als gegeben hin, sondern er fragte immer nach dem Wie und Warum. Warum unterscheidet sich die Tierwelt einer Insel so stark von der des nächstgelegenen Festlandes? Wie entstehen biologische Arten? Warum haben die Fossilien in Patagonien grundsätzlich eine so große Ähnlichkeit mit den heute lebenden Arten des gleichen Gebietes? Warum findet man auf jeder Insel eines Archipels eigene, endemische Arten, die sich untereinander dennoch stärker ähneln als verwandte Arten in weiter entfernten Regionen? Mit dieser Fähigkeit, interessante Tatsachen zu erkennen und im Zusammenhang mit ihnen die richtigen Fragen zu stellen, konnte er seine vielen wissenschaftlichen Entdeckungen machen und eine Fülle ganz neuartiger Konzepte entwickeln.

Darwin erkannte auch ganz deutlich, dass die Evolution zwei Aspekte hat. Der eine ist die »Aufwärtsbewegung« einer Abstammungslinie, ihr allmählicher Wandel von einem ursprünglichen zu einem abgeleiteten Zustand. Dies bezeichnet man als *Anagenese*. Der andere besteht in der Aufspaltung entwicklungsgeschichtlicher Abstammungslinien, der Entstehung neuer Zweige (auch *Kladen* genannt) im Stammbaum der Arten. Dieser Vorgang, der die Ursache der biologischen Vielfalt ist, heißt *Kladogenese*. Er beginnt immer mit einem Ereignis der Artbildung, aber die neuen Kladen können sich vom Anfangstypus aus immer weiter auseinander entwickeln und so zu einem wichtigen Zweig im phylogenetischen Stammbaum werden. Die Untersuchung der Kladogenese gehört zu den wichtigsten Anliegen der Makroevolutionsforschung. Anagenese und Kladogenese laufen weitgehend unabhängig voneinander ab (Mayr 1991).

Fachkundige Biologen und Geologen erkannten schon in den sechziger Jahren des 19. Jahrhunderts an, dass die Evolution eine Tatsache ist, aber Darwins Erklärungen für Ablauf und Ursachen provozierten, wie wir in späteren Kapiteln noch genauer erfahren werden, heftigen Widerspruch. Zunächst wollen wir uns aber einen Überblick über einige Befunde verschaffen, die seit 1859 hinzugekommen sind und dafür sprechen, dass die Evolution tatsächlich stattfindet.

Kapitel 2

WELCHE BELEGE SPRECHEN FÜR DIE EVOLUTION AUF DER ERDE?

Die vordarwinistischen Evolutionstheorien blieben weitgehend wirkungslos. Ein gewisses Evolutionsdenken war zwar unter Geologen und Biologen, ja selbst bei Literaten und Philosophen durchaus verbreitet, aber die biblische Schöpfungsgeschichte, wie sie in den beiden ersten Kapiteln des Ersten Buches Mose erzählt wird, wurde nicht nur von Laien, sondern auch von Wissenschaftlern und Philosophen fast einmütig anerkannt. Als 1859 Charles Darwins *Entstehung der Arten* erschien, änderte sich das fast über Nacht. Einige Überlegungen, die Darwin zur Begründung der Evolution anführte, stießen zwar noch weitere 80 Jahre lang auf Widerspruch, aber seine Erkenntnis, dass die Welt eine Evolution durchgemacht hat, hatte sich nach 1859 innerhalb weniger Jahre allgemein durchgesetzt.

Wenn man jedoch im 19. Jahrhundert über Evolution sprach, wurde sie stets als Theorie bezeichnet. Es stimmt schon: Der Gedanke, das Leben auf der Erde könne eine Evolution hinter sich haben, war anfangs nur Spekulation. Aber seit Darwin und dem Jahr 1859 stieß man auf immer mehr Tatsachen, die sich nur mit der Vorstellung von einer Evolution vereinbaren ließen. Schließlich wurde allgemein akzeptiert, dass sie durch eine überwältigende Fülle von Belegen gestützt wird und deshalb nicht mehr nur als Theorie gelten kann. Sie war ebenso gut durch Tatsachen untermauert wie die Vorstellung, dass die Erde um die Sonne kreist, und deshalb musste man sie ebenso als Tatsache einstufen. In diesem Kapitel sollen die Befunde dargelegt werden, die bei den Wissenschaftlern zu der Überzeugung führten, dass die Evolution eine Tatsache ist. Und es wird auch diejenigen herausfordern, die auch heute noch nicht von der Existenz der Evolution überzeugt sind.

Die Evolution ist ein historischer Prozess. Deshalb kann man sie nicht mit den gleichen Methoden beweisen wie rein physikalische oder funktionale Phänomene, sondern man muss sowohl die Evolution insgesamt als auch einzelne Ereignisse in ihrem Verlauf aus Beobachtungen ableiten. Anschließend müssen solche Rückschlüsse immer und immer wieder anhand neuer Beobachtungen überprüft werden, und dabei wird die ursprüngliche Behauptung entweder widerlegt oder durch alle Prüfungen bestätigt und damit gestützt. Die meisten Erkenntnisse der Evolutionsforschung sind aber mittlerweile so häufig erfolgreich getestet worden, dass sie als gesichert gelten.

Welche Belege hat die Evolutionsforschung?

Heute gibt es überwältigend beweiskräftige Belege für die Evolution. In allen Einzelheiten dargestellt werden sie bei Futuyma (1983, 1998), Ridley (1996) und Strickberger (1996) sowie in den Büchern zur Widerlegung des Kreationismus, die in Kapitel 1 aufgeführt sind. Meine eigene Beschreibung konzentriert sich auf die verschiedenartigen Belege, die heute verfügbar sind und die Evolution untermauern. Dabei wird deutlich werden, mit welch bemerkenswerter Übereinstimmung die Erkenntnisse aus ganz unterschiedlichen Gebieten der Biologie für die Evolution sprechen. Alle diese Befunde ergäben keinen Sinn, würde man eine andere Erklärung zugrunde legen.

Fossilfunde

Den überzeugendsten Beweis für die Evolution lieferte die Entdeckung ausgestorbener Lebewesen in älteren Gesteinsschichten. Manche Überreste der Lebensgemeinschaften, die es in bestimmten Phasen der erdgeschichtlichen Vergangenheit gab, sind als Fossilien in den zu jener Zeit abgelagerten geologischen Schichtungen eingeschlossen. Die älteren Schichten enthalten dabei jeweils die Vorfahren der Lebewesen, die in der darauf folgenden Schicht versteinert sind. Die Fossilien in den jüngsten Schichten ähneln vielfach stark heute lebenden Arten oder sind in manchen Fällen sogar überhaupt nicht von ihnen zu unterscheiden. Je älter die Schicht ist, in der man ein Fossil findet – und je weiter dieses Fossil demnach in der Vergangenheit liegt –, desto stärker unterscheidet es sich von heutigen Organismen. Genau das, so Darwins Überlegung, erwartet man, wenn die Tier- und Pflanzenwelt der älteren Schichten sich allmählich zu den Nachkommen in den späteren, jüngeren Schichten gewandelt hat.

Wenn die Evolution tatsächlich stattgefunden hat, sollte man eigentlich damit rechnen, dass die Fossilien einen stetigen Wandel von Vorläuferformen zu Nachkommen widerspiegeln. Aber das entspricht nicht den Befunden der Paläontologie. Stattdessen tun sich in fast allen Abstammungsreihen Lücken auf. Oft erscheinen ganz plötzlich neue Formen auf der Bildfläche, und ihre unmittelbaren Vorfahren sind in den älteren geologischen Schichten nicht aufzufinden. Nur sehr selten entdeckt man eine ununterbrochene Artenreihe, die sich allmählich wandelt. Die Fossilfunde weisen Diskontinuitäten auf, die scheinbar für eine saltatorische Entwicklung sprechen, für Sprünge von einem Typus Lebewesen zu einem anderen. Das führt zu einer schwierigen Frage: Warum spiegelt sich in den Fossilfunden nicht der allmähliche Wandel wider, den man auf Grund der Evolution erwarten würde?

Darwin beharrte sein ganzes Leben lang darauf, dies liege einfach an der unvorstellbar großen Lückenhaftigkeit der Fossilfunde. Nur ein unglaublich kleiner Teil der Organismen, die früher einmal gelebt haben, bleibt als Fossilien erhalten. Die fossilreichen Schichten lagen häufig auf Platten der Erdkruste, die später durch die Plattentektonik in die Tiefe gedrückt und zerstört wurden. Andere wurden stark gefaltet, zusammengepresst und durch Gesteinsmetamorphose verändert, wobei die Fossilien verloren gingen. Und nur ein geringer Teil der fossiltragenden Schichten liegt heute frei an der Erdoberfläche. Darüber hinaus ist es höchst unwahrscheinlich, dass ein Lebewesen überhaupt versteinert, denn die meisten toten Tiere und Pflanzen werden entweder von Aasverwertern gefressen oder verwesen. In Fossilien verwandeln sie sich nur dann, wenn sie unmittelbar nach ihrem Tod unter Sedimenten oder Vulkanasche begraben werden. Glücklicherweise findet man dennoch hin und wieder ein Fossil, das eine Lücke zwischen Vorfahren und heutigen Nachkommen schließt. Der *Archaeopteryx* zum Beispiel, ein primitiver, fossiler Vogel aus dem oberen Jura (vor 145 Millionen Jahren), hatte noch Zähne, einen langen Schwanz und andere Merkmale seiner Vor-

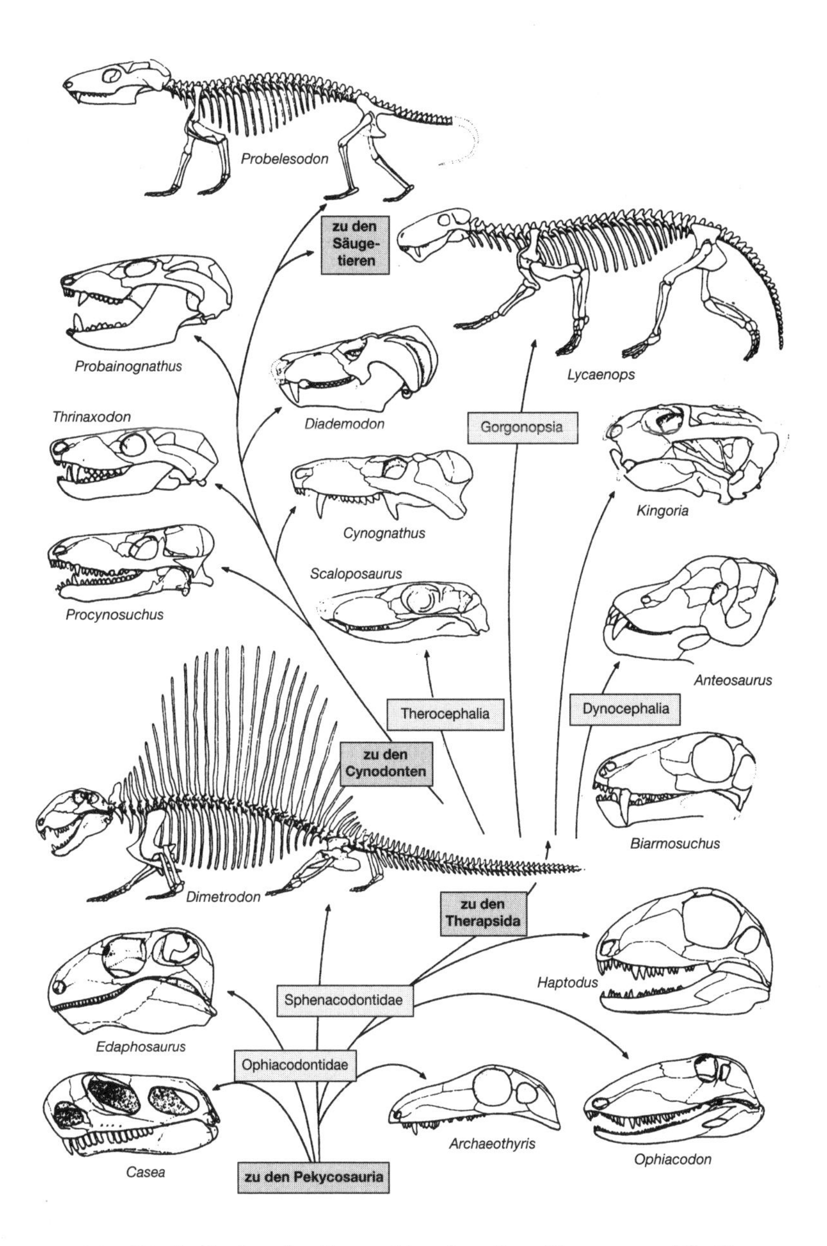

Abb. 2.1 Die Evolution der Synapsida, einer Reptiliengruppe. Die Cynodonten bilden das Bindeglied zu den ersten Säugetieren. *Quelle*: Ridley, M. (1993). *Evolution*. Blackwell Scientific: Boston, S. 535. Wiedergegeben mit Genehmigung von Blackwell Science, Inc.

fahren, der Reptilien. In anderen Eigenschaften jedoch ist er den heutigen Vögeln recht ähnlich: Er besaß zum Beispiel ein größeres Gehirn, große Augen, Federn und Flügel. Ein Fossil, das eine solche große Lücke schließt, bezeichnet man als *fehlendes Bindeglied* oder *missing link*. Die Entdeckung des *Archaeopteryx* im Jahr 1861 war besonders lohnend, weil die Anatomen ohnehin bereits zu dem Schluss gelangt waren, die Vögel müssten von Reptilien abstammen. Diese Voraussage wurde durch den *Archaeopteryx* bestätigt.

Einige Fossilien-Abstammungslinien sind bemerkenswert vollständig, so beispielsweise die von der Reptiliengruppe der Therapsida zu den Säugetieren (Abb. 2.1). Manche dieser Fossilien stehen so deutlich zwischen Reptilien und Säugetieren, dass man fast beliebig entscheiden kann, welcher der beiden Gruppen man sie zuordnet. Ebenso fand man eine bemerkenswert vollständige Reihe von Übergangsformen zwischen den landlebenden Vorfahren der Wale und ihren meeresbewohnenden Nachkommen. Die Fossilien belegen, dass die Wale von den Huftieren (genauer: von den Artiodactyla) abstammen und sich immer stärker an das Leben im Wasser anpassten (Abb. 2.2). Auch die *Australopithecinen*, eine Gruppe von Vorfahren des Menschen, stellen eine recht eindrucksvolle Übergangsform zwischen dem schimpansenartigen Zustand der Menschenaffen und dem modernen Menschen dar. Die vollständigste beschriebene Übergangsreihe von einem frühen, primitiven Typus und seinen heutigen Nachkommen ist die zwischen dem Urpferd *Eohippus* und dem modernen Pferd *Equus* (Abb. 2.3).

Die Erforschung der Stammesgeschichte besteht eigentlich in der Untersuchung *homologer* Merkmale. Da es sich bei allen Angehörigen einer systematischen Gruppe um die Nachkommen eines letzten gemeinsamen Vorfahren handeln muss, kann man nur aus der Untersuchung ihrer homologen Eigenschaften Rückschlüsse auf diesen letzten gemeinsamen Vorfahren ziehen. Aber wie stellt man fest, ob die Eigenschaften zweier Arten oder höherer systematischer Gruppen homolog sind? Das nimmt man an, wenn sie folgender Definition entsprechen: *Ein Merkmal bei zwei oder mehreren systematischen Gruppen ist homolog, wenn es von dem gleichen (oder einem entsprechenden) Merkmal ihres letzten gemeinsamen Vorfahren abstammt.*

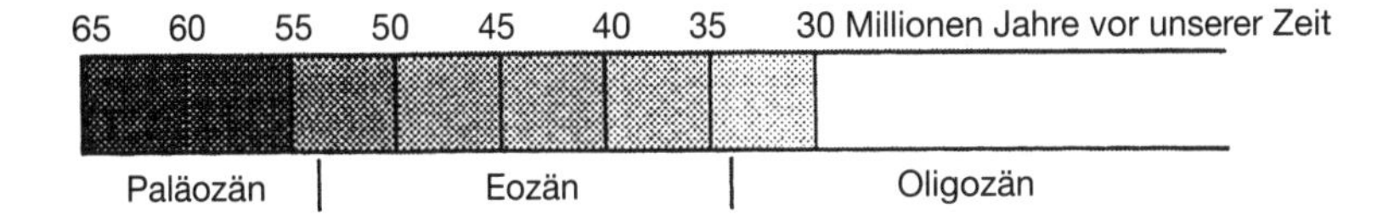

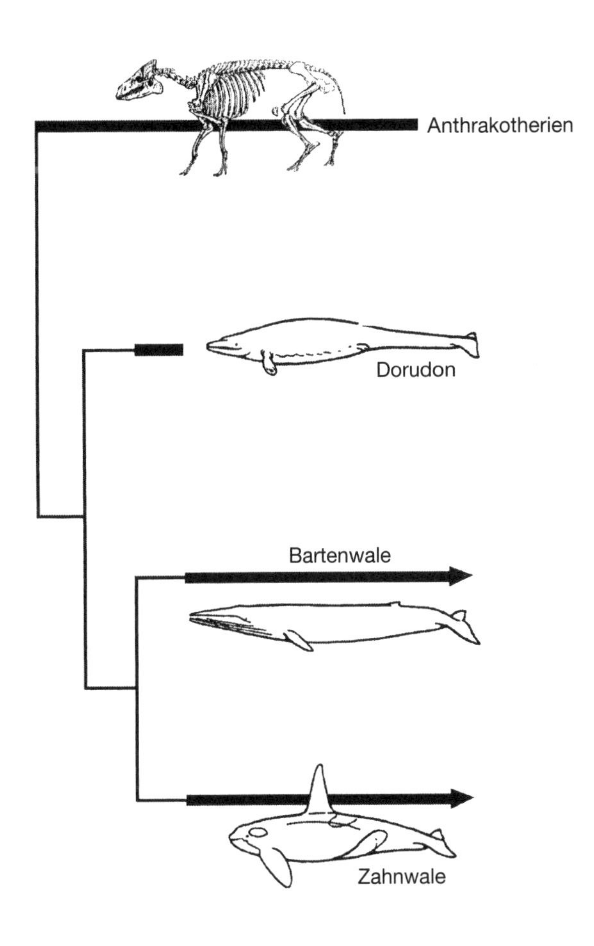

Abb. 2.2 Die Abstammung der Wale von der Huftiergruppe der Artiodactyla (Paarhufer) ist heute durch fossile Übergangsformen gut belegt. *Quelle*: mehrere, besonders persönliche Information durch Prof. Philip D. Gingerich.

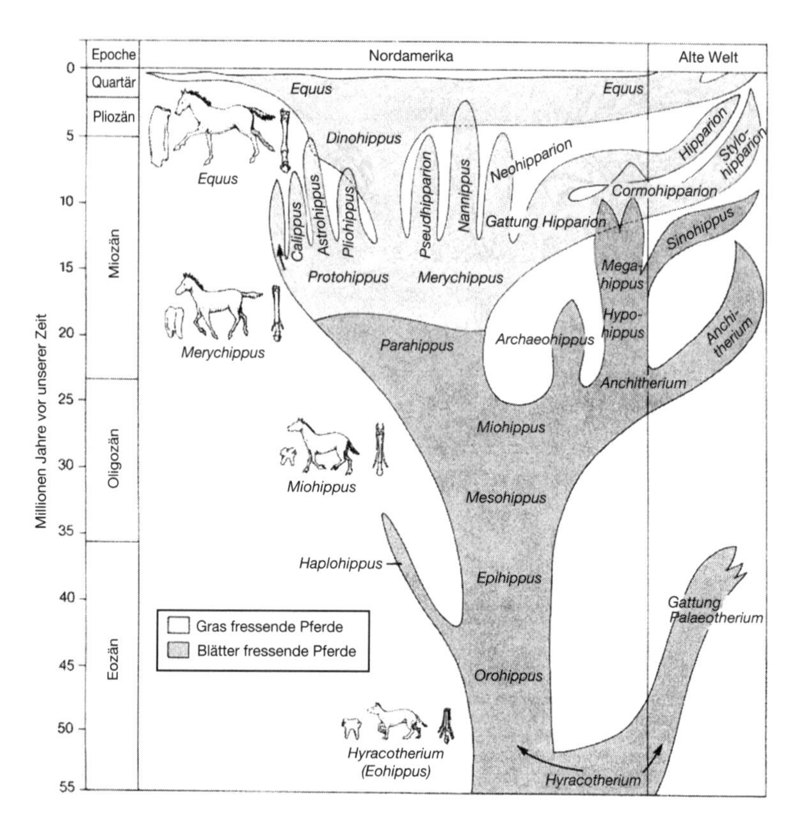

Abb. 2.3 Die Evolution der Pferde von *Hyracotherium* (*Eohippus*) im Eozän bis zum modernen Pferd (*Equus*). Im Miozän entstanden und gediehen zahlreiche Pferdeformen, die später ausstarben. *Quelle*: Strickberger, Monroe W., *Evolution*, 1990, Jones and Bartlett, Publishers, Sudbury, MA. www.jbpun.com. Nachdruck mit freundlicher Genehmigung.

Diese Definition trifft auf strukturelle, physiologische, molekularbiologische und verhaltensspezifische Merkmale gleichermaßen zu. Aber wie stellt man fest, ob im Einzelfall tatsächlich Homologie besteht? Glücklicherweise gibt es dafür zahlreiche Kriterien (siehe Mayr und Ashlock 1991). Was den Körperbau angeht, gehören dazu die Stellung einzelner Körperteile im Verhältnis zu benachbarten Teilen oder Organen, die Verbindung unterschiedlicher Merkmale durch Zwischenformen bei Vorfahren, Ähnlichkeiten in der Entwicklung des einzelnen Lebewesens und fossile

Zwischenformen. Die besten Belege für die Homologie lieferte in den letzten Jahren die Molekularbiologie. Mit ihrer Hilfe konnte man zuverlässige Belege für die Verwandtschaft nahezu aller höheren systematischen Gruppen des Tierreichs gewinnen, und auch bei den großen Pflanzengruppen kommt man mittlerweile gut voran. Eine systematische Gruppe (Taxon), die mit den Methoden der darwinistischen Klassifikation abgegrenzt wurde, nennt man *monophyletisch*.

Besonders überzeugend sind die Fossilreihen, weil jedes Fossil genau auf der zeitlichen Ebene auftaucht, auf der man es auch erwartet. Die Entwicklung der heutigen Säugetiere begann beispielsweise am Ende des Paläozäns (das heißt vor 60 Millionen Jahren) nach dem großen Artensterben, dessen Ursache Alvarez fand. Deshalb dürfte man in Schichten, die 100 bis 200 Millionen Jahre alt sind, keine modernen Säugetiere finden, und tatsächlich hat man sie dort bisher auch nie entdeckt. Ein anderes Beispiel sind die Giraffen: Ihre Entwicklung begann in der Mitte des Tertiärs vor rund 30 Millionen Jahren. Würde man plötzlich eine Giraffe aus dem Paläozän vor 60 Millionen Jahren finden, würde das alle unsere Überzeugungen und Berechnungen durcheinander bringen. Aber natürlich ist man auch auf ein solches Fossil noch nie gestoßen.

Was das Alter der Fossilien angeht, musste man früher raten. Man wusste nur, dass tiefere Schichtungen älter waren als höher gelegene. Heute jedoch ermöglicht uns die Uhr, die durch die gleichmäßige Geschwindigkeit des radioaktiven Zerfalls gebildet wird, für bestimmte Schichten eine sehr genaue Altersbestimmung, insbesondere für Lava und andere Vulkanablagerungen, die man zwischen den fossilführenden Schichten findet (siehe Kasten 2.1). Für die jüngste Vergangenheit kann man sich der Kohlenstoffdatierung bedienen. Heute lässt sich das Alter jedes Fossils genau feststellen, vorausgesetzt man weiß, in welcher geologischen Schicht es gefunden wurde (Abb. 2.4). Zu Beginn des 21. Jahrhunderts ist die Evolution durch die Abfolge genau datierter Fossilien höchst überzeugend nachgewiesen (siehe Seite 59).

Verzweigung und gemeinsame Abstammung in der Evolution

Die *scala naturae* war ein lineares Fortschreiten vom Niederen zum Höheren, und in Lamarcks Bild der Evolution entsprang jede Abstammungslinie aus einem (einzelligen) *Infusorium*, das angeblich durch Spontanzeugung entstanden war und dessen Nachkommen im Verlauf der Evolution immer komplexer und vollkommener werden sollten. Vor Darwin postulierten eigentlich alle Evolutionsschemata mehr oder weniger gerade Abstammungslinien (siehe Kapitel 4). Es war eine der wichtigsten Errungenschaften Darwins, dass er als Erster eine zusammenhängende Theorie der *Evolution durch Verzweigung* formulierte.

Zu seiner Verzweigungstheorie gelangte er durch die Beobachtung der Vögel auf den Galapagosinseln. Bei diesen Inseln handelt es sich eigentlich um die Gipfel unterseeischer Vulkane, die nie mit dem südamerikanischen Festland oder einem anderen Kontinent verbunden waren. Die gesamte Tier- und Pflanzenwelt der Galapagosinseln gelangte über das Meer auf den Archipel. Darwin wusste, dass es in Südamerika nur eine Art von Spottdrosseln gab, auf dem Galapagosarchipel fand er jedoch auf drei Inseln jeweils eine eigene Spottdrosselart (Abb. 2.5), die sich von den anderen unterschied. Daraus schloss er völlig zu Recht, dass die Inseln ein einziges Mal von südamerikanischen Spottdrosseln besiedelt wurden, aus deren Nachkommen dann durch Verzweigung auf drei Inseln unterschiedliche Arten hervorgegangen waren. Demnach, so überlegte er weiter, stammen vielleicht alle Spottdrosseln der Erde von einem gemeinsamen Vorfahren ab,

Kasten 2.1 Die radioaktive Uhr

Manche Gesteine, insbesondere solche vulkanischen Ursprungs (zum Beispiel Lavagestein), enthalten radioaktive Elemente wie Kalium, Uran und Thorium. Jedes dieser Elemente zerfällt mit einer charakteristischen Geschwindigkeit; die Halbwertszeiten sind in der Physik seit langem bekannt: Uran-238 zerfällt beispielsweise in 4,5 Milliarden Jahren zur Hälfte in Blei-206. Aus dem Verhältnis von Uran zu Blei kann man deshalb das Alter eines Gesteins berechnen. Sedimentgesteine, die keine radioaktiven Mineralien enthalten, datiert man anhand ihrer Lage relativ zu Schichtungen, deren Alter man bestimmen kann.

Äon	Ära	Periode	Epoche	Millionen Jahre vor heute	Lebensformen
Phanerozoikum	Känozoikum	Quartär	Holozän		
			Pleistozän	1.8	
		Tertiär – Obertertiär	Pliozän	5.2	erster Homo
			Miozän	23.8	
		Tertiär – Untertertiär	Oligozän	33.5	erste Menschenaffen
			Eozän	55.6	erste Wale erste Pferde
			Paläozän	65	Aussterben der Dinosaurier
	Mesozoikum	Kreidezeit	späte	98.9	erste Plazentatiere
			frühe	144	
		Jurazeit	späte	160	erste Vögel
			mittlere	180	
			frühe	206	erste Säugetiere
		Trias	späte	228	erste Dinosaurier
			mittlere		
			frühe	251	
	Paläozoikum	Perm		290	
		Karbon – Oberkarbon			erste säugetierähnliche Reptilien
		Karbon – Unterkarbon		343.7	erste Reptilien erste Amphibien
		Devon		408.5	erste Insekten erste Landpflanzen
		Silur		439	erste Kieferfische
		Ordovizium		495	
		Kambrium		543	erste Lebewesen mit Gehäuse
Proterozoikum				2500	erste vielzellige Lebewesen
Archaikum				3600	erste Bakterien
Hadaikum				4600	Entstehung des Lebens? ältestes Gestein Entstehung der Erde

Abb. 2.4 Die geologische Zeittafel. Das Präkambrium reicht vom Beginn des Lebens (vor ca. 3,8 Milliarden Jahren) bis zum Beginn des Kambriums (vor ca. 543 Millionen Jahren). Neue Fossilfunde erfordern häufig eine Korrektur des Datums, an dem ein höheres Taxon zum ersten Mal auftritt. *Quelle:* Freeman/Herron, *Evolutionary Analysis*, Copyright 1997. Nachdruck mit Genehmigung von Pearson Education, Inc., Upper Saddle River, NJ.

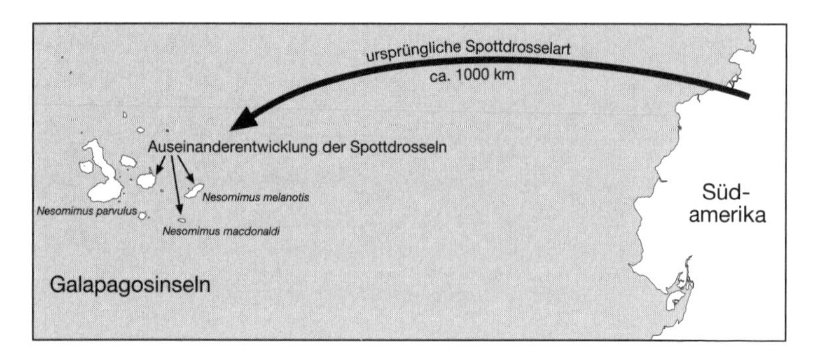

Abb. 2.5 Die Besiedelung der Galapagosinseln durch eine Art südamerikanischer Spottdrosseln und ihre spätere Evolution zu drei lokalen Arten.

denn alle sind sich im Wesentlichen sehr ähnlich. Also hatten vermutlich auch die Spottdrosseln und ihre Verwandten wie Sichelspötter und Katzendrosseln einen gemeinsamen Vorfahren.

Durch diesen Gedankengang gelangte Darwin am Ende zu dem Schluss, dass alle Lebewesen auf der Erde gemeinsame Vorfahren haben und dass das Leben auf der Erde vermutlich auf einen einzigen Ursprung zurückgeht. Er schrieb: »Es ist wahrlich eine großartige Ansicht, dass der Keim alles Lebens, das uns umgibt, nur wenigen oder nur einer einzigen Form eingehaucht wurde, und dass… aus einem so einfachen Anfange sich eine endlose Reihe der schönsten und wundervollsten Formen entwickelt hat und immer noch entwickelt« (1859, 1920, S. 565). Wie wir im Folgenden sehen werden, haben zahlreiche Untersuchungen Darwins Vermutung mit ganz unterschiedlichen Befunden überzeugend bestätigt. Heute spricht man von der Theorie der *gemeinsamen Abstammung.*

Paläontologen, Genetiker und Philosophen haben lange über der Frage gerätselt, wie und wann die Verzweigung stattgefunden hat, die zum Phänomen der gemeinsamen Abstammung führte. Gelöst wurde das Problem durch die biologische Systematik (Taxonomie): Man konnte nachweisen, dass die Artbildung, ausgelöst insbesondere durch geografische Trennung, zur Verzweigung führt (siehe Kapitel 9).

Die Theorie der gemeinsamen Abstammung war die Lösung für ein altes Rätsel der Naturgeschichte: den grundlegenden Widerspruch zwischen der überwältigenden Formenvielfalt der Lebewesen und der Beobachtung, dass manche biologischen Gruppen bestimme Merkmale gemeinsam haben. Einerseits gibt es Frösche, Schlangen, Vögel und Säugetiere, andererseits aber haben diese auf den ersten Blick so unterschiedlichen Klassen der Wirbeltiere den gleichen grundlegenden Körperbau, der sich völlig von dem eines Insekts unterscheidet. Die Theorie der gemeinsamen Abstammung bot die Erklärung für diese so rätselhafte Beobachtung. Wenn bestimmte Lebewesen trotz anderer Unterschiede eine Reihe gemeinsamer Merkmale aufweisen, dann liegt das daran, dass sie auf einen gemeinsamen Vorfahren zurückgehen. Ursache der Ähnlichkeiten ist das Erbe, das sie von diesem Urahn mitbekommen haben, und die Unterschiede haben sich nach der Trennung der Abstammungslinien entwickelt.

Wie gut ist die gemeinsame Abstammung belegt?

Die Fossilfunde bieten eine Fülle von Belegen für die gemeinsame Abstammung. In Schichten aus dem mittleren Tertiär findet man beispielsweise Fossilien, die den gemeinsamen Vorfahren von Hunden und Bären darstellen. In etwas älteren Schichten stößt man auf die gemeinsamen Vorfahren von Hunden und Katzen. Die Paläontologen konnten sogar nachweisen, dass alle Fleischfresser von demselben Urtypus abstammen. Das Gleiche – Abstammung von einem gemeinsamen Vorfahren – gilt für alle Nagetiere, alle Huftiere und alle anderen Säugetierordnungen, aber auch für Vögel, Reptilien, Fische, Insekten und sämtliche anderen biologischen Gruppen.

Schon vor 1859 hatten die Zoologen eine ziemlich genaue systematische Hierarchie der Tiergruppen konstruiert. Aber *warum* es eine solche Hierarchie gibt, verstand man damals noch nicht. Erst Darwin zeigte, dass sie sich mit dem Prinzip der gemeinsamen Abstammung erklären lässt. Alle Arten einer Gattung haben einen gemeinsamen Vorfahren, und ebenso verhält es sich mit allen Arten einer Familie oder einer höheren Kategorie in der Hierarchie. Die gemeinsame Abstammung ist der Grund, warum die Angehörigen einer systematischen Gruppe untereinander so ähnlich sind.

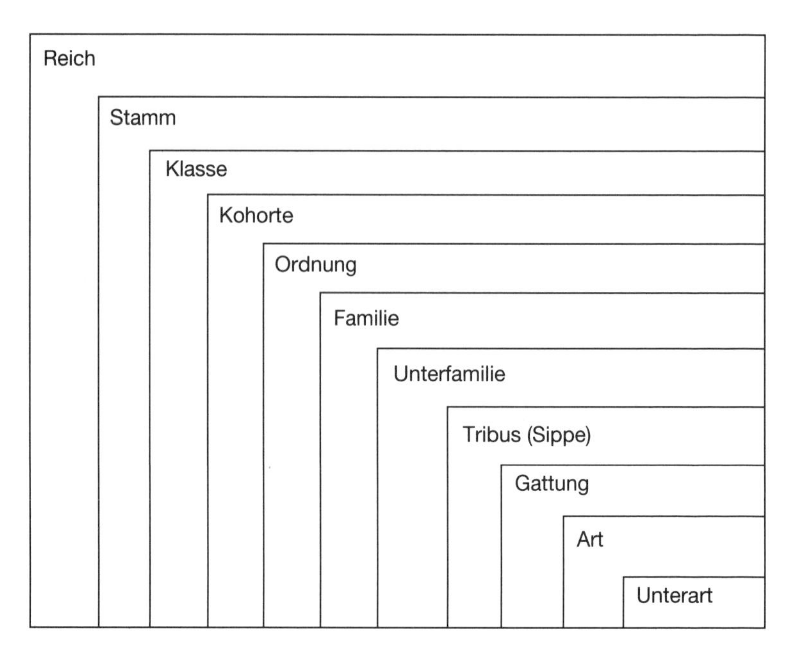

Abb. 2.6 Die Linnaeussche Hierarchie. Jede Kategorie ist in die nächsthöhere eingebettet; die Art ist beispielsweise eine Untergruppe der Gattung.

Ähnlichkeit des Körperbaus. Sehr aufschlussreiche Belege für die gemeinsame Abstammung liefert auch die vergleichende Anatomie. Bereits im 18. Jahrhundert war es allgemein üblich, bestimmte Lebewesen als »Verwandte« zu bezeichnen, wenn sie sich ähnelten. Zu jener Zeit beschrieb der französische Naturforscher Comte Buffon dies für Pferde, Esel und Zebras. Je weniger sich zwei Arten von Organismen ähnelten, desto weitläufiger waren sie nach dem damaligen Sprachgebrauch »verwandt«. In der biologischen Systematik bemühte man sich, auf Grund der Ähnlichkeit eine Hierarchie der taxonomischen Kategorien aufzustellen. Die ähnlichsten Lebewesen ordnete man derselben Art oder *Spezies* zu. Ähnliche Arten ordnete man in die gleiche Gattung ein, ähnliche Gattungen in die gleiche Familie, und so weiter bis hinauf zu den Taxa der obersten Kategorie.

Eine solche Einteilung der Lebewesen nach ihrer Ähnlichkeit bezeichnet man nach dem schwedischen Botaniker Carl von Linnaeus (auch bekannt unter dem Namen Linné), der das System der Binominalklassifikation entwickelte, als *Linnaeussche Hierarchie* (Abb. 2.6). Darin werden die Lebewesen zu immer größeren biologischen Gruppen zusammengefasst, bis man schließlich alle Tiere und alle Pflanzen einbezogen hat. Ausgehend von einer einzelnen Art – beispielsweise der Katze – konnte man eine solche Hierarchie konstruieren. Man wusste, dass es neben der Hauskatze auch andere, ähnliche Katzenarten gab, die Linnaeus ebenfalls der Gattung *Felis* zuordnete. Diese Gruppe der Katzen konnte man mit Löwen, Geparden und anderen Katzengattungen zur Familie der Katzenartigen oder Felidae zusammenfassen. Und die Familie der katzenartigen Säugetiere ordnete man mit anderen räuberisch lebenden Säugetieren wie Canidae (Hundeartige), Bären (Ursidae), Wiesel (Mustelidae), Schleichkatzen (Viverridae) und ähnlichen Gruppen in die Ordnung der Fleischfresser (Carnivora) ein.

Nach dem gleichen Prinzip konnte man andere Säugetiere den Ordnungen der Paarhufer oder Artiodactyla (Hirsche und ihre Verwandten), der Unpaarhufer oder Perissodactyla (Pferde usw.), der Nagetiere oder Rodentia (Kaninchen usw.) sowie denen der Wale, Fledermäuse, Primaten, Beuteltiere und anderer zuordnen, die alle gemeinsam die Klasse der Säugetiere oder Mammalia bilden. Eine ähnliche Hierarchie gibt es auch für alle anderen Tierarten, beispielsweise für Vögel oder Insekten, und ebenso für die Pflanzen. Wollte man Art und Ursache dieser Gruppenbildung nicht der Schöpfung zuschreiben, blieb sie ein völliges Rätsel, bis Darwin zeigte, dass sie offensichtlich auf »gemeinsame Abstammung« zurückzuführen ist. Nach Darwins Erklärung besteht jedes Taxon (das heißt jede systematische Gruppe) aus den Nachkommen eines gemeinsamen Vorfahren, und damit solche Nachkommen entstehen können, ist Evolution notwendig. Die tatsächlichen Beobachtungen passen so genau zu Darwins Evolutionstheorie, dass seine Vorstellung von der »gemeinsamen Abstammung durch Abwandlung« nach 1859 praktisch sofort allgemein anerkannt wurde. Jetzt hatte man eine Begründung für die Klassifikation, jene höchst wirksame Beschäftigung so vieler Zoologen und Botaniker des 19. Jahrhunderts. Der am häufigsten angeführte Beleg, aus dem man auf Verwandtschaft und gemeinsame Abstammung schloss, war die morphologische und embryologische

Ähnlichkeit, und die Suche nach solchen Ähnlichkeiten bescherte der vergleichenden Morphologie und Embryologie in der zweiten Hälfte des 19. Jahrhunderts eine Blütezeit (Bowler 1996).

Mit den Prinzipien und der Geschichte der Abstammung von Lebewesen befasst sich die Stammesgeschichte oder *Phylogenie*, ein besonderes Teilgebiet der Biologie. Die Abstammungswege werden häufig als *Stammbaum* oder – in einer bestimmten Schule der biologischen Systematik – als Kladogramm dargestellt. Angeregt durch den deutschen Zoologen und Zeitgenossen Darwins, Ernst Haeckel, haben Zoologen und Botaniker viel Zeit und Mühe darauf verwendet, die tatsächliche Abstammungsgeschichte der Lebewesen aufzuklären (siehe Kapitel 3).

Die Erklärung der morphologischen Typen. Auch ein zweiter, verwandter Zweig der Biologie fand seine Begründungen in der gemeinsamen Abstammung. In der vergleichenden Anatomie – ein führender Vertreter war Georges Cuvier – hatte man erkannt, dass die Lebewesen sich einer begrenzten Zahl von Typen mit ähnlichem Körperbauplan (Archetypen) zuordnen lassen. Cuvier (1812) unterschied zwischen vier großen Stämmen oder Zweigen, deren Angehörige nach seinem Eindruck jeweils den gleichen Grundbauplan haben. Mit der Erkenntnis, dass es diese sehr unterschiedlichen Typen gibt, die nicht durch Zwischenformen oder Übergangsstufen verbunden sind, war die *scala naturae* endgültig widerlegt. Cuvier bezeichnete die Typen als Vertebrata (Wirbeltiere), Mollusca (Weichtiere), Articulata (Gliederfüßer) und Radiata (Rädertiere). Damit war der erste Schritt getan, aber wie sich schon bald herausstellte, beinhalteten drei seiner Typen jeweils mehrere Gruppen, und die Wirbeltiere stufte man am Ende als Untergruppe der Chordatiere ein. Heute unterscheidet man rund 30 Tierstämme, und in den meisten davon gibt es mehrere Untergruppen – bei den Wirbeltieren beispielsweise die Fische, Amphibien, Reptilien, Vögel und Säugetiere. Die Existenz dieser morphologischen Typen erschien sinnvoll, sobald man erkannte, dass sie jeweils aus den Nachkommen eines gemeinsamen Vorfahren mit dem jeweils gleichen Körperbauplan bestehen.

In der Zeit vor der Evolutionstheorie dachten die Morphologen, unter ihnen Cuvier, typologisch: Sie waren Jünger Platons. Man glaubte, jeder Typus (Stamm) sei völlig unabhängig von den anderen durch seine Wesensform definiert und unveränderlich. Die philosophische Begründung für diese so genannte idealistische Morphologie war zwar falsch, aber da sie großen Wert auf morphologische Untersuchungen legte, führte sie zu zahlreichen Entdeckungen, die für die Rekonstruktion der Stammesgeschichte und in einem weiteren Sinn für unser Verständnis der Evolution von großem Wert waren.

Homologie. Vielfach gelingt es mithilfe der vergleichenden Morphologie bemerkenswert gut, fehlende Zwischenstufen in Evolutionsabläufen zu rekonstruieren. Als T. H. Huxley beispielsweise den noch flugunfähigen Vorfahren der Vögel rekonstruierte, gelangte er zu dem Schluss, es müsse sich um ein urtümliches Saurierreptil gehandelt haben. Nur wenige Jahre später, 1861, entdeckte man den *Archaeopteryx*, ein eindeutiges Bindeglied zwischen Vögeln und Ursauriern. Nach Ansicht von Insektenforschern, die sich mit der Evolution befassten, mussten die Ameisen aus wespenähnlichen Vorfahren entstanden sein, und man zog auch Rückschlüsse auf die mutmaßlichen Eigenschaften der ersten Ameisen. Als man dann in einem Bernstein aus der mittleren Kreidezeit eine fossile Ameise entdeckte, bestätigte diese weitgehend die theoretische Rekonstruktion. Und das sind keine Einzelfälle: Jedes Mal, wenn man einen noch unbekannten Vorfahren rekonstruierte, stimmte das Bild erstaunlich gut mit dem später als Fossil entdeckten, wirklichen Vorfahren überein.

In der Evolution kann sich jede Eigenschaft eines Lebewesens verändern. Dennoch erkannten manche Experten für vergleichende Anatomie schon in der Zeit vor der Evolutionstheorie, welche abgewandelten Strukturen einander entsprechen wie zum Beispiel die Flügel der Vögel und die Vorderextremitäten der Säugetiere. Richard Owen, ein auf Typologie spezialisierter Morphologe, bezeichnete solche Strukturen als »homolog« und definierte sie als »das gleiche Organ bei verschiedenen Tieren in allen Abwandlungen von Form und Funktion«. Das ließ natürlich viel Spielraum für die Entscheidung, ob es sich bei zwei Strukturen um »das gleiche Organ« handelte. Dieses Problem löste Darwin: Er bezeichnete Merkmale zweier Lebewesen als homolog, wenn sie durch Evolution aus einem entsprechenden Merkmal des letzten gemeinsamen Vorfahren der beiden Arten hervorgegangen waren. Die Vorderextremität eines laufenden Säugetieres wie des Hundes wurde beispielsweise in der Evolution für ganz verschiedene Funktionen abgewandelt: beim Maulwurf zum Graben, bei den Affen zum Klettern, bei den Walen zum Schwimmen und bei den Fledermäusen zum Fliegen (Abb. 2.7). Außerdem entspricht dieser Körperteil der Säugetiere der Brustflosse mancher Fische.

Die Behauptung, bestimmte Merkmale zweier recht weitläufig verwandter systematischer Gruppen seien homolog, ist zunächst nur eine Vermutung. Wie stichhaltig sie ist, muss man anhand mehrerer Kriterien überprüfen (Mayr und Ashlock 1991), beispielsweise an der Lage einer Struktur im Verhältnis zu benachbarten Organen, dem Vorkommen von Zwischenformen bei verwandten

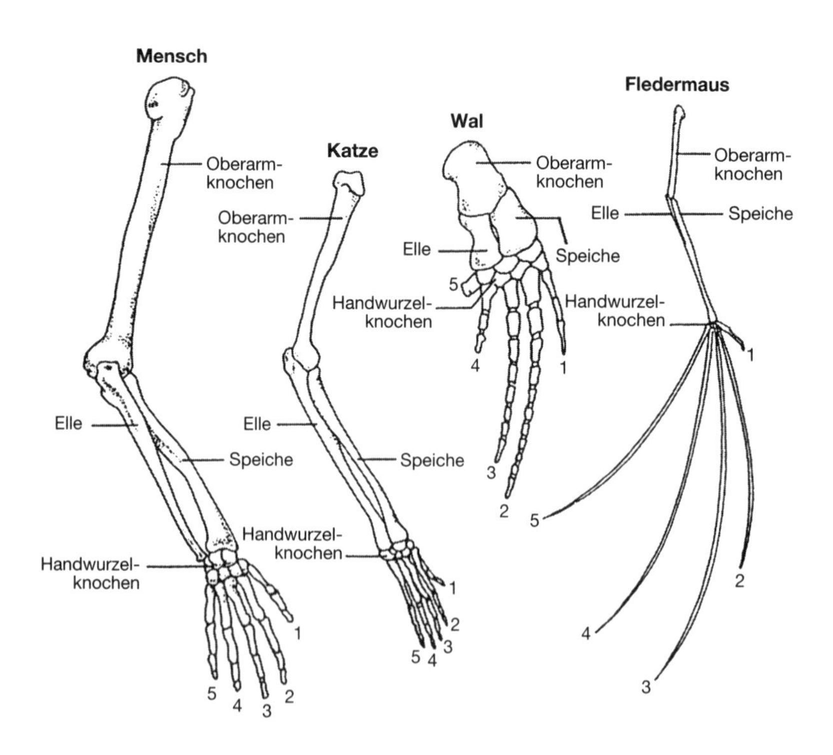

Abb. 2.7 Anpassungsbedingte Abwandlungen an den Vordergliedmaßen der Säugetiere. Die homologen Knochenelemente von Mensch, Katze, Wal und Fledermaus wurden durch natürliche Selektion so abgewandelt, dass sie ihre artspezifischen Funktionen erfüllen können. *Quelle*: Strickberger, Monroe W., *Evolution*, 1990, Jones and Bartlett, Publishers, Sudbury, MA. www.jbpub.com. Nachdruck mit freundlicher Genehmigung.

systematischen Gruppen, an Ähnlichkeiten der Embryonalentwicklung, an der Existenz von Zwischenstufen bei fossilen Vorfahren und der Übereinstimmung mit Befunden, die man bei anderen Homologien gewonnen hat. Beweisen kann man die Homologie nicht; sie bleibt immer eine Vermutung.

Homologien sind darauf zurückzuführen, dass die betreffenden Lebewesen zum Teil den gleichen Genotyp von ihrem gemeinsamen Vorfahren geerbt haben. Deshalb gibt es Homologie auch nicht nur bei Merkmalen des Körperbaus, sondern bei allen erblichen Eigenschaften, unter anderem auch beim Verhalten. Auch Merkmale, die unabhängig voneinander durch Parallelentwicklung entstanden sind, bleiben homolog, denn sie gehen ebenfalls auf den Genotyp eines gemeinsamen Vorfahren zurück. Vielfach haben sich homologe Strukturen ganz unterschiedlich entwickelt. Ein Überblick über den unterschiedlichen Gebrauch des Begriffs »Homologie« findet sich bei Butler und Saidel (2000).

Embryologie. Scharfsichtige Anatomen haben schon im 18. Jahrhundert beobachtet, dass die Embryonen verwandter Tierarten einander häufig viel stärker ähneln als die erwachsenen Organismen. Ein menschlicher Embryo zum Beispiel ist im Frühstadium seiner Entwicklung nicht nur den Embryonen anderer Säugetiere wie Hund, Kuh oder Maus sehr ähnlich, sondern anfangs sogar denen von Reptilien, Amphibien und Fischen (Abb. 2.8). Je älter der Embryo wird, desto stärker lässt er die charakteristischen Merkmale seines eigenen höheren Taxons erkennen. Wenn die erwachsene Form stark spezialisiert ist (wie beispielsweise die Rankenfüßer, eine Gruppe der Krebstiere), ähneln die frei schwimmenden Larven stark denen anderer Krebse (Abb. 2.9). Manche Gegner Darwins behaupteten, diese Übereinstimmung beweise überhaupt nichts. Jede Entwicklung schreite zwangsläufig vom Einfacheren zum Komplizierteren fort, und deshalb, so ihre Ansicht, ähneln die einfacheren frühen Embryonalstadien einander stärker als die älteren, komplexeren Formen. Teilweise stimmt das, aber Embryonen und Larven besitzen immer charakteristische Merkmale ihrer eigenen Abstammungslinie, an denen die Verwandtschaftsverhältnisse deutlich werden. Außerdem stellt sich bei der Untersuchung der Embryonalstadien sehr häufig heraus, dass ein gemeinsamer Ursprungszustand sich in

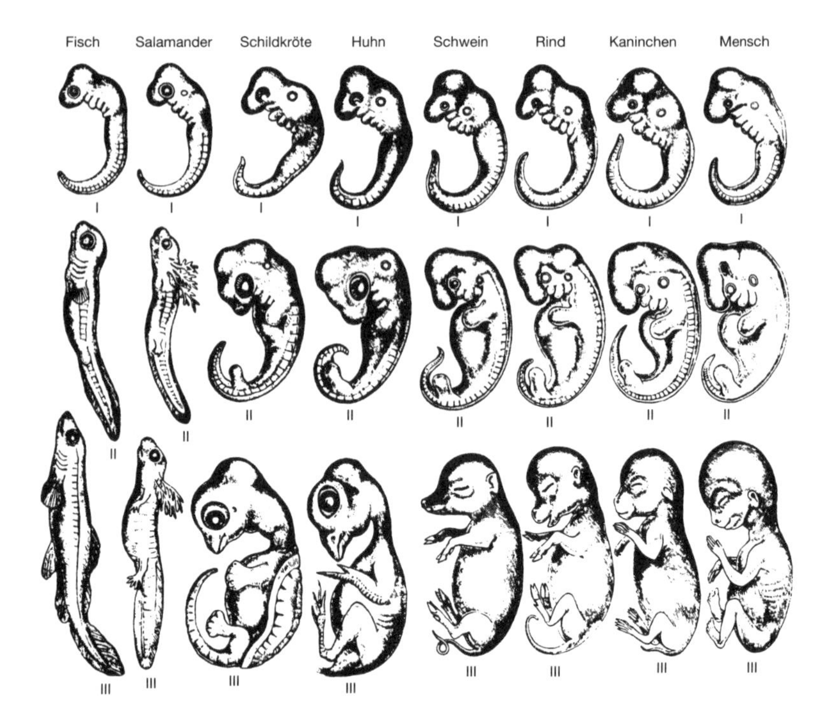

Abb. 2.8 Haeckels Darstellung von 1870 zeigt die Ähnlichkeit menschlicher Embryonen in drei vergleichbaren Entwicklungsstadien mit sieben anderen Wirbeltierarten auf. Haeckel hatte geschwindelt, indem er Hundeembryos anstelle der menschlichen verwendet hatte, sie waren diesen (die nicht verfügbar waren) jedoch so ähnlich, dass sie den Illustrationszweck genauso erfüllten. *Quelle*: Strickberger, Monroe W., *Evolution*, 1990, Jones and Bartlett, Publishers, Sudbury, MA. www.jbpub.com. Nachdruck mit freundlicher Genehmigung.

den einzelnen Ästen des Stammbaumes immer weiter aufspaltet. Dies führt dazu, dass wir die Wege der Evolution viel besser verstehen.

Rekapitulation. Mit »Rekapitulation« bezeichnet man das Auftauchen und spätere Verschwinden von Strukturen in der Embryonalentwicklung, wenn diese Strukturen in verwandten systematischen Gruppen auch bei den erwachsenen Formen erhalten bleiben. Der Begriff bezieht sich also auf den Verlust eines urtümlichen Merkmals in den späteren Embryonalstadien einer Ab-

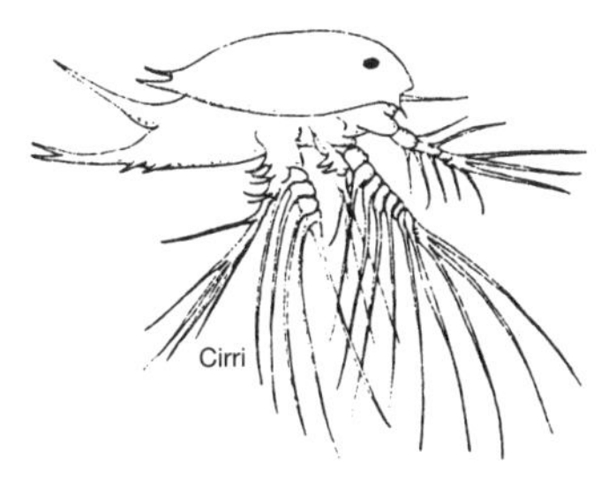

Nauplius (nach Costlow in Etkin und Gilbert).

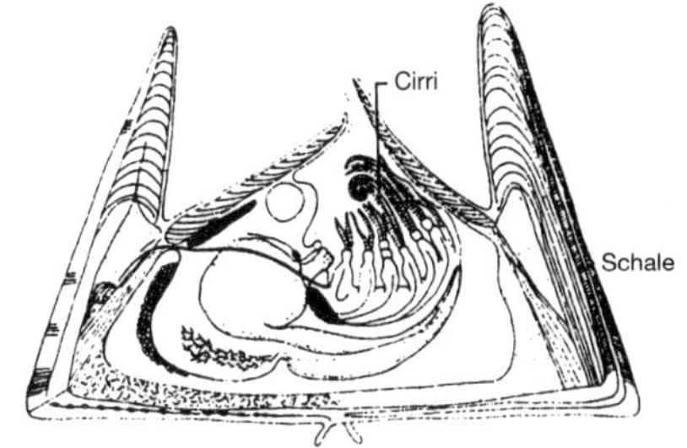

Balanus, ein Krebs (nach Barnes).

Abb. 2.9 Die frei schwimmenden Larvenstadien der Rankenfußkrebse (Cirripedia) ähneln denen anderer Krebstiere, aber die sesshaften erwachsenen Formen sehen derart anders aus, dass die ersten Zoologen sie für Weichtiere hielten. *Quelle*: Kelly, Mahlon G. und McGrath, John C. (1975). *Biology: Evolution and Adaptation to the Environment*. Houghton Mufflin.

stammungslinie, während das gleiche Merkmal bei den heutigen Arten anderer Abstammungslinien, die auf denselben gemeinsamen Vorfahren zurückgehen, noch vorhanden sind. Die Embryonen der Bartenwale haben beispielsweise in manchen Entwicklungsstadien noch Zähne, die aber später resorbiert werden und verschwinden. Dieses Auftauchen und Verschwinden urtümlicher Merkmale in aufeinander folgenden Embryonalstadien ist ein so auffälliges Phänomen, dass es den Anlass zu einer eigenen *Rekapitulationstheorie* lieferte. In der Embryologie gab es für derartige Beobachtungen zwei sehr unterschiedliche Interpretationen.

Nach der Theorie von Karl Ernst von Baer sind sich die Embryonen verschiedener Lebewesen in ihren ersten Entwicklungsstadien so ähnlich, dass man sie nicht identifizieren kann, wenn man ihre Herkunft nicht kennt. Während der Entwicklung nähern sie sich aber immer stärker der erwachsenen Form an, und damit entfernen sie sich immer weiter von den Entwicklungswegen anderer Arten. Von Baer fasste seine Ansicht in der bekannten Aussage zusammen, es gebe einen allmählichen Übergang vom Gleichförmigen, Allgemeinen zum Verschiedenartigen, Speziellen. Seine Erklärung wurde allgemein anerkannt. Aber diese Behauptung stand eindeutig im Widerspruch zu bestimmten Phänomenen während der Embryonalentwicklung. Warum entwickelten sich beispielsweise bei den Embryonen der Vögel und Säugetiere ganz ähnliche Kiemenspalten wie bei Fischembryonen? Kiemenspalten sind bei landlebenden Wirbeltieren kein allgemeineres Merkmal des Halsbereichs (siehe Abb. 2.8). Die Kiemenspalten der Embryonen hatte man schon in den neunziger Jahren des 18. Jahrhunderts entdeckt, also 70 Jahre bevor *Die Entstehung der Arten* erschien. Damals hatte man dafür nur eine Erklärung: die Große Seinskette, die *scala naturae*, in der alle Lebewesen als Reihe immer größerer »Vollkommenheit« von niederen Organismen über Fische und Reptilien bis hin zum Menschen angeordnet waren. Dies führte zu der Vorstellung, der Embryo wiederhole oder »rekapituliere« die Entwicklung von Lebewesen, die auf der *scala naturae* unter ihm stehen. Als der Begriff Evolution sich durchgesetzt hatte, formulierte Haeckel (1866) eine neue Definition: »Die Ontogenie ist die Wiederholung der Phylogenie.« Damit ging er eindeutig zu weit, denn ein Säugetierembryo sieht in keinem Entwicklungsstadium so aus wie ein ausgewachsener Fisch. Aber was bestimmte Merkmale wie die Kiemenspalten angeht, rekapituliert der Säugetierembryo tatsächlich einen älteren Zustand. Und solche Fälle von Wiederholung sind alles andere als selten. Die Larven der Rankenfüßer ähneln stark denen anderer Krebse (Abb. 2.9), und in vielen tausend Fällen weisen embryonale Strukturen, die bei der erwachsenen Form nicht mehr vorhanden sind, auf die Abstammung hin.

In der Embryologie stellt sich unausweichlich die Frage, warum die Embryonalentwicklung zum erwachsenen Zustand so oft einen so umständlichen Weg einschlägt, statt nicht mehr benötigte Strukturen des Embryos einfach zu beseitigen wie viele Höhlen bewohnende Arten, die keine Hautpigmente und keine Augen mehr besitzen. Den Grund entdeckte man durch embryologische Experimente: Wie sich herausstellte, dienen die urtümlichen Strukturen als »Organisatoren« für die nachfolgenden Entwicklungsschritte. Entfernt man beispielsweise bei einem Amphibienembryo den Ductus der Vorniere, entwickelt sich später keine Urniere. Und wenn man den Mittelstreifen des Urdarmdaches herausnimmt, entwickeln sich später weder Notochord noch Nervensystem. Die »nutzlose« Vorniere und der Mittelstreifen werden also rekapituliert, weil sie eine unentbehrliche Funktion erfüllen: Sie organisieren im Embryo die Entwicklung später entstehender

Strukturen. Aus dem gleichen Grund bilden sich bei allen landlebenden Wirbeltieren in einem bestimmten Stadium der Embryonalentwicklung die Kiemenbögen. Zum Atmen dienen diese kiemenähnlichen Gebilde nie, aber sie werden im Laufe der weiteren Entwicklung tief greifend umgestaltet und dienen als Ausgangspunkt für viele Strukturen im Halsbereich von Reptilien, Vögeln und Säugetieren. Die Erklärung liegt auf der Hand: Das genetisch festgelegte Entwicklungsprogramm kann auf die älteren Entwicklungsstadien nicht verzichten und muss sie auf späteren Stufen so umgestalten, dass sie sich für die neue Lebensweise des Organismus eignen. Die Anlage eines urtümlichen Organs dient heute als somatisches Programm für die nachfolgende Entwicklung des umstrukturierten Organs (Mayr 1994). Rekapituliert werden immer ganz bestimmte Strukturen, aber nie die gesamte, ausgewachsene Form des Vorfahren.

Rudimentäre Strukturen. Viele Lebewesen besitzen Körperteile, die nicht oder nicht in vollem Umfang funktionsfähig sind. Beispiele sind der Blinddarm des Menschen, die Zähne bei Walembryonen und die Augen vieler Tiere, die in Höhlen leben. Solche rudimentären Strukturen sind Überbleibsel von Körperteilen, die bei den Vorfahren eine Funktion erfüllten, heute aber durch den Wechsel der jeweils besetzten ökologischen Nische stark zurückgebildet wurden. Wenn solche Strukturen wegen einer veränderten Lebensweise ihre Funktion verlieren, sind sie nicht mehr durch die natürliche Selektion geschützt, sodass sie allmählich abgebaut werden. Aufschlussreich sind sie, weil man an ihnen den früheren Evolutionsverlauf ablesen kann.

Diese drei Phänomene – Ähnlichkeit der Embryonen, Rekapitulation und rudimentäre Strukturen – werfen für jede kreationistische Erklärung unüberwindliche Schwierigkeiten auf, stehen aber vollständig im Einklang mit der Erklärung der Evolution, die sich auf gemeinsame Abstammung, Variation und Selektion gründet.

Biogeografie. Die Evolutionstheorie trug auch dazu bei, ein anderes großes Rätsel der Biologie zu lösen: die Frage nach der geografischen Verbreitung der Tiere und Pflanzen. Warum ist die Tierwelt beiderseits des Nordatlantiks, in Europa und Nordamerika, so ähnlich, während es auf den beiden Seiten des Südatlantiks, in Afrika und Südamerika, so große Unterschiede gibt? Warum sieht die Fauna in Australien so verblüffend anders aus als auf allen anderen Kontinenten? Warum kommen auf ozeanischen Inseln normalerweise keine Säugetiere vor? Lassen sich diese scheinbar willkürlichen Verteilungsmuster als Produkte einer Schöpfung erklären? Nicht ohne weiteres. Darwin wies jedoch nach, dass die heutige Verbreitung der Tiere und Pflanzen auf ihre frühere Ausbreitung von bestimmten Ursprungsorten aus zurückzuführen ist. Je länger zwei Kontinente getrennt waren, desto unterschiedlicher wurde ihre Lebenswelt.

Bei vielen Lebewesen beobachtet man eine so genannte diskontinuierliche Verbreitung. So findet man beispielsweise die Kamele und ihre Verwandten in zwei Kontinenten: in Asien und Afrika die echten Kamele, in Südamerika ihre engen Verwandten, die Lamas. Wenn man eine ununterbrochene Evolution unterstellt, muss zwischen den heute getrennten Gebieten ein Zusammenhang bestehen; mit anderen Worten: Eigentlich sollten Kamele in Nordamerika vorkommen, aber dort gibt es sie nicht. Diese Beobachtung führte zu der Schlussfolgerung, dass früher einmal Kamele in Nordamerika gelebt haben und als Bindeglied zwischen asiatischen und südamerikanischen Kamelen dienten, dass sie später aber ausstarben. Einige Zeit darauf wurde diese Vermutung bestätigt: Man entdeckte in Nordamerika viele Fundorte mit fossilen Kamelen aus dem Tertiär (Abb. 2.10). Auch die Gründe, warum die Tierwelt in Nordamerika und Europa so ähnlich ist, verstand man eigentlich erst nach der Entdeckung, dass es im frühen Tertiär vor 40 Millionen Jahren zwischen den beiden heute getrennten Kontinenten eine breite Landbrücke quer über den Nordatlantik gab, die einen lebhaften Austausch von Tierarten ermöglichte. Afrika und Südamerika dagegen trennten sich durch die Kontinentalverschiebung schon vor rund 80 Millionen Jahren, und während der nachfolgenden langen Isolation entwickelten sich ihre Tierbestände beträchtlich auseinander. Immer wieder lassen sich rätselhafte Verbreitungsmuster als Folge der gemeinsamen Abstammung und manchmal auch des späteren Aussterbens erklären. Damit liefert die Evolutionstheorie die Erklärung für viele zuvor verwirrende Beobachtungen.

Ausbreitung. Die einzelnen biologischen Arten haben vielfach sehr unterschiedliche Fähigkeiten, sich auszubreiten. Mehr als 100 Vogelarten aus Neuguinea haben eine so starke Abneigung gegen das Überwinden von Wasserflächen, dass man sie auf keiner einzigen Insel findet, die mehr als eineinhalb Kilometer von der Festlandküste entfernt ist. Andererseits verbreiten sich manche Arten auf geradezu wundersame Weise. Die Echsenfamilie Iguanidae ist auf Nord- und Südamerika beschränkt, mit Ausnahme einer Gattung (mit zwei Arten), die man in der Südsee auf den Fidschi- und Tongainseln findet (Abb. 2.11). Es handelt sich um endemische Arten, das heißt, sie wurden nicht von Menschen eingeschleppt. Für ihr Auftauchen auf diesen Inseln gibt es nur eine Erklärung: Sie müssen vor langer Zeit mit Treibholz und Strandgut durch Meeresströmungen dorthin gelangt sein. Dass diese Pioniere eine mehrere tausend Kilometer lange Seereise überlebten, ist eigentlich fast unglaublich. Selbst wenn sie zunächst den Osten Polynesiens besiedelten und dort später von den menschlichen Bewohnern ausgerottet wurden, war es eine höchst bemerkenswerte Leistung. Aber eine alternative Erklärung gibt es nicht, und es sind auch andere Fälle dokumentiert, in denen Tiere sehr lange auf Treibholz am Leben blieben.

Mit Unterschieden in der Ausbreitungsfähigkeit lassen sich die meisten scheinbaren Unstimmigkeiten bei der Verbreitung erklären. Säugetiere (mit Ausnahme der Fledermäuse) sind dafür bekannt, dass sie Wasserbarrieren schlecht überwinden können, und deshalb kommen sie auf ozeanischen Inseln in der Regel nicht vor. Aus dem gleichen Grund ist auch die Wallace-Linie im Malaiischen Archipel, die zwischen den Großen Sundainseln im Westen und den Kleinen Sundainseln mit Sulawesi im Osten verläuft, für Säugetiere eine wichtige biogeografische Grenze, die aber für Vögel und Pflanzen viel weniger gilt (Abb. 2.12). Eigentlich trennt diese Linie das Kontinentalschelf der Sundainseln von den tieferen Gewässern im Osten. Die Säugetiere sind auf die Landmasse des Kontinentalsockels beschränkt, viele Vögel und Pflanzen dagegen können Wasserflächen recht einfach überwinden.

Lücken in der Verteilung. Die Verbreitungsgebiete mancher Taxa sind durch Lücken unterbrochen, in denen kein Vertreter des jeweiligen Taxons vorkommt. Solche Lücken können auf zweierlei

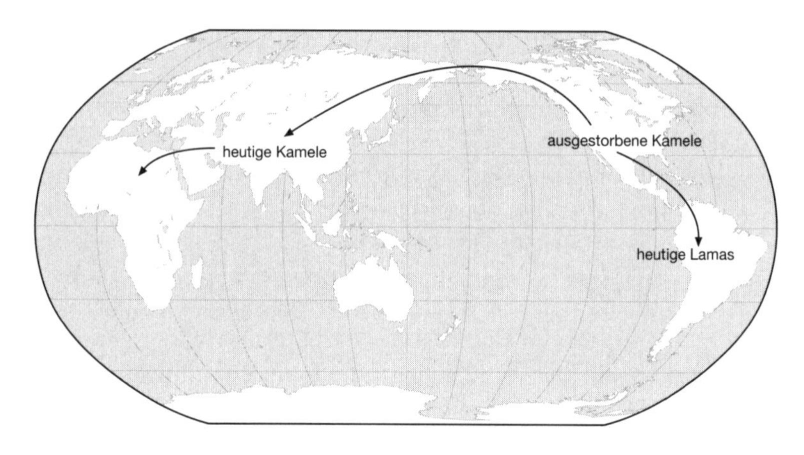

Abb. 2.10 Die Verbreitungsgebiete der heutigen Tiere aus der Kamelfamilie sind weit voneinander getrennt (Asien und Südamerika). Nachdem man in Nordamerika viele fossile Kamele aus dem Tertiär entdeckt hatte, war die früher ununterbrochene Verbreitung der Gruppe nachgewiesen.

Weise entstehen. Wie wir bereits erfahren haben, fehlt in Nordamerika die Familie der Kamele, weil sie dort ausgestorben sind. Ursprünglich reichte ihr Verbreitungsgebiet ohne Unterbrechung von Asien bis nach Südamerika. Dies bezeichnet man als Vikarianzhypothese. Die meisten Diskontinuitäten auf Kontinenten sind offensichtlich Reste einer einstmals kontinuierlichen Verbreitung. Viele Arten aus der Arktis konnten beispielsweise auf dem Höhepunkt der Vereisung im Pleistozän die Alpen und die Rocky Mountains besiedeln, und heute, nachdem das Eis sich zurückgezogen hat, sind nur Reste von ihnen noch in Hochgebirgsregionen vorhanden, weitab von den Populationen ihrer Spezies im Nordpolargebiet.

Andere Unterbrechungen des Verbreitungsgebietes waren von Anfang an vorhanden. Sie entstanden, wenn Angehörige einer Spezies unwirtliche Gebiete (zum Beispiel Wasser, Gebirge oder eine Region mit ungeeigneter Vegetation) überwanden und außerhalb des bisherigen Verbreitungsgebietes eine neue Gründerpopulation bildeten. Solche Diskontinuitäten der Verbreitung sind insbesondere für Insellagen charakteristisch. Die Taxa der Galapagosinseln hatten nie ein ununterbrochenes Verbreitungsgebiet, das bis nach Südamerika, ihre Ursprungsregion, gereicht hätte.

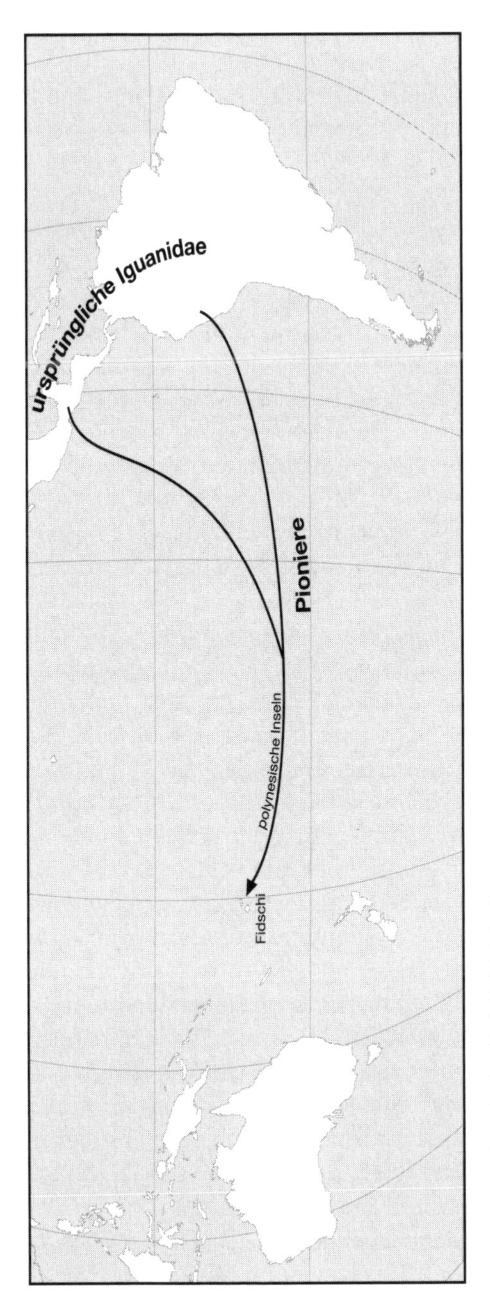

Abb. 2.11 Eine extreme Ausbreitungsleistung. Die Reptilienfamilie der Iguanidae kommt nur in Nord- und Südamerika vor, mit Ausnahme von zwei Arten der Gattung *Brachylophus*, die Tausende von Kilometern entfernt in Westpolynesien (Fidschi, Tonga) zu Hause sind. Sie können von Südamerika nur mit Treibholz auf die Inseln gelangt sein.

Alle Arten in der Lebenswelt des Archipels erreichten die Inselgruppe über die 1000 Kilometer breite Wasserbarriere zwischen den beiden Gebieten. Für Kreationisten ist eine solche unregelmäßige Verbreitung nicht rational zu erklären, mit einer historischen evolutionsorientierten Begründung dagegen steht sie völlig im Einklang.

Molekularbiologische Belege. Es war eine der unerwarteten, glücklichen Entdeckungen der Molekularbiologie, dass Moleküle genauso eine Evolution durchmachen wie Körperstrukturen. Je enger zwei Lebewesen verwandt sind, desto ähnlicher sind sich, insgesamt betrachtet, auch ihre Moleküle. Früher bestanden in vielen Fällen beträchtliche Zweifel über die Verwandtschaftsverhältnisse zwischen verschiedenen Arten, weil die morphologischen Befunde mehrdeutig waren; heute offenbart sich durch die Untersuchung ihrer Moleküle die tatsächliche Verwandtschaft. Deshalb wurde die Molekularbiologie zu einer der wichtigsten Quellen für Erkenntnisse über stammesgeschichtliche Verwandtschaftsbeziehungen.

Gene – oder genauer gesagt: die Struktur der Moleküle, aus denen sie bestehen – unterliegen genau wie makroskopische Strukturen dem entwicklungsgeschichtlichen Wandel. Durch den Vergleich homologer Gene und anderer homologer Moleküle verschiedener biologischer Organismen kann man feststellen, wie ähnlich sie sich sind. Allerdings verändern sich die einzelnen Molekültypen in der Evolution unterschiedlich schnell. Bei manchen – beispielsweise den Fibrinopeptiden – geht der Wandel sehr rasch vonstatten, andere, beispielsweise die Histone, verändern sich sehr langsam. Die Abstammungslinien von Menschen und Schimpansen trennten sich vor sechs bis acht Millionen Jahren, und doch sind die höchst komplexen Hämoglobinmoleküle beider Arten noch heute praktisch gleich. Eines ist besonders erfreulich: Wenn man eine stammesgeschichtliche Verwandtschaft auf Grund von Morphologie oder Verhalten nachgewiesen hat, stellt sich in der Regel heraus, dass sie praktisch genau mit jenen Verwandtschaftsverhältnissen übereinstimmt, die ausschließlich auf Grund molekularer Merkmale ermittelt wurden.

Ein Vergleich der Befunde aus beiden Fachgebieten ist besonders dann hilfreich, wenn die Untersuchung des Körperbaus zu

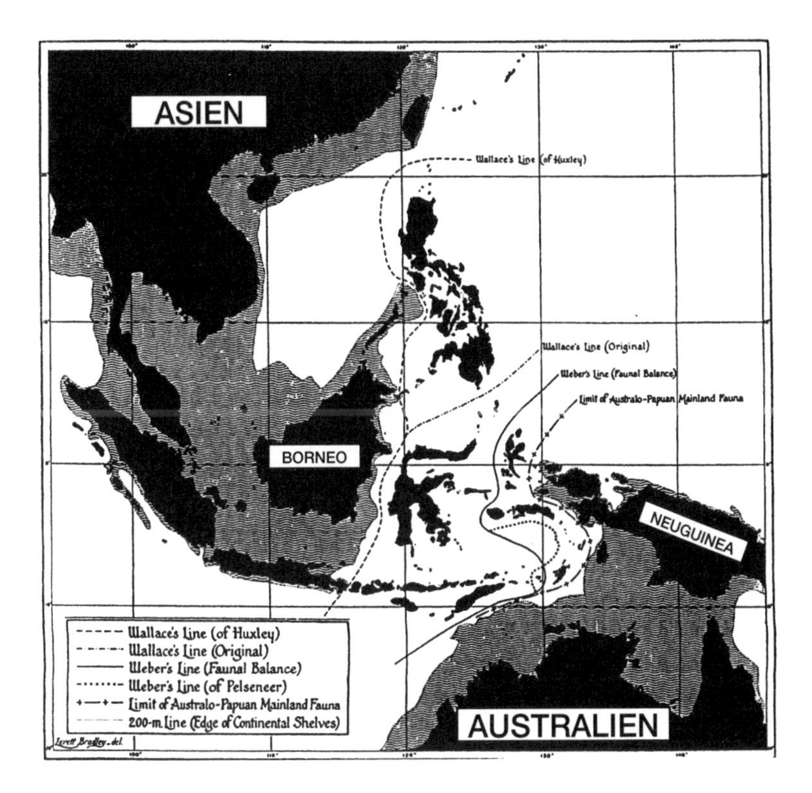

Abb. 2.12 Die Grenze zwischen indo-malaiischer und australisch-neuguineischer Tierwelt. Das schraffierte Gebiet im Westen ist das asiatische Kontinentalschelf (Sundaschelf), im Osten liegt das australische Schelf (Sahulschelf). Das Gebiet dazwischen, in dem es nie eine Landbrücke gab, wird als Wallacea bezeichnet. Die eigentliche Grenze (Gleichgewichtslinie) zwischen asiatischer und australischer Tierwelt ist die Weber-Linie. *Quelle*: Mayr, Ernst (1944). *Quarterly Review of Biology* 19(1): 1–14.

mehrdeutigen Ergebnissen geführt hat. In solchen Fällen kann man heute die molekularen Verwandtschaftsverhältnisse der fraglichen Taxa zur Prüfung heranziehen. Für solche Analysen stehen viele verschiedene Gene zur Verfügung. In manchen Fällen spiegeln dabei die molekularbiologischen Befunde die stammesgeschichtliche Entwicklung genauer wider als die Morphologie. Hier sollen nur zwei Fälle aus der Literatur der letzten Jahre erwähnt werden: Wie sich durch molekularbiologische Untersuchungen herausstellte, sind die südafrikanische Goldmulle und die Tenreks in Madagaskar keineswegs eng mit den Insektenessern (Insectivora) verwandt, jener Gruppe, der man diese Tiere auf Grund ihres Körperbaus herkömmlicherweise zugeordnet hatte. Umgekehrt verhält es sich mit den Bartwürmern (Pogonophora) und den Igelwürmern (Echiurida), die immer als eigenständige Stämme galten: Hier wurde nachgewiesen, dass sie mit bestimmten Familien der Borstenwürmer (Polychaeta) enger verwandt sind als diese mit anderen Polychaetenfamilien. Auch die sehr enge Verwandtschaft des Menschen mit den Schimpansen und den anderen Menschenaffen ist durch molekularbiologische Befunde ebenso überzeugend belegt wie durch die körperlichen Merkmale.

Die große Bedeutung molekularbiologischer Analysen. Einer der wichtigsten Beiträge der Molekularbiologie zu unseren Erkenntnissen über die Evolution war die Entdeckung, dass die grundlegenden molekularen Gesetzmäßigkeiten, die für alle Lebewesen gelten, sehr alt sind. Der charakteristische Körperbau dagegen, den die einzelnen Stämme der Tiere, Pilze und Pflanzen angenommen haben, um in der von ihnen jeweils besetzten ökologischen Nische oder Anpassungszone zu überleben und zu gedeihen, ist insgesamt betrachtet erheblich jünger. Deshalb können wir solche angepassten Strukturen zwar nutzen, um die Tiere, Pilze und Pflanzen zu klassifizieren, aber sie sagen relativ wenig darüber aus, wie die Pilze mit Tieren und Pflanzen verwandt sind. So galten die Pilze herkömmlicherweise immer als Verwandte der Pflanzen, und ihre Untersuchung war die Aufgabe botanischer Institute. Zwar war es rätselhaft, dass ihre Zellwände aus Chitin bestehen, einer Substanz, die auch das Baumaterial aller harten Teile der Insekten bildet, bei Pflanzen aber ansonsten nicht vorkommt. Dies betrachtete man einfach als eine der typischen Ausnahmen, die in der Biologie so häufig sind. Erst die molekularbiologische Analyse zeigte, dass Pilze in vielen ihrer grundlegenden chemischen Eigenschaften sehr eng mit den Tieren verwandt sind.

Auch dass man in das Chaos der 50 bis 80 Stämme von »Protisten« allmählich ein wenig Ordnung bringen konnte, ist eine der großen Leistungen der Molekularbiologie (und auch der Untersuchung von Membranen und anderen Feinstrukturen). Durch die Analyse der traditionellen morphologischen Merkmale war es zuvor nicht gelungen, hier Klarheit zu schaffen. Ebenso war es vorwiegend molekularbiologischen Methoden zu verdanken, dass es gelang, die Ordnungen und Familien der Bedecktsamer (Angiospermen) in Verwandtschaftsgruppen einzuteilen. Der vielleicht größte Vorteil des molekularbiologischen Verfahrens besteht darin, dass man sehr viele potenzielle Merkmale untersuchen kann. Führt die Analyse eines bestimmten Gens zu mehrdeutigen Ergebnissen, kann man im Prinzip auf viele tausend andere Gene zurückgreifen, um einen vermuteten Zusammenhang zu bestätigen.

Die molekulare Uhr. Lange Zeit konnte man das erdgeschichtliche Alter vieler Abstammungslinien praktisch nicht feststellen, weil es keine geeigneten Fossilfunde gab. Aber wie Zuckerkandl und Pauling (1962) nachwiesen, wandeln sich viele – vielleicht die meisten – Moleküle über lange Zeiträume hinweg mit ziemlich konstanter Geschwindigkeit. Solche Moleküle können als *molekulare Uhren* dienen. Als Maßstab, mit dem sich eine bestimmte molekulare Uhr eichen lässt, dienen gut datierte Fossilien mit heute noch lebenden Nachkommen. Mithilfe der molekularen Uhr konnte man nachweisen, dass die Verzweigung zwischen Schimpansen und Menschen erst vor fünf bis acht Millionen Jahren stattgefunden hat und nicht vor 14 bis 16 Millionen Jahren, wie die zuvor allgemein anerkannte Lehrmeinung besagte.

Bei der Anwendung der molekularen Uhr muss man allerdings Vorsicht walten lassen, denn sie läuft bei weitem nicht mit so konstanter Geschwindigkeit, wie man häufig annimmt. Nicht nur verschiedene Moleküle wandeln sich unterschiedlich schnell, sondern auch die Wandlungsgeschwindigkeit eines bestimmten Molekültyps kann im Laufe der Zeit schwanken. In solchen Fällen spricht man von *Mosaikevolution.* Bei Unstimmigkeiten ist es immer ratsam, auch die Veränderungsgeschwindigkeit anderer Moleküle zu ermitteln und nach einem weiteren geeigneten Fossil zu suchen.

Die Evolution des gesamten Genotyps. Mit stark verbesserten Methoden ist es mittlerweile möglich, praktisch die vollständige DNA-Sequenz des gesamten Genoms eines Lebewesens zu ermitteln. Zunächst gelang dies bei mehreren Bakterien (Eu- und Archaebakterien) wie *Escherichia coli*, dann bei der Hefe *Saccharo-*

Tabelle 2.1 Genomgröße und DNA-Gehalt

Lebewesen	*Genomgröße (Basenpaare x 10^9)*	*codierende DNA (% des Gesamtgenoms)*
Bakterium (*Escherichis coli*)	0,004	100
Hefe (*Saccharomyces*)	0,009	70
Fadenwurm (*Caenorhabditis*)	0,09	25
Taufliege (*Drosophila*)	0,18	33
Molch (*Triturus*)	19,0	1,5–4,5
Mensch (*Homo sapiens*)	3,5	9–27
Lungenfisch (*Protopterus*)	140,0	0,4–1,2
Blütenpflanze (*Arabidopsis*)	0,2	31
Blütenpflanze (*Fritillaria*)	130,0	0,02

Quelle: Aus Maynard Smith und Szathmary (1995), S. 5.

myces, einer Pflanze (*Arabidopsis*) und mehreren Tieren, darunter der Fadenwurm (Nematode) *Ceanorhabditis* und die Taufliege *Drosophila* (Tabelle 2.1). Im Juni 2000 feierte man die vollständige Sequenzierung des menschlichen Genoms. Das Fachgebiet, das sich mit dem molekularen Aufbau des Genoms befasst, wird als *Genomik* bezeichnet.

Die so ermittelten Sequenzen dienen heute als Material für äußerst faszinierende vergleichende Untersuchungen. Die Gene (Sequenzen von Basenpaaren) machen zwar eine Evolution durch, aber für das Ausmaß des Wandels setzt die Funktion eines Gens enge Grenzen. Mit anderen Worten: Die Grundstruktur eines Gens bleibt in der Regel über Millionen von Jahren hinweg erhalten, und das schafft die Möglichkeit, die Stammesgeschichte jedes einzelnen Gens zu untersuchen. Das erstaunlichste Ergebnis solcher Studien war die Erkenntnis, dass man manche Gene, die bei höheren Lebewesen grundlegende Funktionen erfüllen, bis zu homologen Genen bei Bakterien zurückverfolgen kann. Viele Gene der Hefe *Saccharomyces*, des Wurmes *Caenorhabditis* und der Fliege *Drosophila* lassen sich auf das gleiche Vorläufergen zurückführen. Ein solches Gen muss nicht unbedingt bei allen Lebewesen, in denen es vorkommt, genau die gleiche Funktion erfüllen, aber seine Aufgaben werden immer ähnlich oder gleichwertig sein.

Die Entstehung neuer Gene. Bakterien und auch die ältesten Eukaryonten (Protisten) besitzen ein relativ kleines Genom (siehe Kasten 3.1). Damit erhebt sich die Frage: Durch welchen Vorgang kann ein neues Gen entstehen? Meist geschieht dies durch die Verdoppelung eines vorhandenen Gens, wobei die Kopie neben dem Ausgangsgen in das Chromosom eingebaut wird. Im Laufe der Zeit kann das neue Gen dann eine andere Funktion übernehmen; das ursprüngliche Gen mit seiner bisherigen Funktion wird dann als *orthologes Gen* bezeichnet. Anhand der orthologen Gene kann man die Stammesgeschichte aller Gene zurückverfolgen. Das neu hinzugekommene Gen, das nun neben dem Ausgangsgen vorhanden ist, nennt man *paralog.* Die Auseinanderentwicklung im Verlauf der Evolution ergibt sich zu einem großen Teil durch die Entstehung paraloger Gene. Manchmal ist von der Verdoppelung nicht nur ein einzelnes Gen betroffen, sondern ein ganzes Chromosom oder sogar ein vollständiges Genom.

Zusammenfassung

Wie in diesem Kapitel dargelegt wurde, liefern alle Teilgebiete der Biologie unwiderlegliche Belege für die Evolution. Oder, wie der berühmte Genetiker T. Dobzhansky es zu Recht formulierte: »Nichts in der Biologie hat einen Sinn, außer im Licht der Evolution.« Tatsächlich gibt es für die in diesem Kapitel beschriebenen Tatsachen keine andere natürliche Erklärung als die Evolution.

Vielleicht an keiner anderen Stelle hat das Evolutionsdenken zu mehr Klarheit und Erkenntnissen geführt als bei der Einteilung der verwirrenden Vielfalt der Lebewesen. Deshalb können wir heute in bemerkenswert vielen Einzelheiten den allmählichen Aufstieg der höheren Organismen (Pflanzen und Tiere) aus den einfachsten Lebensformen beschreiben. Diesem Aufstieg des Lebendigen ist das nächste Kapitel gewidmet.

Kapitel 3

DER AUFSTIEG DES LEBENDIGEN

Die Erde ist den Befunden von Astronomie und Geophysik zufolge vor rund 4,6 Milliarden Jahren entstanden. Anfangs eignete sich der junge, heiße, starker Strahlung ausgesetzte Planet nicht für das Leben. Bewohnbar wurde er nach den Schätzungen der Astronomen vor etwa 3,8 Milliarden Jahren, und ungefähr zu dieser Zeit entstand offenbar das Leben; wie es zu Beginn aussah, wissen wir allerdings nicht. Es bestand zweifellos aus Zusammenballungen von Makromolekülen, die sich Material und Energie aus den unbelebten Molekülen ihrer Umgebung und der Sonnenstrahlung beschaffen konnten. In diesem Frühstadium könnte das Leben durchaus mehrere Male entstanden sein, aber darüber ist uns nichts bekannt. Wenn es mehrere Ursprünge des Lebens gegeben hat, sind die anderen Formen später ausgestorben. Das Leben, wie wir es heute auf der Erde antreffen, einschließlich der einfachsten Bakterien, geht offensichtlich auf einen einzigen Ursprung zurück. Dies zeigt sich sowohl am genetischen Code, der für alle – auch die einfachsten – Lebewesen gleichermaßen gilt, als auch an vielen Eigenschaften aller Zellen einschließlich der Mikroorganismen. Die ältesten fossilen Lebensformen hat man in Gesteinsschichten gefunden, die etwa 3,5 Milliarden Jahre alt sind. Diese ersten Fossilien ähneln Bakterien und gleichen sogar bemerkenswert stark einigen blaugrünen und anderen Bakterienarten, die es noch heute gibt (Abb. 3.1).

Der Ursprung des Lebens

Was kann man sonst noch über die Entstehung des Lebens berichten? Nach 1859 sagten einige Kritiker Darwins: »Dieser Darwin hat vielleicht die Evolution der Lebewesen auf der Erde er-

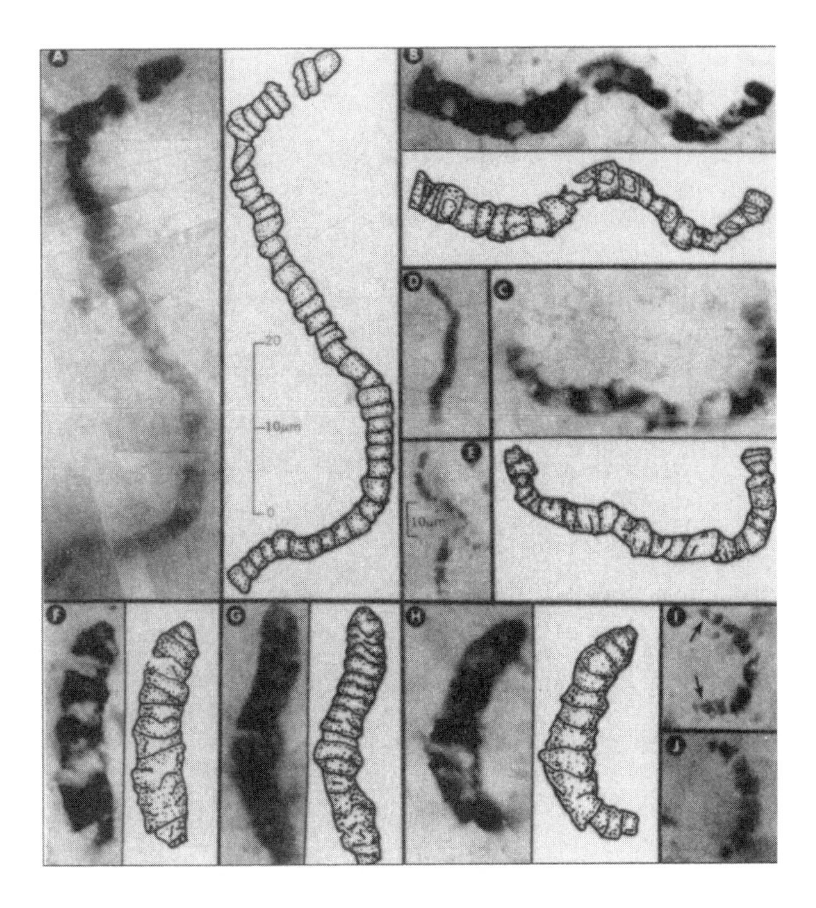

Abb. 3.1 Fossile Bakterien. Die ältesten Formen sind offenbar rund 3,5 Milliarden Jahre alt und haben sich bis heute kaum verändert. *Quelle*: Abdruck mit Genehmigung aus J. Williams Schopf, »Microfossils of the early Arcaean Apex chert: New evidence of the antiquitiy of life«, *Science* 260: 620-646, 1993. Copyright 1993, American Association for the Advancement of Science.

klärt, aber wie das Leben selbst entstanden ist, hat er nicht dargelegt. Wie kann unbelebte Materie plötzlich lebendig werden?« Tatsächlich war dies für die Darwinisten eine schwierige Frage, die sich offenbar während der gesamten folgenden 60 Jahre nicht beantworten ließ. Allerdings hatte schon Darwin selbst vorläufige Spekulationen über das Thema angestellt: »Alle Bedingungen für die Entstehung eines lebenden Organismus könnten… in einem kleinen warmen Tümpel geherrscht haben, in dem alle möglichen Ammoniak- und Phosphorsalze, Licht, Wärme und Elektrizität vorhanden waren.« (Darwin 1859) Nun ja: Später stellte sich heraus, dass die Sache nicht so einfach war, wie Darwin sie sich vorgestellt hatte.

Die Biosphäre

Seit Anbeginn des Lebens bestand eine dynamische Wechselbeziehung zwischen den Lebewesen und ihrer unbelebten Umgebung, insbesondere der Luft. Die Erde hatte in ihrer Frühzeit eine reduzierende (sauerstofffreie) Atmosphäre, die vorwiegend aus Methan, molekularem Wasserstoff, Ammoniak und Wasserdampf bestand. Zur Sauerstoffatmosphäre wurde sie erst später durch die Tätigkeit blaugrüner Bakterien (Cyanobakterien). Auch Kalkstein und andere Gesteinsformationen bezeugen die Auswirkungen der Lebewesen (zum Beispiel in Form von Korallenriffen) auf die Umwelt.

In den Wechselwirkungen zwischen der Tätigkeit der Lebewesen und den Reaktionen der unbelebten Umwelt besteht häufig ein Fließgleichgewicht. Ebenso wirken sich die Beziehungen zwischen verschiedenartigen Lebewesen tief greifend auf die Biosphäre aus. Eine verstärkte CO_2-Produktion durch einen gut gedeihenden Tierbestand ermöglicht eine verstärkte CO_2-Aufnahme durch die Pflanzenwelt. Die sauerstoffreiche Atmosphäre war offensichtlich eine entscheidende Voraussetzung für Entstehung und Erfolg der komplizierter gebauten Prokaryonten-Nachkommen: der Eukaryonten. Das Wechselspiel führt manchmal zu einem so gut ausbalancierten Gleichgewicht, dass einige Autoren eine *Gaia-Hypothese* formulierten: Danach bilden belebte und unbelebte Bestandteile der Welt ein ausgeglichenes, programmiertes System. Es gibt aber keine stichhaltigen Belege, dass ein solches »Programm« tatsächlich existiert, und die meisten Evolutionsforscher lehnen die Gaia-Hypothese ab. Sie führen die scheinbare Ausgeglichenheit vielmehr darauf zurück, dass die Lebewesen opportunistisch auf Veränderungen ihrer unbelebten Umwelt reagieren und umgekehrt.

Die ersten ernst zu nehmenden Theorien über den Ursprung des Lebens wurden in den zwanziger Jahren des 20. Jahrhunderts von Oparin und Haldane aufgestelllt. In den letzten 75 Jahren ist im Zusammenhang mit dieser Frage eine umfangreiche Literatur entstanden, und es wurden etwa sechs oder sieben konkurrierende Theorien über die Entstehung des Lebens vorgeschlagen. Bisher hat sich zwar noch keine Theorie als völlig zufrieden stellend erwiesen, aber das Problem erscheint heute nicht mehr so schwierig wie zu Beginn des 20. Jahrhunderts. Man kann mit Fug und Recht behaupten, dass es heute für die Entstehung des Lebens aus unbelebter Materie mehrere plausible Szenarien gibt. Um die verschiedenen Theorien zu verstehen, braucht man eine ganze Menge biochemisches Fachwissen. Ich möchte dieses Buch nicht mit solchen Einzelheiten überfrachten und verweise deshalb auf Spezialliteratur, die sich mit dem Ursprung des Lebens befasst (Schopf 1999; Brack 1999; Oparin 1957; Zubbay 2000).

Die ersten Pioniere des Lebens auf der Erde hatten zwei große (und mehrere kleinere) Probleme zu lösen: Erstens mussten sie sich Energie beschaffen, und zweitens mussten sie sich reproduzieren. Die Erdatmosphäre enthielt zu jener Zeit praktisch keinen Sauerstoff. Energie stand aber in Form der Sonnenstrahlung und durch die Sulfide in den Ozeanen im Überfluss zur Verfügung. Wachstum und Energieaufnahme waren anscheinend nicht weiter schwierig. Es wurde sogar die Vermutung geäußert, Gesteinsoberflächen seien mit einem Film überzogen gewesen, in dem Stoffwechsel ablief, sodass er wachsen, sich aber nicht vermehren konnte. Schwieriger war also die Erfindung der Reproduktion. Bekanntermaßen ist heute die DNA das Molekül, das (außer bei einigen Viren) für die Fortpflanzung unentbehrlich ist. Aber wie konnte sie überhaupt diese Funktion übernehmen? Dafür gibt es keine gute Theorie. Die RNA dagegen hat enzymatische Fähigkeiten und könnte wegen dieser Eigenschaft selektioniert worden sein; ihre Reproduktionsfunktion wäre demnach zweitrangig. Heute nimmt man an, dass es vor der DNA- eine RNA-Welt gab. In der RNA-Welt fand offensichtlich bereits Proteinsynthese statt, aber die war bei weitem nicht so effizient wie jene, die von der DNA gesteuert wird.

Trotz aller theoretischen Fortschritte, die man im Zusammenhang mit der Frage nach dem Ursprung des Lebens erzielt hat, bleibt eine schlichte Tatsache: Bisher ist es niemandem gelungen, Leben im Labor herzustellen. Dazu wäre nicht nur eine sauerstofffreie Atmosphäre erforderlich, sondern vermutlich auch andere ungewöhnliche Bedingungen (Temperatur, die chemische Zusammensetzung des Mediums), die man bisher nicht rekonstruieren konnte. Es muss sich um eine flüssige (wässrige) Umgebung gehandelt haben, die vielleicht dem heißen Wasser rund um die Vulkanschlote am Meeresboden ähnelte. Vermutlich wird man noch viele Jahre lang weiter experimentieren müssen, bevor es einem Labor tatsächlich gelingt, etwas Lebendiges zu erzeugen. Allerdings kann die Entstehung des Lebens auf der Erde nicht allzu schwierig gewesen sein, denn sie fand offensichtlich bereits vor 3,8 Milliarden Jahren statt, also offenbar sobald die Bedingungen sich überhaupt für lebendige Wesen eigneten. Leider besitzen wir keine Fossilien aus dem 300 Millionen Jahre langen Zeitraum vor 3,8 bis 3,5 Milliarden Jahren. Die ältesten fossiltragenden Gesteine, die man kennt, sind 3,5 Milliarden Jahre alt und enthalten bereits eine bemerkenswert vielfältige Lebenswelt aus Bakterien. Wie ihre Vorfahren in den 300 Millionen Jahren davor aussahen, davon haben wir keine Ahnung (und da es keine Fossilien gibt, wird es vermutlich auch dabei bleiben).

Die Entwicklung der Lebensvielfalt

Prokaryonten

Das Leben auf der Erde entstand vor rund 3,8 Milliarden Jahren. Die ersten Lebewesen waren Prokaryonten (Bakterien): Ihre ältesten Fossilien begegnen uns in Gesteinsschichten, die 3,5 Milliarden Jahre alt sind. Während der nächsten Milliarde Jahre bestand das Leben auf der Erde ausschließlich aus Prokaryonten. Diese unterscheiden sich von den höheren Lebewesen oder Eukaryonten (Organismen, deren Zellen einen Zellkern besitzen) in zahlreichen Eigenschaften, die man am besten als Fehlen der charakteristischen Merkmale von Eukaryonten deutlich macht (siehe Kasten 3.1). Die Bakterien sind äußerst vielgestaltig und tragen Namen wie Cyanobakterien, gramnegative und grampositive Bakterien, Purpurbakterien oder Archaebakterien. Wie sie untereinander verwandt sind und wie man sie einteilen soll, ist auch heute noch umstritten.

Dass es in dieser Frage keine Einigkeit gibt, hat zwei wichtige

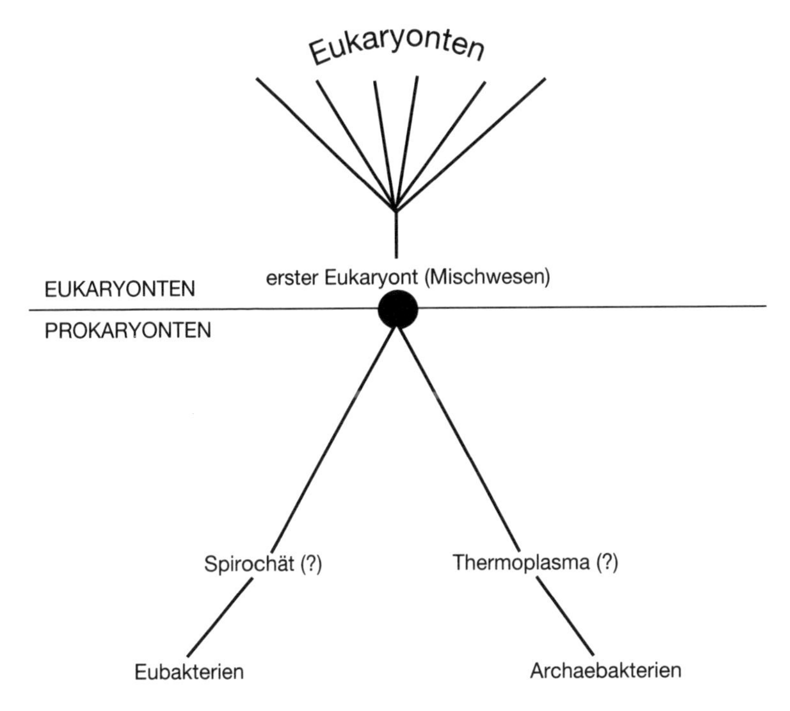

Abb. 3.2 Ein Modell für die Entstehung des ersten Eukaryonten; er bildete sich als Mischwesen aus einem Eubakterium und einem Archaebakterium.

Gründe. Erstens gibt es bei Bakterien weder biologische Arten noch sexuelle Fortpflanzung. Stattdessen tauschen sie Gene und manchmal auch ganze Gengruppen durch einen als *horizontale Übertragung* bezeichneten Vorgang aus. Ein Bakterium kann beispielsweise insgesamt zu einer bestimmten Untergruppe wie den gramnegativen Bakterien gehören und dennoch eine charakteristische Gruppe von Genen aus einer ganz anderen Untergruppe besitzen. Deshalb ist es schwierig und in manchen Fällen vielleicht sogar völlig unmöglich, hier einen ebenso geordneten, hierarchischen Stammbaum zu konstruieren wie bei den Eukaryonten. Und zweitens gibt es Meinungsverschiedenheiten, weil die Fachleute zu zwei sehr unterschiedlichen taxonomischen Denkschulen gehören. Die traditionelle Einteilung der Prokaryonten folgt dem herkömmlichen Prinzip, alle systematischen Gruppen (Taxa) nach dem Ausmaß ihrer Unterschiede anzuordnen. Andere dage-

Kasten 3.1 Unterschiede zwischen Pro- und Eukaryonten

Man kennt heute etwa 30 allgemeine Unterschiede zwischen Pro- und Eukaryonten. Die Abweichungen zwischen Archaebakterien und anderen Bakterien erscheinen im Vergleich dazu relativ gering.

Eigenschaft	*Prokaryonten*	*Eukaryonten*
Zellgröße	klein, ca. 1–10 pm	groß, meist 10–100 pm
Zellkern	nicht vorhanden, nur Nukleoid (Kernäquivalent)	vorhanden, von einer Membran umhüllt
endoplasmatisches Membransystem	nicht vorhanden	endoplasmatisches Reticulum und Golgi-Apparat
DNA	nicht im Komplex mit Proteinen	in Chromosomen organisiert, mit mehr als 50% Histonen und/oder anderen Proteinen
Organellen	keine membranumhüllten Organellen	in der Regel mit Organellen (Mitochondrien, Chloroplasten usw.)
Stoffwechsel	vielgestaltig	meist aerob
Zellwand	bei Eubakterien aus Peptidoglycanen (Protein)	aus Cellulose oder Chitin; fehlt bei Tieren
Fortpflanzung	durch Zweiteilung oder Knospung	bei Tieren und Pflanzen durch sexuellen Zyklus mit Meiose und Befruchtung
Zellteilung	Zweiteilung	Mitose
genetische Rekombination	durch einseitige Genübertragung	durch Rekombination während der Meiose
Flagellen	rotierend, aus Flagellinproteinen	wellenförmig schlagende Cilien, vorwiegend aus Tubulin
Zellatmung	an den Membranen	in Mitochondrien
Umwelttoleranz	euryök	stenök
Fortpflanzungsgebilde	Exo- und Endosporen; unempfindlich gegen Austrocknung, Endosporen auch gegen Hitze	vielfältig je nach systematischer Gruppe: Zysten, Samen usw. Gegen Trockenheit und Wärme empfindlicher als die Bakterien
Spleißosomen, Peroxisomen, Lysosomen	nicht vorhanden	vorhanden

gen wenden das Henningsche Ordnungssystem an, das die Taxa auf Grund der Reihenfolge der Verzweigungspunkte im Stammbaum klassifiziert.

Diese Diskussion betrifft insbesondere die Zuordnung der Archaebakterien. Die Bakterien dieser Gruppe, die von Woese entdeckt wurde, unterscheiden sich in einigen Merkmalen auffällig von anderen Bakterien, besonders im Hinblick auf ihre Zellwand und die Struktur ihrer Ribosomen. In allen anderen Merkmalen jedoch sind sie typische Prokaryonten. Entsprechend stuft Cavalier-Smith (1998), ein führender Experte für die Klassifikation von Bakterien, die Archaebakterien als eine von vier Untergruppen der Bakterien ein. Nach seiner Ansicht sind ihre Unterschiede zu den anderen drei Typen nicht größer als die zwischen den meisten Gruppen der Protisten. Zwar haben sie mit den Eukaryonten die Struktur der Ribosomen und einige andere Merkmale gemeinsam. Aber der erste Eukaryont entstand durch eine Symbiose aus einem Archae- und einem Eubakterium, die dann ein Mischwesen bildeten (Abb. 3.2). Das ist der Grund, warum das neue Taxon der Eukaryonten die Eigenschaften von Archae- und Eubakterien in sich vereinigt (siehe Kasten 3.1).

Welche Eubakterien in dieser Entwicklung eine Rolle spielten, ist nur schwer festzustellen. Spirochäten müssen beteiligt gewesen sein und die Cilien geliefert haben. Nach Ansicht von Lynn Margulis sind schon in den einfachsten Protisten fünf verschiedene Bakteriengenome zu erkennen. Das erste Mischwesen nahm zweifellos durch einseitige Genübertragung weitere Genome auf. Da dies recht häufig geschah, und zwar auch zwischen entfernt verwandten Prokaryonten wie Eu- und Archaebakterien, ist es sehr schwierig, die Stammesgeschichte der Prokaryonten nachzuzeichnen.

Die Entstehung der Eukaryonten, das kann man mit Fug und Recht behaupten, war das wichtigste Ereignis in der gesamten Geschichte des Lebens auf der Erde. Sie ermöglichte die Entwicklung aller komplizierteren Lebewesen wie Pflanzen, Pilze und Tiere. Zellen mit einem Zellkern, sexuelle Fortpflanzung, Meiose und alle anderen einzigartigen Eigenschaften der weiter entwickelten Vielzeller sind Errungenschaften, die sich bei den Nachkommen der ersten Eukaryonten entwickelten.

Auch nachdem die Eukaryonten entstanden waren, blieben die

Prokaryonten in großer Vielfalt erhalten, und da sie sich von organischen Abfällen ernähren oder als Parasiten leben, nahm ihre Zahl vermutlich sogar noch zu. Manchen Berechnungen zufolge ist die Biomasse der Prokaryonten auf der Erde insgesamt ebenso groß wie die aller Eukaryonten.

Bakterien haben zahlreiche gemeinsame Eigenschaften, durch die sie sich von den Eukaryonten, den »höheren« Organismen, unterscheiden (Kasten 3.1): kein Zellkern; DNA in Gonophoren; keine proteinhaltigen Chromosomen; keine sexuelle Fortpflanzung; Zellteilung durch einfache Zweiteilung oder Knospung, aber ohne Mitose oder Meiose; rotierende Bakteriengeißeln aus dem Protein Flagellin; in der Regel kleine Zellen (1-10 µm), manchmal in kolonieartigen Aggregaten; keine Organellen (Mitochondrien usw.) in den Zellen.

Bei der Frage, wie man die reichhaltige Welt der Prokaryonten einteilen soll, sind die Experten unterschiedlicher Ansicht. Zur Untergruppe der Archaebakterien gehören Gattungen, die an extreme Umweltbedingungen wie heiße Quellen, Schwefelquellen oder Salzlaken angepasst sind, andere kommen aber auch an »normalen« Orten vor, beispielsweise im Meerwasser.

Die ältesten fossilen Prokaryonten (aus der Zeit vor 3,5 Milliarden Jahren) waren Cyanobakterien (siehe Abb. 3.1). Das Bemerkenswerteste an dieser Gruppe ist ihre morphologische Unveränderlichkeit. Etwa ein Drittel der frühesten fossilen Prokaryontenarten sind morphologisch nicht von heute lebenden Formen zu unterscheiden, und fast alle kann man den modernen Gattungen zuordnen. Diese Kontinuität kann eine ganze Reihe von Gründen haben. Bakterien pflanzen sich ungeschlechtlich fort, ihre Populationen sind sehr groß, und sie können unter ganz unterschiedlichen, häufig extremen Umweltbedingungen leben. Das alles dürfte die Stabilität begünstigen.

Eukaryonten

Nachdem es auf der Erde etwa eine Milliarde Jahre lang ausschließlich bakterielles Leben gegeben hatte, kam es zu dem vielleicht wichtigsten und einschneidendsten Ereignis in der Geschichte des Lebens: Die Eukaryonten entstanden. Eukaryonten unterscheiden sich auffällig von Prokaryonten, denn sie besitzen einen Zellkern, der von einer Membran umgeben ist und einzelne

Chromosomen enthält. Die Bildung des ersten Eukaryonten war ein wichtiger Schritt der Evolution. Durch Symbiose zwischen einem Archae- und einem Eubakterium entstand offensichtlich ein Mischwesen, aus dem der erste Eukaryont hervorging (siehe Abb. 3.2). Auf diese Entstehungsgeschichte kann man schließen, weil das Eukaryontengenom Bestandteile beider Bakteriengruppen enthält (Margulis 2000). In der Folgezeit nahm die neue Eukaryontenzelle verschiedene Symbionten als Organellen in ihre Zellen auf, beispielsweise die Mitochondrien und (bei Pflanzen) die Chloroplasten. Diese Organellen kamen vermutlich nacheinander hinzu, denn auch heute noch gibt es bestimmte einfache Eukaryonten, denen die Mitochondrien oder andere Bestandteile fehlen. Wie der Zellkern entstanden ist, in dem die Chromosomen in einer Membran eingeschlossen sind, ist bisher nicht geklärt. Für seinen Ursprung spielte Symbiose offenbar keine Rolle.

Die Mitochondrien leiten sich von der Untergruppe Alpha der Purpurbakterien (Proteobakterien) ab, die Chloroplasten der Pflanzen dagegen von den Cyanobakterien. In welcher Reihenfolge die ersten Eukaryonten zusammengesetzt wurden und wie sie ihren Zellkern erwarben, ist nach wie vor umstritten. Eine Aufsehen erregende neue Theorie über die Entstehung des Zellkerns (Martin und Müller 1998) bedarf weiterer Überprüfung, bevor man sie als plausible Erklärung ansehen kann.

Protisten. Von den ersten Eukaryonten gibt es nur äußerst dürftige Fossilfunde. Kürzlich hat man jedoch in 2,7 Milliarden Jahre altem Gestein auch Lipide (Sterane) gefunden, ein Nebenprodukt des eukaryontischen Stoffwechsels. Anscheinend reicht der Ursprung der Eukaryonten also viel weiter zurück, als man zuvor angenommen hatte. Es ist allerdings auch nicht ganz auszuschließen, dass diese Moleküle aus jüngeren Schichtungen in das ältere Gestein gesickert sind; die meisten Geologen halten diese Möglichkeit jedoch für unwahrscheinlich. Ungefähr zur gleichen Zeit stieg auch die Menge des freien Sauerstoffs in der Atmosphäre an, und das trug offenbar entscheidend zur Entwicklung der Eukaryonten bei. Untersuchungen mit Hilfe der molekularen Uhr sprechen ebenfalls für eine frühzeitige Entstehung der Eukaryonten. Die ersten derartigen Organismen bestanden aus einer einzigen kernhaltigen Zelle mit oder ohne Organellen, und obwohl die einzelligen Eukaryonten eine sehr heterogene Gruppe sind, werden sie im Fachjargon in der Regel zusammenfassend als Protisten bezeichnet. Man teilt sie aber auch in mehrere Reiche (Protozoa, Cnemista usw.) ein, und auch die einfachsten Vertreter der höheren Taxa – Pflanzen, Pilze und Tiere – sind Einzeller. Manche Protisten, die heute in ihren Zellen keine Organellen mehr besitzen, haben diese offenbar erst später wieder verloren.

Nachdem die Eukaryonten vor rund 2,7 Milliarden Jahren entstanden waren, nahm ihre Formenvielfalt auffallend zu. Wie vielgestaltig die Protisten sind, zeigt sich daran, dass Margulis und Schwartz (1998) sie in nicht weniger als 36 Stämme einteilen. Dazu gehören Amöben, Mikrosporidien, Schleimpilze, Dinoflagellaten, Ciliaten, Sporozoen, Cryptomonaden, Flagellaten, Xanthophyten, Diatomeen, Braunalgen (manche davon vielzellig), Oomycota, Myxospora (Sporozoen), Rotalgen, Grünalgen, Radiolarien und rund 20 weniger bekannte Stämme. Wie unvollständig unsere Kenntnisse über die Verwandtschaftsbeziehungen zwischen den einzelligen Eukaryonten sind, ist jedoch an einer anderen modernen Klassifikation zu erkennen, welche die Protisten in 80 Stämme unterteilt. Die systematische Gruppe Protista dagegen gibt es wegen der großen Vielgestaltigkeit dieser Organismen offiziell nicht mehr. Dass wir von einer eindeutigen Klassifikation der Protisten noch weit entfernt sind, liegt auf der Hand; um sie zu erstellen, wird man die molekularbiologischen Methoden noch in weitaus größerem Umfang anwenden müssen.

Die ältesten fossilen einzelligen Eukaryonten (Protisten und Algen) stammen aus der Zeit vor rund 1,7 Milliarden Jahren; aber mit verschiedenen Methoden können wir den Schluss ziehen, dass sie in Wirklichkeit noch eine Milliarde Jahre früher entstanden sind. In dem Zeitraum vor 1,7 Milliarden bis 900 Millionen Jahren blieb die Formenvielfalt der ersten Eukaryonten offensichtlich recht gering, aber dann stieg sie rapide an, und in der Epoche des Kambriums findet man eine regelrechte Explosion der Mikrofossilien von Protisten.

Vielzeller. Vielzelliges Leben entstand während der Evolution mehrfach. Unter den Bakterien gibt es viele Vorläufer der Vielzeller. Der erste Schritt in Richtung Vielzelligkeit ist offenbar eine Größenzunahme, wie man sie bei mehr als einem Dutzend Gruppen einzelliger Protisten, Algen und Pilzen beobachtet. Sie hat in der Regel zur Folge, dass es unter den Zellen solcher Zusammenballungen zur Arbeitsteilung kommt, die schließlich zu einer echten vielzelligen Form führt.

Die ersten Eukaryonten bestanden aus einer einzigen Zelle. Protisten waren sogar lange Zeit als einzellige Eukaryonten definiert. Wie sich jedoch herausstellt, gibt es auch einzellige Pflanzen (die Grünalgen), einzellige Tiere (die Protozoen) und einzellige Pilze. Außerdem gehören zu systematischen Gruppen, die vorwiegend aus einzelligen Arten bestehen, auch einige ausgeprägt vielzellige Spezies wie die Braunalgen (Phaeophyta) und Rotalgen (Rhodophyta). Der Riesentang *Macrocystis*, der eine Länge von bis zu 100 Metern erreicht, ist ein Protist. Manche Formen vielzelligen Lebens sind in eigentlich einzelligen Taxa weit verbreitet. Selbst Bakterien lagern sich manchmal zu einer großen Zellenmasse zusammen. Ihren Höhepunkt erreichte die Vielzelligkeit der Organismen mit den drei großen Reichen der Pflanzen (Metaphyta), Pilze und Tiere (Metazoa). Ältere Klassifikationssysteme kennen Gruppen einzelliger Pflanzen (Algen), Pilze und Tiere (Protozoen), aber alle diese Einzeller ordnet man heute den Protisten zu.

Die Stammesgeschichte der Tiere

Wie die Stammesgeschichte der Tiere zu rekonstruieren sei, war lange Zeit umstritten. Schon bevor es die Evolutionstheorie gab, unterteilte Cuvier die lineare *scala naturae* des 18. Jahrhunderts in vier Stämme: Wirbeltiere, Weichtiere, Gliedertiere und Rädertiere (Kapitel 2). Schon bald erkannte man, dass Cuviers Rädertiere oder Radiata, zu denen die Hohltiere (Coelenteraten) und die Stachelhäuter (Echinodermata) gehörten, eine künstliche Kategorie waren; auch seine anderen Stämme wurden Schritt für Schritt weiter untergliedert. Schließlich teilte man die vielzelligen Tiere in etwa 30 bis 35 getrennte »Stämme« ein, das heißt, in übergeordnete Tiergruppen wie Schwämme, Hohltiere, Stachelhäuter, Gliederfüßer, Ringelwürmer, Weichtiere, Plattwürmer, Chordatiere sowie zahlreiche kleinere Stämme. Sie alle waren jeweils durch mehr oder weniger ausgeprägte Lücken voneinander getrennt. Nach 1859 wurde es zur Aufgabe der Evolutionsforscher, die Verwandtschaftsverhältnisse zwischen den Stämmen zu ermitteln und festzustellen, wie man sie in einem einzigen Stammbaum anordnen kann. Wie sahen die ersten vielzelligen Tiere aus, und aus welchen höheren Taxa gingen noch höhere Gruppen hervor? Solche Forschungen betrieben die auf Stammesgeschichte spezialisierten Wissenschaftler seit den sechziger Jahren des 19. Jahrhunderts sehr engagiert. Heute ist die Evolution der Tiere in groben Umrissen bekannt, aber viele Einzelheiten sind nach wie vor umstritten. Die offensichtlich nützlichste Einteilung stützt sich auf die traditionellen darwinistischen Klassifikationsprinzipien. Die systematischen Gruppen werden nicht anhand der Verzweigungspunkte, sondern je nach ihrer Ähnlichkeit gegeneinander abgegrenzt.

Fast alle diese Stämme tauchen am Ende des Präkambriums und zu Beginn des Kambriums, das heißt vor etwa 565 bis 530 Millionen Jahren, bereits in voll ausgeprägter Form auf. Man hat keine Fossilien gefunden, die zwischen ihnen stehen, und auch heute gibt es keine solchen Zwischenformen. Die Stämme scheinen also durch unüberbrückbare Lücken getrennt zu sein. Wie lassen sich diese Lücken erklären, und wie kann man sie schließen? Eine vorläufige Erklärung werde ich im weiteren Verlauf geben. Da die ersten Tiere keine Fossilien hinterließen, muss man ihre Stammesgeschichte durch die Untersuchung ihrer lebenden Nachkommen rekonstruieren. Der sorgfältige Vergleich von Morphologie und Embryonalentwicklung wirbelloser Tiere führte nach 100 Jahren zu einem einigermaßen stichhaltig begründeten Stammbaum der Tiere. Die Verwandtschaftsbeziehungen zwischen mehreren kleineren Stämmen sind aber nach wie vor nicht gesichert, und auch in einigen Grundfragen besteht bisher keine völlige Einigkeit. Eine Zeit lang sah es so aus, als blockierten Konvergenz, Parallelevolution, extreme Spezialisierung, Mosaikevolution, der Verlust wichtiger Merkmale und andere Phänomene jeden weiteren Fortschritt. Diese Sackgasse öffnete sich erst, als man neben den morphologischen Befunden auch molekularbiologische Merkmale heranzog.

Als man entdeckte, dass die Moleküle, aus denen die Gene bestehen, ebenso eine Evolution durchmachen und eine Stammesgeschichte haben wie morphologische Merkmale, wuchs die Hoffnung, man könne schon bald einen eindeutigen Stammbaum aller

Lebewesen aufstellen; molekularbiologische Befunde sollten die Entscheidung bringen, wenn die morphologischen Beobachtungen nicht eindeutig waren. Aber leider erwies sich die Sache als nicht ganz einfach, denn solche Überlegungen ließen das Phänomen der Mosaikevolution außer Acht. Jeder Bestandteil des Ge-

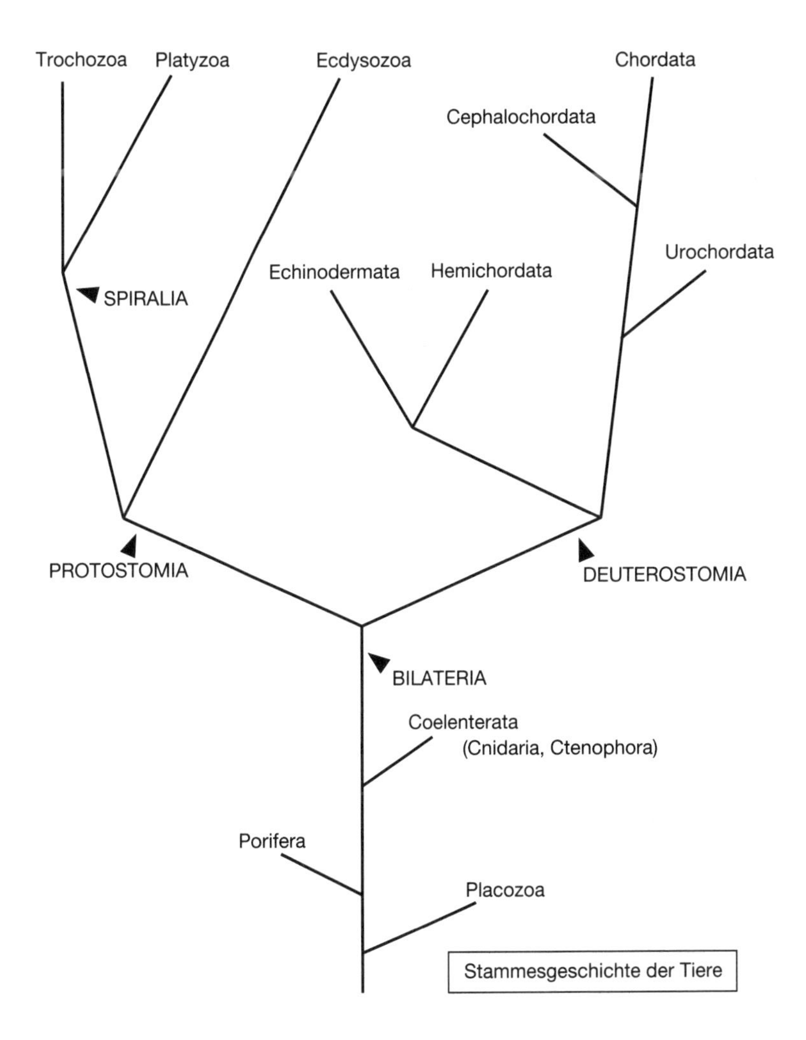

Abb. 3.3 Die mutmaßliche Stammesgeschichte der großen Tiergruppen. Näheres über die Anordnung der Protostomiergruppen im Haupttext. Einige vorläufig abgegrenzte Gruppen sind noch umstritten.

notyps kann sich bis zu einem gewissen Grade unabhängig von den übrigen Teilen weiterentwickeln. Versuche, die Stammbäume auf Grund der Evolution eines bestimmten Moleküls zu konstruieren, führten häufig zu Ergebnissen, die in eindeutigem Widerspruch zu umfangreichen morphologischen und anderen Indizien standen. Aus technischen Gründen handelte es sich bei den Molekülen, die man als Erste für solche Analysen verwendete, um ribosomale RNA und Mitochondrien-DNA. Leider sind aber gerade diese Moleküle in der Evolution sehr häufig eigene Wege gegangen. Insbesondere Stammbäume, die sich auf die 18S-RNA stützten, erwiesen sich oft als irreführend. In allen neueren molekularbiologischen Analysen stützen sich die Schlussfolgerungen auf die Untersuchung mehrerer Moleküle, darunter auch Gene im Zellkern. Aber solche gelegentlichen Fehlschläge schmälern den außergewöhnlich großen Beitrag der molekularbiologischen Befunde nicht. Mithilfe der neuen Erkenntnisse, die auf dem Fundament stichhaltiger Errungenschaften von Morphologie und Molekularbiologie aufbauen, können wir heute eine gut begründete Stammesgeschichte des Tierreiches konstruieren (Abb. 3.3). Man kann mit großer Zuversicht voraussagen, dass innerhalb der nächsten 15 Jahre praktisch Einigkeit über die Stammesentwicklung der Tiere herrschen wird. Schon jetzt sind nur noch sehr wenige Stämme übrig, deren Stellung als völlig unsicher gilt.

Vom ersten Tier zu den Bilateria

Das einfachste heute noch lebende vielzellige Tier ist *Trichoplax (Placozoa)*, ein Meeresbewohner, der eigentlich nur aus je einer Zellschicht auf Bauch- und Rückenseite besteht. Er vermehrt sich durch »Schwärmer«. Auf der nächsthöheren Stufe stehen die Schwämme (Porifera), deren Protisten-Vorfahren anscheinend die Choanomonaden waren. Molekularbiologische Analysen legen die Vermutung nahe, dass die Hohltiere (Coelenteraten), die den nächsten Schritt der Evolution repräsentieren, von den Schwämmen abstammen. Es ist aber auch denkbar, dass sie unabhängig aus einer anderen Protistengruppe hervorgegangen sind. Die beiden Stämme der Coelenteraten (Nesseltiere oder Cnidaria und Rippenquallen oder Ctenophora) sind radialsymmetrisch gebaut. Ihre Embryonen sind *diploblastisch*: Sie bestehen aus zwei Zellschichten, dem Ektoderm und dem Endoderm. Alle anderen vielzelligen Tiere werden als Bilateria oder Zweiseitentiere bezeichnet: Sie sind zweiseitig-symmetrisch gebaut und besitzen eine dritte Zellschicht, das Mesoderm; sie sind also *triploblastisch*.

Die Evolution der Bilateria

Über die Verwandtschaftsverhältnisse zwischen den Stämmen der Bilateria wurde über 100 Jahre lang gestritten. Welche Klassifikation man bevorzugte, hing vor dem Aufkommen der molekularbiologischen Analyseverfahren ausschließlich davon ab, welche Bedeutung man verschiedenen morphologischen Merkmalen beimaß. Als wichtigste Eigenschaft galt lange Zeit – fälschlich – das Vorhandensein oder Fehlen eines Coeloms (Körperhöhle). Die Plattwürmer (Platyhelminthes), die kein Coelom besitzen, hielt man für die Ausgangsgruppe der Bilateria, von der sich dann verschiedene andere Gruppen ableiteten. Diese Einteilung ist heute noch vielfach anerkannt (und gut begründet), aber auch die Ansicht, die Plattwürmer seien selbst eine abgeleitete Gruppe und hätten sowohl das Coelom als auch den Anus erst später verloren, wird mittlerweile häufig vertreten.

Das Coelom. Die ältesten Bilateria bestehen ausschließlich aus weichen Körperteilen. Sie kriechen über den Boden der Meere und anderer Gewässer. Die Bilateria der anderen, von ihnen abgeleiteten Gruppen können sich nicht nur zum Schutz in den Untergrund eingraben, sondern auch die in dieser ökologischen Nische verfügbaren, reichhaltigen Nährstoffquellen ausnutzen. Mit wellenförmigen Kontraktionen einer kräftigen Muskelschicht im Mesoderm schieben sie sich durch das weiche Material. Diese Art der Fortbewegung wird möglich, weil die Muskeln der Körperwand einen kräftigen Druck auf flüssigkeitsgefüllte Körperhöhlen ausüben. Bei manchen Stämmen ist Blut zwischen den verschiedenen Geweben die dazu erforderliche Flüssigkeit. Die meisten anderen besitzen besondere, flüssigkeitsgefüllte Hohlräume, die man als *Coelom* bezeichnet. Das hydrostatische System aus den Muskeln der Körperwand und dem Coelom bietet die notwendige Steifigkeit für die wellenförmige Fortbewegung.

Protostomier und Deuterostomier. Der nächste Schritt in der Höherentwicklung der Tiere war die Aufspaltung der Bilateria in die beiden Abstammungslinien der Protostomier und Deuterostomier. Bei den Protostomiern entwickelt sich der Urmund, der im Gastrulastadium der Embryonalentwicklung entsteht, zur Mundöffnung des ausgewachsenen Tieres, und der Anus bildet sich am Ende des Urdarms neu. Bei den Deuterostomiern dagegen stellt der endgültige Mund eine neu gebildete Öffnung dar, und der Urmund wird zum Anus (siehe Kasten 3.2). Außerdem unterscheiden sich die beiden Gruppen in der Bildung des Coeloms. Die Unterteilung in Protostomier und Deuterostomier ist eine sehr grundlegende Klassifikation der Tiere.

Zu den Protostomiern gehören die Ringelwürmer (Annelida), Weichtiere (Mollusca) und Gliederfüßer (Arthropoda) sowie eine Reihe kleinerer Stämme; Stachelhäuter (Echinodermata) und Chordatiere (Chordata) einschließlich der Wirbeltiere (Vertebrata) bilden zusammen mit drei kleineren Stämmen die Gruppe der Deuterostomier. Diese beiden großen Gruppen unterscheiden sich in mehreren grundlegenden Merkmalen. Die befruchtete Eizelle der meisten Protostomier entwickelt sich durch Spiralfurchung, das heißt, die Ebene der Zellteilung liegt diagonal zur senkrechten Achse des Embryos. Das Deuterostomierei dagegen entwickelt sich durch Radialfurchung (Abb. 3.4). Die Radialfurchung findet man aber auch bei manchen Protostomiern, beispielsweise bei

Kasten 3.2 Unterschiede zwischen Protostomiern und Deuterostomiern

Eigenschaft	*Protostomier*	*Deuterostomier*
Urmund (Blastopore)	wird zum Mund des ausgewachsenen Tiers	bildet sich später
Anus	bildet sich später	entsteht aus dem Urmund
Coelom	entsteht, falls vorhanden, als Schizocoel	entsteht als Enterocoel
Furchung der befruchteten Eizelle	meist Spiralfurchung	immer Radialfurchung
Entwicklung	determiniert	nicht determiniert
Larven	wenn vorhanden, mit abwärts gerichteten Cilienstreifen	mit aufwärts gerichteten Cilienstreifen

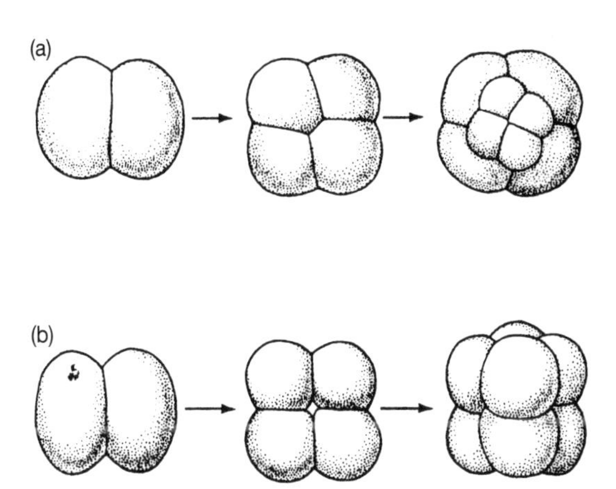

Abb. 3.4 Spiral- und Radialfurchung bei den ersten Furchungsteilungen der befruchteten Eizelle. *Quelle:* Freeman/Herron, *Evolutionary Analysis*, Copyright 1997. Nachdruck mit Genehmigung von Pearson Education, Inc., Upper Saddle River, NJ.

den Ecdysozoa. Die Furchung der meisten Protostomier-Eizellen ist *determiniert* – die endgültige Funktion jedes Teils der Zygote ist von Anfang an festgelegt. Bei den meisten Deuterostomiern dagegen ist die Furchung *nicht determiniert*: Hier behalten Zellen, die durch die ersten Furchungsteilungen entstehen, die Fähigkeit, sich zu einem vollständigen Embryo zu entwickeln.

Solange man ausschließlich auf morphologische Merkmale angewiesen war, blieb es umstritten, welche Stämme man den Proto- und Deuterostomiern zuordnen sollte. Noch unsicherer war man sich in der Frage, wie man die Protostomier mit ihren vielen Stämmen einteilen sollte. Bei diesen Problemen haben molekularbiologische Analysen für erheblich mehr Klarheit gesorgt. Man hat mittlerweile eine Reihe mathematischer Methoden entwickelt, mit denen sich molekularbiologische Befunde in Verzweigungspunkte zwischen Abstammungslinien umsetzen lassen. Das Verfahren zur Aufklärung stammesgeschichtlicher Verzweigungsmuster bezeichnet man als *kladistische* (oder genealogische) *Analyse*. Nützliche Erkenntnisse zum Nachweis von Verzweigungspunkten liefern nur abgeleitete Merkmale.

Bei den Protostomiern unterscheidet man in der Regel 24 Stämme. Unsicherheiten gibt es in der Frage, ob einige kleinere Gruppen wie Bartwürmer (Pogonophora), Igelwürmer (Echiura) oder Micrognathozoa den Rang eines Stammes haben oder ob sie eher als Klassen oder Unterstämme anzusehen sind. Die Stellung der meisten Stämme ist weitgehend anerkannt; nur für wenige, beispielsweise die Pfeilwürmer (Chaetognatha), bleibt sie unsicher. Die folgende Liste der Protostomierstämme findet weitgehende Zustimmung, kann jedoch nicht als endgültig betrachtet werden.

- Ecdysozoa
  - Panarthropoda
    - Onychophora (Stummelfüßer)
    - Tardigrada (Bärtierchen)
    - Arthropoda (Gliederfüßer)
  - Introverta
    - Kinorhyncha (Hakenrüssler)
    - Priapulida (Priapswürmer)
    - Loricifera
    - Nematoda (Fadenwürmer)
    - Nematomorpha (Saitenwürmer)
- Spiralia (Spiraltiere)
  - Platyzoa
    - Gastrotricha (Bauchhaarlinge)
    - Plathelminthes oder Platyhelminthes (Plattwürmer)
    - Gnathostomulida (Kiefermündchen)
    - Micrognathozoa
    - Rotifera-Acanthocephala (Rädertiere-Kratzer)
    - Cycliophora
    - Chaetognatha (Pfeilwürmer)
  - Trochozoa oder Lophotrochozoa
    - Brachiopoda (Armfüßer)
    - Bryozoa (Moostierchen)
    - Phoronida (Hufeisenwürmer)
    - Entoprocta (Kelchwürmer)
    - Sipuncula (Spritzwürmer)
    - Mollusca (Weichtiere)
    - Annelida und Pogonophora (Ringel- und Bartwürmer)
    - Echiura (Igelwürmer)
    - Nemertea (Schnurwürmer)

Man kann die Stämme der Protostomier vorläufig in zwei große Gruppen einteilen: Ecdysozoa und Spiralia. Alle Ecdysozoa machen eine Häutung (Ecdysis) durch. In diese Gruppe gehören mit den Gliederfüßern sowie den Fadenwürmern und ihren Verwandten einige der artenreichsten Tierstämme. Bei den Spiralia unterscheidet man zwei Hauptgruppen: solche, die als Mundapparat ein Lophophor (eine Anordnung aus Tentakeln) besitzen wie Moostierchen und Armfüßer, und jene, die sich über die Larvenform der Trochophore entwickeln (Ringelwürmer, Weichtiere und andere). Hier ordnet man vorläufig auch die Rädertiere und ihre Verwandten sowie die Schnur- und Plattwürmer ein.

Die meisten neuen Stämme sind durch »Knospung« entstanden, das heißt, sie haben ihren Ursprung in einem Seitenast eines großen Stammes und sind diesem in relativ kurzer Zeit so unähnlich geworden, dass man die Verwandtschaft nur noch mit molekularbiologischen Verfahren nachweisen kann. Der Ausgangspunkt mancher Stämme ist auch heute noch nicht endgültig gesichert.

Die Anwendung molekularbiologischer Methoden führte zu einer wichtigen Entdeckung: Komplizierte Merkmale wie Segmentierung, Coelom, Spiralfurchung und Trochophorenlarven sind kein so entscheidender Verwandtschaftsbeweis, wie man bis dahin angenommen hatte, denn sie können im Laufe der Evolution auch verloren gehen. So weisen beispielsweise viele Indizien darauf hin, dass die Vorfahren der Weichtiere und Bartwürmer einen gegliederten Körper aufwiesen und dass die Urahnen der Plattwürmer ein Coelom besaßen. Bestimmte Merkmale der Bartwürmer hatten lange für eine Verwandtschaft mit den Borstenwürmern (Polychaeta) gesprochen, andere Eigenschaften, die dies bestätigt hätten, fehlten jedoch – heute nimmt man an, dass sie bei den Bartwürmern später verschwunden sind. Glücklicherweise lassen die molekularen Eigenschaften in fast allen Fällen, in denen Merkmale scheinbar verschwunden sind, eine eindeutige Antwort zu.

Bei der Analyse der Merkmale dieser einzelnen Stämme stellte sich immer wieder heraus, dass sie jeweils von einem einzigen Vorfahren abstammen. Gliederfüßer und Ringelwürmer gehen beispielsweise auf einen Ur-Protostomier zurück. Protostomier und Deuterostomier sind Nachkommen eines früheren Zweiseitentieres. Tiere, Pflanzen und Pilze stammen von urtümlichen, einzelligen Eukaryonten ab, die Eukaryonten von noch älteren Bakterien und die wiederum von einem einzigen Ursprung des Lebens.

Manch einer findet solche Einzelheiten der biologischen Systematik vielleicht weniger interessant. Für den Evolutionsforscher machen sie aber deutlich, in welchen Schritten sich die heutige Vielfalt der Lebewesen entwickelt hat. Bestimmte Verzweigungsereignisse in der Vergangenheit führten zu Gruppen, die sich voneinander so stark unterscheiden wie Protostomier und Deuterostomier, und die charakteristischen Unterschiede zwischen den Taxa sind in der gesamten Folgezeit erhalten geblieben; in anderen Fällen tauchte ein Merkmal (zum Beispiel der segmentierte Körper) im Laufe der Zeit mehrmals auf und ging wieder verloren. Ein Überblick über die heutige Vielfalt höherer Taxa und die Erkenntnis, dass sich diese Vielfalt auf eine begrenzte Zahl von Vorfahren zurückverfolgen lässt, vermitteln ein beeindruckendes Bild vom Ablauf der Evolution.

Der Zeitrahmen für die Evolution der Tiere. Vor nicht allzu langer Zeit stammten die ältesten fossilen Tiere, die man kannte, vom Ende des Präkambriums vor 550 Millionen Jahren. Man glaubte, die üppige Aufspaltung der Tierstämme habe danach in der unglaublich kurzen Zeit von zehn bis 20 Millionen Jahren stattgefunden. Das war nicht plausibel, und tatsächlich hat es sich inzwischen als falsch herausgestellt.

Anfangs spielte sich das Leben ausschließlich im Wasser ab. Die ersten Landpflanzen stammen aus der Zeit vor 450 Millionen Jahren und die ersten Blütenpflanzen (Bedecktsamer) aus dem Trias vor über 200 Millionen Jahren. Die Insekten, heute die artenreichste Gruppe der höheren Lebewesen, entstanden vor mindestens 380 Millionen Jahren. Der Ursprung der Chordatiere liegt zwar 600 Millionen Jahre weit zurück, aber Landtiere (nämlich Amphibien) findet man erstmals in 460 Millionen Jahre alten Schichten. Aus ihnen gingen schon bald die Reptilien hervor, und aus Letzteren vor über 200 Millionen Jahren die Vögel und Säugetiere.

Das Kommen und Gehen der Stämme

In der Geologie unterscheidet man zwischen verschiedenen Perioden (Zeitaltern) der Erdgeschichte. Jede dieser Phasen ist durch das Aufblühen oder Aussterben ganz bestimmter Gruppen von Lebewesen gekennzeichnet. Der erste große Aufstieg der vielzelligen Eukaryonten fällt in das Zeitalter des Kambriums, das vor 543 Millionen Jahren begann. Die gesamte vorhergehende Erdgeschichte (von 4,6 Milliarden bis 543 Millionen Jahren) wird als Präkambrium bezeichnet, denn nach dem mutmaßlichen Zeitpunkt der Entstehung des Lebens vor 3,8 Milliarden Jahren gab es mindestens eine Milliarde Jahre lang ausschließlich Prokaryonten. Irgendwann während des Proteozoikums (vor 2,7 bis 1,7 Milliarden Jahren) entstanden die Eukaryonten, und bald danach gab es die ersten eukaryontischen Vielzeller. Sie hinterließen zwar keine Fossilien, aber wegen der weit fortgeschrittenen Evolution ihrer Nachkommen im Kambrium und auf Grund von Berechnungen mit der biologischen Uhr kann man den Schluss ziehen, dass sie so früh entstanden sein müssen. Die älteste fossile Tierwelt ist die Ediacara-Fauna vom Ende des Präkambriums vor 650 bis 543 Millionen Jahren.

Den Zeitraum vom Kambrium bis zur Gegenwart mit seinen vielen Fossilien bezeichnet man als Phanerozoikum. Ihn teilen die Paläontologen in die Zeitalter Paläozoikum, Mesozoikum und Känozoikum ein, und jedes dieser Zeitalter gliedert sich wiederum in mehrere kleinere Perioden. Der Übergang vom Paläozoikum zum Mesozoikum ist durch ein Massenaussterben am Ende des Perm gekennzeichnet; ein weiteres Massenaussterben fand zwischen Mesozoikum und Känozoikum am Ende der Kreidezeit statt.

Die Entstehung der vielzelligen Tiere und die kambrische Explosion

Lange Zeit glaubte man, der Ursprung der vielzelligen Tiere liege im Kambrium, das vor 543 Millionen Jahren begann. Innerhalb eines kurzen Zeitraumes tauchen in Gesteinsschichten aus dem frühen Kambrium Fossilien der meisten mit einem Skelett ausgestatteten Tierstämme auf. Zu den Formen, die zu jener Zeit auf der Bildfläche erschienen, gehören Armfüßer, Weichtiere, Gliederfüßer (Trilobiten) und Stachelhäuter. Dass so viele Tierstämme in dieser Periode scheinbar sehr plötzlich und gleichzeitig auftauchen, ist möglicherweise nur eine Täuschung, die auf ein anderes Evolutionsphänomen jener Zeit zurückzuführen ist. Die meisten derartigen Fossilien entdeckte man, weil sie ein Skelett besaßen, während ihre Vorfahren einen ganz und gar weichen Körper hatten. Aber dann entdeckte man in verschiedenen Regionen der Welt die Ediacara-Fauna, eine noch ältere Tierwelt aus dem späten Präkambrium (dem Vendium), und diese enthielt neben vielen fremdartigen Formen auch solche, die eindeutig mit den Tieren aus dem Kambrium verwandt waren. Manche Tiere dieser frühen Fauna aus dem Vendium kann man keinem heutigen Tierstamm zuordnen, aber sie alle starben noch vor dem Kambrium aus. Die ältesten triploblastischen Fossilien aus dieser Fauna wurden auf ein Alter von 555 Millionen Jahren datiert.

Wenn – was durchaus möglich erscheint – die scheinbar explosionsartige Vermehrung der Tierstämme im frühen Kambrium teilweise darauf zurückzuführen ist, dass eine bereits vorhandene große Vielfalt von Arten mit weichem Körper nun ein Skelett erwarb, stellt sich natürlich die Frage: Wie kam es, dass sich plötzlich in so vielen nicht verwandten Stämmen ein Knochengerüst entwickelte? Darauf gibt man in der Regel zwei Antworten. Erstens könnten chemische Veränderungen in der Erdatmosphäre (zum Beispiel eine Zunahme des Sauerstoffgehalts) und in der Zusammensetzung des Meerwassers stattgefunden haben, und zweitens könnten in der Evolution leistungsfähige natürliche Feinde entstanden sein, die ein schützendes Außenskelett notwendig machten. Vielleicht treffen auch beide Möglichkeiten zu.

Diese Phase der offensichtlich überbordenden Entstehung neuer Tierstämme war bald darauf zu Ende. Insgesamt erschienen im späten Präkambrium und frühen Kambrium rund 70 bis 80 grundlegende Körperbaupläne auf der Bildfläche, später kamen aber anscheinend keine neuen mehr hinzu. Zwar findet man die Vertreter mancher kleinen systematischen Gruppen, die einen weichen Körper hatten, erst unter den Fossilien aus späterer Zeit, aber dass sie im Kambrium fehlen, liegt eindeutig nur daran, dass sie nicht erhalten geblieben sind. Sechs Stämme heute lebender, kleiner wirbelloser Tiere hat man nie in fossiler Form gefunden.

Lange Zeit glaubte man, alle heute noch vorhandenen Tierstämme – insgesamt etwa 35 – seien in einer Phase von nur zehn Millionen Jahren zu Beginn des Kambriums entstanden. Wie lässt sich dieser kurzfristige, starke Schub der Neuerungen erklären? Forschungsergebnissen aus jüngerer Zeit zufolge beruht der Eindruck zum Teil auf einer Täuschung durch die Fossilfunde. Rekonstruiert man die Entstehungszeitpunkte der Tierstämme mit dem Verfahren der molekularen Uhr, gelangt man zu viel früheren Daten als anhand der Fossilien. Zwar weiß man, dass die molekulare Uhr bisweilen erheblich schneller läuft, aber die molekularbiologischen Befunde zwingen uns dennoch, für die Entstehung der Tierstämme nicht das Vendium (Präkambrium), sondern eine viel frühere Zeit anzunehmen. Auf Grund der Unterschiede zwischen 18 proteincodierenden Genloci schätzen Ayala et al. (1998), dass die Protostomier sich vor rund 670 Millionen Jahren von den Deuterostomiern trennten. Die Verzweigung zwischen Chordatieren und Stachelhäutern fand vor etwa 600 Millionen Jahren statt. Hohltiere und Schwämme entstanden noch früher: Vermutungen sprechen von einer Zeit vor mindestens 800 Millionen Jahren.

Während des gesamten Präkambriums brachte die große Formenvielfalt der Protisten vielzellige Nachkommen hervor, von denen manche sich später zu Pflanzen, Pilzen und Tieren weiterentwickelten. Viele von ihnen starben zwar aus, aber alle beherrschenden Gruppen, die heute für das Leben auf der Erde charakteristisch sind, entstanden zu jener Zeit. Ein Anhaltspunkt für ihr hohes Alter ist auch der komplexe Körperbau mancher Fossilien aus dem Kambrium, der bereits eine vorausgegangene Evolution von mehreren hundert Millionen Jahren erfordert. Dass die Vorläufertypen in den Schichten aus dem Präkambrium fehlen, lässt sich mit der Annahme erklären, dass die ersten vielzelligen Tiere mikroskopisch klein und weich waren. Dann konnten sie nicht nur keine Fossilien bilden, sondern wegen ihrer geringen Größe hinterließen sie noch nicht einmal Spuren auf oder in dem Untergrund.

Aber abgesehen von diesen Faktoren dürfte die anfängliche Evolution der Metazoen außergewöhnlich schnell verlaufen sein. Der Genotyp der ersten Metazoen unterlag wahrscheinlich noch nicht so engen Beschränkungen durch Regulationsgene wie bei ihren Nachkommen. Dies zeigt sich an der Fülle seltsamer Körperbaupläne, denen man bei den ersten Tieren dieser Gruppe begegnet. Nach dem frühen Kambrium führte die Vereinheitlichung

Tabelle 3.1 Mutmaßliche Entstehungszeit der großen Wirbeltiergruppen

Wirbeltierklasse	*Periode*	*Entstehungszeit*
Kieferfische	Ordovizium	vor 450 Millionen Jahren
Quastenflosser	Silur	vor 410 Millionen Jahren
Amphibien	Oberdevon	vor 370 Millionen Jahren
Reptilien	Oberkarbon	vor 310 Millionen Jahren
Vögel	Oberes Trias	vor 225 Millionen Jahren
Säugetiere	Oberes Trias	vor 225 Millionen Jahren

des Genotyps zu immer engeren Grenzen für die Möglichkeit, neue Strukturen hervorzubringen. Innerhalb der einzelnen Körperbaupläne blieb aber noch genügend Spielraum für eine große Variationsbreite – dies erkennt man an der Auseinanderentwicklung von Stachelhäutern, Gliederfüßern und Chordatieren, aber auch bei den Pflanzen an der Gruppe der Bedecktsamer (Angiospermen).

Die vielleicht wichtigste Schlussfolgerung aus solchen Befunden lautet: Alle großen Gruppen des Tierreiches waren im Kambrium, vor über 500 Millionen Jahren, bereits vorhanden – Diploblasten (Schwämme und Hohltiere), Triploblasten (Protostomier und Deuterostomier) sowie die wichtigsten Untergruppen der Protostomier, die Ecdysozoa und Spiralia (Tabelle 3.1). Rätselhafte Stämme, deren verwandtschaftliche Stellung völlig unklar wäre, gibt es nicht mehr. Selbst die merkwürdigen Conodonten, die unter den Fossilien aus dem Paläozoikum so stark auffallen, hat man mittlerweile als Chordatiere entlarvt. Auf der Ebene der Klassen bestehen noch beträchtliche Unsicherheiten; das gilt insbesondere für die Protisten, deren Stammesgeschichte nur sehr unzureichend aufgeklärt ist. Aber in den großen Zügen ist das Bild der Klassifikation und Evolution der Metazoen (Tiere) heute recht gut bekannt.

Die richtige Beurteilung von Merkmalen

Wie stichhaltig eine Klassifikation ist, hängt im Wesentlichen davon ab, dass man die Merkmale, auf die sie sich stützt, richtig beurteilt. Cuvier fasste die Hohltiere und Stachelhäuter wegen ihrer Radialsymmetrie zu einem höheren Taxon namens Radiata oder Rädertiere zusammen. Schon wenig später erkannte man jedoch, wie stark die beiden radialsymmetrisch gebauten Gruppen sich in allen anderen Eigenschaften unterscheiden, und nun wurde deutlich, dass die Radialsymmetrie der Stachelhäuter durch konvergente Evolution aus einem eigentlich zweiseitig-symmetrischen Körperbauplan hervorgegangen war. Ein charakteristisches Merkmal mehrerer Tierstämme – insbesondere der Ringelwürmer, Gliederfüßer und Wirbeltiere – ist die Segmentierung. Zahlreiche Indizien sprechen jedoch dafür, dass diese Eigenschaft in den drei genannten Gruppen unabhängig entstanden ist. Stößt man bei ansonsten recht verschiedenen Gruppen auf solche Ähnlichkeiten, muss man die Homologie stets sorgfältig überprüfen; nur so kann man feststellen, ob es sich dabei um konvergente Evolution handelt oder nicht. Eine konvergente Ähnlichkeit kann aber auch entstehen, wenn zwei nicht miteinander verwandte Gruppen unabhängig voneinander das gleiche Merkmal verlieren. So stammen beispielsweise nicht segmentierte Gruppen wie Weichtiere, Igelwürmer und Bartwürmer höchstwahrscheinlich von segmentierten Vorfahren ab.

Parallelophylie

Wenn Gruppen, die nicht miteinander verwandt sind, in der Evolution die gleichen Merkmale erwerben, kann das dazu führen, dass mehrere Abstammungslinien zusammengefasst werden – ein gutes Beispiel sind Linnaeus' »Fische«, zu denen er auch die Wale rechnete. Eine solche Polyphylie ist von der *Parallelophylie* zu unterscheiden, bei der mehrere Nachkommen desselben Vorfahren unabhängig voneinander das gleiche Merkmal erwerben (siehe Kapitel 10). In diesem Fall hat der Genotyp des Vorfahren, der allen Nachkommen gemeinsam ist, mehrfach unabhängig den gleichen Phänotyp hervorgebracht. Ein bekanntes Beispiel ist die Parallelevolution bestimmter afrikanischer Buntbarsche im Tanganyikasee, die auf ganz bestimmte Nahrung spezialisiert sind. Parallelophylie dürfte auch der Grund sein, warum Becken und Beine mancher zweibeinigen Dinosaurier aus der späten Kreidezeit so stark den gleichen Körperteilen der ebenfalls zweibeinigen Vögel ähneln. Diese Erklärung steht im Einklang mit der Annahme, dass die Vögel im Trias aus der Ursauriergruppe der Thecodonten hervorgegangen sind, die auch die Vorfahren der Dinosaurier waren und demnach vermutlich einen sehr ähnlichen

Genotyp mit den gleichen morphologischen Anlagen besaßen (Näheres in dem Abschnitt über den Ursprung der Vögel, Seite 90).

Stammesgeschichtliche Reihen

Nach der darwinistischen Lehre sollten die Fossilien in aufeinander folgenden Schichten eine ununterbrochene Reihe bilden. Aber wie schon Darwin selbst beklagte, stoßen wir bei den Fossilfunden fast immer auf Lücken: »Die Erklärung liegt aber, wie ich glaube, in der äußersten Unvollständigkeit der geologischen Urkunden.« Glücklicherweise hat sich der Fossilbestand seit 1859 dramatisch vermehrt, und heute können wir in vielen Fällen den allmählichen Wandel einer Art zu einer von ihr abgeleiteten Spezies Schritt für Schritt belegen; sogar der Übergang von einer Gattung zur anderen lässt sich nachweisen. Ein besonders eindrucksvolles Beispiel ist der Weg von der Reptiliengruppe der Therapsiden über die Cynodonten zu den Säugetieren. In dieser Abstammungslinie besitzen mehrere Cynodontengattungen bereits bestimmte Merkmale der Säugetiere, sodass man sie dieser Gruppe zuordnen könnte (siehe Abb. 2.1).

Eine noch vollständigere Stufenfolge stellt die Evolution der heutigen Pferde dar (siehe Abb. 2.3). Aus einer einzigen Übergangsgattung (*Merychippus*) gingen nicht weniger als neun neue Gattungen hervor, und eine davon, nämlich *Dinohippus*, entwickelte sich zum modernen Pferd (*Equus*) weiter. Eine sehr schöne Reihe von Zwischenformen führt auch von den Artiodactyla, einer Gruppe der Huftiere, zu ihren Nachkommen, den Walen (siehe Abb. 2.2). In den meisten Fällen sind neue Arten anscheinend durch die Abspaltung von Populationen entstanden, die am Rand ihres Verbreitungsgebietes isoliert waren, aber eine solche räumlich begrenzte Population ist in den Fossilfunden meist nicht zu erkennen. Sie erscheint plötzlich auf der Bildfläche und bleibt dann im Wesentlichen unverändert, bis sie ausstirbt. Besonders gut belegt ist diese Art der stammesgeschichtlichen Evolution für die Moostierchen der Gattung *Metaraptodos* (Cheetham 1987). Futuyma (1988) beschreibt sehr überzeugend zahlreiche solche Fälle mit nahezu vollständigen Abstammungsreihen.

Die Evolution der Pflanzen

Von den ältesten Pflanzen gibt es nur sehr spärlich Fossilien. Moose, die allgemein als einfachste heute lebende Landpflanzen gelten, fand man als Fossilien aus dem Devon, aber es gab sie sicher schon früher, ohne dass sie versteinert wären. Sie waren offensichtlich aus Armleuchteralgen der Gruppe Charophyceae entstanden. Für die Eroberung des lebensfeindlichen trockenen Landes dürften symbiontische Pilze eine wichtige Rolle gespielt haben. Die ältesten Gefäßpflanzen findet man im Silur. Im Paläozoikum (insbesondere im Karbon) waren Bärlappgewächse und Farne die beherrschenden Pflanzengruppen. Im Mesozoikum dominierten die Nacktsamer, vor allem Cycadeen und Nadelhölzer; die Bedecktsamer, heute die beherrschende Gruppe, erlebten erst in der Kreidezeit vor rund 125 Millionen Jahren ihren großen Aufstieg, obwohl sie schon im Trias entstanden waren (Taylor und Taylor 1993). Bisher wurden etwa 270000 Blütenpflanzenarten beschrieben, die man in 83 Ordnungen und 380 Familien einteilt. Mit einer Kombination aus morphologischen und molekularbiologischen Methoden hat man die Verwandtschaftsbeziehungen (das heißt die Stammesgeschichte) der Bedecktsamer-Ordnungen mittlerweile recht gut aufgeklärt. Die ganze gewaltige Formenvielfalt der Blütenpflanzen ist erst seit der Mitte der Kreidezeit entstanden, und zwar als Koevolution mit einer ganz ähnlichen Entwicklung von Mannigfaltigkeit bei den Insekten.

Die Entstehung der Wirbeltiere

Besucht man ein großes Naturkundemuseum, so findet man in weitläufigen Sälen die vielfältigen Formen der Fische, Amphibien, Schildkröten, Dinosaurier, Vögel und Säugetiere. In der Zoologie fasst man alle diese Lebewesen zum Unterstamm der Wirbeltiere (Vertebrata) zusammen, der seinerseits eine Untergruppe des Stammes der Chordatiere (Chordata) darstellt. Die 30 bis 35 anderen Tierstämme bezeichnet man traditionell mit dem Sammelbegriff »Wirbellose« (Invertebrata), aber hinter diesem Namen verbirgt sich eine höchst vielgestaltige Menge unterschiedlicher

Tierarten. Was sind das für Tiere, und wie haben sie sich entwickelt?

Aus einer Protistengruppe, den Choanoflagellaten, gingen die Schwämme (Porifera) als einfachste Tiere hervor. Aus ihnen entstanden die diploblastischen Hohltiere (Nesseltiere und Rippenquallen), und aus diesen entwickelten sich die triploblastischen Bilateria, die sich wenig später in die bereits beschriebenen Protostomier und Deuterostomier aufspalteten. Die Deuterostomier gliedern sich in vier Stämme: Stachelhäuter (Echinodermata), Kragentiere (Hemichordata), Manteltiere (Urochordata) und Chordatiere (Chordata). Eines der ältesten Chordatiere, das Lanzettfischchen *Amphioxus*, lebt noch heute und lässt ungefähr erkennen, wie unsere frühesten Vorfahren aussahen. Da es Kiemenspalten und im Rücken ein Notochord besitzt, ordnet man das Lanzettfischchen zusammen mit den Wirbeltieren dem Stamm der Chordatiere zu. *Amphioxus* filtriert seine Nahrung aus dem Wasser, aber man kann annehmen, dass die ersten Wirbeltiere räuberisch lebten. Eine eng verwandte Klasse der Chordatiere sind die ausgestorbenen Conodonten, deren kompliziert gebaute, harte Zähne als Fossilien in großer Zahl zu finden sind.

Fossilfunde von den ältesten Wirbeltieren sind recht dünn gesät. Ein kürzlich gefundenes, 530 Millionen Jahre altes Fossil aus Yünnan in China wurde als Fisch beschrieben. Die kieferlosen Fische (Neunaugen und Inger), die man bis in die Zeit vor 520 Millionen Jahren zurückverfolgen kann, gibt es noch heute, die ersten mit Zähnen ausgestatteten Wirbeltiere jedoch (die Placodermata) sind ausgestorben. Die mutmaßlichen Entstehungszeiten für die späteren Wirbeltierklassen sind in Tabelle 3.1 aufgeführt.

Der Ursprung der Vögel

Wenn zwischen dem ältesten unumstrittenen Vorläufer einer neuen höheren systematischen Gruppe und ihren späteren Vertretern eine größere Lücke klafft, schlagen verschiedene Autoren häufig unterschiedliche Verzweigungspunkte vor. Besonders deutlich zeigt sich dies an der Entstehung der Vögel. Das älteste eindeutige Fossil eines Vogels ist der 145 Millionen Jahre alte *Archaeopteryx*, der im oberen Jura gefunden wurde. Was die Stammesgeschichte der Vögel angeht, gibt es zwei wichtige Denkschulen. Nach der Thecodonten-Theorie entstanden die Vögel im späten Trias, vielleicht vor über 200 Millionen Jahren, aus Reptilien der Gruppe Archosaurier. Nach der Dinosaurier-Theorie dagegen stammen sie von Dinosauriern aus der Gruppe der Theropoden ab, von denen sie sich in der späten Kreidezeit vor 80 bis 110 Millionen Jahren abspalteten (Abb. 3.5). Das wichtigste Argument, das für die Dinosaurier-Theorie spricht, ist die außergewöhnlich große Ähnlichkeit zwischen den Skeletten der Vögel und mancher zweibeiniger Dinosaurier, insbesondere was den Bau des Beckens und der Hinterextremitäten angeht (Abb. 3.6).

Wie können wir feststellen, welche der beiden Vermutungen richtig ist? Am eindeutigsten wäre die Dinosaurier-Theorie widerlegt, wenn man im Trias, beispielsweise in einer 200 Millionen Jahre alten Schicht, einen fossilen Vogel oder Vogel-Vorläufer finden würde. Leider kennt man aber von Vögeln keine Fossilien, die älter als 150 Millionen Jahre wären. Zwar wurde ein solches Fossil unter dem Namen *Protoavis* beschrieben (Chatterjee 1997), aber das Fundstück wurde noch von keinem führenden Experten für Vogelanatomie untersucht. Nachdem also kein allgemein anerkanntes Fossil vorhanden ist, haben die Vertreter von Thecodonten- und Dinosaurier-Theorie ausführlich die Gründe dargelegt, warum die Behauptungen ihrer jeweiligen Gegner nicht stimmen können. In Kasten 3.3 habe ich Argumente zusammengestellt, mit denen die Anhänger der Thecodonten-Theorie belegen wollen, dass die Dinosaurier-Theorie falsch ist. Wie lässt sich dann aber die auffällige Ähnlichkeit im Gehapparat von Vögeln und Dinosauriern erklären? Eine Möglichkeit besteht darin, sie auf die sehr ähnliche zweibeinige Fortbewegung und Parallelentwicklung zurückzuführen. Beide Gruppen sind – allerdings zu sehr unterschiedlichen Zeitpunkten – aus derselben Linie der Ursaurier hervorgegangen. Die Thecodonten, aus denen sich die Vögel entwickelt haben sollen, waren auch enge Verwandte der Dinosaurier-Vorfahren, und es ist anzunehmen, dass sie einen ganz ähnlichen Genotyp hatten wie die Dinosaurier. Der Übergang zur zweibeinigen Fortbewegung hätte dann dazu geführt, dass ihre sehr ähnliche genetische Ausstattung mit einer ähnlichen morphologischen Konstruktion reagierte wie bei den Vögeln, die ebenfalls auf zwei Beinen gingen. Endgültig beilegen lässt sich die Diskussion nur durch weitere Fossilfunde.

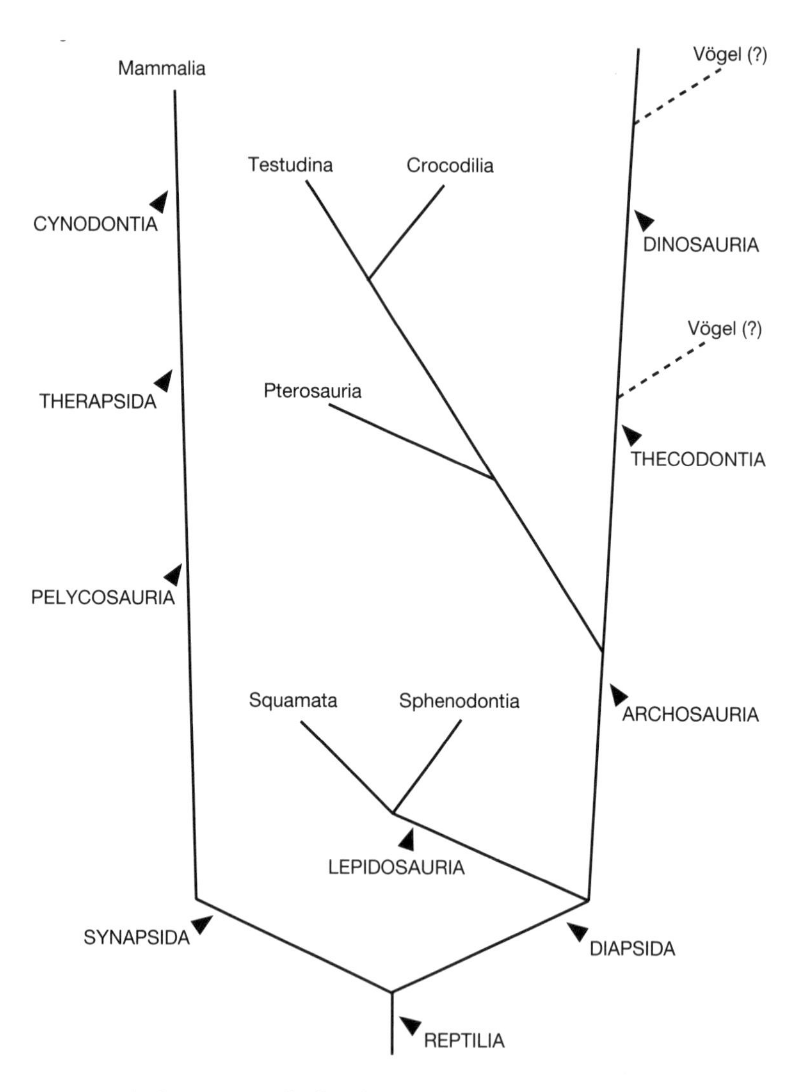

Abb. 3.5 Die Stammesgeschichte der Reptilien, stark schematisiert. Man erkennt die Reptiliengruppen, von denen sich Säugetiere und Vögel abgespalten haben. Die geologische Zeittafel und das Ausmaß der Ähnlichkeiten wurden in diesem Diagramm nicht berücksichtigt.

Abb. 3.6 Ähnlichkeiten zwischen Vögeln und Dinosauriern. A: *Archaeopteryx*; B: heutiger Vogel (Taube); C: der Dinosaurier *Compsognathus* aus der Gruppe der Therapsida. *Quelle*: Futuyma, Douglas J. (1998). *Evolutionary Biology*. 3. Aufl. Sinauer: Sunderland, MA.

Kasten 3.3 Argumente gegen die Entstehung der Vögel aus Dinosauriern

1. Alter: Die Dinosaurier, die den Vögeln im Körperbau am stärksten ähneln, sind mit 80 bis 110 Millionen Jahren relativ jung; *Archaeopteryx* ist erheblich älter (145 Millionen Jahre), und aus dem unteren Jura oder Trias kennt man bisher keine vogelähnlichen Dinosaurier, die als Vorfahren der Vögel infrage kämen.
2. Die drei Finger an der Hand der Dinosaurier stehen in den Positionen 1, 2, 3, die der Vögel in den Positionen 2, 3, 4. Die Finger der Vögel von denen der Dinosaurier abzuleiten ist unmöglich.
3. Zähne: Theropoden haben gebogene, abgeflachte, gezackte Zähne, ganz im Gegensatz zu den einfachen, stiftförmigen, schlanken, zackenlosen Zähnen des *Archaeopteryx* und anderer Urvögel.
4. Schultergürtel und Vorderextremitäten der großen Theropoden sind so klein und schwach, dass aus ihnen unmöglich die kräftigen Flügel hervorgehen konnten, mit denen ein entstehender Vogel sich in die Luft erhob. Man kennt keine Faktoren, die eine plötzliche drastische Größenzunahme der Vorderextremitäten bewirken konnten.
5. Nach Ansicht führender Fachleute für die Aerodynamik des Vogelfluges ist es nahezu unmöglich, dass der Flug vom Erdboden aus sich direkt ohne ein Gleitflugstadium entwickelte.

Schlussfolgerungen

Nach Darwins Theorie der gemeinsamen Abstammung ist jede Gruppe von Lebewesen aus einer Vorläufergruppe entstanden. Umgekehrt können aus einer Vorläufergruppe mehrere Gruppen von Nachkommen hervorgehen. Theoretisch müsste es möglich sein, den Stammbaum jeder Gruppe von Fossilien oder heutigen Lebewesen nachzuzeichnen.

Als Darwins *Entstehung der Arten* 1859 erschien, waren die Naturforscher von diesem Ziel weit entfernt. Von keinem Stamm kannte man auch nur die nächsten Verwandten. Dennoch konnte T. H. Huxley nachweisen, dass die Klasse Aves (Vögel) zweifellos Reptilien als Vorfahren hatte. Die Evolutionsforschung der folgenden 140 Jahre führte zu einer stichhaltig begründeten Rekonstruktion der wichtigsten Abstammungslinien. Die Reptilien lassen sich beispielsweise auf eine Gruppe von Amphibien zurückführen, und die Amphibien auf die Rhipidistia, eine ausgestorbene Unterordnung der Fische. Verfolgt man die Abstammungsreihen bis ins Präkambrium zurück, kann man durch die Einteilung in Kategorien wie Deuterostomier oder Bilateria auch solche Stämme zusammenfassen, deren Abstammung noch nicht in allen Einzelheiten aufgeklärt ist.

Am erfreulichsten ist dabei, dass alle Befunde im Einklang mit Darwins Theorie der gemeinsamen Abstammung stehen. Zusammen mit den molekularbiologischen Befunden sind die Fossilfunde trotz der vielen Lücken ein unwiderleglicher Beweis, dass die Evolution stattgefunden hat. Aber ununterbrochene Fossilreihen sind auch heute noch die Ausnahme; die Funde bleiben bedauerlich unvollständig. So haben wir beispielsweise aus der Zeit vor 14 bis sechs Millionen Jahren keine fossilen Spuren von den Vorfahren der Menschen. Das jüngste Fossil eines Quastenflossers ist 60 Millionen Jahre alt, und natürlich glaubten alle, diese Gruppe sei fast ebenso lange schon ausgestorben – bis man während der letzten 50 Jahre zwei lebende Arten entdeckte. Aber selbst wenn solche unerwarteten Entdeckungen gelangen, passten sie immer voll und ganz in den darwinistischen Rahmen.

TEIL II
Wie sind entwicklungs-geschichtlicher Wandel und Anpassung zu erklären?

Kapitel 4

WIE UND WARUM FINDET EVOLUTION STATT?

Der neugierige menschliche Geist gibt sich nicht damit zufrieden, nur Tatsachen herauszufinden. Wir wollen auch wissen, wie und warum sich etwas abspielt. Seit Darwin haben die Evolutionsforscher unglaublich viel Scharfsinn darauf verwendet, solche Fragen zu beantworten. Je nachdem, mit was für Lebewesen (Pflanzen oder Tiere, heutige oder fossile Arten) sie arbeiteten und von welchem philosophischen Hintergrund sie ausgingen, stellten sie eine Fülle von Theorien auf, von denen viele untereinander und mit Darwins ursprünglichen Überlegungen im Widerspruch standen. Nach langen Kontroversen gelangte man schließlich in den vierziger Jahren des 20. Jahrhunderts zu weitgehender Einigkeit, die als Synthese der Evolutionsforschung bezeichnet wurde.

Verbreitete philosophische Ansichten und ihre hemmende Wirkung

Im Rückblick sieht es so aus, als ob die vorhandenen Kenntnisse schon bald nach 1859 ausreichten, um eine allgemeine Anerkennung von Darwins Theorien zu ermöglichen. Dennoch hatten sie sich erst rund 80 Jahre später fast überall durchgesetzt. Wo lagen die Gründe für diesen langen Widerstand? Das haben die Historiker sich immer wieder gefragt, aber zu einer befriedigenden Antwort gelangte man erst vor kurzer Zeit. Wie sich herausstellte, lag die Ursache der Verzögerung in bestimmten, fast überall verbreiteten philosophischen Ideen, welche die Weltanschauung der Darwin-Gegner prägten. Eine davon war der strenge Glaube an die wörtliche Bedeutung jedes einzelnen Wortes der Bibel. Diese Überzeugung hatte jedoch nur begrenzte Wirkung – das erkennt man daran, dass Darwins Theorie der gemeinsamen Abstammung recht schnell überall (außer bei den Kreationisten) Anerkennung fand. Aber auch andere Ideologien standen im Widerspruch zu Darwins Theorie, vor allem die Typenlehre (Essentialismus) und der Finalismus.

Um diese irrigen Vorstellungen zu widerlegen, führte Darwin vier neue Begriffe ein: Populationsdenken, natürliche Selektion, Zufall und Chronologie (Zeit) – sie alle gab es in der Wissenschaftsphilosophie Mitte des 19. Jahrhunderts so gut wie nicht. Damit widerlegte Darwin nicht nur die Ideologien seiner Gegner, sondern er schuf auch neue Konzepte, die nach 1950 zur Grundlage einer neu entstehenden Philosophie der Biologie wurden. Worum es in den Auseinandersetzungen nach Darwin ging, ist nur zu verstehen, wenn man weiß, welche Ideologien die Darwin-Gegner vertraten. Deshalb ist es notwendig, hier kurz ihre wesentlichen Aussagen zu betrachten.

Typenlehre (Essentialismus)

Die nahezu beherrschende Weltanschauung von der Antike bis zu Darwins Zeit war die *Typenlehre*, auch *Essentialismus* genannt. Von den Pythagoräern und Platon begründet, lehrte sie, dass man alle scheinbar veränderlichen Naturphänomene in Klassen einteilen kann. Jede Klasse ist dabei durch ihre Definition (ihre Wesensform oder Essenz) gekennzeichnet. Die Wesensform ist konstant, unveränderlich und streng gegen alle anderen Wesensformen abgegrenzt. Ein Dreieck, so lehrten zum Beispiel die Pythagoräer, ist immer ein Dreieck, ganz gleich, wie es im Einzelnen aussieht, und es steht nicht über Zwischenformen mit Quadraten oder anderen geometrischen Formen in Verbindung. Die Klasse der Bäume ist durch einen Stamm und eine Blätterkrone definiert. Ein Pferd ist definiert (oder charakterisiert) durch seine langen Zähne und seine Füße mit einem einzigen Zeh. Nach der christlichen Lehre wurde jede Form, jeder Typus, jede biologische Art eigenständig erschaffen, und alle heute lebenden Angehörigen einer Spezies sind Nachkommen des ersten Paares, das von Gott erschaffen wurde. Die Wesensform oder Definition einer Klasse (eines Typus) ist völlig unveränderlich; sie ist heute genau die gleiche, die sie am Tag der Schöpfung war. Die Typenlehre wurde nicht nur von den Christen vertreten, sondern auch von den meisten agnostischen Philosophen. Alle offenkundige Vielfalt unter den Angehörigen einer Klasse galt als »zufällig« und unwichtig. Die biologische Spezies war nach der Typenlehre ebenfalls eine solche Klasse und wurde von den Philosophen als *natürliche Art* bezeichnet.

Die Ersten, die sich in der Zeit vor Darwin mit Evolution befassten (unter ihnen auch Lamarck), machten sich eine abgeschwächte Form der Typenlehre zu Eigen: Sie ließen eine allmähliche Veränderung oder Umwandlung der Typen zu. Zu einem gegebenen Zeitpunkt galt jedoch auch für sie ein Typus als mehr oder weniger unveränderlich.

Populationsdenken

Darwin brach radikal mit der typologischen Tradition des Essentialismus und vertrat eine völlig neue Denkweise. Seine Aussage lautete: Was wir bei den Lebewesen beobachten, sind keine unveränderlichen Klassen oder Typen, sondern variable Populationen. Jede biologische Art besteht aus zahlreichen lokalen Gruppen. Innerhalb einer solchen Population ist jedes Individuum – anders als in einer Klasse – einzigartig und von jedem anderen Individuum verschieden. Das gilt selbst für die menschliche Bevölkerung mit ihren sechs Milliarden Mitgliedern. Darwins neue Denkweise, die sich auf die Untersuchung von Populationen stützte, wird heute als *Populationsdenken* bezeichnet. Dieser Denkansatz kam den meisten Naturforschern entgegen, hatten sie doch bei ihren systematischen Forschungen entdeckt, dass es auch bei Tier- und Pflanzenarten ebenso viel (und manchmal noch viel mehr) Vielgestaltigkeit und Einzigartigkeit gibt wie unter den Menschen. Die allmähliche Verdrängung der Typenlehre durch das Populationsdenken führte in der Evolutionsbiologie zu lang anhaltenden Meinungsverschiedenheiten. Alle Theorien einer sprunghaften Evolution gründen sich auf die Typenlehre, das Populationsdenken dagegen legt die Anerkennung des Gradualismus nahe. Das Populationsdenken ist einer der wichtigsten Denkansätze in der Biologie: Es bildet das Fundament der modernen Evolutionstheorie und ist ein Grundbaustein für die Philosophie der Biologie (später mehr darüber).

Finalismus

Eine weitere Ideologie des 19. und frühen 20. Jahrhunderts, die im Widerspruch zu Darwin stand, war der *Finalismus*, der Glaube, die Welt des Lebendigen strebe nach »immer größerer Vollkommenheit«. Die Anhänger des Finalismus unterstellten, die Evolution müsse zwangsläufig vom Niederen zum Höheren, vom Einfachen zum Komplexen, vom Unvollkommenen zum Vollkommenen verlaufen. Sie postulierten eine innere Kraft, denn, so fragten sie, wie sollte man sonst die Evolution von den einfachsten Bakterien bis hin zu Orchideen, riesigen Bäumen, Schmetterlingen, Affen und Menschen erklären? Der Finalismus geht mindestens bis auf Aristoteles zurück, der darin nicht nur eine Ursache, sondern sogar die letzte Ursache sah. Auch nach 1859 war der Finalismus noch bei einem großen Teil der Evolutionsforscher anerkannt (später mehr darüber). Darwin selbst vertrat ihn allerdings nie, sondern lehnte den Glauben an solche geheimnisvollen Kräfte nachdrücklich ab. Stattdessen sprach er sich rückhaltlos für Newtons Überzeugung aus, wonach die Welt ausschließlich durch mechanische (das heißt physikalisch-chemische) Kräfte gelenkt wird. Darwin führte in die Naturwissenschaft aber eine historische Sichtweise ein, die in Newtons gedanklichem Rahmen gefehlt hatte. Wenn man Evolutionsphänomene erklären will, muss man fast immer auf die historischen Voraussetzungen zu sprechen kommen.

Die Ideologien von Typologie und Finalismus, die Darwins Gedanken widersprachen, waren der wichtigste Grund, warum seine Erklärung des Wie und Warum der Evolution nicht sofort anerkannt wurden. Deshalb hatte seine Theorie der Evolution durch Variation nach dem Erscheinen der *Entstehung der Arten* noch 80 Jahre lang mit drei anderen einflussreichen Theorien zu kämpfen, mit denen man ebenfalls die Evolution erklären wollte. Da diese Theorien auch heute noch gelegentlich vertreten werden, sollte man auch ihre Behauptungen und Schwachpunkte kennen. Außerdem trägt die Erörterung der Mängel solcher mit dem Darwinismus konkurrierenden Theorien dazu bei, dass man die Stärke der Evolutionstheorie noch besser erkennen kann.

Was unterliegt der Evolution?

Auch fast alle Dinge im unbelebten Universum machen eine Evolution durch, das heißt, sie verändern sich in einem deutlich gerichteten Ablauf. Aber was ist in der Welt des Lebendigen Gegenstand der Evolution? Mit Sicherheit gehören dazu die biologischen Arten und auch alle Artengruppen der Linnaeusschen Hierarchie: Gattungen, Familien, Ordnungen und die höheren systematischen Einheiten bis hin zur Gesamtheit der Lebewesen. Aber wie steht es mit den niedrigeren Ebenen? Unterliegen auch Individuen der Evolution? In einem genetischen Sinn sicher nicht. Sicher, unser Phänotyp verändert sich im Laufe des Lebens, aber der Genotyp bleibt von der Geburt bis zum Tod praktisch gleich. Was ist dann

Kasten 4.1 Evolutionstheorien auf der Grundlage von Typenlehre und Populationsdenken

A. Typenlehre als Grundlage

1. Transmutationstheorie: Evolution besteht in der Entstehung neuer Typen durch sprunghafte Veränderungen oder Mutationen.
2. Transformationstheorie: Evolution besteht in der allmählichen Umwandlung einer vorhandenen Spezies oder eines Typus in eine neue Form; dies geschieht entweder
   a. durch unmittelbare Einwirkung der Umwelt bzw. durch Gebrauch oder Nichtgebrauch des vorhandenen Phänotyps oder
   b. durch einen inneren Antrieb in Richtung eines festgelegten Ziels, das insbesondere in größerer Vollkommenheit besteht, und
   c. durch die Vererbung erworbener Merkmale.

B. Populationsdenken als Grundlage

3. Evolution durch (darwinistische) Variation: Eine Population oder Spezies verändert sich, weil in ihr ständig neue genetische Varianten entstehen; in jeder Generation wird ein großer Teil der Individuen ausgemerzt, weil sie entweder bei der nicht zufälligen Beseitigung *(elimination)* oder bei der sexuellen Selektion weniger erfolgreich sind (d.h. weil ihr Fortpflanzungserfolg geringer ist).

in der Struktur der Lebenswelt die unterste Ebene, auf der sich Evolution abspielt? Die Antwort lautet: die Population. Und wie sich herausstellt, erweist sich die Population auch als wichtigster Ort der Evolution. *Am besten begreift man die Evolution als genetischen Wandel der Individuen aller Populationen von Generation zu Generation.*

Um die genaue Charakterisierung der Evolution bei Arten mit sexueller Fortpflanzung zu vervollständigen, muss man die Population im Sinn der Evolution definieren. Eine lokale Population (ein *Dem*) besteht aus den Individuen einer biologischen Art in einem bestimmten geografischen Gebiet (siehe Kapitel 5), die sich potenziell untereinander kreuzen können. Erstaunlich, aber wahr: Der Begriff der Population, wie er hier definiert wurde, war bis 1859 unbekannt; selbst Darwin wandte ihn nicht einheitlich an. Und alle anderen dachten unter dem Gesichtspunkt der Typen.

Wenn man in Rechnung stellt, dass es zu Darwins Zeit mehrere konkurrierende Ideologien gab, versteht man auch besser, warum so viele verschiedene Evolutionstheorien vertreten wurden, und man erkennt leichter die Schwächen, die letztlich zu ihrem Sturz führten.

Drei Evolutionstheorien, die sich auf die Typenlehre gründen

Transmutationstheorie

Wenn man annimmt, dass alle Phänomene auf der Welt Ausdrucksformen zugrunde liegender, unveränderlicher Typen sind, wie die Philosophie der Typenlehre behauptet, können Veränderungen nur durch die Entstehung neuer Typen eintreten. Da ein Typus (eine Wesensform) sich nicht allmählich weiterentwickelt (denn Typen gelten ja als konstant!), kann ein neuer Typus seinen Ursprung nur in einer plötzlichen »Verwandlung« haben, einem *Sprung* von einem vorhandenen Typus, der damit eine neue Klasse hervorbringt. Für die Anhänger dieser Lehre, die oft auch als Saltationismus bezeichnet wird (lat. *saltare* = springen), ist die Welt voller Brüche. Nach der Transmutationstheorie führt die Verwandlung dazu, dass plötzlich ein Individuum eines neuen Typs entsteht. Dieses Individuum wird dann mit seinen Nachkommen und deren Nachwuchs zu einer neuen Art.

Ansätze einer solchen Transmutationstheorie lassen sich bis zu den griechischen Philosophen der Antike zurückverfolgen, aber sie wurde im 18. Jahrhundert auch von dem französischen Philosophen Maupertuis vertreten, und nach 1859 gehörten zu ihren Anhängern nicht nur viele Gegner Darwins, sondern auch einige seiner Freunde, darunter T. H. Huxley. Obwohl der *Saltationismus* von Weismann und anderen Darwinisten nachdrücklich infrage gestellt wurde, erfreute er sich noch fast 100 Jahre lang großer Beliebtheit. Zu seinen Anhängern gehörten Anfang des 20. Jahrhunderts mehrere führende Genetiker, die man als Mendelianer bezeichnete (De Vries, Bateson, Johannsen). Die letzten großen Verteidigungsschriften für diese Theorie erschienen noch Mitte des 20. Jahrhunderts (Goldschmidt 1940; Willis 1940; Schindewolf 1950).

Der Saltationismus war nicht nur deshalb so lange populär, weil er mit der Denkweise der Typologie im Einklang stand, sondern auch weil er sich scheinbar mit den Beobachtungen der Naturforscher vertrug. In der Tier- und Pflanzenwelt einer Region schienen biologische Arten scharf gegeneinander abgegrenzt zu sein, und das Auftauchen (aber auch das Verschwinden) neuer Arten in den Fossilfunden wirkte immer wieder wie ein plötzliches Ereignis. Wohin man in der Natur auch blickte, überall klafften Lücken, und nirgendwo waren die von Darwin postulierten allmählichen Übergänge zu finden. Man konnte den Saltationismus nicht ablehnen, ohne gleichzeitig zu begründen, warum es so viele Brüche oder »Lücken« gab, wo man eigentlich mit kontinuierlichen Übergängen («Zwischenstufen«) rechnete. Bevor man diese Frage beantworten konnte, musste man in der Systematik der biologischen Arten noch erhebliche Fortschritte machen, und das geschah erst lange nach Anbruch des 20. Jahrhunderts.

Zur endgültigen Widerlegung der Transmutationstheorie trugen viele Einzelbeobachtungen und Argumente bei. Zunächst erkannte man, dass eine Spezies kein Typus ist, der sich in einen neuen Typus verwandeln kann, sondern dass sie aus vielen Populationen besteht. Da nicht alle Individuen einer Population gleichzeitig die gleiche Veränderung durchmachen können, kann eine neue Spezies nicht von einem Augenblick zum nächsten entstehen. Und wenn man die Ansicht vertrat, dass die Umwandlung von einem einzigen mutierten Individuum ausgeht, stieß man auf andere große Schwierigkeiten. Der Genotyp eines Individuums ist ein harmonisches, genau ausbalanciertes System, das sich über Jahrmillionen hinweg gebildet hat und in jeder Generation erneut durch die natürliche Selektion seine Feinabstimmung erfährt. Dass potenzielle Mutationen an den meisten Genloci schädliche oder sogar tödliche Folgen haben, wusste man; wie sollte dann eine große Mutation, die einen ganzen Genotyp durcheinander wirbelt, zu einem lebensfähigen Individuum führen? Nur in unglaublich seltenen Fällen hätte ein Individuum (das von Goldschmidt als *hopeful monster* bezeichnet wurde) die Aussicht auf Überleben und Erfolg, in ihrer großen Mehrzahl jedoch wären solche »Makromutationen« Fehlschläge. Aber wo sind die vielen Millionen Versager, die durch einen solchen Makromutationsprozess entstanden sein müssten? Sie wurden nie gefunden, und der Grund liegt heute auf der Hand: Makromutationen, wie sie in dieser Theorie postuliert wurden, finden nicht statt.

Die Begriffe »graduell« und »diskontinuierlich« werden unterschiedlich angewandt und können zu Missverständnissen führen, wenn man ihre Bedeutungen nicht eindeutig abgrenzt. Als Darwin graduelle, kontinuierliche Übergänge postulierte, dachte er an die scheinbaren Lücken zwischen den systematischen Gruppen. Auch wenn heute zwischen zwei biologischen Arten eine Lücke klafft, muss sie nicht zwangsläufig durch einen entwicklungsgeschichtlichen Sprung entstanden sein. Wie wir heute wissen, gab es nie eine »systematische Diskontinuität«, denn die beiden Arten sind über eine ununterbrochene Reihe von Zwischenpopulationen mit ihrem gemeinsamen Vorfahren verbunden. Andererseits können sich die Individuen einer Population in bestimmten äußeren Merkmalen unterscheiden – man erkennt beispielsweise braune oder blaue Augen, zwei oder drei hintere Backenzähne oder noch auffälligere Unterschiede. Solche »phänotypischen Diskontinuitäten« innerhalb einer Population sind charakteristisch für alle Fälle von Polymorphismus. Eine erfolgreiche Mutation mit großen Auswirkungen auf den Phänotyp kann sich allmählich in einer Population durchsetzen, vorausgesetzt, sie übersteht eine Phase des Polymorphismus, in der sie neben dem bisherigen Phänotyp vorhanden ist, bis sie das ursprüngliche Gen vollständig verdrängt hat. Zugegeben: Manchmal ist nur schwer zu verstehen, wie Lebewesen einen neuen Phänotyp auf diesem Weg erworben haben. Ein gutes Beispiel sind die Backentaschen der Taschenratten.

Darwin wurde nicht müde zu betonen, dass entwicklungsgeschichtlicher Wandel meist in sehr kleinen Schritten abläuft. Aber das gilt nicht in allen Fällen. Manche Chromosomenveränderungen, insbesondere die Polyploidie bei Pflanzen und die parthenogenetischen Arthybride bei bestimmten Tiergruppen, können in einem Schritt eine neue Spezies entstehen lassen (siehe Kapitel 9). Aber das sind Randerscheinungen, und sie sprechen nicht gegen das gewaltige Übergewicht der allmählichen Evolution von Populationen. Allerdings darf man nicht vergessen, dass es für die Mutationen, die zum entwicklungsgeschichtlichen Wandel führen, ein erhebliches Größenspektrum gibt.

Transformationstheorie

Im 18. Jahrhundert kannte man schon so viele eindrucksvolle Belege für die Evolution, dass man sie mit der klassischen Typenlehre nicht mehr vereinbaren konnte. Deshalb wurde die Philosophie der Wesensformen ein wenig gelockert: Man nahm nun an, Typen könnten im Laufe der Zeit »transformiert« werden; zu einem bestimmten Zeitpunkt hielt man sie jedoch nach wie vor für unveränderlich. Aber auch wenn ein Typus sich veränderte, blieb er demnach der gleiche Gegenstand. Die Evolution der biologischen Arten, so sagte man, sei das Gleiche wie die Entwicklung von der befruchteten Eizelle (der Zygote) zum ausgewachsenen Lebewesen. Sogar den Begriff »Evolution« benutzte der Schweizer Philosoph Bonnet anfangs für die Präformationstheorie der Entwicklung von Einzelwesen. In Deutschland wurden sowohl die Entstehung des Individuums als auch die Evolution bis ins 20. Jahrhundert hinein als »Entwicklung« bezeichnet. Diese Vorstellung einer allmählichen Evolution nennt man *Transformationstheorie*. Der Begriff bezeichnet jede Theorie, die sich auf die allmähliche Veränderung eines Gegenstandes oder seiner Wesensform gründet. In diese Kategorie fallen alle scheinbaren Evolutionsvorgänge bei unbelebten Objekten: Ein Stern kann sich beispielsweise von einem Typ (weiß, gelb, rot, blau) in einen anderen verwandeln, und ein Gebirge kann durch tektonische Kräfte allmählich wachsen, um anschließend durch Erosion wieder abgetragen zu werden. Für die Transformationstheorie sind zwei Merkmale charakteristisch: die Veränderung eines Objekts und der allmähliche, kontinuierliche Ablauf des Wandels.

Ein hartnäckiger Anhänger dieser Art von Gradualismus war Darwins Freund und Lehrer, der Geologe Charles Lyell. Er bezeichnete die Theorie als *Uniformitarianismus*. Nach Lyells Ansicht hatten sich alle Veränderungen in der Natur und insbesondere in der Erdgeschichte ganz allmählich abgespielt. Brüche, plötzliche Sprünge oder unvermittelte Mutationen gab es nicht. Lyells Einfluss war entscheidend mit dafür verantwortlich, dass Darwin sich den Gradualismus zu Eigen machte; allerdings war Darwins Gradualismus der Populationen etwas ganz anderes als Lyells Uniformitarianismus.

Wenn es um die belebte Natur geht, kann man zwei grundlegend verschiedene Transformationstheorien der Evolution unterscheiden: Die eine geht von Umwelteinflüssen aus, die andere von dem Streben nach Vollkommenheit.

Veränderung durch Umwelteinflüsse. Nach dieser Theorie, die oft – nicht ganz richtig – als Lamarckismus bezeichnet wird, hat die Evolution ihre Ursache in der allmählichen Veränderung von Lebewesen, die auf »Gebrauch oder Nichtgebrauch« einer Struktur oder einer anderen Eigenschaft zurückzuführen ist oder durch direkte Einflüsse der Umwelt auf das genetische Material verursacht wird. Nach dieser Theorie ist die Erbinformation so »weich«, dass sie durch Umwelteinflüsse geformt werden kann und dass solche Veränderungen dann durch »Vererbung erworbener Eigenschaften« an zukünftige Generationen weitergegeben werden können. Grundlage der Theorie ist also der Gedanke, das genetische Material sei formbar.

Das Beispiel, das für die Vererbung erworbener Eigenschaften am häufigsten angeführt wird, ist der lange Hals der Giraffe. Nach Lamarcks Vorstellung streckte er sich in jeder Generation ein wenig weiter, weil jede Giraffe sich darum bemühte, bei der Futtersuche möglichst hohe Zweige zu erreichen, und diese Verlängerung wurde dann an die nächste Generation vererbt. Umgekehrt verkümmert ein Körperteil, der nicht benutzt wird, wie beispielsweise die Augen von Höhlentieren. Es wurde aber auch behauptet, nicht nur Gebrauch und Nichtgebrauch könnten zu erblichen Veränderungen führen, sondern auch die unmittelbare Einwirkung der Umwelt. Vor Darwins Zeit nahm man allgemein an, Farbige hätten eine dunkle Haut, weil sie über Tausende von Generationen hinweg der bräunenden Wirkung der afrikanischen Sonne ausgesetzt waren. Auf solche unmittelbaren Umwelteinflüsse führte man viele Merkmale der Lebewesen zurück.

Die Transformationstheorie war von 1859 bis zur Synthese der Evolutionsforschung in den vierziger Jahren des 20. Jahrhunderts die am weitesten verbreitete Evolutionstheorie. Darwin selbst hielt zwar die natürliche Selektion für den wichtigsten Evolutionsfaktor, aber auch er erkannte die Vorstellung von einer »weichen« Vererbung an, die in seinen Augen vielleicht eine Ursache der Variation sein konnte. In der Zeit vor der Synthese hielten die meisten Naturforscher im Gefolge Darwins sowohl die natürliche Selektion als auch die weiche Vererbung für möglich.

Der Lamarckismus bot eine Erklärung für den allmählichen Wandel und war deshalb bei den Gegnern der Transmutationstheorie allgemein anerkannt. Aber alle Experimente, mit denen man ihn beweisen wollte, schlugen fehl. Die Mendelsche Genetik hatte nachgewiesen, dass Gene unveränderlich sind, und widersprach damit der Vorstellung von einer weichen Vererbung. Und die Molekularbiologie belegte schließlich, dass keinerlei Information aus den Proteinen eines Organismus in die Nucleinsäuren der Keimzellen einfließen kann; mit anderen Worten: Eine Vererbung erworbener Eigenschaften gibt es nicht. Das ist das so genannte »zentrale Dogma« der Molekularbiologie.

Veränderung durch das Streben nach Vollkommenheit (Orthogenese). Grundlage dieser Theorie (oder Theoriengruppe) ist der Glaube an eine kosmische Teleologie (Finalismus). Danach hat die belebte Natur das Bestreben, sich in Richtung immer größerer Vollkommenheit zu entwickeln. Solche Thesen, die von Autoren wie Eimer, Berg, Bergson, Osborn und vielen anderen Evolutionsforschern vertreten wurden, werden als Theorien der Orthogenese oder Autogenese bezeichnet. Sie gehen davon aus, dass die Typen (Wesensformen) sich aus einem inneren Antrieb heraus immer weiter vervollkommnen; Evolution besteht danach nicht aus der Entstehung neuer Typen, sondern aus der Umwandlung vorhandener Wesensformen. Diese Theorien gab man auf, nachdem man keinen Mechanismus finden konnte, der einen solchen Trend antreiben könnte. Außerdem würden derartige Bestrebungen – wenn es sie gäbe – zu »rektilinearen« (geraden) entwicklungsgeschichtlichen Abstammungslinien führen; die Paläontologen konnten aber nachweisen, dass alle Evolutionstrends irgendwann die Richtung ändern oder sich sogar umkehren. Und schließlich lassen sich auch lineare Trends mit der natürlichen Selektion erklären. Es gibt keinerlei Indizien, die den Glauben an eine kosmische Teleologie stützen würden.

Der Nachweis, dass keine letzten Ursachen existieren, war für die Philosophie von grundlegender Bedeutung, denn das von Aristoteles aufgestellte Postulat, dass es sie gibt, hatte in den Lehren der meisten Philosophen einen wichtigen Platz eingenommen. Die Tatsache, dass Kant die Teleologie als gegeben hingenommen hatte, übte im 19. Jahrhundert großen Einfluss auf das Denken der deutschen Evolutionsforscher aus.

Alle drei Versuche, diese Welt und ihren Wandel (ihre Evolution) mit typologischem Denken (Essentialismus) zu erklären, schlugen also letztlich fehl. Man musste dazu einen völlig anderen Weg einschlagen; diesen Weg fanden Charles Darwin und Alfred Russel Wallace.

Kapitel 5

EVOLUTION DURCH VARIATION

Variation kam sowohl in der Transmutationstheorie als auch in den beiden Transformationstheorien nicht vor. Alle drei Denkschulen hielten sich streng an die Typenlehre. »Evolution« ergibt sich nach der Transmutationstheorie durch die Entstehung neuer Wesensformen, nach den Transformationstheorien dagegen durch ihre allmähliche Wandlung.

Variation und Populationsdenken

Darwin wies nach, dass man die Evolution schlicht nicht verstehen kann, solange man an der Typenlehre festhält. Biologische Arten und Populationen sind keine Typen, keine auf Grund ihrer Wesensform definierten Klassen, sondern Biopopulationen, die sich aus genetisch einzigartigen Individuen zusammensetzen. Diese umwälzende Erkenntnis erforderte eine ebenso umwälzende theoretische Erklärung: Darwins Theorie der Variation und Selektion. Zu dieser neuen Vorstellung gelangte Darwin durch Belege aus zwei Quellen: einerseits durch das empirische Studium variabler natürlicher Populationen (insbesondere durch seine Untersuchungen an Rankenfußkrebsen) und andererseits durch die Beobachtungen der Tier- und Pflanzenzüchter, dass zwei Individuen ihrer Herden oder Zuchtpflanzungen niemals genau gleich sind. Diese Individuen waren keine Angehörigen typologischer Klassen, und wie heute jeder weiß, sind alle Individuen einer Population, die sich sexuell fortpflanzt, genetisch einzigartig.

Offensichtlich finden es viele schwierig, die große Bedeutung dieser Einzigartigkeit zu begreifen. Sie sollten bedenken, dass es unter den sechs Milliarden Menschen keine zwei gibt, die einander völlig gleichen – das gilt selbst dann, wenn es sich um eineiige Zwillinge handelt. Die Erkenntnis, dass zwischen einer Klasse von Objekten mit gleicher Wesensform und einer lebenden Population einzigartiger Individuen ein grundlegender Unterschied besteht, ist die Grundlage des »Populationsdenkens«, eines der wichtigsten Begriffe in der modernen Biologie.

> Die Annahmen des Populationsdenkens sind denen der Typologie diametral entgegengesetzt. Im Populationsdenken liegt der Schwerpunkt auf der Einzigartigkeit jedes Gegenstandes in der Welt des Lebendigen. Was für die menschliche Spezies gilt – dass keine zwei Individuen sich gleichen –, gilt ebenso für alle anderen Tier- und Pflanzenarten. Selbst ein einziges Individuum wandelt sich während seines gesamten Lebens und auch wenn es in eine andere Umwelt gelangt. Alle Lebewesen und Lebensphänomene sind einzigartig und lassen sich zusammenfassend nur in statistischen Begriffen beschreiben. Individuen und alle organischen Gebilde bilden Populationen, für die man ein arithmetisches Mittel und statistische Abweichungen ermitteln kann. Aber Durchschnittswerte sind nur statistische Abstraktionen; Realität haben einzig die Individuen, aus denen die Population besteht. Letztlich gelangen Populationsdenken und Typologie zu genau entgegengesetzten Schlussfolgerungen. In der Typologie ist der Typus (*eidos*) real, und die Variationen sind eine Illusion; im Populationsdenken dagegen stellt der Typus (der Durchschnittswert) eine Abstraktion dar, und nur die Variation ist real. Zwei unterschiedlichere Wege, die Natur zu betrachten, kann man sich nicht vorstellen. (Mayr 1959)

Darwins Evolution durch Variation

Diese neue Denkweise wurde durch Darwin in die Wissenschaft eingeführt. Seine grundlegende Erkenntnis lautete: Die Welt des Lebendigen besteht nicht aus unveränderlichen Wesensformen (platonischen Klassen), sondern aus sehr vielgestaltigen Populationen, und die Veränderung solcher Populationen von Lebewesen macht die Evolution aus. Evolution ist also der Wechsel von Individuen aller Populationen von einer Generation zur nächsten.

Als Darwin sich 1837 zum Evolutionsgedanken bekannte (siehe Kapitel 2), fragte er sich: Wie lässt sich der Ablauf der Evolution erklären? Konnte er eine der bereits vorhandenen Erklärungen übernehmen? Schließlich erkannte er, dass weder Transmutations- oder Transformationstheorie noch irgendeine andere Theorie, die sich auf die Typenlehre gründete, dafür infrage kam. Und er hatte Recht. Alle typologischen Theorien für die Evolution des Lebendigen haben schwere Fehler – dies wurde durch die Kontroversen in der Zeit nach Darwin überzeugend nachgewiesen.

Um die üppige Formenvielfalt der Natur zu erklären, musste Darwin eine ganz neue Begründung entwickeln. Dabei gelangte er zu seiner Theorie der natürlichen Selektion, die auf dem Populationsdenken beruhte (siehe Kapitel 6). Auf die gleiche Theorie stieß unabhängig davon auch Alfred Russel Wallace.

Obwohl Darwins *Entstehung der Arten* 1859 erschien (eine erste gemeinsame Erklärung hatten Darwin und Wallace sogar schon 1858 veröffentlicht), wurde die Theorie, mit der er die Evolution durch Variation begründete, erst rund 80 Jahre später allgemein anerkannt. Ihre Grundlage ist die Vielgestaltigkeit der Populationen. Zwei Berufsgruppen – die biologischen Systematiker sowie die Tier- und Pflanzenzüchter – wussten diese Vielgestaltigkeit schon seit langem zu schätzen, und Darwin unterhielt zu beiden enge Verbindungen.

Als Darwin ans Sortieren der Sammlungen ging, die er auf seiner Reise mit der *Beagle* zusammengetragen hatte, stieß er immer wieder auf dieselbe Frage: Handelt es sich bei geringfügig unterschiedlichen Fundstücken nur um Abweichungen innerhalb einer Population oder um verschiedene biologische Arten? Als er in den vierziger Jahren des 19. Jahrhunderts seine Werke über die Klassifikation der Rankenfüßer schrieb, gelangte er sogar zu dem Schluss, dass in einer Sammlung, die von einer einzigen Population stammte, niemals zwei Exemplare genau identisch seien. Sie waren ebenso einzigartig und untereinander verschieden wie Menschen. Das Gleiche erfuhr er auch von den Tier- und Pflanzenzüchtern, zu denen er seit seiner Studentenzeit in Cambridge Kontakt hatte. Sie wussten immer, welche Individuen aus ihren Beständen sie für die Zucht der nächsten Generation auswählen mussten, und das war nur wegen der individuellen Unterschiede möglich.

Da die Begriffe »Transmutation« und »Transformation« für diese neue Theorie nicht geeignet waren, bezeichnet man Darwins Theorie der natürlichen Selektion am besten als Theorie der *Evolution durch Variation*. Danach entsteht in jeder Generation eine ungeheure Fülle genetischer Abweichungen, aber von der Riesenzahl der Nachkommen überleben nur wenige Individuen, die dann die nächste Generation hervorbringen. Die Theorie postuliert, dass die Individuen mit der höchsten Überlebens- und Fortpflanzungswahrscheinlichkeit auf Grund ihrer besonderen Merkmalskombination am besten angepasst sind. Da diese Merkmale im Wesentlichen von Genen bestimmt werden, ist der Genotyp solcher Individuen in der Selektion begünstigt. Und da immer wieder diejenigen Individuen (Phänotypen) überleben, die auf Grund ihres Genotyps am besten mit Umweltveränderungen fertig werden, ergibt sich ein ständiger Wandel in der genetischen Zusammensetzung aller Populationen. Das unterschiedlich gute Überleben ist zum Teil auf die Konkurrenz zwischen den neu kombinierten Genotypen innerhalb der Population zurückzuführen, zum Teil aber auch auf Zufallsprozesse, die sich auf die Genhäufigkeit auswirken. Die so entstehende Veränderung von Populationen nennt man Evolution. Und da alle Veränderungen sich in Populationen aus genetisch einzigartigen Individuen abspielen, ist die Evolution zwangsläufig ein stetiger, allmählicher Prozess.

Darwins Evolutionstheorien

Darwins Ansichten über die Evolution werden häufig als »Darwinsche Evolutionstheorie« bezeichnet. Eigentlich handelt es sich aber um mehrere verschiedene Theorien, die man am besten versteht, wenn man sie klar voneinander trennt. Darwins wichtigste Evolutionstheorien werden wir im weiteren Verlauf erörtern (siehe

Kasten 5.1 Darwins fünf große Evolutionstheorien

1. Veränderlichkeit der Arten (die grundlegende Evolutionstheorie)
2. Abstammung aller Lebewesen von gemeinsamen Vorfahren (Evolution durch Verzweigung)
3. Allmählicher Ablauf der Evolution (keine Sprünge, keine Diskontinuitäten)
4. Vermehrung der Arten (Entstehung biologischer Vielfalt)
5. Natürliche Selektion

Kasten 5.2 Gegenargumente der ersten Evolutionsforscher gegen Darwins Theorien

Die Tabelle gibt einen Überblick über die Ansichten verschiedener Evolutionsforscher zu vier Evolutionstheorien. Die fünfte, die der Evolution im Gegensatz zu einer konstanten, unveränderlichen Welt, wurde von allen diesen Autoren anerkannt. Die Unterschiede betreffen die Haltung zu Darwins übrigen vier Theorien.

	gemeinsame Abstammung	allmählicher Ablauf	Artbildungen in Populationen	natürliche Selektion
Lamarck	nein	ja	nein	nein
Darwin	ja	ja	ja	ja
Haeckel	ja	ja	?	teilweise
Neolamarckisten	ja	ja	ja	nein
T. H. Huxley	ja	nein	nein	nein
de Vries	ja	nein	nein	nein
T. H. Morgan	ja	nein	nein	unwichtig

Kasten 5.1). Dass es sich tatsächlich um fünf eigenständige Theorien handelt, wird daran deutlich, dass die führenden »Darwinisten« unter Darwins Zeitgenossen einige davon anerkannten, andere aber ablehnten (siehe Kasten 5.2).

Zwei der fünf Theorien, nämlich jene über die Evolution als solche und die gemeinsame Abstammung, hatten sich wenige Jahre nach Erscheinen der *Entstehung der Arten* allgemein durchgesetzt. Das war die *erste darwinistische Revolution*. Ein besonders revolutionärer Schritt war dabei die Erkenntnis, dass der Mensch ein Primat ist und zum Tierreich gehört. Drei andere Theorien – Gradualismus, Artbildung und natürliche Selektion – stießen auf starken Widerstand und waren bis zur Synthese der Evolutionsforschung nicht überall anerkannt. Diese Synthese war die *zweite darwinistische Revolution*. Den von Weismann und Wallace formulierten Darwinismus, in dem eine Vererbung erworbener Merkmale abgelehnt wurde, bezeichnete George John Romanes als *Neodarwinismus*. Die Theorie, die sich seit der Synthese der Evolutionsforschung allgemein durchgesetzt hat, bezeichnet man am besten einfach als *Darwinismus*, denn sie stimmt in den meisten entscheidenden Aspekten mit dem Darwinismus von 1859 überein; dagegen ist der Glaube an die Vererbung erworbener Merkmale heute völlig überholt, und es ist unnötig, dies durch den Ausdruck Neodarwinismus zu betonen.

Darwins Theorie des Gradualismus passte gut zur Transformationstheorie, aber die Anhänger der sprunghaften Evolution leisteten so viel Widerstand, dass es erst der Synthese der Evolutionsforschung bedurfte, damit die Vorstellung von einer allmählichen Evolution allgemein anerkannt wurde. Darwin stellte sich den allmählichen Wandel allerdings ganz anders vor als die Vertreter der Transformationstheorie. Diese waren überzeugt von dem allmählichen Wandel einer Wesensform, der darwinistische Gradualismus dagegen postuliert die allmähliche Umstrukturierung der Populationen. Daran wird deutlich, warum die Darwinsche Evolution, die ein Phänomen der Populationen ist, immer allmählich ablaufen muss (siehe Kapitel 4). Ein Darwinist muss in der Lage sein, jeden Fall einer scheinbar sprunghaften oder diskontinuierlichen Evolution auf den allmählichen Umbau von Populationen zurückzuführen.

Variation

Dass Variation zur Verfügung steht, ist eine unverzichtbare Voraussetzung der Evolution, und deshalb ist die Frage nach dem Wesen der Variation ein zentraler Bestandteil der Evolutionsforschung. Wie bereits erwähnt wurde, ist Variation, das heißt die Einzigartigkeit jedes Individuums, charakteristisch für alle biologischen Arten, die sich sexuell fortpflanzen. Auf den ersten Blick mögen alle Individuen einer Schlangen-, Schmetterlings- oder Fischpopulation gleich aussehen, aber bei näherer Betrachtung stößt man auf alle möglichen Unterschiede in Größe, Proportionen, Farbmuster, Schuppen, Borsten oder beliebigen anderen untersuchten Merkmalen. Bei eingehenderer Untersuchung zeigte sich, dass die Variation nicht nur sichtbare Eigenschaften betrifft, sondern auch physiologische Vorgänge, Verhaltensweisen, ökologische Aspekte (zum Beispiel die Anpassung an Klimabedingungen) und molekularbiologische Merkmale. Das alles unterstreicht die Erkenntnis, dass jedes Individuum in dieser oder jener Hinsicht einzigartig ist. Nur diese ständig zur Verfügung stehenden Unterschiede machen die natürliche Selektion möglich.

Obwohl die Variabilität des Phänotyps den Naturforschern schon zu Darwins Zeit bekannt war, sahen die ersten Genetiker im Genotyp etwas ziemlich Einheitliches. Als sich durch populationsgenetische Untersuchungen zwischen den zwanziger und sechziger Jahren des 20. Jahrhunderts allmählich herausstellte, dass sich hinter dieser scheinbaren Einheitlichkeit beträchtliche Schwankungen verbergen, wurden diese Befunde von einigen älteren Autoren schlichtweg infrage gestellt. Aber nicht einmal begeisterte Darwinisten hätten wohl mit dem Ausmaß genetischer Variationen gerechnet, das man schließlich mit den Methoden der Molekularbiologie entdeckte. Es wurde nicht nur klar, dass ein großer Teil der DNA aus nicht codierenden Abschnitten (»DNA-Schrott«) besteht, sondern man fand auch heraus, dass viele, ja vielleicht die meisten Allele »neutral« sind, das heißt, ihre Mutation wirkt sich nicht auf die *fitness* des Phänotyps aus (siehe unten). Deshalb weiß man heute, dass sich hinter scheinbar gleichen Phänotypen auf der Ebene der Gene eine beträchtliche Variationsbreite verbergen kann.

Polymorphismus

Manchmal lassen sich die Abweichungen in Klassen einteilen – das bezeichnet man dann als *Polymorphismus.* Unter den Menschen kennen wir Polymorphismen bei Augen- und Haarfarbe, glatten und gelockten Haaren, Blutgruppen und vielen anderen genetischen Varianten unserer Spezies. Die Untersuchung von Polymorphismen hat beträchtlich zu unseren Kenntnissen über Stärke und Richtung der natürlichen Selektion beigetragen, und wir haben dadurch auch etwas über die Ursachen der Variation erfahren. Zwei besonders bekannte derartige Studien sind die von Cain und Sheppard über den Farbpolymorphismus bei der Schnirkelschnecke (*Cepaea*) und die von Dobzhansky über die Chromosomenanordnung bei *Drosophila.* In den meisten Fällen wissen wir nicht, warum ein Polymorphismus in einer Population über lange Zeit hinweg erhalten bleibt. Gewöhnlich unterstellt man ein Gleichgewicht im Selektionsdruck, verstärkend kann sich aber auch eine überlegene Eigenschaft heterozygoter Genträger auswirken, die dafür sorgt, dass das seltenere Gen in der Population nicht verschwindet. Wie man an den Schnirkelschnecken erkennt, kann die Selektion in einer sehr vielgestaltigen Umwelt auch einen vielgestaltigen Phänotyp erzeugen.

Die Ursachen der Variabilität

Wodurch entsteht die Variabilität? Was sind ihre Ursachen? Wie wird sie von Generation zu Generation aufrechterhalten? Mit diesem Rätsel schlug Darwin sich sein Leben lang herum, aber trotz aller Bemühungen fand er die Antwort nie. Das eigentliche Wesen der Variabilität verstand man erst nach 1900, nachdem Genetik und Molekularbiologie große Fortschritte gemacht hatten. Wie die Evolution abläuft, kann man in vollem Umfang nur dann begreifen, wenn man die grundlegenden Tatsachen der Vererbung kennt, denn sie sind die Erklärung für die Variation. Deshalb ist Genetik ein unverzichtbarer Teil der Evolutionsforschung. Nur der erbliche Teil der Variation spielt für die Evolution eine Rolle.

Genotyp und Phänotyp

Schon in den achtziger Jahren des 19. Jahrhunderts erkannten aufmerksame Biologen, dass das genetische Material (das man damals Keimplasma nannte) etwas anderes ist als der übrige Körper (das Soma) eines Organismus; dieser Unterscheidung trugen die ersten Mendel-Nachfolger Rechnung, als sie die Begriffe *Genotyp* und *Phänotyp* einführten. Allgemein war man aber zu jener Zeit der Ansicht, das genetische Material bestehe ebenso aus Proteinen wie der gesamte Körper. Als Avery 1944 nachwies, dass es sich beim genetischen Material um Nucleinsäuren handelt, war das ein richtiger Schock. Jetzt erlangte die begriffliche Unterscheidung zwischen einem Organismus und seinen Genen eine ganz neue Bedeutung. Das genetische Material selbst ist das (haploide) Genom oder der (diploide) Genotyp, der die Herstellung des Körpers mit allen seinen Eigenschaften – den Phänotyp – steuert. Der Phänotyp ist das Ergebnis der Wechselwirkungen zwischen Genotyp und Umwelt während der Entwicklung. Die Variationsbreite des Phänotyps, den derselbe Genotyp unter unterschiedlichen Umweltbedingungen hervorbringt, nennt man *Reaktionsnorm*. Eine Pflanze wächst beispielsweise bei guter Düngung und

Bewässerung größer und üppiger heran als ohne diese Umweltfaktoren. Blätter des Hahnenfußes *Ranunculus flabellaris*, die unter Wasser wachsen, sind gefiedert und sehen ganz anders aus als die breiten Blätter an den Zweigen über Wasser (siehe Abb. 6.3). Wie wir noch genauer erfahren werden, ist der Phänotyp unmittelbar der natürlichen Selektion ausgesetzt, nicht aber die einzelnen Gene.

Früher wurde hitzig darüber diskutiert, ob eine bestimmte Eigenschaft eines Lebewesens auf seine Gene oder die jeweilige Umwelt (englisch *nature* bzw. *nurture*) zurückzuführen ist. Alle Forschungsergebnisse der letzten 100 Jahre weisen darauf hin, dass die meisten Merkmale eines Organismus von beiden Faktoren beeinflusst werden. Das gilt insbesondere für Eigenschaften, die von mehreren Genen gesteuert werden. In einer Population, die sich sexuell fortpflanzt, gibt es für die Variation zwei einander überlagernde Ursachen: die Abweichungen des Genotyps (weil zwei Individuen bei sexueller Fortpflanzung genetisch nie genau gleich sind) und die Variationen des Phänotyps (weil jeder Genotyp seine eigene Reaktionsnorm hat). Lebewesen mit unterschiedlicher Reaktionsnorm sprechen auf die gleichen Umweltbedingungen unter Umständen unterschiedlich an.

Die Genetik der Variation

Unsere Kenntnisse über die Variation verdanken wir der Genetik, jenem Teilgebiet der Biologie, das sich mit der Vererbung befasst. Seit diese Wissenschaft im Jahr 1900 begründet wurde, ist sie zu einer der größten biologischen Disziplinen mit einem umfassenden Fakten- und Theorienbestand herangewachsen. Selbst Lehrbücher, die sich ausschließlich auf die Genetik der Evolution beschränken, werden leicht über 300 Seiten lang. In dem vorliegenden Werk über Evolution bin ich gezwungen, mich auf eine Darstellung der grundlegenden genetischen Gesetzmäßigkeiten zu beschränken; eine eingehendere Betrachtung muss speziellen Büchern über das Gebiet vorbehalten bleiben. Wer sich für Einzelheiten interessiert, dem seien die Bücher von Maynard Smith (1992) sowie von Hartl und Jones (1999) empfohlen. Für den Anfang sind auch die Kapitel über Genetik in einem beliebigen Lehrbuch der Biologie sehr nützlich, beispielsweise dem von Campbell (1999), oder auch die ausführlicheren Abschnitte über Genetik in den Evolutions-Lehrbüchern von Futuyma (1998), Ridley (1996) und Strickberger (1996). Um die Grundprinzipien der Genetik kennen zu lernen, die man für das Verständnis der Evolution braucht, ist es glücklicherweise nicht notwendig, sich alle in diesen Büchern beschriebenen Einzelheiten einzuprägen. Nach meiner Überzeugung reicht es aus, wenn man eine begrenzte Zahl grundlegender Gesetzmäßigkeiten kennt – diese muss man allerdings gründlich verstanden haben. Die wichtigsten sind wohl die 17 Prinzipien, die ich im Folgenden aufführe.

17 Grundprinzipien der Vererbung

1. Das genetische Material bleibt immer gleich (es ist »hart«); es wird durch die Umwelt oder durch Gebrauch und Nichtgebrauch des Phänotyps nicht verändert. Die Weitergabe dieses unveränderten genetischen Materials wird als »harte Vererbung« bezeichnet. Gene werden durch die Umwelt nicht abgewandelt. Eigenschaften, welche die Proteine des Phänotyps annehmen, werden nicht an die Nucleinsäuren in den Keimzellen übermittelt. Eine Vererbung erworbener Eigenschaften gibt es nicht.
2. Wie Avery 1944 entdeckte, handelt es sich beim genetischen Material um Moleküle der DNA (Desoxyribonucleinsäure), bei manchen Viren auch um RNA. Das DNA-Molekül hat die von Watson und Crick 1953 entdeckte Doppelhelixstruktur (Abb. 5.1).
3. Die in der DNA enthaltene Information ermöglicht die Herstellung der Proteine, die (zusammen mit Fettsubstanzen und anderen Molekülen) den Phänotyp aller Lebewesen bilden. Sie steuert den Zusammenbau der Aminosäuren, durch den mithilfe der Strukturen und Mechanismen der Zelle die Proteine entstehen.
4. Bei Eukaryonten liegt der größte Teil der DNA im Kern jeder einzelnen Zelle. Sie ist dort in mehreren länglichen Körperchen untergebracht, die man als *Chromosomen* bezeichnet (Abb. 5.2). (Kleine DNA- und RNA-Mengen befinden sich auch in den Organellen der Zelle, insbesondere in Mitochondrien und Chloroplasten.)

5. Lebewesen, die sich sexuell fortpflanzen, sind in der Regel *diploid*, das heißt, sie besitzen zwei homologe Chromosomensätze, von denen einer vom Vater ererbt wurde, der andere von der Mutter.
6. Männliche und weibliche Keimzellen enthalten jeweils nur einen Chromosomensatz: Sie sind *haploid*. Mit der Befruchtung der Eizelle wird in dem neu entstehenden Lebewesen (der *Zygote*) der diploide Zustand wiederhergestellt, denn die Chromosomen der Eltern verschmelzen nicht, sondern bleiben getrennt (siehe Prinzip 7).

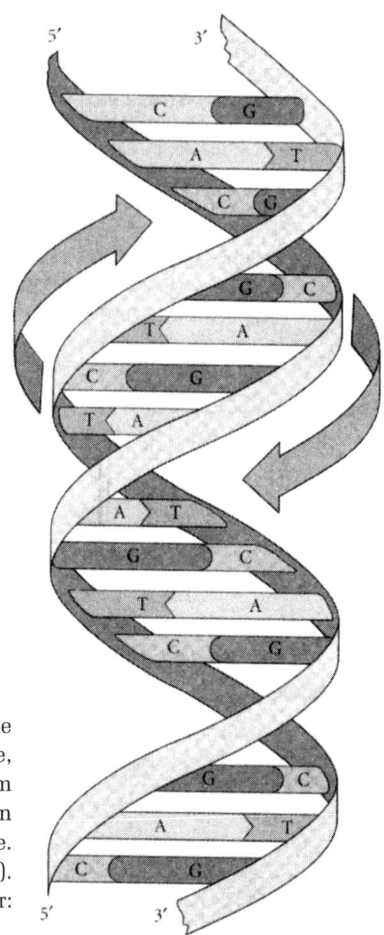

Abb. 5.1 Die allgemein bekannte DNA-Doppelhelix. Die Basenpaare, jeweils aus einem Purin und einem Pyrimidin, bilden die horizontalen »Stufen« der Helix-Wendeltreppe. *Quelle*: Futuyma, Douglas J. (1998). *Evolutionary Biology*. 3. Aufl. Sinauer: Sunderland, MA.

7. Bei der *Befruchtung* einer Eizelle durch die Samenzelle kommt es nicht zu einer Verschmelzung oder Vermischung der väterlichen und mütterlichen Chromosomen (auf denen die väterlichen und mütterlichen Gene liegen), sondern beide existieren in der befruchteten Eizelle (der Zygote) nebeneinander. Das genetische Material wird also unverändert von Generation zu Generation weitergegeben; eine Ausnahme sind nur die gelegentlich auftretenden Mutationen (siehe Prinzip 11).
8. Über die Eigenschaften eines Lebewesens bestimmen die Gene, die sich auf den Chromosomen befinden.
9. Ein Gen ist eine Abfolge von Basenpaaren in der Nucleinsäure, die ein Programm mit einer ganz bestimmten Funktion codiert.
10. Im Großen und Ganzen enthalten die Zellkerne aller Körperzellen die gleichen Gene.
11. Obwohl ein Gen normalerweise unverändert von einer Generation zur anderen weitergegeben wird, hat es die Fähigkeit, gelegentlich zu »mutieren«. Ein solches mutiertes Gen (Mutant) wird wieder beständig, wenn keine erneute Mutation eintritt.
12. Die Gesamtheit der Gene eines Individuums stellt seinen Genotyp dar.
13. Jedes Gen kann in mehreren Formen vorliegen, den *Allelen*; diese sind für die meisten Unterschiede zwischen den Individuen einer Population verantwortlich (Abb. 5.3).
14. Ein diploider Organismus enthält zwei Exemplare jedes Gens, eines vom Vater, das andere von der Mutter. Handelt es sich bei beiden um das gleiche Allel, ist der Organismus für dieses Gen *homozygot*; sind die Allele unterschiedlich, bezeichnet man ihn als *heterozygot*.
15. Prägt sich bei einem heterozygoten Gen nur eines der beiden Allele im Phänotyp aus, bezeichnet man dieses Allel als dominant; das andere ist dann rezessiv.
16. Gene sind kompliziert gebaut: Sie bestehen aus Exons, Introns und flankierenden Sequenzen (Abb. 5.4).
17. Es gibt mehrere Typen von Genen, darunter auch solche, die die Tätigkeit anderer Gene steuern (siehe unten).

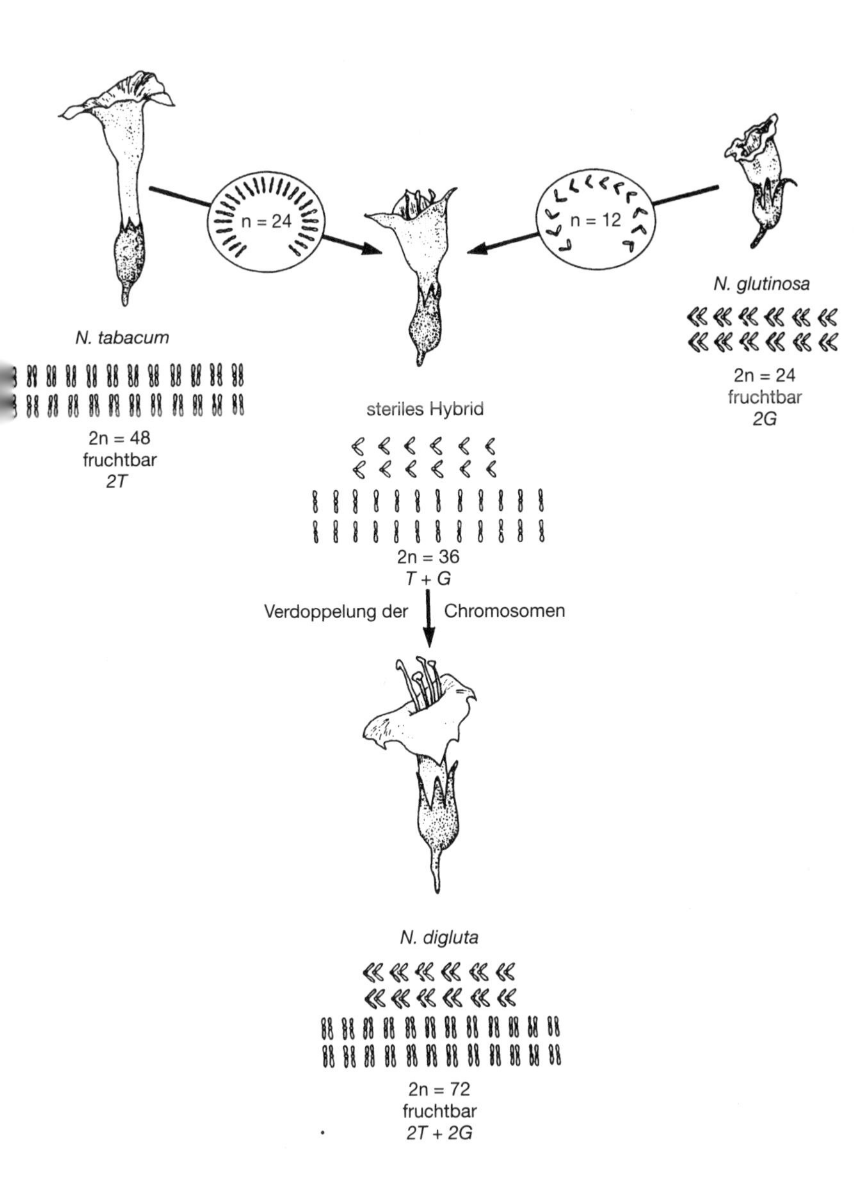

Abb. 5.2 Die Entstehung der Polyploidie. Durch Kreuzung zwischen zwei Pflanzenarten entsteht häufig ein steriles Hybrid. In manchen Fällen bildet sich aber durch Verdoppelung der Chromosomenzahl eine fruchtbare, allopolyploide Art. *Quelle*: Strickberger, Monroe W., *Evolution*, 1990, Jones and Bartlett, Publishers, Sudbury, MA. www.jbpun.com. Nachdruck mit freundlicher Genehmigung.

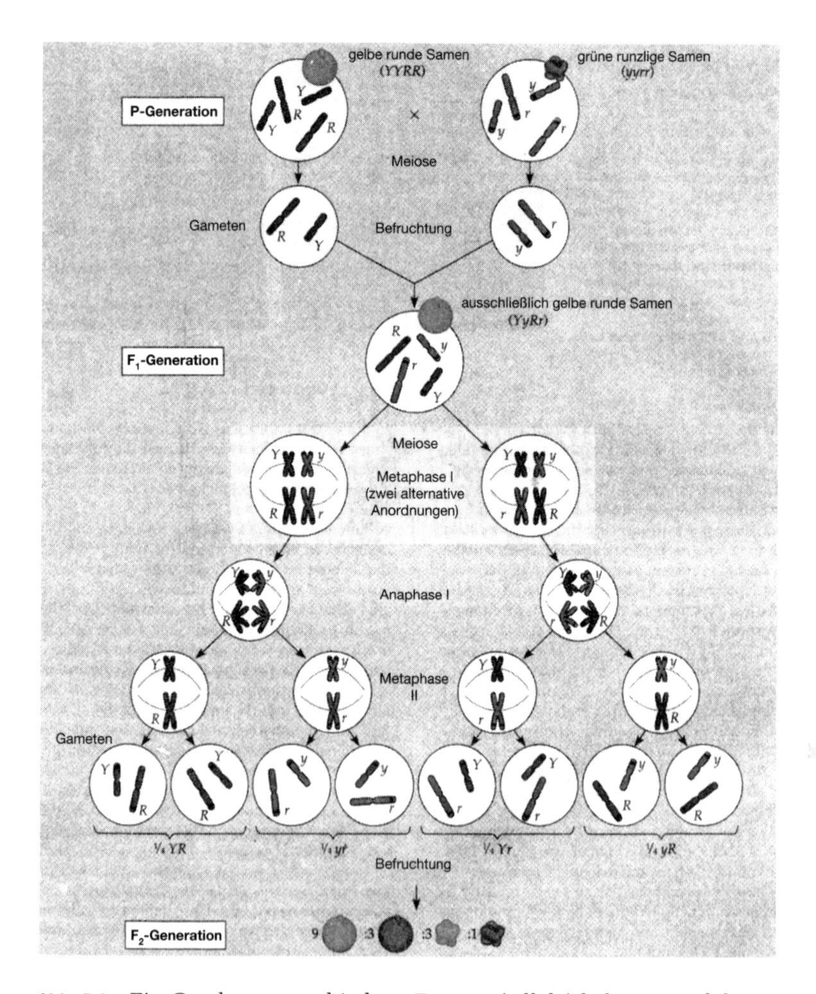

Abb. 5.3 Ein Gen kann verschiedene Formen (Allele) haben. Mendel verwendete für eine seiner Kreuzungen ein Gen Y mit den beiden Allelen Y (dominant, gelbe Samen) und y (rezessiv, grüne Samen) sowie ein Gen R mit den beiden Allelen R (dominant, runde Samen) und r (rezessiv, kantige Samen). Kreuzungen der beiden Allelgruppen führten zu den in der Abbildung dargestellten Ergebnissen. *Quelle*: Abb. 15.1., S. 262 aus *Biology*, 5th edition, von Neil A. Campbell, Jane B. Reece und Lawrence G. Mitchell. Copyright 1999 by Benjamin/Cummings, Imprint von Addison Wesley Longman, Inc. Nachdruck mit Genehmigung von Pearson Education, Inc.

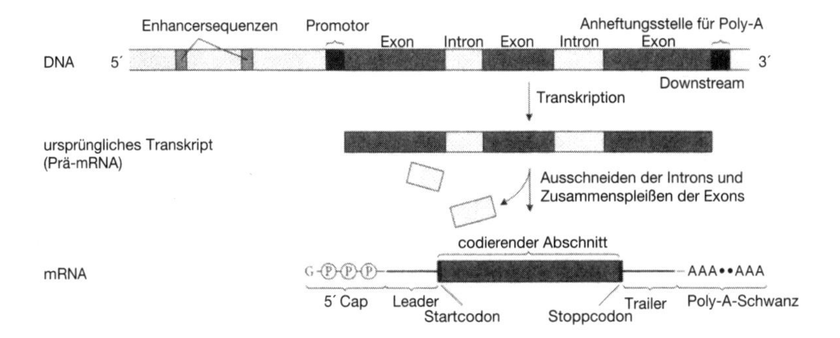

Abb. 5.4 Aufbau eines Eukaryontengens mit Exons, Introns und flankierenden Sequenzen. *Quelle*: Futuyma, Douglas J. (1998). *Evolutionary Biology.* 3. Aufl. Sinauer: Sunderland, MA.

Das Alter von Genen. Zu den vielleicht überraschendsten Erkenntnissen der modernen molekularbiologischen Analyse von Genomen gehörte die Erkenntnis, dass viele Gene sehr alt sind. Die Sequenz der Basenpaare ist oft sehr konstant, und deshalb kann man feststellen, dass beispielsweise ein bestimmtes Gen der Säugetiere auch im Genom der Taufliege *Drosophila* oder des Fadenwurmes *Caenorhabditis* vorkommt. Offensichtlich ist es sogar möglich, für manche Gene den ganzen Weg von Pflanzen oder Tieren bis zurück zu den Bakterien zu verfolgen. Besonders wichtig ist diese Erkenntnis im Zusammenhang mit Genen, die Krankheiten hervorrufen. Man kann beispielsweise in eine Maus ein Gen einschleusen, das beim Menschen eine Krankheit auslöst, und dann die heilende Wirkung aller möglichen Arzneiwirkstoffe untersuchen. Außerdem birgt sie große Möglichkeiten für die Anwendung der Gentechnik. Und selbst wenn es keine solchen praktischen Anwendungsmöglichkeiten gibt, trägt der Vergleich einander entsprechender Gene bei verschiedenen Lebewesen in der Regel erheblich dazu bei, dass wir die Funktion von Genen besser verstehen.

Genetischer Wandel in einer Population

Nach der Hardy-Weinberg-Regel würde der Genbestand in einer Population über die Generationen hinweg gleich bleiben, wenn es nicht eine Reihe von Vorgängen gäbe, die zum Verlust vorhandener und zur Aufnahme neuer Gene führen. Diese Vorgänge sind die Ursache der Evolution (siehe Kasten 5.3).

Besonders wichtig für die Evolution sind sieben derartige Prozesse: Selektion, Mutation, Genfluss, Gendrift, ungleichmäßige Variation, bewegliche genetische Elemente und nichtzufällige Paarung. Die Selektion ist das Thema des Kapitels 6; mit den anderen wollen wir uns hier genauer befassen.

Mutation

Der Begriff *Mutation* hat in der Biologie eine wechselvolle Vergangenheit (Mayr 1967, S. 96). Bis 1910 bezeichnete er jede auffällige Veränderung des Typus, insbesondere wenn eine solche Veränderung sofort zur Entstehung einer neuen Spezies führte. Morgan (1910) verwendete ihn ausschließlich für spontane Veränderungen des Genotyps oder, genauer gesagt: für plötzliche Veränderungen eines Gens. Genmutationen entstehen während der Zellteilung durch Kopierfehler. Die Verdoppelung (Replikation) der DNA-Moleküle bei der Zellteilung und der Entstehung der Keimzellen ist zwar ein bemerkenswert präziser Vorgang, aber gelegentlich treten doch Fehler auf. Tritt ein Basenpaar an die Stelle eines anderen, spricht man von einer Gen- oder Punktmutation. Aber auch größere Veränderungen im Genotyp kommen vor, beispielsweise Polyploidie oder eine Umordnung der Gene, wie sie sich durch Chromosomeninversionen ergibt. Solche Vorgänge bezeichnet man als Chromosomenmutationen. Zu den Mutationen rechnet man aber auch Veränderungen in dem Weg von der DNA des Gens über Messenger-RNA und Ribosomen zu den Aminosäuren oder Polypeptiden des Phänotyps. Darüber hinaus können Mutationen durch den Einbau eines transponierbaren Elements in ein Chromosom entstehen. Jede Mutation, die zu einem veränderten Phänotyp führt, wird durch die natürliche Selektion begünstigt oder benachteiligt.

Je nach ihrer Bedeutung für die Evolution kann man drei Typen von Mutationen unterscheiden: nützliche, neutrale und schädli-

Kasten 5.3 Das Hardy-Weinberg-Gesetz
In der Frühzeit der Genetik herrschte große Verwirrung in der Frage, was die Allelhäufigkeiten in einer Population bestimmt. Im Jahr 1908 konnten G. H. Hardy in England und W. R. Weinberg in Deutschland mit mathematischen Methoden nachweisen, dass die Allelhäufigkeit in Populationen von Generation zu Generation konstant bliebe, wenn sich nicht bestimmte Vorgänge abspielen würden, die zum Verlust vorhandener und zum Zugewinn neuer Gene führen. Dies drückten sie in einer mathematischen Formel aus, die eine neue Anwendung der Binominalgleichung darstellt. Da es sich um eine streng mathematische Lösung handelt, ist sie kein *biologisches* Gesetz.
Zur Verdeutlichung möge ein Beispiel dienen. Angenommen, ein Gen ist in einer Population mit den beiden Allelen A1 und A2 vertreten. A1 hat die Häufigkeit p, A2 die Häufigkeit q, und $p + q = 1$. Die Häufigkeit der bei der Fortpflanzung vorhandenen Gameten und der daraus entstehenden Genotypen berechnet sich nach folgendem Schema:

		Samenzellen	
		A1(p)	A2(q)
Eizellen	A1(p)	A1A1(p^2)	A1A2(pq)
	A2(q)	A1A2(pq)	A2A2(q^2)

Die Binominalgleichung $(p+q)(p+q) = p^2+2pq+q^2$ bleibt über die Generationen hinweg erhalten, es sei denn, Gene kommen hinzu oder gehen verloren (siehe Haupttext).

che. Individuen, deren Genotyp eine nützliche neue Mutation enthält, werden von der natürlichen Selektion begünstigt. In einer Population, die sich in einer stabilen Umwelt befindet, wurden allerdings nahezu alle nur denkbaren nützlichen Mutationen bereits in der jüngeren Vergangenheit selektioniert, und deshalb treten nur recht selten neue vorteilhafte Mutationen auf. Häufig sind dagegen so genannte neutrale Mutationen, die sich nicht auf die Eignung des Phänotyps auswirken. Welche Rolle sie in der Evolution spielen, wird später noch genauer erörtert. Schädliche Mutationen schließlich sind in der Selektion benachteiligt und werden früher oder später beseitigt. Sind sie rezessiv, können sie in einer Population in heterozygoter Form erhalten bleiben. Führen sie dazu, dass die betreffenden Lebewesen sofort verschwinden, nennt man sie letal. Ein Gen kann für die Selektion unterschiedlich starkes Gewicht haben, je nachdem, in welchen Wechselbeziehungen es mit dem übrigen Genotyp steht.

Zwar entstehen alle neuen Gene durch Mutationen, aber die phänotypische Variationsbreite natürlicher Populationen ist zum größten Teil auf Rekombination zurückzuführen (später mehr darüber). Bevor man in vollem Umfang begriff, welche Rolle die Selektion spielt, waren viele Evolutionsforscher überzeugt, manche entwicklungsgeschichtlichen Wandlungen seien die Folge eines »Mutationsdruckes«. Diese Vorstellung ist falsch. Die Häufigkeit eines Gens in einer Population wird auf lange Sicht von der natürlichen Selektion und Zufallsprozessen bestimmt, nicht aber durch die Mutationshäufigkeit.

Genfluss

In jeder räumlich begrenzten Population, die nicht sehr stark isoliert ist, wird der Genbestand erheblich durch Zu- und Abwanderung von Genen beeinflusst, das heißt durch den Austausch mit anderen Populationen derselben Spezies. Diesen Genaustausch nennt man *Genfluss*. Er ist ein Stabilitätsfaktor, denn er verhindert, dass nur teilweise isolierte Populationen sich auseinander entwickeln; damit ist er ein Hauptgrund, warum weit verbreitete Arten stabil bleiben und warum Arten mit großer Individuenzahl sich nicht weiterentwickeln. Der Umfang des Genflusses ist von Population zu Population und von einer Spezies zur anderen höchst unterschiedlich. Sehr sesshafte (*philopatrische*) Arten haben einen geringen Genfluss, bei solchen mit starker Ausbreitungstendenz herrscht fast *Panmixie*.

Wichtig ist die Erkenntnis, dass die *Verbreitungsneigung* bei den Individuen einer Population anscheinend sehr unterschiedlich sein kann. In dieser Hinsicht dürfte es sogar einen ausgeprägten Polymorphismus geben. Manche Individuen einer Population sind unter Umständen sehr philopatrisch und pflanzen sich ganz in der Nähe ihres Geburtsortes fort; andere verbreiten sich über relativ kurze Entfernungen, und wenige Individuen entfernen sich weit – manchmal mehrere hundert Kilometer – von der Stelle, an der sie geboren wurden. Für die Evolution sind diese zuletzt genannten Individuen natürlich am bedeutsamsten. Die meisten von ihnen werden in der Regel keinen Erfolg haben, weil sie nicht optimal an ihre neue Umgebung angepasst sind, aber wenn sie über eine große Entfernung gewandert sind, können sie *Gründerpopulationen* hervorbringen und weit außerhalb des bisherigen Verbreitungsgebietes ihrer Spezies ein geeignetes Umfeld ausfindig machen.

Manchen Arten gelingt die Verbreitung so gut, dass man sie auf der ganzen Welt antrifft; das gilt beispielsweise für Sporen bildende Pflanzen oder für Tiere wie Bärtierchen und bestimmte Krebse, deren Eier vom Wind transportiert werden. Aber schon die Verbreitung über relativ kurze Distanzen kann der fortschreitenden Auseinanderentwicklung örtlicher Populationen stark entgegenwirken. Der Genfluss ist in der Evolution ein sehr wirksamer stabilisierender Faktor.

Gendrift

In einer kleinen Population können Allele einfach durch Zufall verloren gehen; diesen Vorgang bezeichnet man als Gendrift. Sogar in recht großen Populationen ist der zufällige Verlust von Allelen möglich. Für weit verbreitete Arten bleibt das in der Regel ohne Folgen, weil solche lokal verschwundenen Gene in den folgenden Generationen durch Genfluss schnell ersetzt werden. Kleine Gründerpopulationen jedoch, die sich weit außerhalb des sonstigen Verbreitungsgebietes ihrer Spezies befinden, besitzen vielfach einen sehr unausgewogenen Zufallsanteil des Genbestandes ihrer Ausgangspopulation. Dies begünstigt die Umstrukturierung des Genotyps solcher Populationen (siehe unten).

Ungleichmäßige Variation

Manche Gene (die man bisher nur von wenigen biologischen Arten kennt) beeinflussen die Trennung (Segregation) der Allele während der Meiose einer heterozygoten Zelle, und zwar so, dass das Allel auf einem der elterlichen Chromosomen in mehr als 50 Prozent der Fälle in die Keimzellen gelangt. Sorgt dieses Allel für einen weniger geeigneten Phänotyp, ist es in der Selektion benachteiligt. Nur selten ist diese ungleichmäßige Variation so stark, dass sie gegenüber der Beseitigung durch die Selektion die Oberhand behält.

Transponierbare Elemente

Transponierbare Elemente (TEs) sind DNA-Sequenzen (»Gene«), die in den Chromosomen keine festgelegte Stelle besetzen, sondern an einen neuen Ort in demselben oder einem anderen Chromosom wandern können. Es gibt verschiedene Arten transponierbarer Elemente, die sich unterschiedlich auswirken. Werden sie an einem neuen Ort in ein Chromosom eingebaut, können sie in einem benachbarten Gen eine Mutation verursachen. Vielfach lassen sie kurze DNA-Sequenzen entstehen, die sich immer wieder verdoppeln. Eine solche Sequenz, Alu genannt, wiederholt sich vielfach und ist bei vielen Säugetierarten in jedem Individuum mit über 500 000 Exemplaren vertreten. Im Genom des Menschen macht sie etwa fünf Prozent aus. Soweit man weiß, leistet kein transponierbares Element einen Beitrag, der sich in der Selektion als nützlich erweist. Häufig sind die Elemente schädlich, aber die natürliche Selektion ist offensichtlich nicht in der Lage, sie zu beseitigen. Wer Genaueres über die vielfältigen Ausprägungsformen transponierbarer Elemente erfahren möchte, sollte ein Lehrbuch der Genetik zu Rate ziehen.

Nichtzufällige Paarung

Bei allen Arten, bei denen sexuelle Selektion stattfindet, dürfte es Vorlieben für einen bestimmten Phänotyp des Sexualpartners geben. Dies führt dazu, dass bestimmte Genotypen stärker begünstigt werden, als es dem Zufallsprinzip entspricht.

Eine solche nichtzufällige Paarung ist die beste Erklärung für manche Fälle der *sympatrischen Artbildung*. Bei bestimmten Gruppen der Fische, insbesondere bei den Buntbarschen, paaren die Weibchen sich offenbar bevorzugt mit Männchen, die ganz bestimmte ökologische Nischen besetzen. Man stelle sich beispielsweise einen See vor, in dem die Spezies A anfangs sowohl den Boden (Benthos) als auch das offene Wasser besiedelt und sich dort ernährt; wenn nun eine Gruppe der Weibchen sich bevorzugt mit den benthischen Männchen paart, selektionieren diese Weibchen gleichzeitig auch alle charakteristischen sichtbaren Merkmale der Männchen, die sich lieber in der Nische am Boden ernähren. Ernährung und Paarung erfolgen nicht mehr zufällig, und im Laufe der Zeit entwickeln sich zwei Unterpopulationen, deren Angehörige für Fressen und Paarung entweder den bodennahen Bereich oder das offene Wasser bevorzugen. Irgendwann können aus diesen Unterpopulationen dann gänzlich voneinander isolierte, sympatrische Arten werden. In den meisten Gruppen der Fische findet diese Form der sympatrischen Artbildung offenbar nicht statt. Ähnliche Vorgänge können auch bei wirtsspezifischen Insekten zur sympatrischen Artbildung führen, wenn die Paarung bevorzugt auf Pflanzen der Art stattfindet, für die beide Partner die gleiche Vorliebe haben.

Uniparentale Fortpflanzung und Evolution

Die darwinistische Evolution kann nur dann Erfolg haben, wenn ständig in großem Umfang Variationen zur Verfügung stehen. Diese phänotypischen Varianten entstehen in der Regel zum größten Teil durch die Rekombination der elterlichen Chromosomen, das heißt durch sexuelle Fortpflanzung, einen Vorgang, den erst die Eukaryonten erfunden haben. Bei vielen Lebewesen gibt es jedoch keine Sexualität, sondern sie pflanzen sich uniparental fort. Wie gelingt es ihnen dennoch, die erforderlichen Abweichungen zu erzeugen und so den Veränderungen ihrer Umwelt Rechnung zu tragen?

Bei den meisten Formen der uniparentalen oder »ungeschlechtlichen« Fortpflanzung sind die Nachkommen mit dem Ausgangsorganismus identisch. Eine Abstammungslinie, die durch diese Form der Fortpflanzung entstanden ist, bezeichnet man als *Klon*. Wie können in einem Klon neue genetische Varianten auftreten? Bei höheren Lebewesen geschieht dies meist ausschließlich durch Mutationen: Jede neue Mutation lässt einen neuen Unterklon entstehen. Handelt es sich um eine erfolgreiche Mutation, gedeiht der neue Klon, und wenn dann weitere günstige Mutationen hinzukommen, entfernt er sich genetisch immer weiter vom Ausgangsklon. Wohin dies führt, konnte man an den Bdelloidea beobachten, einer Gruppe der Rädertiere: Zwischen den erfolgreichsten Klonen entwickeln sich ebenso große Unterschiede wie zwischen verschiedenen Arten, die sich sexuell fortpflanzen. Weniger erfolgreiche Klone sterben aus. Auf diese Weise entstehen die »Lücken« zwischen höheren ungeschlechtlichen Taxa.

Prokaryonten pflanzen sich ungeschlechtlich fort. Genetische Varianten entstehen bei ihnen durch Mutation und die einseitige Übertragung von Genen an andere Klone. Sobald aber bei den Eukaryonten die Sexualität gewissermaßen »erfunden« war, wurde ungeschlechtliche Fortpflanzung in dieser Gruppe zu etwas relativ Seltenem. Oberhalb der Ebene der Gattung gibt es nur drei höhere Gruppen von Tieren, die ausschließlich aus Klonen mit ungeschlechtlicher Fortpflanzung bestehen. Auch bei Pflanzen ist die streng ungeschlechtliche Fortpflanzung selten, bei einigen Gruppen der Pilze dagegen kommt sie häufig vor.

Da Prokaryonten sich ohne Sexualität fortpflanzen, haben bei ihnen alle Individuen sozusagen das gleiche Geschlecht. Sexuelle Fortpflanzung kennen sie nicht. Bei den Eukaryonten dagegen ist sie die fast allgemein übliche Form der Fortpflanzung. Wenn man bei höheren Tieren oder Pflanzen uniparentale Vermehrung findet, handelt es sich offensichtlich in allen Fällen um eine sekundär abgeleitete Eigenschaft, die sich in der Regel auf eine einzige Spezies innerhalb einer Gattung oder auf eine isolierte Gattung beschränkt. Nur in wenigen Fällen kommt Parthenogenese bei ganzen Familien des Tierreichs vor (siehe unten). Wie man recht leicht erkennen kann, wurde die uniparentale Vermehrung im Tierreich immer wieder neu erfunden, aber jedes Mal starben die ungeschlechtlichen Klone nach relativ kurzer Zeit wieder aus.

Sexuelle versus ungeschlechtliche Fortpflanzung

Welche Schlüsse kann man daraus ziehen, dass ungeschlechtliche Fortpflanzung bei Eukaryonten so selten vorkommt? Es legt die Vermutung nahe, dass die ungeschlechtliche Fortpflanzung, die man heute bei Eukaryonten findet, keine urtümliche Eigenschaft ist, sondern ein abgeleitetes Merkmal. Sie hat sich in nicht näher verwandten Gruppen unabhängig immer wieder entwickelt, ist aber in der Regel schnell ausgestorben. Wie der Vorteil der sexuellen Fortpflanzung auch aussehen mag – dass sie einen solchen Vorteil bieten muss, zeigt sich eindeutig an der Tatsache, dass der ungeschlechtlichen Fortpflanzung durchgängig kein Erfolg beschieden ist.

Dabei scheint die ungeschlechtliche Fortpflanzung auf den ersten Blick ein viel produktiverer Vorgang zu sein als die Sexualität. Angenommen, in einer Population gibt es zwei Arten von Weibchen; diese bringen gleichermaßen jeweils 100 Nachkommen hervor, deren Zahl sich dann in jeder Generation auf zwei Überlebende reduziert. Die Weibchen des Typs A vermehren sich sexuell, und ihre Nachkommen sind jeweils zur Hälfte Männchen und Weibchen. Die B-Weibchen vermehren sich ungeschlechtlich und bringen zu 100 Prozent Weibchen hervor. Eine einfache Berechnung zeigt, dass die Population schon nach kurzer Zeit fast nur noch aus ungeschlechtlichen Weibchen des Typs B bestehen würde.

Ein Weibchen, das fruchtbare Eizellen ungeschlechtlich durch »Parthenogenese« erzeugen kann, »vergeudet« keine Keimzellen für die Produktion von Männchen und ist deshalb doppelt so fruchtbar wie ein Individuum, das mit sexueller Fortpflanzung Keimzellen beider Typen produziert. Warum begünstigt die natürliche Selektion dann nicht die Parthenogenese, das heißt die Fähigkeit der Weibchen zur Produktion von Eiern, die nicht durch ein Männchen befruchtet werden müssen?

Über den Selektionsvorteil der sexuellen Fortpflanzung wird in der Evolutionsforschung seit den achtziger Jahren des 19. Jahrhunderts gestritten. Bisher gibt es in der Auseinandersetzung keinen eindeutigen Sieger. Wie so oft in derartigen Diskussionen dürften mehrere Antworten richtig sein. Mit anderen Worten: Die sexuelle Fortpflanzung hat mehrere Vorteile, die zusammen gegenüber dem scheinbaren zahlenmäßigen Vorteil der Ungeschlechtlichkeit überwiegen. Zuerst müssen wir den ganzen Ablauf der Sexualität verstehen; erst dann wird deutlich, warum sexuelle Fortpflanzung trotz ihrer geringeren Produktivität auf lange Sicht erfolgreicher ist als die ungeschlechtliche Vermehrung.

Meiose und Rekombination

Mehr als hundert Jahre Forschung waren nötig, bis man Ablauf und Bedeutung der sexuellen Fortpflanzung in vollem Umfang verstand. Darwin suchte sein ganzes Leben lang vergeblich nach der Ursache der genetischen Variation. Um sie zu finden, musste man über den Vorgang der Keimzellenentstehung ebenso Bescheid wissen wie über den Unterschied zwischen Genotyp und Phänotyp, ihre Bedeutung für die natürliche Selektion und die Variation in Populationen.

Die Antwort fanden August Weismann und eine Gruppe von Zytologen. Wie sie nachweisen konnten, gehen der Keimzellenentstehung bei der sexuellen Fortpflanzung zwei besondere Zellteilungen voraus (siehe Kasten 5.4). Bei der ersten dieser Teilungen lagern die homologen väterlichen und mütterlichen Chromosomen sich dicht nebeneinander, und dann können sie an einer oder mehreren Stellen brechen. Die derart zerstückelten Chromosomen tauschen Teile untereinander aus, sodass sie am Ende aus einer Mischung väterlicher und mütterlicher Abschnitte bestehen, ein Vorgang, den man als *Crossing-over* bezeichnet. Die so entstandenen Chromosomen stellen eine ganz neue Kombination der Gene von Vater und Mutter dar. Bei der zweiten Zellteilung, die der Bildung der Keimzellen unmittelbar vorausgeht, verdoppeln sich die Chromosomen nicht, sondern aus jedem homologen Paar wandert

Kasten 5.4 Meiose

Als Meiose bezeichnet man zwei aufeinander folgende Zellteilungen, die der Entstehung der haploiden Keimzellen (Gameten) vorausgehen. Bei der ersten Teilung heften sich die Schwesterchromatiden homologer Chromosomen aneinander. Nun kann das *Crossing-over* stattfinden: Die Chromatiden brechen an Stellen, an denen sie sich überlappen, und verbinden sich über Kreuz mit den Bruchstücken des Schwesterchromatids, sodass ein neu zusammengesetztes Chromosom entsteht. Bei der nachfolgenden zweiten Zellteilung, die man auch Reduktionsteilung nennt, wandern die homologen Chromosomen nach dem Zufallsprinzip zu den beiden Zellpolen, sodass sich dort völlig neu zusammengesetzte Chromosomensätze bilden. Durch das Crossing-over und die zufällige Wanderung der Chromosomen zu den Zellpolen bilden sich also in den beiden Schritten der Meiose völlig neue Kombinationen der elterlichen Genotypen.

Die bei der Meiose entstehenden Keimzellen (Ei- und Samenzellen) sind haploid, bei der Befruchtung wird dann aber der diploide Zustand wieder hergestellt. Eine detailliertere Darstellung dieses komplizierten Vorganges findet sich in jedem Lehrbuch der Biologie.

jeweils ein Chromosom nach dem Zufallsprinzip in eine der beiden Tochterzellen. Diese »Reduktionsteilung« hat zur Folge, dass jede Keimzelle eine »haploide« Zahl von Chromosomen enthält, das heißt die Hälfte der »diploiden« Zahl in der Zygote, die bei der Befruchtung der Eizelle entsteht. Diesen Ablauf mit zwei Zellteilungen, auf den dann die Keimzellenentstehung folgt, nennt man *Meiose*.

Dass es während der Meiose zu einer umfassenden *Rekombination* der elterlichen Genotypen kommt, liegt an zwei Vorgängen: erstens an dem Crossing-over bei der ersten Zellteilung und zweitens an der zufälligen Wanderung der homologen Chromosomen in die einzelnen Tochterzellen während der Reduktionsteilung. Das Ergebnis sind völlig neue Kombinationen der elterlichen Gene, die jeweils einen einzigartigen, von allen anderen verschiedenen Genotyp bilden. Diese Genotypen bringen ihrerseits einzigartige Phänotypen hervor, und damit stellen sie in unbegrenzter Menge neues Material für die natürliche Selektion bereit.

Ganz gleich, welchen Selektionsvorteil die sexuelle Fortpflanzung im Einzelnen bietet: dass es einen solchen Vorteil gibt, zeigt sich eindeutig an der Tatsache, dass alle Versuche einer Rückkehr zur Ungeschlechtlichkeit fehlgeschlagen sind. Bei höheren Pflanzen kommt umfassende Ungeschlechtlichkeit überhaupt nicht vor; weit verbreitet ist aber die Agamospermie, das heißt die Samenproduktion ohne Befruchtung (Grant 1981). Häufiger als die sexuelle Vermehrung ist die uniparentale Fortpflanzung aber bei manchen Protisten und Pilzen sowie bei einigen Gruppen gefäßloser Pflanzen. Bei Prokaryonten stellt sie den einzigen Fortpflanzungsmechanismus dar; für genetische Variation sorgt hier die horizontale Genübertragung.

Warum wird die Entstehung so stark variabler Genotypen von der natürlichen Selektion begünstigt?

Gelegentliche ungeschlechtliche Fortpflanzung ist im Tierreich weit verbreitet (bei Vögeln und Säugetieren kommt sie allerdings nicht vor). In fast allen Fällen beschränkt sie sich aber auf eine einzige Spezies aus einer Gattung, die sich ansonsten sexuell vermehrt, oder auf eine einzige Gattung. Im Tierreich bestehen nur drei höhere Taxa (oberhalb der Ebene der Gattung) ausschließlich aus uniparental entstandenen Klonen: die Bdelloidea aus der Gruppe der Rädertiere sowie einige Muschelkrebse und Milben. Wie man leicht erkennt, haben hier einige Arten das Experiment gewagt, sich mit dem Aufgeben der Sexualität die doppelte Fruchtbarkeit zu »erkaufen«, aber die ungeschlechtlichen Klone sterben früher oder später aus.

Schon seit über einem Jahrhundert stellen die Evolutionsforscher Spekulationen über den gewaltigen Vorteil der Sexualität an, aber zu einer einhelligen Meinung sind sie bis heute nicht gelangt. Wenn allerdings eine Population plötzlich in eine sehr unangenehme Lage gerät, gilt als sicher: Je größer ihre genetische Vielfalt ist, desto größer ist ihre Chance, dass sie Genotypen enthält, die mit den Anforderungen der Umwelt besser fertig werden als ein einheitlicher Klon oder eine Gruppe sehr ähnlicher Klone.

Für den Mechanismus, durch den die Selektion die Sexualität (das heißt die Rekombination) begünstigt, wurde eine ganze Reihe von Erklärungen vorgeschlagen. Alle stimmen darin überein, dass vorteilhafte Mutationen in einer Population mit sexueller Fortpflanzung besser überleben können als bei ungeschlechtlicher Vermehrung, während schädliche Veränderungen gleichzeitig auch schneller beseitigt werden. Mit neuen Krankheitserregern wird man beispielsweise am besten fertig, wenn neue, resistente Genotypen entstehen. Der Genotyp – das heißt die Nucleinsäure – ist nicht unmittelbar der natürlichen Selektion ausgesetzt, sondern er wird während der Entwicklung der befruchteten Eizelle in die Proteine und übrigen Bestandteile des Phänotyps übersetzt (siehe Kapitel 6). Der Phänotyp ist das Ergebnis der Wechselwirkungen zwischen Umwelt und Genotyp.

Durch die sexuelle Fortpflanzung stehen der natürlichen Selektion weitaus mehr neue Phänotypen zur Verfügung als durch Mutation oder irgendeinen anderen Mechanismus. Sie ist bei solchen Arten die wichtigste Ursache der Variation. Diese Fähigkeit, viel Variation hervorzubringen, scheint der wichtigste Selektionsvorteil der sexuellen Fortpflanzung zu sein (Näheres in dem Sonderteil »The Evolution of Sex«, *Science* 281(1989):1979–2008). Das Rekombinationspotenzial ist der Grund, warum sexuelle Fortpflanzung für die Evolution eine so überragende Bedeutung hat.

Rekombination

Wenn zwei Mitglieder einer Population, die sich sexuell fortpflanzt, sich paaren und Nachkommen hervorbringen, tragen diese eine ganz neue Kombination der elterlichen Gene. Der Begriff »Genvorrat« oder »Genpool« für die Gesamtheit der Gene in einer Population ist ein wenig irreführend. Die Gene sind kein ungeordneter Haufen und schwimmen auch nicht in einem »Pool«, sondern sie sind hintereinander auf den Chromosomen aufgereiht, und jedes Individuum einer sich sexuell fortpflanzenden, diploiden Spezies trägt auf seinen Chromosomen jeweils einen haploiden Satz der väterlichen und der mütterlichen Gene. Diese Theorie wurde erstmals von Sutton und Boveri Anfang des 20. Jahrhunderts vertreten und später von T. H. Morgan bestätigt. Die diploide Kombination des elterlichen genetischen Materials nennt man Genotyp. Jedes Individuum besitzt eine einzigartige Kombination der elterlichen Genausstattungen, und der von diesem Genotyp (den neu zusammengestellten Genen) erzeugte Phänotyp ist normalerweise das eigentliche Ziel der natürlichen Selektion (siehe unten). Die Rekombination innerhalb einer Population ist die wichtigste Ursache der phänotypischen Variationen, die einer wirksamen natürlichen Selektion zur Verfügung stehen.

Horizontale Genübertragung

Bei Prokaryonten gibt es keine sexuelle Fortpflanzung und damit auch keine stetige Erneuerung der genetischen Variationsbreite durch Rekombination. Stattdessen entstehen neue genetische Varianten bei Bakterien durch einen Vorgang, den man als einseitige horizontale Genübertragung bezeichnet: Ein Bakterium heftet sich an ein anderes an und überträgt ihm einige Gene. Man weiß kaum etwas darüber, um was für Gene es sich dabei handelt. Vermutlich beschränkt sich der Vorgang auf bestimmte Genklassen, denn die Hauptgruppen der Prokaryonten, zum Beispiel gramnegative und grampositive Bakterien oder Cyanobakterien, verschmelzen dabei nicht. Selbst die Archaebakterien tauschen Gene mit anderen Bakteriengruppen aus.

Was wurde aus der horizontalen Genübertragung, nachdem die sexuelle Fortpflanzung erfunden war? Bis in die vierziger Jahre des 20. Jahrhunderts nahm man an, der Vorgang sei bei Lebewesen, die sich sexuell fortpflanzen, verschwunden. Dann aber entdeckte Barbara McClintock beim Mais die Transposons, Gene, die von einer Position in den Chromosomen an eine andere wandern können. Dieser Befund war so neu und unerwartet, dass bis heute nicht abschließend geklärt wurde, wie weit das Phänomen verbreitet ist. Darüber hinaus gibt es Gebilde aus Nucleinsäuren (zum Beispiel die Plasmide), die von den Chromosomen weitgehend unabhängig sind. Solche genetischen Elemente sind insbesondere bei den Prokaryonten, die sich ungeschlechtlich vermehren, von großer Bedeutung. Sobald sie sich auf den Phänotyp auswirken, unterliegen sie der natürlichen Selektion.

Wechselwirkungen zwischen Genen

Mit der Frage, wie die Gene tätig werden und den Phänotyp erzeugen, befasst sich die Entwicklungsgenetik. Der Einfachheit halber nahm man herkömmlicherweise an, dass jedes Gen unabhängig von allen anderen wirkt. Aber das stimmt nicht: Zwischen den Genen laufen zahlreiche Wechselwirkungen ab. Viele Gene beeinflussen zum Beispiel mehrere Aspekte des Phänotyps, ein Effekt, den man als *Pleiotropie* bezeichnet. Am auffälligsten ist die Pleiotropie bei schädlichen Genen, beispielsweise bei denen für die Sichelzellanämie (siehe Kasten 6.3) oder Cystische Fibrose (Mukoviszidose), sowie bei ähnlichen Mutationen, die eine grundlegende, in vielen Organen ausgeprägte Gewebeaktivität beeinflussen. Umgekehrt hängt ein einziger Aspekt des Phänotyps vielfach auch von mehreren Genen ab. In solchen Fällen spricht man von *polygenen Merkmalen.* Pleiotropie und Polygenie tragen zur Einheitlichkeit des Genotyps bei; zusammenfassend bezeichnet man die vielfältigen Wechselwirkungen der Gene als *Epistase.*

Diese Wechselwirkungen zwischen den Genen sind die am wenigsten erforschte Eigenschaft des Genotyps. Sie werden uns in späteren Kapiteln im Zusammenhang mit Phänomenen wie entwicklungsgeschichtlicher Stasis, Evolutionsschüben und Mosaikevolution wieder begegnen. Ein Aspekt dieser Wechselwirkungen ist der so genannte »Zusammenhalt des Genotyps« (siehe unten). Die Klärung der Frage, welche Struktur der Genotyp hat, ist die schwierigste Zukunftsaufgabe der Evolutionsbiologie.

Genomgröße
Würde die Entstehung neuer Gene parallel zum Evolutionsfortschritt verlaufen, müsste man damit rechnen, dass die Lebewesen an der Spitze des entwicklungsgeschichtlichen Stammbaumes auch das größte Genom besitzen. Bis zu einem gewissen Grade stimmt das auch. Die Genomgröße misst man in Basenpaaren, aus praktischen Gründen bedient man sich aber häufig auch der Einheit Megabasen, abgekürzt Mb (1 Mb = 1 000 000 Basenpaare). Das Genom des Menschen ist rund 3500 Mb groß, bei Bakterien umfasst es häufig nur etwa 4 Mb. Sehr große Werte fand man aber bei Salamandern und Lungenfischen, und auch bei Pflanzen ist die Spannbreite ähnlich groß.

Warum gibt es ein so enorm breites Größenspektrum, und vor allem: Warum sind die Unterschiede auch bei eng verwandten Lebewesen so groß? Die Antwort resultiert aus der Erkenntnis, dass es zwei Typen von DNA gibt: Die eine (die codierenden Gene)

Kasten 5.5 Nicht codierende DNA
Ein erstaunlich hoher Anteil der DNA in den Chromosomen erfüllt anscheinend keinerlei Funktion; unter anderem codiert sie weder RNA noch Proteine. Diese DNA, die manchmal – vermutlich zu Unrecht – als »Schrott« (*junk*) bezeichnet wird, macht beim Menschen nach Schätzungen bis zu 97 Prozent der gesamten DNA-Menge aus. Zu diesem Anteil unseres Genoms gehören Introns, Mikrosatelliten-DNA und andere repetitive Sequenzen sowie verschiedene Typen »verstreuter Elemente« *(interpersed elements)*, beispielsweise die Alu-Sequenzen. Unter Evolutionsforschern herrscht allgemein die Ansicht, dass die natürliche Selektion diese scheinbar überflüssige DNA schon längst beseitigt hätte, wenn sie nicht doch eine – bis heute nur noch nicht entdeckte – Aufgabe erfüllen würde. Für die Introns kennt man mittlerweile eine solche Funktion: Sie halten die Exons bis zur Aktivierung eines Gens (der »Übersetzung« oder Translation der DNA-Information in Proteine) auf Abstand. Bevor das Gen während der Translation in Protein umgeschrieben wird, werden die Introns herausgeschnitten. Außerdem enthalten die Introns viele Regulationselemente (DNA-Abschnitte, die als Bindungsstellen für die Produkte von Regulationsgenen dienen), und wahrscheinlich tragen sie auch zur genetischen Komplexität der Eukaryonten bei, weil sie alternatives Spleißen durch *cis-* und *trans-*aktive Elemente ermöglichen.

wirkt aktiv an der Entwicklung mit, die andere, nichtcodierende DNA genannt, ist inaktiv (siehe Kasten 5.5). Die großen Unterschiede in der Zahl der Megabasen sind fast ausschließlich auf einen größeren oder kleineren Anteil der nicht codierenden DNA zurückzuführen, die häufig auch als »DNA-Schrott« bezeichnet wird. Für die Entstehung und Vermehrung nichtcodierender DNA gibt es mehrere Mechanismen, insbesondere unter Beteiligung so genannter Retrotransposons. Andere Mechanismen beseitigen aber auch DNA-Schrott, und in der Wirksamkeit dieser Mechanismen gibt es Unterschiede zwischen den biologischen Arten. Die Erforschung der Faktoren, die über die Genomgröße bestimmen, hat bis zur umfassenden Klärung der beteiligten Vorgänge noch einen weiten Weg vor sich. Der aktive Teil des Genoms ist nicht nur viel kleiner, sondern auch viel weniger variabel, als man es auf Grund der Zahlen vermuten würde.

Die Entstehung neuer Gene

Ein Bakterium besitzt ungefähr 1000 Gene. Beim Menschen sind es vielleicht 30 000, die funktionieren. Woher stammen alle diese Gene? Sie sind durch Genverdoppelung entstanden, wobei das zweite Exemplar jeweils neben seinem »Schwestergen« ins Genom eingebaut wurde. Ein solches neues Gen wird als *paralog* bezeichnet. Anfangs hat es die gleiche Funktion wie das Gen, von dem es stammt. In der Regel macht es aber andere Mutationen und damit eine eigene Evolution durch, und nach einiger Zeit kann es Funktionen übernehmen, die sich von denen seines Nachbargens unterscheiden. Das ursprüngliche Gen entwickelt sich aber ebenfalls weiter; solche unmittelbaren Nachkommen eines Ausgangsgens nennt man *ortholog.* In Homologieuntersuchungen vergleicht man meist nur orthologe Gene.

Das Genom kann sich aber nicht nur durch Verdoppelung einzelner Gene erweitern, sondern auch durch die Verdoppelung ganzer Gengruppen, Chromosomen oder Chromosomensätze. So führt beispielsweise ein besonderer Mechanismus, an dem die Kinetochoren beteiligt sind, bei bestimmten Ordnungen der Säugetiere zur Verdoppelung des Chromosomensatzes, sodass die Chromosomenzahl in diesen Ordnungen stark schwanken kann.

Ein weiterer Weg, auf dem Gene hinzukommen können, ist die horizontale Genübertragung.

Gentypen

Aus der molekularbiologischen Forschung weiß man mittlerweile, dass es viele verschiedene Gentypen gibt. Manche Gene steuern auf dem Weg über Enzyme direkt die Produktion biologischen Materials, andere regulieren die Aktivität der Moleküle, die Gene erzeugen. Mutationen in 8000 der 12000 Gene von *Drosophila* haben offensichtlich keine Auswirkungen auf den Phänotyp. Veränderungen dieser Gene wurden als neutrale Evolution bezeichnet (siehe unten).

Gene, die keine Proteine codieren, galten lange Zeit als »Schrott«. In Wirklichkeit dürften sie aber eine wichtige, bisher nicht geklärte Rolle für die Regulation anderer Gene spielen. Wenn man weiß, welche Aufgaben die nicht codierende DNA erfüllt, erhält man vielleicht auch die Antwort auf einige offene Fragen nach der Struktur des Genotyps. Auch beim nicht codierenden genetischen Material kann man mehrere Typen unterscheiden, zum Beispiel Introns, Pseudogene und hoch repetitive DNA (Li 1997). Zumindest ein Teil der nicht codierenden DNA hat eindeutig eine Funktion: Introns halten die Exons auf Abstand. Besonders schwierig ist zu verstehen, warum die Menge der nicht codierenden DNA so groß ist. Manchen Schätzungen zufolge sind 95 Prozent der menschlichen DNA solcher »Schrott«. Als Darwinist mag man kaum glauben, dass es der natürlichen Selektion nicht gelungen sein soll, sich dieser Menge zu entledigen, wenn sie wirklich nutzlos ist, da die Herstellung von DNA mit erheblichem Aufwand verbunden ist.

Homöobox- und Regulationsgene

Alle heutigen Tiere lassen sich einer begrenzten Zahl von Grundbauplänen zuordnen: Sie sind radialsymmetrisch, zweiseitigsymmetrisch oder segmentiert (metamer) und gehören zu charakteristischen Untergliederungen dieser Hauptgruppen. Das Wort »Bauplan« wurde von deutschen Morphologen geprägt und später – nicht ganz korrekt – als *body plan* ins Englische übersetzt. Während aber der »Plan« im Deutschen schlicht »Blaupause« oder »Landkarte« bedeutet, verbindet sich mit dem englischen *plan* die

Vorstellung von einem Planer, sodass der *body plan* fälschlich für einen metaphysischen Begriff gehalten wurde.

Bis vor wenigen Jahren war es ein völliges Rätsel, wie eine Gruppe von Genen darüber bestimmen kann, welcher Teil einer befruchteten Eizelle zum Vorder- und Hinterende oder zur Rücken- und Bauchseite des Embryos wird und welche Segmente bei segmentierten Tieren die verschiedenen Anhangsgebilde tragen. Mittlerweile hat die Entwicklungsgenetik jedoch viele Erklärungen geliefert. Neben den Substanz produzierenden »Strukturgenen« gibt es Regulationsgene, deren Proteinprodukte über vorne und hinten, Rücken und Bauch und so weiter bestimmen (*Hox*-Gene) oder aber für den Aufbau bestimmter Organe wie der Augen (*Pax*-Gen) sorgen. Schwämme besitzen nur ein einziges *Hox*-Gen, bei Gliederfüßern sind es acht, und Säugetiere haben vier *Hox*-Gengruppen mit insgesamt 38 Genen. Mäuse und Fliegen haben sechs gleiche *Hox*-Gene – diese Gene müssen also bei dem gemeinsamen Vorfahren der Proto- und Deuterostomier bereits vorhanden gewesen sein (siehe Kasten 5.6).

Alle Indizien deuten darauf hin, dass die grundlegenden Regulationssysteme schon sehr alt sind und später für zusätzliche, neu erworbene Funktionen herangezogen wurden (Erwin et al. 1997). Solche spezialisierten Entwicklungsgene sind von den Wirkungen anderer Gene weitgehend unabhängig und ermöglichen die eigenständige Entwicklung verschiedener Teile und Strukturen des Embryos. Bei einer Fledermaus können beispielsweise die Flügel entstehen, ohne dass andere Entwicklungswege nennenswert gestört würden. Das erklärt, warum die so genannte Mosaikevolution ein so weit verbreitetes Phänomen ist.

Das Wesen der Variation

Zu Darwins Zeit wusste man noch nicht, was eigentlich hinter der Variation in Populationen steht. Dies konnte man erst nach den wissenschaftlichen Entdeckungen am Ende des 19. und Anfang des 20. Jahrhunderts verstehen. Eines aber war dem Naturforscher und biologischen Systematiker Darwin nach seinen Untersuchungen klar: Die Variationsmöglichkeiten in natürlichen Populationen sind praktisch unerschöpflich. Sie liefern bei allen Le-

Kasten 5.6 Hox-Gene

Wie in der Evolutionsforschung, so bemüht man sich auch in der Entwicklungsbiologie darum, die Evolution komplexer Strukturen und den Ursprung morphologischer Neuerungen besser zu verstehen. Zu diesem Zweck untersucht man unter anderem das Expressionsmuster der *Hox*-Gene während der Ontogenie der Lebewesen. Diese Gene spielen vermutlich eine entscheidende Rolle, wenn es darum geht, die räumliche Aufteilung des Körperbauplanes festzulegen. Die *Hox*-Gene sind im Genom gruppenweise angeordnet und codieren eine Klasse von Transkriptionsfaktoren (das heißt, ihre Produkte steuern die Expression anderer Gene); außerdem – und das ist besonders wichtig – sind sie mit ihrer Expression räumlich und zeitlich aufeinander abgestimmt. Gene am Anfang der *Hox*-Gruppe werden in früheren Entwicklungsstadien und weiter vorn im Embryo exprimiert, weiter hinten gelegene Gene dagegen werden in der Entwicklung später und in den hinteren Körperteilen aktiviert.

Man hat die Vermutung geäußert, dass zwischen der zunehmenden Komplexität der Körperbaupläne während der Evolution und der zunehmenden Komplexität der *Hox*-Genkomplexe ein Kausalzusammenhang bestehen könnte. Wirbellose Tiere besitzen nur eine einzige *Hox*-Gengruppe, und auch bei dem gemeinsamen Vorfahren aller Chordatiere war vermutlich nur ein einziger Komplex aus 13 *Hox*-Genen vorhanden. Während der Evolution der Chordatiere von relativ einfachen, aus Segmenten aufgebauten Lanzettfischchen wie *Amphioxus* zu komplizierteren Formen wie Maus und Mensch mit ihren vier *Hox*-Gruppen kam es wahrscheinlich zweimal zur Verdoppelung der Ausgangsgruppe, sodass insgesamt 52 *Hox*-Gene entstanden, die in vier Gruppen angeordnet sind. Bei diesen Verdoppelungsschritten zu zwei und dann zu vier Gengruppen verdoppelten sich vermutlich keine hintereinander liegenden Gene, sondern ganze Chromosomen, denn die Gruppen liegen auf vier verschiedenen Chromosomen; auch ein ganzes Genom könnte sich verdoppelt haben. Während späterer Evolutionsstadien gingen in bestimmten Abstammungslinien einzelne *Hox*-Gene verloren, aber Menschen und Mäuse besitzen tatsächlich die gleichen 39 *Hox*-Gene, die sich auf vier Gruppen verteilen. Die ursprünglichen 13 Gene sind in keiner der Gruppen mehr vorhanden, sondern jede von ihnen besteht aus einer anderen Genkombination.

Man nimmt heute an, dass Unterschiede in Kombination und Expression von *Hox*-Genen zumindest teilweise für die unterschiedlichen Körperbaupläne der Tierstämme verantwortlich sind. Die Funktion vieler derartiger Gene ist paradoxerweise in der Evolution sehr konstant geblieben, und das ermöglichte erstaunliche Experimente: Wie man nachweisen konnte, können beispielsweise *Hox*-Gene aus *Amphioxus* die Funktion homologer Gene in Mäusen übernehmen, die man experimentell aus den Tieren entfernt hatte. Wie angesichts oder trotz der entwicklungsgeschichtlich konstanten Struktur und Funktion der *Hox*-Gengruppen neue Körperbaupläne entstehen und sich weiterentwickeln konnten, bleibt eine offene Frage.

bewesen, zumindest aber bei Tier- und Pflanzenarten mit sexueller Fortpflanzung, mehr als genug Material für die natürliche Selektion. Die sichtbaren Merkmale eines Organismus – sein Phänotyp – haben ihre Ursache in Anweisungen der Gene während der Entwicklung und in den Wechselbeziehungen zwischen Genotyp und Umwelt.

Die Auswirkungen der molekularbiologischen Revolution

Die Grundprinzipien der Vererbung wurden zwar zwischen 1900 und 1935 geklärt, aber zu einem echten Verständnis für ihr tieferes Wesen gelangte man erst durch die umwälzenden Erkenntnisse der Molekularbiologie. Es begann 1944, als Avery und Mitarbeiter nachwiesen, dass das genetische Material nicht aus Proteinen, sondern aus Nucleinsäuren besteht. Im Jahr 1953 klärten Watson und Crick die Molekülstruktur der DNA auf, und von nun an folgte eine wichtige Entdeckung auf die andere. Der Höhepunkt war 1961 erreicht, als Nirenberg und Matthäi den genetischen Code entschlüsselten (Kay 2000). Am Ende kannte man im Prinzip alle Schritte bei der Umsetzung der genetischen Information während der Entwicklung. Überraschenderweise blieben die darwinistischen Vorstellungen von Variation und Selektion dabei völlig unangetastet. Nicht einmal die Tatsache, dass Nucleinsäuren die Proteine als Träger der genetischen Information verdrängt hatten, erforderte eine Abwandlung der Evolutionstheorie. Im Gegenteil: Das Wissen, was genetische Variation eigentlich ist, stärkte den Darwinismus beträchtlich, denn es bestätigte die Erkenntnis der Genetiker, dass eine Vererbung erworbener Eigenschaften unmöglich ist.

Den größten Beitrag zur Evolutionsforschung leistete die Molekularbiologie mit der Schaffung eines neuen Fachgebietes: der Entwicklungsgenetik. In der Entwicklungsbiologie, wo man der Synthese der Evolutionsforschung lange ablehnend gegenübergestanden hatte, setzte sich jetzt die darwinistische Denkweise durch, und man analysierte die Funktion und Bedeutung des Phänotyps. Das führte zur Entdeckung der Regulationsgene (*hox, pax* usw.) und damit zu einer erheblichen Erweiterung unserer Kenntnisse über Evolutionsaspekte der Entwicklung.

Evolutionsorientierte Entwicklungsbiologie

Zu den wichtigsten Entdeckungen der Molekularbiologie gehörte die Erkenntnis, dass manche Gene schon sehr alt sind. Mit anderen Worten: Das gleiche Gen (mit weitgehend der gleichen Basenpaarsequenz) findet man bei Lebewesen, die nur sehr entfernt miteinander verwandt sind wie beispielsweise *Drosophila* und die Säugetiere. Zweitens entdeckte man, dass bestimmte Gene, die häufig als Regulationsgene bezeichnet werden, grundlegende Entwicklungsvorgänge wie die Festlegung von Vorder- und Hinterende oder von Rücken- und Bauchseite steuern. Diese Befunde bringen nicht nur Licht in Entwicklungsprozesse, die zuvor völlig rätselhaft waren, sondern sie liefern auch Aufschlüsse über die Ursachen grundlegender Ereignisse (Verzweigungen) in der Stammesgeschichte.

Man hatte immer angenommen, das gleiche Gen werde stets den gleichen phänotypischen Effekt haben, unabhängig davon, wo es sich befindet. Die Entwicklungsgenetik hat jedoch gezeigt, dass diese Annahme nicht unbedingt zutreffen muss. So kann sich das gleiche Gen beispielsweise bei Ringelwürmern (z.B. Borstenwürmern) ganz anders ausprägen als bei Gliederfüßern (z.B. Krebsen). Die Selektion kann in neue Entwicklungsvorgänge offenbar auch Gene einbinden, die zuvor eine ganz andere Funktion hatten.

Aus der morphologischen Stammesgeschichtsforschung wusste man bereits, dass Lichtsinnesorgane (Augen) sich während der Evolution der Tierwelt mindestens vierzigmal unabhängig voneinander entwickelt haben. Dennoch konnte die Entwicklungsgenetik nachweisen, dass alle Tiere, die Augen haben, auch das gleiche Regulationsgen namens *Pax 6* besitzen, das den Aufbau des Auges organisiert. Nun zog man zunächst den Schluss, alle Augen müssten von einem Ur-Auge abstammen, das von *Pax 6* aufgebaut wird. Dann fand man *Pax 6* aber auch bei Arten ohne Augen, und das führte zu der Vermutung, diese Spezies müsse von einem Vorfahren mit Augen abstammen. Ein solches Szenario erwies sich aber als höchst unplausibel, sodass man die weite Verbreitung von *Pax 6* anders erklären musste. Heute nimmt man an, dass *Pax 6* schon vor der Entstehung der ersten Augen vorhanden war und bei augenlosen Lebewesen eine unbekannte Funktion erfüllte; erst später hätte es demnach seine Aufgabe bei der Augenentwicklung übernommen.

Schlussfolgerungen

In diesem Kapitel wurde dargelegt, dass Darwin eine völlig neue Erklärung für die Evolution fand: Er machte nicht mehr platonische Typen, sondern lebende Populationen zur Grundlage seiner Evolutionstheorie. Nach seiner Vorstellung ist die unerschöpfliche genetische Variation einer Population in Verbindung mit der Selektion (Auslese) der Schlüssel zum entwicklungsgeschichtlichen Wandel. Um die Zusammenhänge zu verstehen, muss man etwas über Vererbung wissen, und ein großer Teil dieses Kapitels war deshalb den genetischen Grundlagen der Variation gewidmet. Das genetische Material bleibt gleich und erlaubt keine Vererbung erworbener Eigenschaften. Der Genotyp tritt mit der Umwelt in Wechselbeziehung und bringt so während der Entwicklung den Phänotyp hervor. Die Vielgestaltigkeit des Genbestandes wird durch Mutationen ständig aufgefrischt. Die Variationen der Phänotypen jedoch, die das Material für die Selektion darstellen, entstehen durch die Rekombination in der Meiose, einen Vorgang, bei dem die Chromosomen umgebaut und neu zusammengestellt werden.

Kapitel 6

NATÜRLICHE SELEKTION

Erst in den dreißiger Jahren des 20. Jahrhunderts hatte man (wie in den Kapiteln 2 bis 4 gezeigt wurde) in vollem Umfang begriffen, dass keine der Begründungen für die Evolution, die sich auf die Typenlehre stützten, stichhaltig war. Und das, obwohl Darwin die richtige Erklärung, den Begriff der natürlichen Selektion, schon 100 Jahre zuvor, nämlich 1838, gefunden hatte – veröffentlicht wurde sie allerdings erst 1858/1859. Das tief greifend Neue an der Theorie von Darwin und Wallace war die Tatsache, dass sie sich nicht auf die Typenlehre, sondern auf das Populationsdenken gründete. Aber leider war die Typenlehre zu jener Zeit die beherrschende Denkweise, und es mussten noch mehrere Generationen vergehen, bevor man die Vorstellung von der natürlichen Selektion allgemein anerkannte. Sobald man sich aber das Populationsdenken zu Eigen machte, war es von einer überzeugenden Logik.

Die *natürliche Selektion*, wie Darwin und Wallace sie sich vorstellten, war eine ganz neue, gewagte Theorie. Sie stützte sich auf fünf Beobachtungen (Tatsachen) und drei Schlussfolgerungen (siehe Kasten 6.1). Wenn man die natürliche Selektion erörtert und dabei von Populationen spricht, meint man in der Regel biologische Arten, die sich sexuell fortpflanzen, aber sie läuft auch in Klonen ungeschlechtlicher Lebewesen ab.

Die von Darwin und Wallace postulierte Theorie der natürlichen Selektion wurde zum Fundament für die moderne Deutung der Evolution. Es war eine wahrhaft revolutionäre Idee, die kein Philosoph zuvor geäußert hatte, und auch zwei Zeitgenossen Darwins (William Charles Wells und P. Matthews) hatten sie nur recht beiläufig erwähnt. Selbst heute fällt es vielen Menschen schwer, das Prinzip zu verstehen. Bedient man sich jedoch des Populationsdenkens, wird alles ganz einfach. Da aber die Theorie, na-

Kasten 6.1 Darwins Erklärungsmodell für die natürliche Selektion

Tatsache 1: Alle Populationen sind so fruchtbar, dass ihre Größe ohne Beschränkungen exponentiell zunehmen würde. (Quelle: Paley und Malthus)

Tatsache 2: Die Größe der Populationen bleibt, von jahreszeitlichen Schwankungen abgesehen, über längere Zeit gleich (Fließgleichgewicht). (Quelle: allgemeine Beobachtungen)

Tatsache 3: Jeder Spezies stehen nur begrenzte Ressourcen zur Verfügung. (Quelle: Beobachtung, von Malthus bestätigt)

Schlussfolgerung 1: Zwischen den Angehörigen einer Spezies herrscht starke Konkurrenz (Kampf ums Dasein). (Quelle: Malthus)

Tatsache 4: Zwei Individuen in einer Population sind niemals genau gleich (Populationsdenken). (Quelle: Tierzüchter und biologische Systematiker)

Schlussfolgerung 2: Die Individuen in einer Population unterscheiden sich im Hinblick auf ihre Überlebenswahrscheinlichkeit (d.h. es findet natürliche Selektion statt). (Quelle: Darwin)

Tatsache 5: Viele Unterschiede zwischen den Individuen einer Population sind zumindest teilweise erblich. (Quelle: Tierzüchter)

Schlussfolgerung 3: Natürliche Selektion, über viele Generationen fortgesetzt, führt zu Evolution. (Quelle: Darwin)

türliche Selektion sei der allein richtungweisende Faktor der Evolution, bei den Anhängern alter Traditionen und Ideologien auf heftigen Widerstand stieß, blieb sie von 1859 bis in die dreißiger Jahre des 20. Jahrhunderts eine Minderheitenmeinung.

Um besser einschätzen zu können, warum die natürliche Selektion so schwer zu verstehen ist, muss man sich diesen Vorgang etwas genauer ansehen. Wir müssen darwinistische Fragen stellen, zum Beispiel: Was spielt sich in einer bestimmten Population über längere Zeit hinweg ab? Wie verändert sich eine Population von einer Generation zur nächsten? Was ist die Ursache dieser Veränderungen und wie beeinflussen sie die Populationen einer Spezies?

Population

Wenn eine Spezies irgendwo vorkommt, ist sie dort stets durch eine lokale Population repräsentiert. Da ihre Individuen ungleichmäßig gut überleben und sich fortpflanzen, findet in jeder Population durch Zufall und natürliche Selektion eine ständige genetische Umwälzung statt. Nachbarpopulationen gehen ineinander über, solange es sich um einen ununterbrochenen Lebensraum handelt. Vorteilhafte Lebensräume sind aber häufig nicht kontinuierlich, sodass die Populationen sich wie ein Stückwerk (»patchy«) verteilen. Zu noch größeren Lücken zwischen den Populationen kommt es, wenn geografische Schranken wie Gebirge, Wasser oder ungeeignete Vegetation der Verbreitung im Wege stehen. An den Grenzen des Verbreitungsgebietes einer Spezies sind die Populationen häufig recht stark isoliert.

Kenntnisse über das Wesen von Populationen sind von größter Bedeutung, wenn man die Evolution verstehen will, denn die gesamte Evolution und insbesondere die Selektion finden in Populationen lebender Organismen statt. Deshalb sind alle Aspekte der Populationen für die Evolutionsforschung von Interesse. Eine lokale Population bezeichnet man manchmal auch als *Dem*. Man kann sie definieren als Lebensgemeinschaft von Individuen in einem räumlich begrenzten Gebiet, die sich potenziell untereinander kreuzen können.

Wie bereits erwähnt wurde, gründet sich der Begriff der natürlichen Selektion auf die Beobachtung der Natur. Jede Spezies bringt weitaus mehr Nachkommen hervor, als von einer Generation zur nächsten überleben können. Alle Individuen einer Population unterscheiden sich genetisch voneinander. Sie sind den Widrigkeiten der Umwelt ausgesetzt, und fast alle gehen zu Grunde oder pflanzen sich zumindest nicht fort. Nur wenige – im Durchschnitt zwei Individuen je Elternpaar – überleben und bringen ihrerseits Nachkommen hervor. Diese Überlebenden sind aber keine Zufallsstichprobe aus der Population: Dass sie weiterleben können, haben sie zum Teil bestimmten Eigenschaften zu verdanken, die das Überleben begünstigen.

Die natürliche Selektion ist eigentlich ein Prozess der Beseitigung

Wenn man davon ausgeht, dass diese begünstigten Individuen ausgewählt wurden und deshalb überlebten, stellt sich die Frage: Wer trifft die Auswahl? Bei der künstlichen Selektion entscheidet sich tatsächlich der Tier- oder Pflanzenzüchter für bestimmte, besonders gute Individuen, die als Ausgangsmaterial für die nächste Generation dienen. Bei der natürlichen Selektion dagegen gibt es eine solche Instanz streng genommen nicht. Was Darwin als natürliche Selektion bezeichnete, ist eigentlich ein Prozess der Beseitigung. Bei den Vorfahren der nächsten Generation handelt es sich um diejenigen Individuen unter den Nachkommen ihrer Eltern, die überlebt haben – entweder weil sie Glück hatten oder weil sie Eigenschaften besaßen, durch die sie an die gerade herrschenden Umweltbedingungen besonders gut angepasst waren. Alle ihre Geschwister wurden durch die natürliche Selektion beseitigt.

Als Herbert Spencer sagte, natürliche Selektion sei nichts anderes als das »Überleben der Geeignetsten« (*survival of the fittest*), hatte er völlig Recht. Natürliche Selektion ist ein Beseitigungsprozess, und Darwin übernahm in seinen späteren Arbeiten Spencers Metapher. Seine Gegner behaupteten jedoch, es handele sich um eine Tautologie, einen Zirkelschluss: Er definiere »die Geeignetsten« als diejenigen, die überlebten, aber diese Ansicht führe in die Irre. In Wirklichkeit ist das Überleben keine Eigenschaft eines Lebewesens, sondern ein Zeichen, dass bestimmte, das Überleben begünstigende Merkmale vorhanden sind. Geeignet zu sein bedeutet, dass man bestimmte Eigenschaften besitzt, welche die Überlebenswahrscheinlichkeit steigern. Diese Interpretation lässt sich ebenso anwenden, wenn man natürliche Selektion als »nicht zufälliges Überleben« definiert. Die Überlebenswahrscheinlichkeit ist nicht für alle Individuen gleich, weil Individuen, deren Überleben auf Grund ihrer Eigenschaften wahrscheinlicher ist, einen beschränkten, nicht zufälligen Teil der Gesamtpopulation darstellen.

Gibt es zwischen Selektion und Beseitigung einen Unterschied, was ihre Auswirkungen für die Evolution betrifft? Diese Frage wurde offensichtlich in der Literatur über Evolution nie gestellt.

Ein Selektionsprozess hat ein konkretes Ziel: Er stellt fest, welches der »beste« oder »geeignetste« *(fitteste)* Phänotyp ist. Nur relativ wenige Individuen einer Generation erfüllen die Anforderungen und überleben die Selektion. Diese geringe Zahl kann nur einen kleinen Teil der gesamten Variationsbreite der Ausgangspopulation bewahren. Eine solche am Überleben orientierte Selektion wäre stark einschränkend.

Dagegen schafft die bloße Beseitigung der weniger Geeigneten die Möglichkeit, dass eine größere Zahl von Individuen überlebt, weil ihre Eignung keine offenkundigen Mängel aufweist. Ein solcher größerer Anteil würde beispielsweise das erforderliche Ausgangsmaterial für die sexuelle Selektion liefern. Dies erklärt auch, warum die Überlebenshäufigkeit von Jahr zu Jahr so unterschiedlich ist. Welcher Anteil einer Population weniger geeignet ist, hängt davon ab, wie widrig die Umweltbedingungen in dem jeweiligen Jahr sind.

Je größer der Anteil der Population ist, der die nicht zufällige Beseitigung der weniger Geeigneten übersteht, desto stärker hängt der Erfolg der Überlebenden von Zufallsfaktoren und von der Selektion für Fortpflanzungserfolg ab.

Um etwas über die Strenge der Selektion auszusagen, bedient man sich in der Evolutionsforschung häufig der Metapher des »Selektionsdruckes«. Dieser aus der Physik übernommene Begriff ist zwar sehr anschaulich, man kann ihn aber leicht missverstehen: Es gibt im Zusammenhang mit der natürlichen Selektion keine Kraft und keinen Druck, der mit dem entsprechenden physikalischen Phänomen vergleichbar wäre.

Selektion ist ein zweistufiger Vorgang

Nahezu alle, die etwas gegen den Gedanken der natürlichen Selektion hatten, erkannten nicht, dass es sich um einen zweistufigen Vorgang handelt. Deshalb bezeichneten manche Gegner die Selektion als einen Zufallsprozess, andere nannten sie deterministisch. In Wirklichkeit ist die natürliche Selektion beides. Das wird sofort deutlich, wenn man die beiden Schritte der Selektion getrennt betrachtet.

Zum ersten Schritt gehören alle Vorgänge (unter anderem Mei-

Kasten 6.2 Die beiden Schritte der natürlichen Selektion

Schritt 1: Entstehung von Variationen

Mutation der Zygote von ihrer Entstehung (Befruchtung) bis zum Tod; Meiose mit Rekombination durch Crossing-over bei der ersten Teilung und zufällige Wanderung der Chromosomen bei der zweiten (der Reduktionsteilung); beliebige Zufallselemente bei Partnerwahl und Befruchtung.

Schritt 2: Nicht zufällige Aspekte von Überleben und Fortpflanzung

Größerer Erfolg bestimmter Phänotypen während ihres Lebenszyklus (Selektion durch Überleben); nicht zufällige Partnerwahl und alle anderen Aspekte, die den Reproduktionserfolg bestimmter Phänotypen ansteigen lassen (sexuelle Selektion). Im zweiten Schritt kommt es gleichzeitig in großem Umfang zu zufälliger Beseitigung.

ose, Keimzellbildung und Befruchtung), die zur Entstehung einer neuen Zygote führen und für neue Variationen sorgen. Hier steht der Zufall an oberster Stelle, allerdings mit der Ausnahme, dass an einem bestimmten Genlocus nur ein eng begrenztes Spektrum von Veränderungen stattfinden kann (siehe Kasten 6.2).

Im zweiten Schritt, dem der Selektion (Beseitigung), wird die »Güte« des neuen Individuums ständig überprüft, vom Larven- oder Embryonalstadium bis zum Erwachsenenalter und der Zeit der Fortpflanzung. Individuen, die mit den Anforderungen der Umwelt am besten zurechtkommen und im Wettbewerb mit anderen Angehörigen ihrer Population sowie mit den Mitgliedern anderer biologischer Arten am besten bestehen, haben die größte Chance, bis zum fortpflanzungsfähigen Alter zu überleben und selbst Nachkommen hervorzubringen. Wie sich in zahlreichen Experimenten und Beobachtungen gezeigt hat, sind einzelne Individuen mit besonderen Eigenschaften den anderen während dieses Beseitigungsprozesses eindeutig überlegen. Das sind diejenigen, die am besten »zum Überleben geeignet« sind. Von den zahlreichen Nachkommen eines Elternpaares überleben im Durchschnitt nur zwei, die dann zu den Vorfahren der nächsten Generation werden. Dieser zweite Schritt ist eine Mischung aus Zufall und Determination. Natürlich besteht für diejenigen Individuen, denen ihre

Eigenschaften die beste Anpassung an die gegenwärtigen äußeren Umstände ermöglichen, die größte Überlebenswahrscheinlichkeit. Aber auch viele Zufallsfaktoren tragen zur Beseitigung bei, das heißt, auch dieser Schritt ist nicht ausschließlich deterministisch. Alles hat ein wenig mit Wahrscheinlichkeiten zu tun. Durch Naturereignisse wie Überschwemmungen, Stürme, Vulkanausbrüche, Blitze und Unwetter können auch hervorragend angepasste Individuen ums Leben kommen. Außerdem können überlegene Gene in kleinen Populationen durch Zufälle verloren gehen.

Damit sollte deutlich geworden sein, welch grundlegender Unterschied zwischen dem ersten und dem zweiten Schritt der natürlichen Selektion besteht. Im ersten Schritt, der Entstehung genetischer Variationen, ist alles eine Frage des Zufalls. Im zweiten, dem unterschiedlichen Überlebens- und Fortpflanzungserfolg, spielt der Zufall eine viel geringere Rolle; das »Überleben des Geeignetsten« hängt zu einem großen Teil von genetisch vorgegebenen Eigenschaften ab. In der Behauptung, natürliche Selektion sei ausschließlich ein Zufallsprozess, zeigt sich ein tief greifendes Missverständnis.

Ist Selektion eine Frage des Zufalls?

Überraschenderweise bot die natürliche Selektion eine Lösung für ein altes philosophisches Problem. Seit der Zeit der griechischen Philosophen drehte sich eine hitzige Diskussion um die Frage, ob die Ereignisse dieser Welt von Zufall oder Notwendigkeit abhängig sind. Was die Evolution betrifft, machte Darwin diesen Meinungsverschiedenheiten ein Ende. Evolution ist, kurz gesagt, wegen des zweistufigen Vorganges der natürlichen Selektion die Folge sowohl von Zufall wie von Notwendigkeit. Sie enthält tatsächlich ein starkes Zufallselement, insbesondere was die Entstehung der genetischen Variationen angeht, aber ihr zweiter Schritt, ob man ihn nun Selektion oder Beseitigung nennt, ist das Gegenteil von Zufall. Das Auge beispielsweise ist kein Zufallsprodukt, wie die Darwin-Gegner so oft behaupten, sondern eine Folge der Tatsache, dass Generation für Generation jene begünstigten Individuen überlebten, die über die beste Sehfähigkeit verfügten. (Eine ausführlichere Analyse findet sich in Kapitel 10.)

Auch eine andere verbreitete irrige Ansicht muss ausgeräumt werden: Selektion ist nicht teleologisch. Wie könnte ein Beseitigungsprozess zielgerichtet ablaufen? Die Selektion hat kein langfristiges Ziel, sondern sie wiederholt sich in jeder Generation von neuem. Die Tatsache, dass Abstammungslinien in der Evolution so häufig aussterben oder ihre Richtung ändern, lässt sich nicht mit der falschen Behauptung vereinbaren, die Selektion sei ein teleologischer Vorgang. Man kennt auch keinen genetischen Mechanismus, der zu zielgerichteten Evolutionsprozessen führen könnte. Die Orthogenese und andere angeblich teleologische Mechanismen wurden gründlich widerlegt (siehe Kapitel 4).

Man kann es auch anders ausdrücken: Evolution ist nicht deterministisch. Der Evolutionsprozess besteht aus einer riesigen Zahl von Wechselwirkungen. Innerhalb einer einzigen Population reagieren die verschiedenen Genotypen unterschiedlich auf die gleichen Umweltveränderungen. Diese Veränderungen lassen sich ihrerseits nicht vorhersagen, insbesondere wenn sie dadurch verursacht werden, dass ein neuer natürlicher Feind oder Konkurrent in einem Gebiet auftaucht. Während eines Massenaussterbens dürfte das Überleben stark vom Zufall abhängen.

Lässt sich die natürliche Selektion nachweisen?

Wenn man die natürliche Selektion als Veränderung von Populationen in vollem Umfang verstanden hat, erscheint sie so naheliegend, dass man von der Richtigkeit dieser Idee überzeugt ist. Genauso erging es Charles Darwin. Aber 1859, als *Die Entstehung der Arten* erschien, verfügte er in Wirklichkeit über keinen einzigen stichhaltigen Beleg, dass die Selektion tatsächlich stattfindet. Das hat sich seit jener Zeit völlig geändert. In den fast eineinhalb Jahrhunderten seit 1859 hat sich eine Fülle konkreter Anhaltspunkte angesammelt (Endler 1986).

Manchmal – zum Beispiel in manchen Fällen der Mimikry – antwortet der Genotyp sehr präzise auf einen Selektionsdruck, in anderen Situationen ist die Reaktion weitaus weniger genau. Wie Cain und Sheppard nachweisen konnten, ist ein Bändermuster bei der Schnecke *Cepaea nemoralis* in manchen Lebensräumen ein Vorteil gegenüber einem Gehäuse ohne Muster, aber der Beweis, dass fünf Bänder in der Selektion drei Bändern überlegen sind, wäre nur schwer zu führen.

Der erste Beweis für die Selektion war die Entdeckung der Mimikry. Der Tropenforscher Henry Walter Bates (1862) beobachtete im Amazonasgebiet einige Schmetterlingsarten, die für ihre natürlichen Feinde genießbar waren, in Muster und Färbung aber giftigen oder zumindest ungenießbaren Arten aus dem gleichen Gebiet glichen. Sobald sich bei der geografischen Verbreitung der ungenießbaren Form eine Veränderung abspielte, vollzog ihr genießbarer Nachahmer die gleiche Variation nach (Abb. 6.1). Dieses Phänomen wurde unter dem Namen *Batessche Mimikry* bekannt. Wenige Jahre später entdeckte Fritz Müller (1864), dass auch giftige Arten einander nachahmen, sodass Insekten fressende Vögel sich nur eine Form merken und diese meiden müssen, damit drei, vier oder auch ein Dutzend giftige Arten geschützt sind. Auf diese Weise wurden die giftigen Arten, die einander nachahmten, viel weniger durch natürliche Feinde dezimiert, denn junge Vögel mussten nur eine einzige Musterung erlernen und mieden dann eine ganze Gruppe von Arten (*Müllersche Mimikry*).

Als man medikamentenresistente Krankheitserreger und die Pestizidresistenz landwirtschaftlicher Schädlinge entdeckte, konnte schließlich niemand mehr übersehen, wie wichtig die Selektion ist.

Kasten 6.3 Sichelzellgen und Hämoglobin

Am Sichelzellgen des Menschen kann man erkennen, wie tief greifend eine Mutation sich unter Umständen auswirkt, selbst wenn sie nur zum Austausch einer einzigen Aminosäure führt. Das Sichelzellgen ist in den meisten Malariagebieten und insbesondere in Afrika verbreitet, weil es die heterozygoten Genträger vor der Malaria schützt. Bei der Sichelzellmutation ist die normale Aminosäure Glutaminsäure in der Beta-Kette des Globins gegen Valin ausgetauscht. Bei Homozygoten ist die von dieser Mutation verursachte Blutkrankheit früher oder später tödlich, aber Heterozygote sind vor Malariainfektionen geschützt. Dieser Vorteil geht verloren, wenn ein Träger des Sichelzellgens in ein malariafreies Gebiet wie die Vereinigten Staaten zieht. Unter den Nachkommen der Sklaven geht die Häufigkeit des Sichelzellgens allmählich zurück, weil die homozygoten Genträger sterben, was nicht mehr durch einen Vorteil des heterozygoten Zustandes ausgeglichen wird.

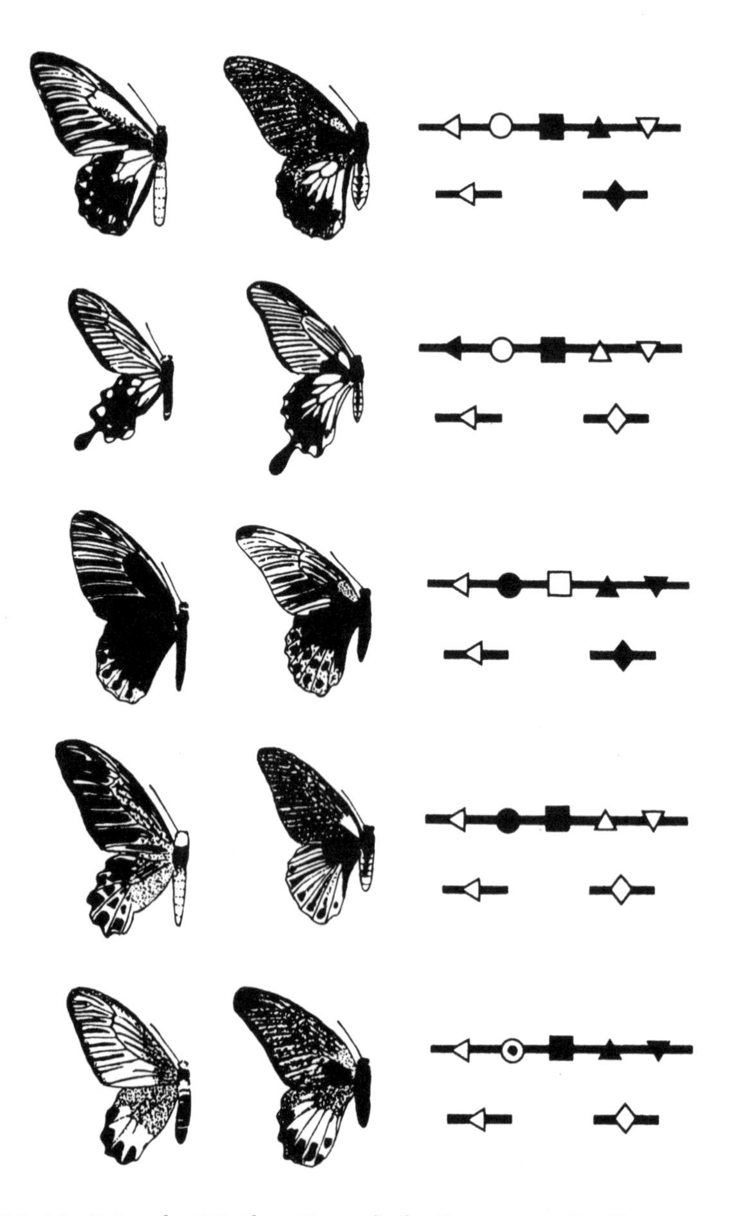

Abb. 6.1 Batessche Mimikry: Geografische Rassen von *Papilio memnon* (links) unterscheiden sich je nach den Abweichungen bei ihrem Vorbild (rechts). *Quelle*: Nachgedruckt aus *Biology of Butterflies* , R. I. Vane und E. B. Ford, Seite 266, Copyright 1984, mit Genehmigung von Academic Press, London.

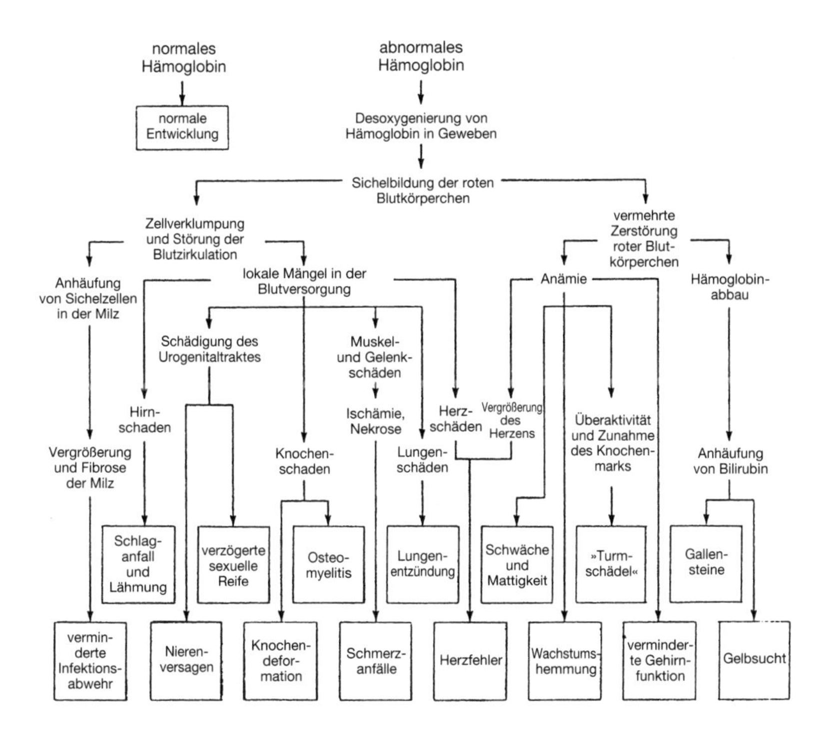

Abb. 6.2 Pleiotrope Wirkungen der Sichelzellmutation. *Quelle:* Strickberger, Monroe M. (1988). *Genetik.* München, Wien: Hanser.

In den letzten Jahren stieß man in Medizin und Gesundheitswesen auf zahlreiche Fälle von Selektion. Ein gutes Beispiel ist der Zusammenhang zwischen dem Sichelzellgen und der Malariaresistenz in Afrika (Abb. 6.2 und Kasten 6.3). Experimentell wurde die Selektion besonders gut am Industriemelanismus untersucht – Schmetterlinge und andere Lebewesen verändern die Färbung ihres Körpers und passen sich damit an einen verschmutzten Lebensraum an.

Kampf ums Dasein

Darwin wählte den Begriff »Kampf ums Dasein« als Überschrift für das dritte Kapitel der *Entstehung der Arten.* Jedes Individuum, ob Tier, Pflanze oder sonstiges Lebewesen, »kämpft« in jeder

Minute seiner Existenz ums Überleben. Ist es ein potenzielles Beutetier, kämpft es gegen Raubtiere; ist es ein Raubtier, kämpft es mit anderen Raubtieren um die Beute. Um zu überleben, muss ein Individuum allen Anforderungen des Lebens gerecht werden. Darwin formulierte es so: »Aber man kann auch sagen, eine Pflanze kämpfe am Rande der Wüste um ihr Dasein gegen die Trockenheit, obwohl es angemessener wäre zu sagen, sie hänge von der Feuchtigkeit ab.« (1859, 1992, S. 82.) Die Pflanze, die in ihrer Widerstandsfähigkeit gegenüber Wassermangel anderen Angehörigen der gleichen Population überlegen ist, wird am besten überleben. Am härtesten ist der Wettbewerb in der Regel zwischen Mitgliedern derselben Population; bei dieser Konkurrenz geht es nicht nur um Nahrung, sondern auch um Behausungen und alle Voraussetzungen für eine erfolgreiche Fortpflanzung, beispielsweise um Reviere und Paarungspartner. Darwin fährt fort: »Da daher mehr Individuen erzeugt werden, als möglicherweise fortbestehen können, so muss in jedem Falle ein Kampf um die Existenz eintreten.« (1859, 1992, S. 83)

Ein solcher Kampf spielt sich aber nicht nur unter den Mitgliedern derselben Spezies ab, sondern häufig auch zwischen den Individuen unterschiedlicher biologischer Arten. Im Westen Nordamerikas gibt es beispielsweise Ameisen, die Körner sammeln und um diese mit Nagetieren konkurrieren. Rothörnchen konkurrieren mit Kreuzschnäbeln um Kiefernsamen. Ich selbst konnte beobachten, wie Stare auf Wiesen und Salzmarschen mit den hübschen gelbbrüstigen Stärlingen der Gegend in Wettbewerb traten. In der Gezeitenzone der Meere findet ein heftiger Kampf um Raum statt, an dem sich Rankenfußkrebse, Miesmuscheln, Tang und andere Meereslebewesen beteiligen. In vielen Fällen gelingt es zwei Arten mit ähnlichen Bedürfnissen, nebeneinander zu existieren. Entfernt man aber im Experiment eine davon, nimmt die Individuenzahl der anderen in vielen Fällen drastisch zu. Zahlreiche andere Artenpaare können nicht koexistieren, weil ihre Anforderungen an die Umwelt zu ähnlich sind und weil eine von beiden geringfügig überlegen ist. In solchen Fällen spricht man vom *Konkurrenzausschlussprinzip*. Hin und wieder ist es wirklich ein Rätsel, wie zwei offensichtlich ganz ähnliche Arten erfolgreich zusammenleben können. Auf manchen Inseln des Galapagos-Archipels leben mehrere Arten von

Darwin-Finken, die sich in der Durchschnittsgröße ihres Schnabels und in der Schwankungsbreite seiner Abmessungen unterscheiden. Bewohnt eine solche Art allein und ohne Konkurrenz durch andere eine Insel, ist die Schwankungsbreite bei der Schnabelgröße häufig viel größer und reicht dann bis in einen Bereich, der an anderen Orten von einer konkurrierenden Art besetzt wird.

Am augenfälligsten zeigt sich die große Bedeutung der Konkurrenz, wenn eine Art ausstirbt, weil eine andere von außen einwandert und erfolgreich ihr Verbreitungsgebiet besiedelt. Schon Darwin wies darauf hin, dass in Neuseeland viele einheimische Tier- und Pflanzenarten ausstarben, nachdem eingeschleppte europäische Arten sich durchgesetzt und die lokalen Arten verdrängt hatten.

Konkurrenz und andere Aspekte des Daseinskampfes sorgen für einen gewaltigen Selektionsdruck. Kenntnisse über die Wechselbeziehungen zwischen verschiedenen biologischen Arten sind für die Landwirtschaft häufig von großem Nutzen. So konnte man in Zitrusplantagen eine ganze Reihe von Schädlingen (Blatt- und Schildläuse) mit Marienkäfern und anderen Raubinsekten unter Kontrolle bringen. Nachdem eingeschleppte Opuntien (eine Kakteenart) sich auf den Schaf- und Rinderweiden des australischen Bundesstaates Queensland wie ein Lauffeuer verbreitet hatten, konnte man sie mit argentinischen Schmetterlingen der Gattung *Cactoblastis* in kürzester Zeit praktisch ausrotten und viele hunderttausend Hektar Weideland wieder urbar machen. Diese Fälle und viele weitere, über die in der ökologischen Fachliteratur berichtet wird, machen das gleiche Prinzip deutlich: Arten, die normalerweise nebeneinander existieren, leben in einem Zustand des ausgewogenen Gleichgewichts, der durch die natürliche Selektion ständig neu abgestimmt wird.

Der Gegenstand der Selektion

Wer oder was wird selektioniert? Diese Frage, die so einfach klingt, gab seltsamerweise den Anlass zu einer langen, immer noch nicht beendeten Kontroverse. Für Darwin natürlich und für praktisch alle Naturforscher seit seiner Zeit war es das einzelne

Lebewesen, das überlebte und sich fortpflanzte. Aber die genetischen Verhältnisse eines ganzen Individuums lassen sich mathematisch nicht handhaben, und deshalb entschieden sich die meisten mathematisch orientierten Populationsgenetiker für das Gen als eigentliche »Einheit der Selektion«. Einige Autoren schlugen auch noch andere mutmaßliche Ziele der Selektion vor, beispielsweise Gruppen von Individuen oder ganzer biologischer Arten.

Manche Verhaltensforscher und Ökologen glaubten, die Selektion habe eine »Verbesserung« der Spezies zur Folge. Und bis 1970 waren einige Genetiker noch der Ansicht, nicht nur Gene, sondern auch Populationen seien Einheiten der Selektion. Erst um 1980 war man sich einigermaßen einig, dass das Individuum den wichtigsten Angriffspunkt der Selektion darstellt.

Viel Verwirrung in dieser Frage lässt sich vermeiden, wenn man sie in zwei Aspekte zerlegt: Wer wird selektioniert, und wofür wird selektioniert? Dies kann man am Sichelzellgen verdeutlichen. Auf die Frage, wer selektioniert wird, lautet die Antwort: ein Individuum, welches das Sichelzellgen trägt oder auch nicht. Und wofür wird selektioniert? In einem Malariagebiet für das Sichelzellgen, das seine heterozygoten Träger schützt. Sobald man sorgfältig zwischen den beiden Fragen unterscheidet, wird ganz deutlich, dass ein Gen als solches nie das Objekt der Selektion sein kann. Es ist nur ein Teil eines Genotyps, das eigentliche Ziel der Selektion ist aber der (auf dem Genotyp beruhende) Phänotyp des Individuums als Ganzes (Mayr 1997). Damit wird die große Bedeutung des Gens für die Evolution nicht geschmälert: Wenn ein bestimmter Phänotyp besonders geeignet ist, kann dies durchaus an einem einzigen Gen liegen.

Die reduktionistische Behauptung, das Gen sei das Objekt der Selektion, ist noch aus einem anderen Grund nicht stichhaltig. Sie geht von der Annahme aus, dass jedes Gen unabhängig von allen anderen Genen seinen Beitrag zu den Eigenschaften des Phänotyps leistet. Würde das stimmen, könnte man den Gesamtbeitrag der Gene zum Aufbau des Phänotyps berechnen, indem man die Wirkung aller Einzelgene addiert. In diesem Zusammenhang spricht man von der Annahme einer »additiven Genwirkung«. Tatsächlich scheinen manche oder vielleicht sogar viele Gene auf diese Weise direkt und unabhängig voneinander zu wirken. Ein Mann, der das Hämophiliegen trägt, leidet in jedem Fall an der

Bluterkrankheit. Viele andere Gene jedoch treten untereinander in Wechselwirkung. Das Gen B kann die Auswirkungen des Gens A verstärken oder abschwächen. Oder aber die Wirkung des Gens A tritt nur dann ein, wenn auch das Gen B vorhanden ist. Solche Verflechtungen bezeichnet man als *epistatische Wechselwirkungen*.

Wie man leicht erkennt, lassen sich epistatische Wechselwirkungen nicht so einfach nachweisen wie die additive Genwirkung, und deshalb hat man in der Genetik um ihre Untersuchung meist einen Bogen gemacht. Eine derartige Wechselwirkung wird als »unvollständige Penetranz« bezeichnet: Ein Individuum besitzt vielleicht ein bestimmtes Gen, aber die Wirkung dieses Gens ist nicht zu erkennen, während sie sich im Phänotyp eines anderen Mitglieds der Population, das einen etwas anderen Genotyp besitzt, in vollem Umfang ausprägt. Zum Beispiel postuliert ein allgemein anerkanntes Modell für die Vererbung der Schizophrenie, dass das wichtigste Gen, welches zu dieser Krankheit beiträgt, nur eine Penetranz von 25 Prozent hat, das heißt, seine Wirkung manifestiert sich nur bei 25 Prozent derer, die es tragen. Manche Kombinationen aus derart interagierenden Genen sind anscheinend so fein abgestimmt, dass jede Abweichung von dem bestmöglichen Gleichgewicht einen Selektionsnachteil bedeutet. Allgemein bekannte Beispiele für solche Wechselwirkungen zwischen Genen sind Pleiotropie und Polygenie (siehe Kapitel 5).

Wie wichtig die Wechselwirkungen zwischen Genen wirklich sind, erkannte man erst nach der Entdeckung von Regulationsgenen wie *hox* und *pax*. Bei ihnen springt die gegenseitige Abhängigkeit sofort ins Auge, aber in weniger eindeutiger Form sind sie auch bei vielen anderen Genen sehr verbreitet. Die Frage, wozu sich alle diese Wechselwirkungen summieren, ist umstritten. Zahlreiche indirekte Indizien sprechen aber dafür, dass es ein »inneres Gleichgewicht« des Genotyps gibt, oder, wie es auch genannt wurde, einen »Zusammenhalt des Genotyps«. Dabei geht man davon aus, dass es in der Evolution ein bewahrendes Element gibt, mit dem sich die Konstanz vieler entwicklungsgeschichtlicher Abstammungslinien erklären lässt. Nach einer ebenfalls häufig vertretenen Ansicht ist dies auch der Grund, warum Gründerpopulationen sich vielfach so schnell und tief greifend verändern. In einer Gründerpopulation ist die Variationsbreite stark vermindert, und in der Genausstattung herrscht vielfach ein ziemliches Ungleichgewicht. Solche Gengruppen reagieren auf einen neuen Selektionsdruck unter Umständen ganz anders als die Ausgangsspezies und können deshalb stark abweichende Phänotypen hervorbringen.

Zur Klärung der vielfältigen Meinungsverschiedenheiten in der Evolutionsforschung ist es von großer Bedeutung, dass man genau versteht, wie unterschiedlich der Beitrag eines Gens zur Eignung des Organismus aussehen kann. Viele Gene haben keinen festgelegten Selektionswert. Ein Gen ist unter Umständen im Zusammenhang eines bestimmten Genotyps nützlich, gelangt es aber in ein Umfeld mit anderen Genen, kann es Schaden anrichten. Die Wechselwirkungen zwischen den Genen sind also für den Selektionswert (das heißt für die Eignung) eines Individuums von beträchtlicher Bedeutung. Die so genannte neutrale Evolution (mehr darüber später) ist ein sinnloser Begriff angesichts der Tatsache, dass das Gen als solches kein Ziel der Selektion darstellt.

Ein Gen kann sich auf die Eignung eines Individuums sehr unterschiedlich auswirken, je nachdem, ob es in einfacher Ausführung (heterozygot) oder in doppelter Dosis (homozygot) vorliegt. Eine einfache Dosis des Sichelzellgens sorgt in Malariagebieten für eine beträchtlich verbesserte Eignung seines heterozygoten Trägers, in doppelter Dosis (das heißt bei Homozygoten) dagegen ist es früher oder später tödlich. An diesem Beispiel wird besonders augenfällig, dass ein Gen nicht zwangsläufig einen festgelegten Selektionswert hat, sondern dass dieser Wert sehr wohl von den anderen Genen abhängen kann, mit denen es im Genotyp verknüpft ist.

Der Phänotyp

Was meint man mit der Aussage, das Individuum sei der Gegenstand der Selektion? Auf was reagiert die natürliche Selektion, wenn sie ein Individuum bevorzugt oder benachteiligt? Die Gene oder der Genotyp sind es nicht, denn die sind für die Selektion nicht sichtbar; es ist vielmehr der Phänotyp. Als Phänotyp bezeichnet man die Gesamtheit aller morphologischen, physiologischen, biochemischen und verhaltensmäßigen Eigenschaften

Abb. 6.3 Phänotypische Variation der Blattform bei der halb im Wasser lebenden Pflanze *Ranunculus aquatilis*. Man vergleiche die fadenförmigen Blätter der untergetauchten Zweige (A) mit den normal gebauten Blättern außerhalb des Wassers (B). *Quelle*: Herbert Mason, *Flora of the Marshes of California*. Copyright 1957 Regents of the University of California, erneuertes Copyright 1985 Herbert Mason.

eines Individuums, die sich unter Umständen von denen anderer Individuen unterscheiden. Der Phänotyp entsteht während der Entwicklung der Zygote zum ausgewachsenen Organismus durch die Wechselwirkungen zwischen Genotyp und Umwelt. Der gleiche Genotyp kann je nach den äußeren Bedingungen recht verschiedene Phänotypen hervorbringen. Eine halb im Wasser lebende Pflanze beispielsweise hat an Land unter Umständen ganz andere Blätter als im Wasser (Abb. 6.3).

Der Phänotyp besteht nicht nur aus dem Körperbau und der Physiologie eines Lebewesens, sondern auch aus allen Produkten seiner genetisch bedingten Verhaltensweisen. Dazu gehört das Nest, das ein Vogel baut, das Netz einer Spinne oder der Weg, den ein Zugvogel wählt. Dawkins (1982) bezeichnete solche Aspekte im Erscheinungsbild eines Lebewesens als »erweiterten Phänotyp«. Er ist ebenso stark (und häufig sogar noch stärker) das Ziel der Selektion wie die körperlichen Merkmale.

Die Variationsbreite des Phänotyps, die ein bestimmter Genotyp hervorbringen kann, wird als *Reaktionsnorm* bezeichnet. Der Phänotyp ist also das Ergebnis des Wechselspiels zwischen Genotyp und Umwelt. Manche Arten haben eine sehr weit gefasste Reaktionsnorm: Sie stellen sich mit ihrem Phänotyp auf ein breites Spektrum von Umweltbedingungen ein und sind, was ihr äußeres Erscheinungsbild angeht, sehr wandelbar. Da der Phänotyp und nicht der Genotyp das Ziel der Selektion darstellt, können in einem Genbestand erhebliche genetische Schwankungen vorhanden sein. Solche Variationen sind mit der Selektion vereinbar, solange die daraus hervorgehenden Phänotypen einen annehmbaren Selektionswert haben.

Da der Phänotyp durch den Genotyp erzeugt wird, ist er in der Evolution sowohl stabil als auch entwicklungsfähig. Viele entscheidende Vorgänge in den Zellen, beispielsweise Signalübertragungswege und genetische Steuerungskreise, sind bei allen Metazoen gleich geblieben, andere (zum Beispiel das Cytoskelett) bei allen Eukaryonten und wieder andere wie Stoffwechsel und Vermehrung sogar bei sämtlichen Lebensformen. Die so genannte Konservierung der DNA-Sequenzen ist so stark, dass man über die Hälfte aller codierenden Sequenzen der Hefe auch bei Mäusen und Menschen wieder findet. Das Actin von Hefe und Menschen ist beispielsweise zu 91 Prozent identisch.

Solche zentralen Vorgänge dürfen aber nicht so aufgebaut sein, dass sie die weitere Evolution verhindern. Es findet sogar eine ständige Selektion für die Evolutionsfähigkeit des Phänotyps statt. Nur mit Hilfe dieser Flexibilität können die Lebewesen durch Anpassung neue Gebiete besetzen und mit neuen Herausforderungen aus der Umwelt fertig werden. Die Untersuchung der Frage, durch welche Eigenschaften ein Genotyp einerseits mit den Einschränkungen durch seine konservierten Abschnitte fertig wird und andererseits eine optimale Evolutionsfähigkeit behält, ist derzeit ein aktuelles Thema der Evolutionsbiologie.

Andere potenzielle Objekte der Selektion

Neben dem Individuum wurden von verschiedenen Evolutionsforschern auch andere Einheiten genannt, die als Objekte der Selektion infrage kommen. Für das Gen wurde diese Behauptung bereits widerlegt; jetzt werden wir uns mit Gameten, Gruppen, Arten, höheren systematischen Gruppen und Klades befassen.

Selektion von Gameten

Alle Keimzellen (Gameten) unterliegen der Selektion in dem Zeitraum zwischen Meiosezyklus und Befruchtung oder Tod. Dabei werden die allermeisten Gameten beseitigt, und nur ein sehr kleiner Anteil ist erfolgreich. Leider wissen wir nur sehr wenig über die Faktoren, die für die Beseitigung sorgen. Wie sich in Experimenten herausgestellt hat, sind Proteine in der Wand der Eizellen einiger wirbelloser Meeresbewohner in der Lage, bestimmten Samenzellen den Weg in die Zelle zu versperren, während sie anderen das Eindringen gestatten. Welche Auswahlkriterien dabei eine Rolle spielen, ist aber nicht bekannt. Die Eigenschaften, die für diese Auswahl der Gameten von Bedeutung sind, stellen einen wichtigen Isolationsmechanismus dar; man spricht hier von Gametenunverträglichkeit.

Viel eingehender wurden die Wechselwirkungen zwischen Keimzellen bei Pflanzen untersucht. Hier beschäftigte man sich vor allem mit den Verträglichkeitsreaktionen zwischen Pollenschläuchen und Narbe oder Griffel. In vielen Taxa verhindern besondere Mechanismen die Selbstbestäubung. Über die Unverträglichkeit zwischen Arten, die zur Auskreuzung in der Lage sind, weiß man jedoch viel weniger. Der Botaniker J. G. Kölreuter wies schon in den sechziger Jahren des 18. Jahrhunderts nach, dass stets der Pollen derselben Spezies den Samen befruchtet, wenn man einen artgleichen und artfremden Pollen gleichzeitig auf die Narbe bringt. Wurde dagegen nur der artfremde Pollen benutzt, gelang bei bestimmten Artenkombinationen aber ebenfalls die Befruchtung.

Selektion von Gruppen

Über die Frage, ob eine Gruppe von Individuen der Gegenstand der Selektion sein kann, wurde lange gestritten. Klarer wird die Situation, wenn man zwischen »weicher« und »harter« Gruppenselektion unterscheidet (Mayr 1986). Als weiche Gruppenselektion bezeichnet man die Selektion zufällig entstandener Gruppen, die harte Form dagegen zielt auf Gruppen mit sozialem Zusammenhalt. Bei der weichen Gruppenselektion ergibt sich die Eignung der Gruppe als Mittelwert aus den Eignungswerten aller ihrer Mitglieder. Dieser Mittelwert hat auf die Eignung der Individuen keinerlei Auswirkungen. Ob eine solche Gruppe in der Evolution Erfolg hat oder versagt (*»Gruppenselektion«*), ergibt sich ganz automatisch aus der Eignung ihrer Individuen. Die Tatsache, dass sie eine Gruppe bilden, wirkt sich auf ihre Eignung nicht aus. Eine solche weiche Gruppenselektion leistet zur Evolution keinen eigenständigen Beitrag; man sollte sie eigentlich nicht mit diesem Begriff bezeichnen, denn die Gruppe als solche wird nicht selektioniert. Häufig unterliegt die ganze Population einer weichen »Gruppenselektion«.

Bei manchen Arten findet aber auch eine ganz besondere Form der Gruppenselektion statt. Gegenstand sind dabei soziale Gruppen, und die können tatsächlich ein Ziel für die Selektion sein. Eine solche Gruppe besitzt wegen der sozialen Kooperation ihrer Mitglieder einen höheren Eignungswert, als es dem arithmetischen Mittel aus den entsprechenden Werten aller ihrer Mitglieder entsprechen würde. Dies kann man als harte Gruppenselektion bezeichnen. Hier arbeiten die Gruppenmitglieder zusammen: Sie warnen sich gegenseitig vor Feinden, nutzen neu entdeckte Nahrungsquellen gemeinsam und schließen sich zusammen, um sich zu verteidigen. Ein solches kooperatives Verhalten verschafft der ganzen Gruppe bessere Überlebenschancen. Die Spezies Mensch profitierte zumindest in der Zeit der Jäger und Sammler von dieser Form sozialen Zusammenhalts, und das führte dazu, dass manche Gruppen besser überlebten. Deshalb wird jeder genetisch bedingte Beitrag zu kooperativem Verhalten von der natürlichen Selektion begünstigt. Vermutlich war diese soziale Kooperation ein wichtiger Faktor für die Entwicklung der menschlichen Ethik (siehe Kapitel 11). Die harte Gruppenselektion tritt nicht an die Stelle der natürlichen Selektion von Individuen, sondern ist ihr überlagert.

Verwandtenselektion

Viele Evolutionsforscher sprechen – insbesondere im Zusammenhang mit der Evolution des Altruismus – von einer so genannten

Verwandtenselektion (*kin selection*). Sie ist definiert als Selektion für Eigenschaften, die engen Verwandten des betreffenden Individuums – die teilweise den gleichen Genotyp besitzen – bessere Überlebensaussichten verschaffen (hier spricht man auch von *inclusive fitness*). Sieht man einmal von der Brutpflege und dem Verhalten Staaten bildender Insekten ab, ist die Verwandtenselektion wahrscheinlich als Evolutionsfaktor nicht so wichtig, wie manchmal angenommen wurde. Das gilt vor allem dann, wenn zwischen Nachbargruppen in erheblichem Umfang Individuen ausgetauscht werden. Der Altruismus, den Mitglieder einer sozialen Gruppe gegenüber anderen, mit ihnen verwandten Mitgliedern der Gruppe (außer den eigenen Nachkommen) aufbringen, ist offensichtlich nirgendwo auch nur annähernd so groß wie der Altruismus der Eltern (insbesondere der Mütter) gegenüber den eigenen Kindern. Vielleicht ist es irreführend, wenn man beide Arten der Verwandtschaft unter dem gleichen Begriff der Verwandtenselektion zusammenfasst. Da die Angehörigen einer sozialen Gruppe aber in vielen Fällen eng miteinander verwandt sind, ist ein großer Teil der harten Gruppenselektion gleichzeitig auch Verwandtenselektion (siehe auch Kapitel 11).

Speziesselektion

Die evolutionäre Vergangenheit ist durch das ständige Aussterben alter und die Entstehung neuer Arten gekennzeichnet. Zu diesem Wechsel kommt es vielfach ganz offensichtlich dadurch, dass eine neue Art gegenüber einer vorhandenen Form überlegen ist. Auch wenn Arten verschiedener Lebensräume in Konkurrenz treten, wie es beispielsweise zwischen Nord- und Südamerika geschah, nachdem sich im Pliozän die Landbrücke von Panama gebildet hatte, sterben häufig in beträchtlichem Umfang Arten aus, und zum Teil liegt das an der Konkurrenz zwischen einheimischen und neu einwandernden Spezies. Dieses Phänomen wurde als Speziesselektion bezeichnet. Wie bereits erwähnt wurde, machte schon Darwin darauf aufmerksam, wie viele Pflanzen- und Tierarten in Neuseeland ausstarben, nachdem Siedler europäische Arten eingeschleppt hatten. Manche Autoren begingen den Fehler, dies für eine Alternative zur Selektion der Individuen zu halten. In Wirklichkeit ist die so genannte Speziesselektion der individuellen Auslese überlagert. Nachdem die Individuen beider Arten dieselbe ökologische Nische besetzt haben, existieren sie nebeneinander; zum Aussterben kommt es, wenn die Individuen einer eingedrungenen Art den ursprünglichen Bewohnern im Durchschnitt überlegen sind. Es handelt sich also eindeutig um die Selektion von Individuen. Missverständnisse lassen sich vermeiden, wenn man hier nicht von »Speziesselektion«, sondern von »Artenwandel« spricht (siehe Kapitel 10). Die Spezies als Einheit ist niemals Gegenstand der Selektion, sondern nur ihre Individuen.

Um noch höhere systematische Einheiten geht es bei der so genannten Kladoselektion. Eine Klade ist eine Gruppe systematischer Einheiten, die auf einen gemeinsamen Vorfahren zurückgehen und einen Zweig des Evolutionsstammbaumes bilden. Durch das von Alvarez aufgeklärte Massenaussterben am Ende der Kreidezeit starb die Klade der Dinosaurier aus, die Klade der Vögel und Säugetiere blieben dagegen erhalten. Bei jedem Massenaussterben kamen bestimmte höhere Taxa besser davon als andere. Die eigentlichen Objekte der Selektion waren auch hier die Individuen, aber die Individuen mancher Kladen hatten gemeinsame Merkmale, die das Überleben während des Massensterbens begünstigten; bei den Mitgliedern der untergegangenen Kladen dagegen fehlten diese Eigenschaften. Bemerkenswert am Massenaussterben ist die Tatsache, dass ein höheres Taxon vollständig und fast augenblicklich oder zumindest in sehr kurzer Zeit ausgelöscht werden kann. Manchmal sterben Kladen auch aus, ohne dass man es eindeutig auf ein Massenaussterben zurückführen kann – ein Beispiel ist vermutlich das Verschwinden der Trilobiten.

Konkurrenz zwischen höheren Taxa

Durch das Massenaussterben wurde man auf die Möglichkeit aufmerksam, dass auch höhere Taxa untereinander in Konkurrenz treten. Als es am Ende der Kreidezeit zum großen Artensterben kam, gab es die Säugetiere schon seit etwa 100 Millionen Jahren, aber sie waren kleine, unauffällige und höchstwahrscheinlich nachtaktive Lebewesen. Warum erlebten sie in der danach folgenden Phase, dem frühen Tertiär, einen so explosiven Aufschwung? Die am ehesten anerkannte Antwort auf diese Frage lautet: Sie konnten alle ökologischen Nischen besetzen, die durch das Verschwinden der bis dahin vorherrschenden Dinosaurier frei geworden waren. Offensichtlich hatten die beiden Tierklassen schon die ganze Zeit in Konkurrenz gestanden, aber in diesem Wettbewerb waren die Dinosaurier überlegen. Dass die Säugetiere nicht die Ursache für das Aussterben der Dinosaurier waren, liegt auf der Hand, aber sie traten an ihre Stelle, als die größeren Konkurrenten aus einem Grund, der nichts mit Biologie zu tun hatte, von der Bildfläche verschwanden.

Am Aufschwung der Säugetiere wird auch ein weiteres Phänomen sehr deutlich: die explosionsartige Entstehung neuer Arten in zuvor freien ökologischen Nischen. Weitere Fälle sind die Artenhäufungen bei Fischen, Weichtieren und Krebsen in urzeitlichen Seen sowie die schnellere Aufspaltung von Tierarten, die Inselgruppen im Ozean besiedeln, in zahlreiche neue Arten. Auf den Hawaii-Inseln gibt es über 700 Taufliegenarten und mehr als 200 Arten von Grillen. Weitere allgemein bekannte Beispiele für diese Form der Artbildung sind die Kleidervögel (Drepanididae) auf den Hawaii-Inseln und die Darwin-Finken auf dem Galapagos-Archipel.

In allen diesen Fällen wurde die Artbildung möglich, weil Konkurrenten fehlten oder verschwanden. Wird ein unterlegenes Taxon von einem hinzukommenden, überlegenen Konkurrenten ausgelöscht, spricht man von Verdrängung. Bei einem solchen Ablauf tatsächlich den Kausalzusammenhang zu beweisen ist schwierig. So erlebten beispielsweise die Multituberculata, eine Gruppe placentaloser Säugetiere, während der späten Kreidezeit und dem Paläozän in Nordamerika eine Blütezeit. Als dann aber im Eozän die ersten Nagetiere (vermutlich aus Asien) auf der Bildfläche erschienen und sich mit großem Erfolg allgemein verbreiteten, wurden die Multituberculata immer seltener, und schließlich starben sie aus. Ein ähnlicher Fall ist vermutlich das Aussterben der Trilobiten nach dem großen Erfolg der Muscheln; für ihr Verschwinden wurde allerdings auch eine Umweltkatastrophe als Ursache genannt. In der gesamten Geschichte des Lebendigen findet man zahlreiche ähnliche Fälle – ein zuvor blühendes Taxon erlebt einen Niedergang und stirbt am Ende aus, nachdem ein neues Taxon mit offensichtlich ähnlichen ökologischen Bedürfnissen aufgetaucht ist. Natürlich lässt sich in allen diesen Fällen unmöglich beweisen, dass der neu hinzugekommene Konkurrent tatsächlich die Ursache des Aussterbens war, aber häufig passt ein solches Szenario besser zu den bekannten Tatsachen als jede andere Erklärung.

Warum läuft Evolution in der Regel so langsam ab?

Als man in Ägypten Anfang des 19. Jahrhunderts die ersten Pharaonengräber öffnete, fand man nicht nur Mumien von Menschen, sondern auch solche von heiligen Tieren, beispielsweise von Katzen und Ibissen. Zoologen verglichen den Körperbau dieser schätzungsweise 4000 Jahre alten Tiermumien sehr sorgfältig mit lebenden Vertretern der gleichen Arten und fanden keine erkennbaren Unterschiede. Ihre Beobachtung stand in auffälligem Gegensatz zu den tief greifenden Veränderungen der Haustiere, die Tierzüchter in viel kürzerer Zeit erzeugt hatten. Deshalb deutete man das Fehlen erkennbarer Abwandlungen bei den Mumien als Argument gegen Lamarcks Evolutionstheorie. Heute wissen wir, dass es in der Regel – mit Ausnahme weniger Sonderfälle – viele Jahrtausende oder sogar Jahrmillionen dauert, bis es durch die Evolution zu erkennbaren Veränderungen einer Spezies kommt. Dass ägyptische Mumien nicht anders aussehen, spricht also nicht gegen die Evolution.

Angesichts der Tatsache, dass in jeder Generation eine strenge Selektion stattfindet, kann man zu Recht die Frage stellen, warum Evolution in der Regel so langsam abläuft. Das liegt vor allem daran, dass eine natürliche Population schon über Hunderte oder Tausende von Generationen hinweg der Selektion unterworfen ist, sodass sie sich dem optimalen Genotyp sehr stark angenähert hat. Den Auswahlprozess, den eine solche Population durchgemacht hat, bezeichnet man als *normalisierende* oder *stabilisierende Selektion*. Sie beseitigt in einer Population alle jene Individuen, die von dem optimalen Phänotyp abweichen. Durch diese Dezimierung wird die Variationsbreite in jeder Generation drastisch vermindert, und solange es nicht zu einer größeren Veränderung der Umweltverhältnisse kommt, ist der optimale Phänotyp meist identisch mit dem der unmittelbar vorausgegangenen Generationen. Alle Mutationen, zu denen der Genotyp fähig ist und die zu einer Verbesserung des Standard-Phänotyps führen könnten, wurden in früheren Generationen bereits umgesetzt. Andere Mutationen führen immer zu einer Verschlechterung und werden deshalb von der normalisierenden Selektion beseitigt. Darüber hinaus gibt es auch besondere genetische Mechanismen wie die *genetische Homöostase* (zu der auch die Überlegenheit der Heterozygoten gehört), die zur Beibehaltung des gegenwärtigen Zustandes beitragen.

Gründerpopulationen

Der Genotyp ist durch die epistatischen Wechselwirkungen seiner Gene ein genau ausbalanciertes System. Sorgt also die Selektion dafür, dass ein Gen gegen ein neues ausgetauscht wird, muss unter Umständen auch an anderen Genloci eine neue Feinabstimmung stattfinden. Je größer eine Population ist, desto langsamer können neue Gene in sie einfließen und sich ausbreiten. Eine kleine isolierte *Gründerpopulation* dagegen, die aus den Nachkommen eines einzigen befruchteten Weibchens oder wenigen Gründerindividuen hervorgeht, kann häufig schneller einen neuen, angepassten Phänotyp annehmen, weil sie nicht durch die stabilisierenden Kräfte eines großen Genbestandes eingeschränkt ist.

Viele Beobachtungen sprechen dafür, dass der entwicklungsgeschichtliche Wandel bis hin zur vollständigen Artbildung in kleinen Populationen schneller vonstatten geht als bei großen, weit verbreiteten Arten (Mayr und Diamond 2001). Die Frage nach den Ursachen ist auch heute noch umstritten. Wie Dobzhansky und Pavlovsky (1957) schon vor langer Zeit nachweisen konnten, spaltete sich eine Anzahl kleiner, anfangs identischer Populationen viel schneller auf als eine Gruppe gleichartiger, großer Populationen (Abb. 6.4). In anderen Untersuchungen an Gründerpopulationen war jedoch in solchen Populationen keine drastische Veränderung festzustellen. Die meisten derartigen Studien stellte man allerdings mit *Drosophila melanogaster* an, und der Phänotyp dieser Spezies ist anscheinend, wie man an verschiedenen, eng verwandten Arten erkennt, besonders stabil. Diese Formenkonstanz von *D. melanogaster* legt die Vermutung nahe, dass einzelne Gründerpopulationen möglicherweise unterschiedlich auf ihre Isolation reagieren. Traditionell führte man die entwicklungsgeschichtliche Trägheit großer Populationen auf den größeren Umfang von Pleiotropie und Polygenie zurück. Eine weitere Ursache ist aber vermutlich auch die Verteilung unterschiedlicher Regulationsgene. Der stabilisierende Genfluss erreicht isolierte Populationen nicht und kann deshalb ihre Auseinanderentwicklung nicht verhindern. Man kann mit Fug und Recht annehmen, dass neue Entdeckungen in der Entwicklungsgenetik zu einem besseren Verständnis der Ursachen beitragen werden, die für die unterschiedliche Geschwindigkeit des entwicklungsgeschichtlichen Wandels im Allgemeinen und der Artbildung im Besonderen verantwortlich sind.

Welche Rolle spielt das Verhalten in der Evolution?

Lamarck hielt das Verhalten für eine wichtige Ursache des entwicklungsgeschichtlichen Wandels. Nach seiner Ansicht wurden Veränderungen, die auf Grund aller möglichen Tätigkeiten in den Lebewesen vorgehen, durch die Vererbung erworbener Eigenschaften an zukünftige Generationen weitergegeben. Wenn Giraffen sich beispielsweise streckten, um immer höher hängende Blätter zu erreichen, sollte dies zu einer Verlängerung des Halses führen, die an die nächste Generation vererbt wurde. Obwohl diese Theorie mittlerweile eindeutig widerlegt wurde, ist man in der Evolutionsforschung – allerdings aus ganz anderen Gründen – immer noch überzeugt, dass das Verhalten von großer Bedeutung ist. Eine Verhaltensänderung – beispielsweise die Vorliebe für ein neues Nahrungsmittel oder eine stärkere Ausbreitung – lässt häufig einen neuen Selektionsdruck entstehen, der dann evolutionären Wandel nach sich zieht (Mayr 1974). Es gibt gute Gründe für die Annahme, dass Verhaltensänderungen an den meisten Neuerungen der Evolution mitgewirkt haben, und deshalb formulierte man den Satz »Verhalten ist der Schrittmacher der Evolution«. Jede Verhaltensweise, die sich für die Evolution als bedeutsam erweist, wird höchstwahrscheinlich durch die Selektion der genetischen Faktoren, die über sie bestimmen, verstärkt, ein Phänomen, das man als *Baldwin-Effekt* bezeichnet.

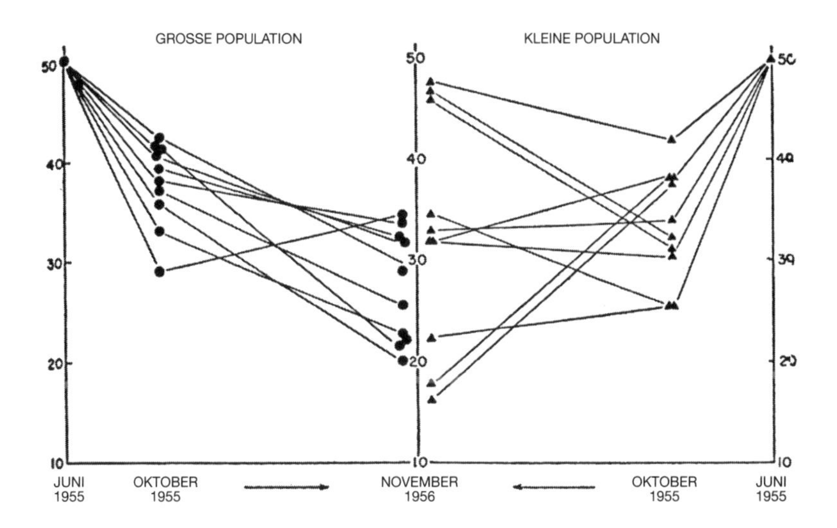

Abb. 6.4 Variation, epistatische Wirkungen und Populationsgröße. Die Häufigkeit (Prozent, senkrechte Skalen) von *PP*-Chromosomen in 20 gleichartigen experimentellen Populationen unterschiedlicher geografischer Herkunft (Texas bis Kalifornien). Populationen, die das Nadelöhr einer geringen Individuenzahl hinter sich gebracht haben, zeigen nach 17 Monaten eine weit größere Variationsbreite als solche, die stets groß waren. *Quelle*: Mayr, E., *Artbegriff und Evolution*. Hamburg, Berlin: Parey 1967.

Selektion für Fortpflanzungserfolg (sexuelle Selektion)

Wenn man von natürlicher Selektion spricht, fällt einem immer unwillkürlich der Kampf ums Dasein ein. Wir denken daran, welche Faktoren das Überleben begünstigen, wie beispielsweise die Fähigkeit, mit widrigen Wetterbedingungen fertig zu werden, natürlichen Feinden zu entgehen, Parasiten und Krankheitserreger abzuwehren oder sich in der Konkurrenz um Nahrung und Wohnung durchzusetzen – kurz gesagt, an alle Eigenschaften, die bessere Überlebenschancen versprechen. Diese »Überlebensselektion« hat man meist im Sinn, wenn von natürlicher Selektion die Rede ist.

Wie aber schon Darwin sehr deutlich erkannte, steigern auch die Faktoren einer zweiten Kategorie die Wahrscheinlichkeit, dass ein Individuum Nachkommen hinterlässt.

Diese Faktoren tragen dazu bei, dass der Fortpflanzungserfolg wächst. Darwin sprach in diesem Zusammenhang von *sexueller Selektion* und führte Fälle von auffälligem Geschlechtsdimorphismus auf: das riesige Geweih der Hirsche, den großartigen Schwanz des Pfauenmännchens und das leuchtend bunte Gefieder männlicher Paradiesvögel oder Kolibris. Da die Weibchen in der Regel die Gelegenheit haben, sich ihre Partner auszusuchen, begünstigt die sexuelle Selektion jene Männchen, denen es am besten gelingt, die Gunst der Partner suchenden Weibchen zu gewinnen. Weitere Merkmale, die bei den Männchen mancher Arten von der sexuellen Selektion begünstigt werden, tragen dazu bei, dass ihr Träger im Kampf mit Rivalen Sieger bleibt und sich einen größeren Harem von Weibchen zulegen kann – dies beobachtet man bei Robben, Hirschen, Schafen und anderen Säugetierarten. Die Männchen, die sich solcher Merkmale erfreuen, sind bei der Fortpflanzung erfolgreicher. Ein höherer Fortpflanzungserfolg ist aber auch mit anderen Mitteln zu erreichen, beispielsweise mit der Fähigkeit, sich ein besseres Revier zu verschaffen, der Konkurrenz unter Geschwistern, Investitionen in die Brutpflege und anderen Wechselbeziehungen zwischen den Individuen einer Familie oder einer Population. Darwin definierte die sexuelle Selektion als »den Vorteil, den bestimmte Individuen gegenüber anderen des gleichen Geschlechts und der gleichen Spezies ausschließlich im Hinblick auf die Fortpflanzung besitzen«. Auf diese weit gefasste Definition trifft der Begriff »Selektion für Fortpflanzungserfolg« eigentlich besser zu als der Terminus »sexuelle Selektion«.

Wenn Konkurrenz oder Kämpfe unter Angehörigen des gleichen Geschlechts zum Fortpflanzungserfolg führen, wie man es bei Robbenmännchen oder Hirschkäfern beobachtet, spricht man auch von »intrasexueller Selektion«. Findet die Selektion zwischen den Geschlechtern statt, beispielsweise weil die Weibchen sich ihre Partner aussuchen, wird der Mechanismus »intersexuelle Selektion« genannt. In den letzten Jahren wurde viel über die Frage diskutiert, nach welchen Kriterien die Weibchen ihre Wahl treffen. Zahavi (1998) postuliert, dass die Weibchen besonders auffällige Männchen wählen, weil die Tatsache, dass diese trotz des Nachteils ihres auffälligen Aussehens überlebt haben, ein Indiz für ihre überlegenen Qualitäten ist (das so genannte *Handicap-Prinzip*).

Gleichzeitige Selektion von Partner und Nische

Eigentlich würde man damit rechnen, dass eine besonders starke normalisierende Selektion zu völlig unveränderlichen Verhaltensaspekten in den Isolationsmechanismen einer Spezies führt, damit die Eignung nicht durch Bastardbildung abnimmt. In der Regel stimmt das tatsächlich. In manchen Fällen allerdings ist die Partnerwahl anscheinend mit der Auswahl ökologischer Nischen verknüpft, und wenn es mehrere zur Verfügung stehende Nischen gibt, führt dies auch zu einer Auseinanderentwicklung bei den bevorzugten Partnern. Dann haben verschiedenartige Männchen in einer Population in verschiedenen Nischen oder Lebensräumen auch unterschiedlichen Fortpflanzungserfolg. Bei manchen Süßwasserfischen, beispielsweise bei Buntbarschen, suchen einige Männchen ihre Nahrung lieber am Gewässerboden, andere dagegen im offenen Wasserkörper. Innerhalb einer solchen Spezies können sich dann auch unterschiedliche Weibchen entwickeln, von denen einge die am Boden, andere die im offenen Wasser lebenden Männchen bevorzugen. Am Ende entwickeln sich dann unter Umständen durch sympatrische Artbildung zwei verschiedene Arten. In solchen Fällen führt die sexuelle Selektion also zur Artbildung.

Bei Insekten, die sich von Pflanzen ernähren, dürfte die sympatrische Artbildung durch gleichzeitige Selektion von Partner und Wirtspflanze stattfinden, wie Guy Bush es schon seit vielen Jahren behauptet. Wenn Insekten, die eigentlich gezielt die Pflanze A aufsuchen, auch auf der Pflanzenart B heimisch werden, und wenn die neuen Bewohner von B bei der Partnerwahl eine Vorliebe für andere Individuen entwickeln, die sich ebenfalls an die Spezies B angepasst haben, entsteht eine neue, für die Pflanze B wirtsspezifische Art, und die umgekehrte Besiedlung – von B zurück nach A – kommt nur noch selten vor.

Geschlechtsdimorphismus

Bei den meisten biologischen Arten unterscheiden sich Männchen und Weibchen in ihrem äußeren Erscheinungsbild. Das Ausmaß dieses Geschlechtsdimorphismus schwankt allerdings in weiten Grenzen. Bei manchen Tiefseefischen ist das winzig kleine Männchen an das Weibchen angeheftet, weil ein frei herumschwimmendes Männchen in diesem riesigen, nahezu unbelebten Umfeld kaum auf ein Weibchen treffen würde. Das andere Extrem findet man bei bestimmten Robbenarten, beispielsweise der Elefantenrobbe: Hier ist das Männchen um ein Mehrfaches größer als das Weibchen, weil größere Männchen ihre Konkurrenten in Revierkämpfen besser besiegen und sich einen größeren Harem zulegen können. Das auffällige Gefieder männlicher Paradiesvögel, Kolibris und anderer polygamer Vogelarten wurde bereits im Zusammenhang mit der sexuellen Selektion erwähnt. Alle diese Fälle stellen für die Theorie der natürlichen Selektion keine echten Schwierigkeiten dar, denn sämtliche genannten, speziell männlichen Merkmale bieten den Selektionsvorteil eines größeren Fortpflanzungserfolges. Immer findet auch eine gewisse Gegenselektion gegen die übermäßige Entwicklung männlicher Merkmale statt. Beeinträchtigen sie die Überlebenschancen, sind sie in der Selektion benachteiligt.

Warum kann natürliche Selektion so häufig keinen angepassten Zustand herstellen oder aufrechterhalten?

Manchmal wurde in übermäßiger Begeisterung behauptet, die natürliche Selektion könne alles erreichen. Das stimmt nicht. Zwar kann man, wie Darwin (1859, 1920, S. 192) schreibt, »figürlich sagen, die natürliche Zuchtwahl sei täglich und stündlich durch die ganze Welt beschäftigt, eine jede, auch die geringste Abänderung zu prüfen«, aber es liegt auch auf der Hand, dass die Wirkung der Selektion eindeutige Grenzen hat. Am überzeugendsten erkennt man dies an der Tatsache, dass mindestens 99,99 Prozent aller Abstammungslinien in der Evolution ausgestorben sind. Deshalb müssen wir uns fragen: Warum ist die natürliche Selektion so häufig nicht in der Lage, Vollkommenheit herzustellen? Untersuchungen aus jüngerer Zeit haben zahlreiche Gründe für diese Begrenzung aufgezeigt. Befasst man sich eingehender mit ihnen, kommt man dem Verständnis für die Evolution ein großes Stück näher. Ich unterscheide folgende Kategorien solcher Beschränkungen.

1. *Das beschränkte Potenzial des Genotyps.* Die vorhandene genetische Struktur eines Tieres oder einer Pflanze erlegt der weite-

ren Evolution enge Grenzen auf. Oder, wie Weismann es formulierte: Ein Vogel kann sich nie zu einem Säugetier entwickeln, und aus einem Käfer wird kein Schmetterling. Die Amphibien konnten nie eine Abstammungslinie hervorbringen, die in Salzwasser erfolgreich ist. Wir staunen darüber, dass manche Säugetiere die Fähigkeit zu fliegen entwickelt haben (die Fledermäuse), während andere (Wale und Robben) sich an das Leben im Wasser angepasst haben, aber viele ökologische Nischen wurden nie von Säugetieren besetzt. So gibt es beispielsweise enge Größenbeschränkungen, und auch mit noch so viel Selektion konnten Säugetiere nicht kleiner werden als Zwergspitzmaus oder Zwergfledermaus. Andererseits können flugfähige Vögel aus Gewichtsgründen eine bestimmte Größe nicht überschreiten.

2. *Fehlen geeigneter genetischer Varianten.* Jede Population einer biologischen Art verträgt nur ein begrenztes Ausmaß an genetischer Variation. Bei jeder tief greifenden Veränderung der Umweltbedingungen, beispielsweise bei einer Klimaverschlechterung oder wenn ein neuer natürlicher Feind oder Konkurrent auftaucht, sind die erforderlichen Gene für eine geeignete, unmittelbare Reaktion auf den neuen Selektionsdruck im Genbestand der Population unter Umständen nicht enthalten. Wie wichtig dieser Faktor ist, wird an der Häufigkeit von Aussterbeereignissen deutlich.

3. *Zufallsprozesse.* Dass die einzelnen Mitglieder einer Population so unterschiedlich gut überleben und sich fortpflanzen, ist zu einem erheblichen Teil nicht auf Selektion, sondern auf Zufall zurückzuführen. Zufallsprozesse spielen auf allen Ebenen des Fortpflanzungsvorganges eine Rolle, angefangen beim Crossing-over der elterlichen Chromosomen während der Meiose bis hin zum Überleben der neu gebildeten Zygote. Außerdem werden auch potenziell vorteilhafte Genkombinationen zweifellos häufig durch Umwelteinflüsse vernichtet, die hier keinen Unterschied machen, beispielsweise durch Überschwemmungen, Erdbeben oder Vulkanausbrüche. Dann hat die natürliche Selektion keine Gelegenheit, bestimmte Genotypen zu bevorzugen.

4. *Beschränkungen auf Grund der Stammesgeschichte.* Auf neue Herausforderungen durch die Umwelt können Lebewesen meist auf mehrere Arten reagieren, und welche dieser Reaktionen tatsächlich einsetzt, hängt vielfach von dem bereits vorhandenen Körperbau ab. Als bei den Vorfahren der Wirbeltiere und Gliederfüßer deutlich wurde, welchen Selektionsvorteil ein Stützgerüst bietet, besaßen die Vorfahren der Gliederfüßer alle Voraussetzungen für die Entwicklung eines Außenskeletts, bei den Urahnen der Wirbeltiere dagegen ging aus dem vorhandenen Körperbau ein Innenskelett hervor. Diese Alternative bei den entfernten Vorfahren beeinflusste seitdem die gesamte Evolution der beiden großen systematischen Gruppen. Die Wirbeltiere konnten sich zu gewaltigen Geschöpfen wie Dinosauriern, Elefanten und Walen entwickeln, die Gliederfüßer dagegen brachten als größte Form eine Riesenkrabbe hervor. Da das Außenskelett regelmäßig durch Häutung erneuert werden muss, steht bei den Gliederfüßern ein beträchtlicher Selektionsdruck einer Größenzunahme entgegen.

Ist ein bestimmter Körperteil einmal entstanden, sind weitere Veränderungen daran häufig nicht mehr möglich. Bei den landlebenden Wirbeltieren beispielsweise kreuzen sich die Atemwege zwischen Mundhöhle und Luftröhre mit dem Verdauungstrakt, der ebenfalls von der Mundhöhle ausgeht und sich in der Speiseröhre fortsetzt. Diese Anordnung entstand bei unseren im Wasser lebenden Vorfahren, Fischen aus der Gruppe der Rhipidistia. Obwohl von nun an immer die Gefahr bestand, dass Nahrung in die Luftröhre gelangt, wurde der nachteilige Aufbau über mehrere hundert Millionen Jahre hinweg nicht mehr neu konstruiert.

Bei den Nachkommen zahlreicher Wasserbewohner – ob sesshaft, am Gewässerboden lebend oder aktive Schwimmer – entwickelte sich gleichermaßen eine Lebensweise, bei der sie passiv im Wasserkörper treiben. Sie gehörten zu vielen verschiedenen Tierstämmen und passten sich an die neue Lebensweise durch sehr unterschiedliche körperliche Merkmale an: Manche enthielten Öltröpfchen, bei anderen nahm die Körperoberfläche zu, und so weiter. Jede derartige Lösung ist ein Kompromiss zwischen den Einschränkungen und neuen Möglichkeiten des jeweiligen Umfeldes auf der einen Seite und dem bereits vorhandenen Körperbau der Spezies auf der anderen. Eine bestimmte Reaktion auf neue Chancen in der Umwelt schränkt die Möglichkeiten für die weitere Evolution häufig stark ein.

5. *Fähigkeit zu Abwandlungen ohne genetische Ursache.* Je wandelbarer der Phänotyp ist – das heißt, je größer auf Grund flexibler Entwicklungsmöglichkeiten seine Reaktionsnorm ist –, desto mehr vermindert sich ein gegen ihn gerichteter Selektionsdruck. Pflanzen und insbesondere Mikroorganismen sind weit stärker als höhere Tiere in der Lage, ihren Phänotyp abzuwandeln. Die Möglichkeit, dass Abwandlungen ohne genetische Ursachen stattfinden, besteht aber sogar beim Menschen. Dies zeigt sich sehr deutlich an den physiologischen Veränderungen, die sich beim Wechsel vom Flachland ins Hochgebirge abspielen: Im Laufe einiger Tage oder Wochen kann man sich recht gut an den verminderten Luftdruck und die damit verbundene Abnahme der Sauerstoffversorgung anpassen. Natürlich ist auch an diesem Phänomen die natürliche Selektion beteiligt, denn die Fähigkeit zu nicht genetischen Veränderungen steht unter strenger genetischer Steuerung. Auch wenn eine Population in eine neue, spezialisierte Umgebung wechselt, werden in den nachfolgenden Generationen diejenigen Gene selektioniert, die für eine Verstärkung und letzten Endes für den Austausch der Fähigkeit zu nicht genetischer Anpassung gegen eine genetische Untermauerung sorgen (Baldwin-Effekt).

6. *Fehlende Ansprechbarkeit der postreproduktiven Phase.* Selektion kann die genetisch bedingte Anfälligkeit für Alterskrankheiten nicht beseitigen. Beim Menschen beispielsweise sind die meisten Genotypen, die Parkinson- und Alzheimer-Krankheit sowie andere erst nach dem fortpflanzungsfähigen Alter auftretende Leiden entstehen lassen, relativ immun gegenüber der Selektion. Bis zu einem gewissen Grade gilt dies sogar für Krankheiten des mittleren Lebensalters wie Prostata- und Brustkrebs, die in der Regel gegen Ende der Fortpflanzungsphase ausbrechen.

7. *Wechselwirkungen in der Entwicklung.* Schon Anatomen wie Étienne Geoffroy St. Hilaire erkannten, dass Organe und Körperteile eines Organismus miteinander konkurrieren. Dieses Prinzip formulierte Geoffroy in seinem 1822 erschienenen Werk *La Loi de*

Balancement (*Das Gesetz des Gleichgewichts*). Die einzelnen Elemente des Körperbaues sind nicht unabhängig voneinander, und keines von ihnen spricht auf die Selektion an, ohne mit anderen Elementen in Wechselbeziehung zu treten. Der ganze Entwicklungsapparat ist ein einziges, interagierendes System. Körperbau und Funktionen eines Organismus sind Kompromisse zwischen konkurrierenden Anforderungen. In welchem Umfang ein Organ oder Körperteil auf die Selektion ansprechen kann, hängt zu einem erheblichen Teil davon ab, welchen Widerstand andere Körperteile und andere Bestandteile des Genotyps diesen Kräften entgegensetzen. William Roux sprach schon vor über 100 Jahren im Zusammenhang mit den konkurrierenden Wechselwirkungen während der Entwicklung vom »Kampf der Teile« in einem Organismus.

Der Körperbau aller Lebewesen lässt deutlich erkennen, inwieweit er das Ergebnis eines Kompromisses ist. Jeder Wechsel in eine neue Anpassungszone hinterlässt einen Rest von nicht mehr benötigten morphologischen Merkmalen, die nun zu einem Hindernis werden. Man braucht nur an die vielen Schwachpunkte im Körperbau des Menschen zu denken, die Überreste unserer Vergangenheit als Vierbeiner mit stärkerer vegetarischer Ernährung darstellen: beispielsweise die Nasennebenhöhlen, der Bau der Lendenwirbelsäule oder der Blinddarm. Solche Reste einer früheren Anpassung bezeichnet man als verkümmerte oder rudimentäre Merkmale (siehe Kapitel 2).

8. *Der Aufbau des Genotyps.* Die klassische Metapher für den Genotyp war die Perlenkette, auf der die Gene aufgereiht sind. In diesem Bild ist jedes Gen von allen anderen mehr oder weniger unabhängig, und alle sind in ihren Eigenschaften mehr oder weniger ähnlich. Von dieser Vorstellung, die noch vor 50 Jahren allgemein anerkannt war, ist nicht viel übrig geblieben. Zwar bestehen alle Gene aus DNA, und die in ihnen enthaltene Information ist in der linearen Abfolge der Basenpaare codiert. Wie die moderne molekularbiologische Forschung jedoch gezeigt hat, gibt es mehrere Kategorien von Genen mit unterschiedlicher Funktion: Manche sorgen für den Aufbau biologischer Substanzen, andere steuern diesen Vorgang, und wieder andere scheinen überhaupt keine Funktion zu haben (siehe Kapitel 5).

Darüber hinaus sprechen zahlreiche indirekte Indizien dafür, dass häufig mehrere Gene zu Gruppen mit gemeinsamer Funktion verknüpft sind und in vielerlei Hinsicht als Einheit tätig werden (so genannte *Modulvariation*). In diesem Bereich der Molekularbiologie herrschen aber viele Meinungsverschiedenheiten; derzeit sollte man vielleicht vor allem im Gedächtnis behalten, dass das alte Bild vom »Perlenketten-Genotyp« nicht mehr gilt und dass es im Zusammenhang mit der Aktivität des Genotyps viele ungeklärte Fragen gibt. Die Tatsache, dass es Transposons, Introns, mittel- und hochrepetitive DNA sowie viele andere Arten nicht codierender DNA gibt, lässt auf unterschiedliche Funktionen schließen, aber um was für Elemente es sich dabei eigentlich handelt und wie sie zusammenwirken, bleibt zum allergrößten Teil noch aufzuklären. Nichts wird so viele neue Erkenntnisse über den Ablauf der Evolution liefern wie unser wachsendes Wissen über Struktur und Funktion des Genotyps.

Die Bedeutung der Embryonalentwicklung für die Evolution

Die befruchtete Eizelle – die Zygote – ist ein formloses Gebilde, das sich über die Embryonal- oder Larvenstadien hinweg zum ausgewachsenen Organismus entwickelt. Für die Unterschiede zwischen den entwicklungsgeschichtlichen Abstammungslinien sorgen Veränderungen während der Embryonalentwicklung. Deshalb ist die Embryologie, die Untersuchung der Zygote und ihrer weiteren Entwicklung, für die Evolutionsforschung von allergrößtem Interesse. Die Methoden der klassischen Embryologie und insbesondere der so genannten Entwicklungsmechanik eigneten sich aber nicht zur Herstellung der notwendigen Synthese von Embryologie und Genetik; dieses Ziel wurde erst durch die Molekularbiologie erreicht. Man musste die Genwirkung untersuchen und herausfinden, welchen Beitrag die einzelnen Gene zur Entwicklung des Embryos leisten. Dies führte zu der Erkenntnis, dass Gene sehr vielgestaltig sind, und insbesondere zur Entdeckung der Regulationsgene (siehe Kapitel 5).

Die Embryonalentwicklung verläuft nur selten auf direktem Weg. Ein großer Teil aller Tiere erreicht den erwachsenen Zustand über ein oder mehrere Larvenstadien, von denen manche sehr gezielte Anpassungen erfordern – man denke nur an Raupe und Schmetterling oder an die Planktonlarve der Rankenfußkrebse und ihre erwachsene Form, die einem Weichtier ähnelt. In solchen Fällen treten in manchen Phasen der Embryonalentwicklung neue Anpassungen auf, aber in anderen, insbesondere bei Parasiten, gehen Eigenschaften des Phänotyps auf dem Weg zum erwachsenen Tier verloren – ein Beispiel ist *Sacculina*, ein Parasit mancher Krebsarten.

Embryonalentwicklung

Schon seit Darwins Zeit wissen die Evolutionsforscher, dass der »Typus« sich in der Evolution nicht als Einheit verhält, das heißt, die Evolution seiner verschiedenen Teile verläuft nicht mit der gleichen Geschwindigkeit. Manche Bestandteile des Phänotyps entwickeln sich schneller als andere. Dies kann man beobachten, wenn eine Abstammungslinie aus einem Gebiet, an das sie angepasst ist, in ein anderes wechselt. Archaeopteryx, der älteste gut untersuchte fossile Vogel, besaß bereits zahlreiche Merkmale der heutigen Vögel – Federn, Flügel, Flugfähigkeit, vergrößerte Augen und ein vogelartiges Gehirn –, aber andere Körperteile (Zähne, Schwanzwirbel) befanden sich noch im Reptilienstadium. Eine derart ungleichmäßige Entwicklung wurde in vorangegangenen Kapiteln als Mosaikevolution bezeichnet. In solchen Fällen sieht es so aus, als hätten mehr oder weniger unabhängige Gengruppen den Phänotyp hervorgebracht. Deshalb nahm man an, dass der Genotyp eine Ansammlung von Genmodulen darstellt, die jeweils einen Mosaikstein des Phänotyps regulieren. Dieser Gedanke war für stark reduktionistisch orientierte Genetiker nur schwer verdaulich, aber die Indizien für eine modulartige Struktur des Genotyps mehren sich. Wenn es sie gibt, könnte ein solches Modul von einem einzigen Regulationsgen gesteuert werden. Mit anderen Worten: Eine Mutation des Regulationsgens kann eine recht drastische Veränderung (einen Bruch) im Phänotyp zur Folge haben. In anderen Fällen besteht ein Modul vielleicht einfach aus einer Reihe von Genen, die vorübergehend zusammengefügt wurden, weil die Selektion für einen bestimmten Anpassungszustand es erforderte, die sich aber unter anderen Selektionsbedingungen auch wieder trennen können. Im Genotyp stecken eine Menge Strukturen, die man mit einem rein reduktionistischen Ansatz weder nachweisen noch erklären kann.

Gleichgewicht beim Selektionsdruck

Wie Darwin schon von Anfang an betonte, ist kein Individuum vollständig angepasst. Das liegt vielleicht vor allem daran, dass jeder Genotyp einen Kompromiss aus genetischer Variabilität und Stabilität darstellt. Meist wandeln sich die Umweltbedingungen ständig, und am Ende einer Dürreperiode ist eine Population an Trockenheit besser angepasst als an die nachfolgende Regenzeit. Auf lange Sicht pendelt sich der Genotyp im Gleichgewicht zwischen widersprüchlichen Anforderungen ein. Das Gleiche gilt auch für das Verhalten eines Lebewesens gegenüber Feinden und Konkurrenten. Mathematisch orientierte Evolutionsforscher haben dieses Prinzip in die Begriffe von Spieltheorie und überlegenen Strategien gefasst. In Wirklichkeit dürften Tiere die verschiedenen Strategien wohl kaum im Geist durchspielen. Ihr Genotyp sorgt vielmehr dafür, dass manche Individuen in einer vielgestaltigen Population ängstlich und andere mutig sind. Die größten Überlebenschancen haben dann diejenigen Individuen, die zwischen diesen beiden Polen in einer bestimmten Situation das beste Gleichgewicht herstellen können. Es findet keine Selektion für die beste Form statt, sondern im Durchschnitt der Population spiegelt sich das Gleichgewicht zwischen den Erfolgsaussichten der verschiedenen, manchmal gegensätzlichen genetischen Dispositionen wider.

Wie Lebewesen auf veränderte Umweltbedingungen reagieren, lässt sich in vielen Fällen nicht vorhersagen. Im Pliozän, als das Klima in Nordamerika immer trockener wurde, passte die Pflanzenwelt sich an: Gräser, und zwar am Ende recht harte, ungenießbare Arten, gewannen die Oberhand. Die Blätter fressenden Pferdearten starben aus, und an ihre Stelle traten Arten mit langen Zähnen (siehe Kapitel 10). Als später eine weitere feuchte Periode folgte, stellten sich mehrere Pferdearten wieder auf Blätter um, aber die langen Zähne blieben erhalten. In anderen Fällen hat die Rückkehr zu früheren Umweltverhältnissen eine Umkehr der Selektion zur Folge. Als in den letzten Jahren der Schadstoffausstoß der Industrie stark zurückging, verringerte sich parallel zu der reduzierten Ruß- und Schwefeldioxidmenge auch die Häufigkeit der schwarzen Form des Birkenspanners (*Biston betularia*).

Kapitel 7

ANGEPASSTHEIT UND NATÜRLICHE SELEKTION: ANAGENESE

Wie ist es zu erklären, dass Lebewesen so bemerkenswert gut an die Umwelt angepasst sind, in der sie leben? Wenn wir uns mit anderen Fragen beschäftigen, setzen wir diesen Zustand der Anpassung meist einfach als gegeben voraus. Es erscheint uns ganz selbstverständlich, dass ein Vogel die Flügel besitzt, mit denen er fliegen kann, und ebenso auch andere Merkmale, die für das Leben in luftiger Höhe erforderlich sind. Natürlich ist ein Fisch stromlinienförmig, zum Schwimmen hat er Flossen, und mit Kiemen kann er den lebensnotwendigen Sauerstoff aufnehmen. Das Gleiche gilt für alle anderen Eigenschaften angepasster Organismen. Bei genauerem Nachdenken fragt man sich aber, wie diese bewundernswerte Welt des Lebendigen eine so erstaunliche Vollkommenheit erreichen konnte. Mit Vollkommenheit meine ich die Tatsache, dass offensichtlich jeder Körperteil, jede Tätigkeit und jede Verhaltensweise eines Lebewesens an seine unbelebte und lebendige Umwelt angepasst ist. Beispiele für diese offenkundige Perfektion sind Gebilde wie das Auge der Wirbeltiere und Insekten, die alljährliche Wanderung der Vögel in ihr tropisches Winterquartier und ihre Rückkehr genau zu der Stelle, von der sie im Herbst zuvor aufgebrochen sind, oder die erstaunliche Zusammenarbeit der Individuen in einer Kolonie sozialer Insekten wie Ameisen oder Bienen.

Solange unsere schriftlich aufgezeichnete Geschichte zurückreicht, haben Denker und Religionsstifter immer wieder diese Fragen nach dem Warum und Wie gestellt. Vor dem Aufschwung der Naturwissenschaft konnte nur eine offenbarte Religion die Antwort geben. Im 17. und 18. Jahrhundert galt die Anpassung in den Augen der Frommen (zum Beispiel Richard Paley) sogar als Beweis für die Existenz eines weisen Schöpfers, der jedes Lebewesen mit den richtigen Körperteilen und Verhaltensweisen ausgestattet hat, sodass es den ihm bestimmten Platz in der Natur einnehmen kann. Die Naturtheologie, das heißt die Erforschung der Werke des Schöpfers, galt als Teilgebiet der Theologie. Diese Deutung für die Gestaltung der Lebenswelt wird noch heute, im Zeitalter der Naturwissenschaft, von den Kreationisten vertreten.

Aber die Naturtheologie geriet mit ihren Behauptungen in immer größere Schwierigkeiten. Wölfe töten Schafe, das stimmt, aber nun wurde behauptet, der Schöpfer habe die Schafe gezielt erschaffen, damit die Wölfe nicht verhungern. Bei genauerer Erforschung der belebten Natur zeigte sich aber ein beunruhigend großes Ausmaß von Brutalität und Verschwendung. Je mehr die Wissenschaft über die Welt des Lebendigen in Erfahrung brachte, desto unglaubwürdiger wurde die Vorstellung von der vollkommenen Gestaltung durch einen wohlwollenden Schöpfer. Noch größere Probleme ergaben sich bei der Untersuchung der Frage, wie Gott seine Schöpfungsaufgabe wohl ausgeführt hatte. Die vielfältigen Anpassungen von Körperbau, Tätigkeit, Verhalten und Lebenszyklus vieler Millionen biologischer Arten waren viel zu spezifisch, als dass man sie mit allgemeinen Gesetzmäßigkeiten hätte erklären können. Andererseits erschien es aber als eines Schöpfers unwürdig, jede Einzelheit in Merkmalen und Lebenslauf jedes Individuums bis hin zu den einfachsten Lebewesen einzeln zu gestalten. Das Vertrauen in solche Vorstellungen nahm weiter ab, als man sich näher mit dem Parasitismus und anderen scheinbar recht grausamen Aspekten der belebten Natur beschäftigte. Für die nachdenklichen Naturforscher des 19. Jahrhunderts war es eine große Erleichterung, als sie eine natürliche Erklärung an die Stelle der übernatürlichen Begründungen der Naturtheologie setzen konnten. Aber eine funktionierende natürliche Erklärung zu finden, erwies sich als eine äußerst schwierige Aufgabe.

Der Vorgang der Anpassung passte sehr gut zur Denkweise der Naturtheologie und zu Aristoteles' Idee von einer »letzten Ursache«. In den nicht darwinistischen, orthogenetischen Evolutionstheorien führte man die Anpassung auf innere letzte Ursachen zurück. Selbst nach 1859 betrachteten noch viele Evolutionsfachleute, die der Selektionstheorie ablehnend gegenüberstanden, die Anpassung als einen mehr oder weniger teleologischen Vorgang.

In Darwins Erklärung dagegen findet sich nicht die geringste Andeutung auf einen zielgerichteten Ablauf.

Darwin schlug auf der Grundlage des populationsorientierten Denkens eine Erklärung der Anpassung vor, die seither alle Versuche zu ihrer Widerlegung erfolgreich überstanden hat. Er wandte die Theorie der natürlichen Selektion auf den Anpassungsvorgang an (siehe Kapitel 6): Eine Eigenschaft eines Lebewesens ist angepasst, wenn sie unter den vielgestaltigen Populationen der Vorfahren begünstigt war und deshalb nicht beseitigt wurde. Die Beseitigung der weniger gut angepassten Lebewesen führt dazu, dass die besser angepassten Individuen überleben. Da dieses Prinzip gleichermaßen für die Nachkommen aller Eltern in der Population gilt, bleibt die Population insgesamt gut angepasst, oder ihre Angepasstheit nimmt vielleicht sogar zu.

Definition der Anpassung

Für Anpassung dürfte es in der Literatur buchstäblich Hunderte von Definitionen geben. Die meisten stimmen letztlich darin überein, dass eine Eigenschaft als angepasst zu bezeichnen ist, wenn sie die (wie auch immer definierte) Eignung oder »Fitness« eines Lebewesens steigert, das heißt, wenn die Eigenschaft zum Überleben und/oder besseren Fortpflanzungserfolg eines Individuums oder einer Gruppe von Individuen beiträgt. Man kann auch sagen: Ein Merkmal eines Lebewesens – ein Körperteil, eine physiologische Eigenschaft, eine Verhaltensweise oder ein beliebiges anderes Attribut – ist angepasst, wenn sein Besitz für das Individuum im Kampf ums Überleben einen Vorteil bedeutet. Nach heutiger Vorstellung wurden die meisten derartigen Eigenschaften durch natürliche Selektion erworben, oder sie entstanden durch Zufall, und dann wurde ihre Beibehaltung durch die Selektion begünstigt.

Wenn man feststellen will, was als Anpassung zu bezeichnen ist, zählt nur das Hier und Jetzt. Für die Einstufung eines Merkmals als »angepasst« ist es ohne Bedeutung, ob es seine angepasste Funktion von Anfang an erfüllte wie beispielsweise das Außenskelett der Gliederfüßer oder ob es sie erst später durch einen Wechsel der Funktion erlangte wie die Schwimmflossen eines Delfins oder

Wasserflohs (*Daphnia*). Man muss immer daran denken, dass Anpassung kein teleologischer Vorgang ist, sondern das im Nachhinein festgestellte Ergebnis der Elimination (oder sexuellen Selektion). Da man sie im Rückblick betrachtet, ist die Vergangenheit eines Aspektes des Phänotyps für seinen Anpassungswert nur von geringer Bedeutung. Anpassung ist einfacher zu erkennen, wenn sie auch bei anderen – vorzugsweise nicht eng miteinander verwandten – Lebewesen vorkommt, die in einer ähnlichen Umwelt zu Hause sind, oder wenn man die Anpassungsqualität des Merkmals durch geeignete Experimente verändern kann. Unter anderem kann man Anpassungen dadurch beurteilen, dass man die Variationen des angepassten Merkmals in vielgestaltigen natürlichen Populationen untersucht. Eine genauere Analyse der Frage, wie Anpassung zu definieren ist, findet sich bei West-Eberhard (1992) und Brandon (1995).

Was bedeutet der Begriff »Anpassung«?

Das Wort »Anpassung« wird in der Literatur über Evolution leider für zwei völlig verschiedene Dinge verwendet, im einen Fall zu Recht, im anderen nicht. Dies führte zu vielerlei Verwirrung.

Richtig angewandt, bezeichnet »Anpassung« eine Eigenschaft eines Lebewesens, sei es ein Körperteil, ein physiologisches Merkmal, eine Verhaltensweise oder irgendetwas anderes, das ein Organismus besitzt und das von der Selektion gegenüber anderen Merkmalen begünstigt wurde. Fälschlich wurde der Begriff aber auch für den Vorgang verwendet, der zum aktiven Erwerb des begünstigten Merkmals führte. Diese Ansicht kann man bis auf die antike Vorstellung zurückverfolgen, dass Lebewesen eine angeborene Fähigkeit zur Verbesserung besitzen und deshalb ständig »immer vollkommener« werden. Auch wenn man an die Vererbung erworbener Eigenschaften glaubt, passt sich beispielsweise der Hals einer Giraffe durch eine verbesserte Konstruktion an. Nach dieser Vorstellung ist Anpassung ein aktiver Vorgang mit teleologischer Grundlage. Auch in neuerer Zeit sehen manche Autoren anscheinend in der Anpassung einen solchen Vorgang, und deshalb lehnen sie den Begriff insgesamt ab. Diese Position ist aber nicht haltbar.

Für den Darwinisten ist Anpassung etwas, das man ausschließlich im Rückblick betrachten kann, das heißt, der Begriff stützt sich auf die induktive Beurteilung von Tatsachen. In jeder Generation sind alle Individuen, die den Prozess der Beseitigung überleben, de facto »angepasst«, und das Gleiche gilt für ihre Eigenschaften, die ihnen das Überleben ermöglicht haben. Die Beseitigung hat aber nicht den »Zweck« oder das »teleologische Ziel«, Anpassung zu erzeugen; die Anpassung ist vielmehr ein Nebenprodukt der Beseitigung.

Um die Zweideutigkeit des Wortes »Anpassung« zu umgehen, sollte man den Zustand des Angepasstseins besser als »Angepasstheit« bezeichnen. Es besteht aber kein Anlass, den Begriff »Anpassung« nicht für eine Eigenschaft zu verwenden, die durch natürliche Selektion erworben oder aufrechterhalten wurde, denn eine solche Eigenschaft führt im Wettbewerb mit anderen Individuen tatsächlich zu verbesserten Überlebenschancen. Viele Anpassungen erlangen durch einen Funktionswechsel eine ganz neue Bedeutung, wie beispielsweise die Schwimmblase der Fische, die sich von der Lunge ableitet, oder die Mittelohrknochen der Säugetiere, die aus Kiefergelenksknochen der Reptilien hervorgegangen sind. Der Vorgang der Anpassung ist ausschließlich passiv. Individuen, die keine so gute Anpassung besitzen wie andere, werden beseitigt, aber die Überlebenden tragen zu dem Prozess, durch den sie immer besser angepasst werden, nicht durch besondere Aktivität bei, wie es teleologische Evolutionstheorien erfordern. Es ist nicht besonders hilfreich, wenn man eine terminologische Unterscheidung zwischen Anpassungen vornimmt, die früher eine andere Aufgabe erfüllten, und jenen, die als Folge der Funktion, die sie immer noch erfüllen, entstanden sind. Ein Lebewesen besitzt nicht nur spezifische Anpassungen, sondern ist auch insgesamt an seine Umwelt angepasst.

Manche Lebewesen besitzen ganz erstaunliche Anpassungen an einen optimalen Fortpflanzungserfolg. Die großen Albatrosse des südlichen Polarmeeres bringen jedes Jahr nur ein einziges Junges hervor und kommen erst mit sieben bis neun Jahren ins fortpflanzungsfähige Alter. Wie kann natürliche Selektion einen derartigen Rückgang der Fruchtbarkeit hervorbringen? Wie sich herausstellte, finden nur die begabtesten und erfahrensten Vögel so viel Nahrung, dass sie ihr Junges in dieser Region mit ihren ständigen star-

Kasten 7.1 Die geringe Fruchtbarkeit der großen Albatrosse (Diomedea)

Eigenschaft	*Albatros*	*Die meisten anderen Vögel*
Zahl der Eier	1	2–10 oder mehr
Alter bei Beginn der Fortpflanzung	7–9 Jahre	1 Jahr oder weniger
Geschlechtszyklus	2 Jahre oder mehr	1 Jahr oder weniger
Lebenserwartung	60 Jahre oder mehr	Meist weniger als 2 Jahre (geschätzt)

ken Stürmen großziehen können. Andererseits haben sie den Vorteil, dass sie Brutkolonien auf Inseln gründen können, auf denen es keine natürlichen Feinde und damit keine ernsthaften Konkurrenten gibt. Die Verzögerung beim fortpflanzungsfähigen Alter und die geringere Zahl der Nachkommen waren also Selektionsvorteile. Ein anderes Beispiel ist der Fortpflanzungszyklus der Kaiserpinguine. Partnerwerbung und die Ablage des einzigen Eies finden bei diesen Vögeln unter äußerst widrigen Bedingungen zu Beginn oder in der Mitte des antarktischen Winters statt, in einer Jahreszeit mit häufigen Schneestürmen. Ein solcher zeitlicher Ablauf hat den Vorteil, dass die Jungen zu Beginn des Frühlings schlüpfen und über den Sommer hinweg großgezogen werden, wenn optimale Überlebens- und Wachstumsbedingungen herrschen. Der drastisch verminderten Fruchtbarkeit steht bei Albatrossen und Pinguinen eine höhere Lebensdauer der ausgewachsenen Tiere gegenüber, und außerdem sind ihre Brutkolonien auf Inseln oder dem Eis der Antarktis nicht von natürlichen Feinden bedroht. Noch erstaunlicher ist häufig die Anpassung extremer Spezialisten, beispielsweise vieler Parasiten.

Woran ist ein Lebewesen angepasst? Was ist eine ökologische Nische?

Häufig wird gesagt, eine biologische Art sei an ihre Umwelt angepasst. Aber diese Antwort ist eigentlich nicht genau genug. Ein Lebewesen teilt seine Umwelt mit Hunderten anderer Arten. Für einen Kolibri, der in den Baumkronen des tropischen Regenwaldes seine Nahrung sucht und dort auch sein Nest baut, ist es bedeutungslos, ob auf dem Waldboden große Felsbrocken liegen oder nicht. Jede Art ist an eine recht begrenzte Gruppe von Eigenschaften der Umwelt angepasst. Bei manchen dieser Eigenschaften handelt es sich um allgemeine (vorwiegend klimatische) Bedingungen, in anderen Fällen aber auch um ganz bestimmte Ressourcen (Nahrung, Behausung und so weiter). Diese spezifische Auswahl von Umweltmerkmalen bietet einer Spezies ihre *Nische*, das heißt ihre notwendigen Lebensbedingungen. Man kann eine Nische auf zweierlei Weise definieren. Nach der klassischen Sichtweise besteht die Natur aus Tausenden oder Millionen potenzieller Nischen, die von den verschiedenen, an sie angepassten Arten besetzt werden. Dieser Interpretation zufolge ist die Nische eine Eigenschaft der Umwelt. Manche Ökologen sehen darin aber auch eine Eigenschaft der Spezies, von der sie besetzt ist. Dann ist die Nische eine nach außen gerichtete Projektion der Bedürfnisse einer Spezies.

Kann man feststellen, welche der beiden Vorstellungen von einer Nische besser begründet ist? Bei der Entscheidung kann das folgende Beispiel vielleicht helfen. Auf den großen Sundainseln Borneo und Sumatra, die westlich der Wallace-Linie liegen, leben jeweils ungefähr 28 Arten von Spechten. In Neuguinea dagegen, das sich östlich der Wallace-Linie befindet, gibt es keinen einzigen Specht, obwohl der Regenwald dort dem der Sundainseln bemerkenswert stark ähnelt und obwohl viele seiner beherrschenden Bäume sogar zu denselben Gattungen gehören. Heißt das, dass es in Neuguinea keine Nische für Spechte gibt? Das ist offensichtlich nicht der Fall! Untersucht man die Nischen der malaiischen Spechte genauer, so stellt sich heraus, dass in Neuguinea vielfach ganz analoge Konstellationen von Umweltfaktoren anzutreffen sind. Die Behauptung, es gebe in Neuguinea keine Nische für Spechte, wäre also völlig irreführend. In Wirklichkeit schreien die offenen Nischen dort geradezu nach den Vögeln, aber Spechte sind bekanntermaßen schlecht in der Lage, Gewässer zu überwinden, und es ist ihnen bisher einfach nicht gelungen, über die ausgedehnten Wasserflächen von Sulawesi nach Neuguinea zu gelangen. Und von den in Neuguinea heimischen Vogelfamilien hat keine einen »Spechtzweig« hervorgebracht. Auch viele andere Indizien sprechen dafür, dass die klassische Definition der Nische als Eigenschaft der Umwelt gegenüber der Alternative, sie als Merkmal eines Lebewesens zu betrachten, vorzuziehen ist. In der Biogeografie weiß man sehr genau, dass jede Spezies, die ein neues Gebiet besiedelt, sich dort an die voraussichtlichen Nischen anpassen muss. Auch das Wort »Umwelt« wird häufig mit zwei sehr unterschiedlichen Bedeutungen gebraucht: einerseits für die gesamte Umgebung einer Spezies oder Lebensgemeinschaft, andererseits für die spezifischen Faktoren in einer Nische.

Ebenen der Anpassung

Es ist nützlich, zwischen verschiedenen Ebenen der Anpassung zu unterscheiden – Anpassung an breite Umweltzonen und Anpassung an artspezifische Nischen. Auf diesen Ebenen ist die Anpassung hierarchisch organisiert, sodass eine Spezialisierung auf sehr spezifische Nischen möglich wird. Bei den Vögeln beispielsweise kennen wir Spechte, Baumläufer, Raubvögel (tag- und nachtaktive Arten), Watvögel (mit einem breiten Größenspektrum), Schwimmvögel, Tauchvögel, Laufvögel (Strauß, Erdkuckuck), Fischfresser, Aasfresser, Körnerfresser und Nektarfresser. Sie alle besitzen besondere Anpassungen von Schnabel, Zunge, Beinen, Klauen, Sinnes- und Verdauungsorganen, anderen Körperteilen und Verhaltensweisen, und in ihrer Mehrzahl haben diese Anpassungen mit der Ernährungsweise oder der Art der Fortbewegung zu tun. Dabei handelt es sich immer um Anpassungen an die Nischen, die von den verschiedenen Vogelarten besetzt sind. Alle passen aber auch zu den Anforderungen der jeweiligen Anpassungszone, in der die Vögel leben, nämlich zum Luftraum. Von den Reptilien, ihren Vorfahren, unterscheiden sie sich durch zahlreiche Anpassungen, die dem Fliegen dienen. Sie haben Federn und Flügel, das Gewicht wurde durch den Verlust von Zähnen und Schwanzwirbeln vermindert, die Knochen sind hohl und dünnwandig. Außerdem sind Vögel endotherm und auch durch zahlreiche physiologische Eigenschaften an das Fliegen angepasst.

Allgemeine und spezielle Anpassungen

Untersucht man die Lebensweise einer Gruppe von Lebewesen, so fallen immer sofort sehr spezifische Anpassungen auf, die genau diese Lebensweise möglich machen. Solche Anpassungen sind in allen Tierbüchern beschrieben. Vögel beispielsweise haben Flügel und Federn, die schweren Zähne sind verloren gegangen, die Knochen sind hohl, der Schwanz mit seinen Knochen ist nicht mehr vorhanden, die Tiere sind wechselwarm und besitzen physiologische Anpassungen an das Fliegen. Wie aber schon Darwin deutlich machte, haben Vögel auch eine zweite Gruppe von Merkmalen, die sie von ihren Vorfahren geerbt haben und mit anderen Wirbeltieren teilen. Dabei handelt es sich nicht um spezielle Anpassungen an das Fliegen, sondern um Aspekte ihres Bauplanes als Wirbeltiere. Die Gene für diesen Teil des Vogel-Phänotyps sind Bestandteile des grundlegenden, von den Vorfahren übernommenen Entwicklungsapparates; sie dienen in ihrer Gesamtheit der Anpassung, lassen sich aber nicht in einzelne Merkmale zerlegen.

Während der Embryonalentwicklung werden die Grundmerkmale des Körperbauplanes angelegt, bevor sich die speziellen Anpassungen an die einzelnen Nischen entwickeln. Das ist in allen Fällen die Erklärung für die so genannte Rekapitulation (man denke nur an den uralten Lehrsatz: »Die Ontogenie ist eine Wiederholung der Phylogenie«), beispielsweise für die Entwicklung von Zähnen bei Walembryonen oder von Kiemenbögen bei landlebenden Wirbeltieren. Ein Lebewesen als Ganzes muss gut angepasst sein, aber es muss auch jederzeit die Fähigkeit besitzen, mit seinem ererbten Genom zurechtzukommen. Nicht alle Teile eines Organismus sind kurzfristige Anpassungen an die gegenwärtige Lebensweise. Diese kurzfristigen Anpassungen überlagern den Grundbauplan des Körpers. Nichts macht dieses Prinzip besser deutlich als die Tatsache, dass man im Meer häufig Vertreter von 15 bis 20 Tierstämmen findet, die in dem gleichen Gebiet friedlich nebeneinander existieren. Die gewaltigen Unterschiede in ihren Bauplänen sind kein Hindernis für eine ausgezeichnete Anpassung an ihre Umwelt.

Das adaptationistische Programm: Können wir die Angepasstheit beweisen?

Wie kann man beweisen, dass bestimmte Individuen mit ihren Körperteilen und Verhaltensweisen tatsächlich gut angepasst sind? Das ist eine stichhaltige und sogar äußerst wichtige Frage. Beantworten kann man sie vor allem durch die ständig wiederholte, strenge Überprüfung der angeblich angepassten Eigenschaften eines Organismus. Dies ist das so genannte adaptationistische Programm, das im Folgenden umrissen wird (Gould und Lewontin, 1979). Eine Widerlegung von Goulds und Lewontins Kritik am adaptionistischen Programm findet sich bei Mayr (1983), Brandon (1995) und West-Eberhard (1992).

Bei einer solchen adaptationistischen Analyse ist es von besonderer Bedeutung, dass man die zahlreichen Einschränkungen berücksichtigt (Mayr 1983), die in der Regel verhindern, dass ein Bestandteil des Phänotyps einen optimal angepassten Zustand erreicht. Es gilt, stets daran zu denken, dass das gesamte Individuum das Ziel der Selektion ist und dass zwischen dem Selektionsdruck auf verschiedene Aspekte des Phänotyps eine Wechselbeziehung besteht. Deutlich zeigt sich dies bei *Archaeopteryx*: Er erwarb zunächst die Anpassungen, die zum Fliegen unmittelbar erforderlich sind – Federn, Flügel, verbesserte Augen, größeres Gehirn –, war aber noch nicht vollständig an die neue Lebensweise angepasst, denn er besaß noch einige weniger wichtige Merkmale der Reptilien (Zähne, Schwanz).

Theoretisch gibt es zwei Wege, auf denen man die Angepasstheit eines Merkmals beweisen kann. Erstens kann man zu zeigen versuchen, dass ein Merkmal wahrscheinlich nicht durch Zufall entstanden ist. Dies erfolgreich zu belegen, ist allerdings sehr schwierig. Und zweitens kann man überprüfen, welche verschiedenen Vorteile das angepasste Merkmal verschafft; seine Angepasstheit gilt dann als bestätigt, wenn alle Versuche, diese Vorteile zu entkräften, erfolglos bleiben. Dabei muss man die Angepasstheit des jeweils betrachteten einzelnen Phänotypmerkmals untersuchen.

Man kann für fast jedes Merkmal eines Lebewesens einen Selektionsvorteil nachweisen, und das ist auch geschehen. Experimentell untersucht wurden unter anderem der Industriemelanismus, das Streifenmuster von Schnecken, Mimikry, Aspekte des Geschlechtsdimorphismus und eine Fülle weiterer Fälle, über die in der Literatur berichtet wird (Endler 1986). Dagegen lässt sich praktisch nie beweisen, dass eine Eigenschaft eines Lebewesens für die Selektion *nicht* von Bedeutung ist. Deshalb ist man gezwungen, die zweite Methode anzuwenden und nur dann auf die Erklärung mit dem Zufall zurückzugreifen, wenn alle Versuche, den Selektionswert eines Merkmals nachzuweisen, fehlgeschlagen sind.

Angepasstheit wird allmählich erworben

Neue Anpassungen werden in der Regel ganz allmählich erworben. Der 145 Millionen Jahre alte fossile Vogel *Archaeopteryx* ist ein fast vollkommener Beleg für die Zwischenform zwischen Reptilien und Vögeln. Er hatte noch Zähne, einen langen Schwanz, einfache Rippen sowie die getrennten Darmbein- und Sitzbeinknochen der Reptilien, aber auch die Federn, Flügel und Augen sowie das Gehirn der Vögel. Einen ähnlichen Zwischenzustand stellen auch die fossilen Vorfahren der Wale mit ihrer Anpassung an zwei verschiedene Lebensräume dar. Darwin staunte darüber, dass eine so großartige Struktur wie das Auge durch natürliche Selektion entstanden sein kann, aber durch die Untersuchungen der vergleichenden Anatomie wissen wir heute nicht nur, dass Augen sich im Tierreich mindestens vierzigmal unabhängig voneinander entwickelt haben, sondern man findet unter den heutigen lichtempfindlichen Organen auch jede Zwischenstufe vom einfachen, auf Licht ansprechenden Fleck der Epidermis bis zum hoch entwickelten Auge mit allen Hilfsstrukturen. Bei allen Lebensformen mit Augen kommt das gleiche Regulationsgen (*Pax 6*) vor, das aber auch bei Gruppen ohne Augen weit verbreitet ist. Offensichtlich ist es ein sehr altes Gen, das immer dann, wenn die Selektion Augen begünstigte, zu ihrer Entwicklung herangezogen wurde.

Konvergenz

Freie ökologische Nischen oder Zonen werden häufig mehrfach von Lebewesen besiedelt, die miteinander überhaupt nicht verwandt sind, sich aber im Laufe der Anpassung an diese Nischen durch Konvergenz sehr ähnlich geworden sind. Das bekannteste Beispiel sind die Beuteltiere Australiens, die zu den Säugetieren gehören; da keine Plazenta-Säugetiere in Australien vorhanden waren, entwickelten sie Anpassungstypen, die denen der Plazentatiere auf der nördlichen Halbkugel entsprechen (und diesen bemerkenswert ähnlich sind), wie Flughörnchen, Maulwurf, Maus, Wolf, Dachs und Ameisenesser. Ganz ähnliche, aber nicht miteinander verwandte nektarfressende Vögel haben sich in Australien (Honigesser), Afrika und Indien (Nektarvögel), Hawaii (Kleidervögel) und Amerika (Kolibris) entwickelt (siehe Abb. 10.4). Ratiten, flugunfähige Vögel mit zurückgebildeten Flügeln, gibt es in Südamerika, Afrika, Madagaskar, Australien und Neuseeland; und die Baumläufer sind in Australien, auf den Philippinen, in Afrika, der Holarktis und Südamerika verbreitet. Die überhaupt nicht verwandten amerikanischen und afrikanischen Stachelschweine ähneln sich so stark, dass man sie bis vor kurzem für enge Verwandte hielt. Ähnliche Fälle von Konvergenz findet man in fast allen Tiergruppen und sogar bei Pflanzen (z. B. bei amerikanischen Kakteen und afrikanischen Euphorbiaceen, siehe Abb. 10.5). Selbst Tiere, die nur sehr entfernt untereinander verwandt sind, wie die Haie (Fische), Ichthyosaurier (Reptilien) und Delfine (Säugetiere), sehen sich, oberflächlich betrachtet, sehr ähnlich.

Dass Angepasstheit ein allgemeines Prinzip ist, zeigt sich auch an Pflanzen, Pilzen, Protisten und Bakterien. Die Lebensformen verfügen über eine erstaunliche Fähigkeit, sich zu verändern, auf die natürliche Selektion anzusprechen und ökologische Gelegenheiten zu nutzen.

Zusammenfassung

Bei Lebewesen, die sich sexuell fortpflanzen, besteht die Evolution aus genetischen Veränderungen, die sich von Generation zu Generation in den Populationen abspielen. Dies gilt für die kleinste örtliche Lebensgemeinschaft ebenso wie für die Gesamtheit aller Populationen einer biologischen Art, die sich untereinander kreuzen. Zu den genetischen Veränderungen tragen zahlreiche Vorgänge bei, insbesondere die Mutationen. Sie sorgen für die Variationsbreite des Phänotyps, die für die Selektion notwendig ist. Der wichtigste Faktor ist die Rekombination: Sie ist im Wesentlichen der Grund, dass in jeder Generation ein praktisch unerschöpflicher Vorrat neuer Genotypen zur Verfügung steht. Die Selektion sorgt dann dafür, dass alle bis auf durchschnittlich zwei Nachkommen eines Elternpaares beseitigt werden. Dabei haben Individuen, die am besten an ihre unbelebte und belebte Umwelt angepasst sind, die größte Chance, zu den Überlebenden zu gehören. Dieser Vorgang begünstigt die Entwicklung neuer Anpassungen und die Entstehung entwicklungsgeschichtlicher Neuerungen; oder, in der Sprache der Evolutionsbiologie formuliert: Er führt zum evolutionären Fortschritt. Die Evolution, insgesamt der Wandel von Populationen, ist in der Regel ein allmählicher Vorgang; eine Ausnahme bilden nur gewisse Vorgänge in den Chromosomen, die in einem einzigen Schritt zur Entstehung eines Individuums einer neuen Spezies führen können.

Das genetische Material (die Nucleinsäuren) ist unveränderlich und unempfindlich gegen Einflüsse aus der Umwelt. Von Proteinen kann keine genetische Information auf Nucleinsäuren übergehen, und deshalb ist die Vererbung erworbener Eigenschaften unmöglich. Damit sind alle lamarckistischen Evolutionstheorien endgültig widerlegt. Das darwinistische Evolutionsmodell, das sich auf zufällige Variation und natürliche Selektion stützt, erklärt zufrieden stellend alle Phänomene des entwicklungsgeschichtlichen Wandels auf der Ebene der biologischen Arten und insbesondere alle Anpassungen.

TEIL III
Ursprung und Evolution der biologischen Vielfalt: Kladogenese

Kapitel 8

DIE EINHEITEN DER BIOLOGISCHEN VIELFALT: ARTEN

Die ersten abendländischen Naturforscher hatten keinerlei Vorstellung von der überwältigenden Formenvielfalt des Lebens auf der Erde. Sie kannten nur die ins Auge fallenden Tiere und Pflanzen ihrer unmittelbaren Umgebung. Seit dem Ende des Mittelalters trat hier ein schneller Wandel ein. Die Entdeckungsreisen des 16. bis 19. Jahrhunderts machten deutlich, dass jeder Kontinent seine eigene, einheimische Tier- und Pflanzenwelt besitzt und dass es auch je nach der geografischen Breite große Unterschiede gibt: Die Natur sieht in den Tropen ganz anders aus als in den gemäßigten und arktischen Regionen. Die Meeresforschung zeigte, dass auch die Ozeane von ihrer Oberfläche bis in die letzten Tiefen eine reichhaltige Lebenswelt beherbergen, und das Mikroskop enthüllte die riesige Vielfalt der Plankton- und Boden-Eukaryonten, der kleinen Gliederfüßer, Algen, Pilze und Bakterien. Und damit waren die Entdeckungen noch nicht zu Ende. Die Paläontologie steuerte wiederum eine ganz neue Dimension bei, das Leben früherer erdgeschichtlicher Epochen.

Hier ist nicht der Ort, einen Überblick über die ungeheure Leistung der biologischen Systematik zu geben, die fast vier Millionen Arten von Lebewesen beschrieben und klassifiziert hat (während eine unbekannte Zahl zwischen fünf und 20 Millionen Arten noch nicht beschrieben ist). Stattdessen möchte ich mich darauf konzentrieren, diese atemberaubende Vielfalt unter den Gesichtspunkten der Evolution zu erklären.

Wie viele Arten von Lebewesen gibt es?

Außerhalb der Fachwelt ist kaum jemandem klar, wie schwierig diese Frage zu beantworten ist. Zunächst einmal sind die Agamospezies der Lebewesen, die sich ungeschlechtlich fortpflanzen – insbesondere der Prokaryonten – etwas völlig anderes als die biologischen Arten oder Spezies in den Taxa mit sexueller Fortpflanzung. Und was noch wichtiger ist: Die Mehrzahl der Taxa ist nur unvollständig erforscht. Nicht selten stellt man bei genauerer Untersuchung einer tropischen Insekten- oder Spinnengattung fest, dass 80 Prozent der dabei entdeckten Arten in der Wissenschaft noch nicht bekannt waren. Das Gleiche gilt für Fadenwürmer, Milben und zahlreiche weniger bekannte Gruppen. Carl Linnaeus kannte 1758 rund 9000 Pflanzen- und Tierarten. Bis heute wurden 1,8 Millionen Tierarten beschrieben (wobei Agamospezies nicht mitgezählt sind), und die Gesamtzahl der Arten wird auf mindestens fünf bis zehn Millionen geschätzt. Die meisten von ihnen leben in den Baumkronen der tropischen Regenwälder, und da jedes Jahr ungefähr ein bis zwei Prozent dieser Wälder zerstört werden, wird ihre Zahl in naher Zukunft beträchtlich sinken.

Die von Robert May vorgeschlagenen Zahlen (Tabelle 8.1) sind sehr vorsichtig geschätzt. Ihre Grundlage ist der Begriff der biologischen Art (oder Spezies). Wendet man stattdessen einen typologischen (einschließlich des phylogenetischen) Artbegriff an (siehe unten), kann man diese Zahlen mehr als verdoppeln. Mays Zahlen sind auch deshalb so niedrig, weil sie keine Geschwisterarten ein-

Tabelle 8.1 Zahl beschriebener lebender Arten (in Tausend)

Reiche		*Ausgewählte Stämme und Klassen*	
Protozoa	100	Wirbeltiere	50
Algen	300	Fadenwürmer	500
Pflanzen	320	Weichtiere	120
Pilze	500	Gliederfüßer	4650
Tiere	5570	(Krebstiere	150)
	6790	(Spinnen	500)
		(Insekten	4000)

Quelle: aus May (1990).

Tabelle 8.2 Artenzahlen in wichtigen Wirbeltierklassen

Knochenfische	27 000
Amphibien	4000
Reptilien	7150
Vögel	9800
Säugetiere	4800

beziehen. Eine Zahlenangabe von 5,57 Millionen lebender Tierarten ist sicher zu niedrig, aber ebenso sicher sind andere Schätzungen, die bis zu 30 Millionen reichen, zu hoch. Ihren größten Wert haben solche Zahlen für Vergleichszwecke. So gliedern sich beispielsweise die landlebenden, warmblütigen Säugetiere in noch nicht einmal halb so viele Arten (4800) wie die warmblütigen, flugfähigen Vögel (9800 Arten; Tabelle 8.2).

Säugetiere und Vögel sind die am besten untersuchten Gruppen, aber selbst bei den Vögeln werden noch jedes Jahr ungefähr drei neue Arten beschrieben, und bei den Säugetieren stieß man nicht nur auf neue Fledermäuse und Nagetiere, sondern in Vietnam wurden erst kürzlich auch Aufsehen erregende große Arten neu entdeckt. Die Angabe von 9800 Vogelarten stützt sich auf eine großzügige Auslegung polytypischer Arten, bei der Populationen, die in Randgebieten isoliert sind, meist als Unterarten gezählt werden (ein Beispiel zeigt Abbildung 8.1). Würde man einen großen Teil dieser Formen als getrennte Arten klassifizieren, käme man bei den Vögeln auf 12 000 Arten. Die bei weitem größte Tiergruppe jedoch sind die Käfer. Für viele dieser Tierfamilien, ja selbst für manche Ordnungen und Klassen gibt es derzeit auf der Welt keinen einzigen Spezialisten. Man fürchtet, dass die Beschreibung der bisher unbekannten Arten von Lebewesen in Zukunft viel langsamer voranschreiten wird als in der Vergangenheit. Eine zusammenfassende Darstellung dieses Problems findet sich bei May (1990).

Lange Zeit mussten sich die Naturforscher mit einem rätselhaften Widerspruch auseinander setzen. Einerseits verläuft der Wandel der Populationen einer Art zeitlich und räumlich überall sehr stetig und ununterbrochen, andererseits bestehen aber Lücken zwischen allen Arten und höheren systematischen Gruppen. Nichts machte den Paläontologen mehr zu schaffen als die Lücken zwischen den Fossilfunden. Das ist der Grund, warum viele von ihnen sich nachdrücklich für eine Theorie der sprunghaften Evolution aussprachen. Heute wissen wir aber, dass solche Sprünge nicht stattfinden, und deshalb müssen wir fragen: Woher kommen die Lücken zwischen den biologischen Arten?

Artbegriffe und Artengruppen

Natürlich kann man sich nicht mit den Lücken zwischen den Arten und ihren Ursachen beschäftigen, ohne dass man zuvor weiß, was Arten eigentlich sind. In dieser Frage Einigkeit herzustellen, fiel den Naturforschern aber entsetzlich schwer. In der Literatur ist das Thema als »Artproblem« bekannt. Auch heute besteht, was die Definition der biologischen Art oder Spezies angeht, keine einhellige Meinung. Für die unterschiedlichen Auffassungen gibt es verschiedene Gründe, von denen zwei besonders wichtig sind. Erstens wird der Begriff »Spezies« auf zwei sehr unterschiedliche Dinge angewandt: einerseits auf die Art als Begriff, andererseits auf die Art als systematische Gruppe bzw. Taxon. Der Artbegriff bezieht sich auf die Bedeutung der Arten in der Natur und ihre Funktion im biologischen Haushalt. Das Taxon der Art ist ein zoologisches Gebilde, eine Ansammlung von Populationen, die gemeinsam der Definition des Artbegriffs entsprechen. So besteht das Taxon *Homo sapiens* aus zahlreichen geografisch weit verteilten Populationen, die sich gemeinsam unter einem bestimmten Artbegriff einordnen lassen (siehe unten). Die zweite Ursache des »Artproblems« ist darin zu suchen, dass die meisten Naturforscher während der letzten 100 Jahre von einem typologischen zu einem biologischen Artbegriff umgeschwenkt sind.

Bestehen zwischen einzelnen Populationen im geografischen Verbreitungsgebiet einer Art nur geringe Unterschiede, die keine systematische Abgrenzung rechtfertigen, bezeichnet man die Spezies als monotypisch. Sehr oft jedoch sind geografisch getrennte Untergruppen einer Art so verschieden, dass man sie als Unterarten bezeichnen kann. Eine Art, die aus mehreren Unterarten besteht, nennt man polytypisch (Abb. 8.1).

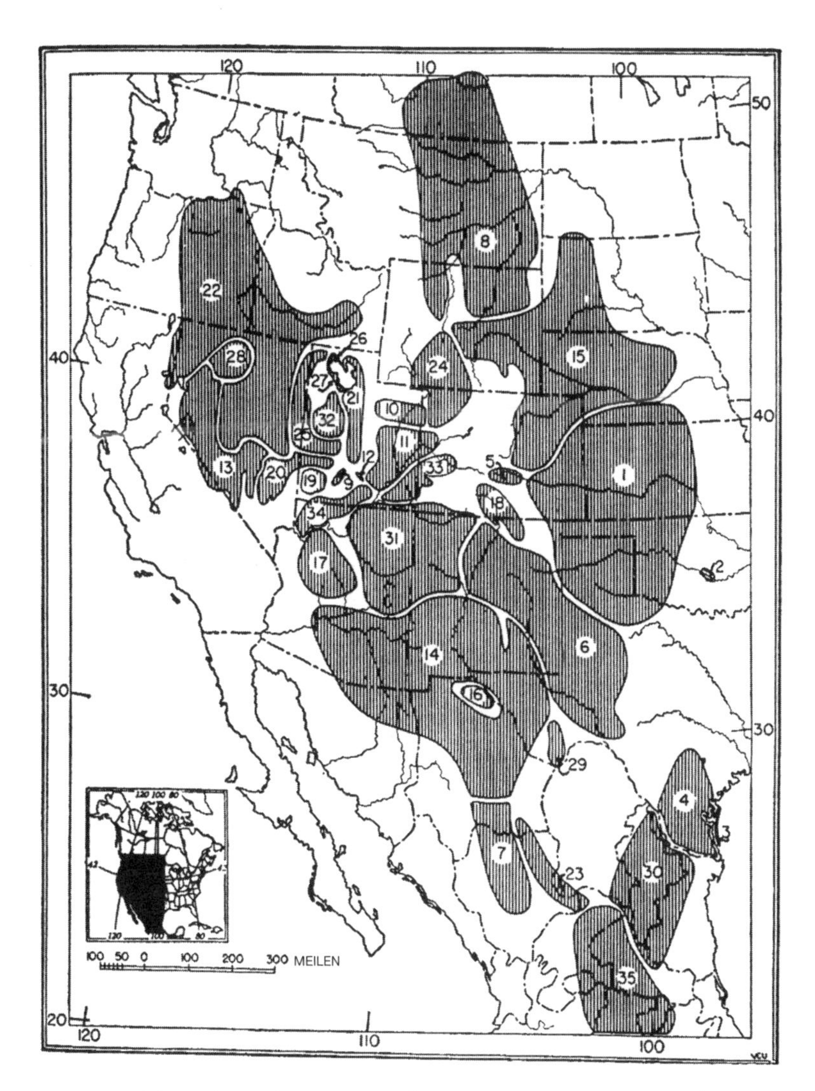

Abb. 8.1 Polytypische Arten. Die Verbreitung von 35 Unterarten der Känguruhratte *Dipodomys ordii* Woodhouse. Die Zahlen bezeichnen die Verbreitungsgebiete der einzelnen Unterarten. *Quelle*: Mayr 1975.

Artbegriffe

Herkömmlicherweise wurde eine Gruppe natürlicher Objekte, ob belebt oder unbelebt, als Art bezeichnet, wenn sie sich von einer anderen, ähnlichen Klasse ausreichend stark unterschied. Eine solche Spezies hat eine Reihe besonderer Eigenschaften, an denen man sie von anderen Arten unterscheiden kann – in der Philosophie sprach man von »natürlichen Typen« (*natural kinds*). Diese Definition, nach der die Art als gut abgegrenzte Klasse gilt, nennt man *typologischen Artbegriff*. Danach ist die Spezies ein unveränderlicher Typus, der von anderen Typen durch eine unüberbrückbare Kluft getrennt ist. In der Regel kann man Lebewesen, die man an einem Ort vorfindet, ohne große Schwierigkeiten in verschiedene Arten einteilen, solange diese sich irgendwann sexuell fortpflanzen. Die dabei festgestellten Bedingungen bezeichnet man als »undimensionale Situation«. Solche Arten existieren zur gleichen Zeit am gleichen Ort nebeneinander und sind gewöhnlich durch einen gut definierten Unterschied getrennt.

Ende des 19. und Anfang des 20. Jahrhunderts wurde in der Biologie immer stärker deutlich, dass die Arten der Lebewesen keine Typen oder Klassen sind, sondern Populationen oder Gruppen von Populationen (siehe Kapitel 5). Außerdem stellte sich heraus, dass das Grundprinzip hinter dem typologischen Artbegriff – »die Stellung als Art wird durch das Ausmaß der phänotypischen Unterschiede bestimmt« – auf praktische Schwierigkeiten stieß. So fand man beispielsweise in der Natur immer häufiger *sympatrische* Populationen, die sich untereinander nicht kreuzten, obwohl keine systematischen Unterschiede zu erkennen waren. So etwas passte überhaupt nicht zu der typologischen Artdefinition. Heute spricht man in solchen Fällen von *kryptischen Arten* oder *Geschwisterarten*. Was Genetik, Verhalten und ökologische Stellung angeht, unterscheiden sie sich ebenso stark wie phänotypisch gekennzeichnete Arten, die traditionellen, taxonomischen Unterschiede sind aber nicht vorhanden. Geschwisterarten gibt es auch bei Pflanzen (Grant 1981) und Protisten.

Geschwisterarten

Arten, die nebeneinander existieren und sich nicht in erkennbaren taxonomischen Merkmalen unterscheiden, gibt es bemerkenswert häufig. Die unterschiedliche Verbreitung der Malaria in Europa erschien rätselhaft, bis man entdeckte, dass die Malariamücke *Anopheles maculipennis* in Wirklichkeit ein Konglomerat aus sechs Geschwisterarten ist, von denen einige den Malariaparasiten nicht übertragen. Der berühmte Protistenfachmann T. M. Sonneborn arbeitete über 40 Jahre mit dem Ciliaten *Paramecium aurelia* und seinen Varianten, bevor er erkannte, dass es sich um 14 Geschwisterarten handelte. Fast die Hälfte der nordamerikanischen Grillenarten sind einander so ähnlich, dass man sie nur auf Grund ihrer unterschiedlichen Gesänge gegeneinander abgrenzen konnte. Für die meisten Tierstämme und -klassen weiß man bisher kaum etwas darüber, wie häufig Geschwisterarten vorkommen (siehe Kasten 8.1).

Ebenso stark wurde die typologische Systematik durch die Entdeckung erschüttert, dass es auch gewissermaßen die umgekehrte Situation gibt: In vielen Arten fand man Individuen, die sich von anderen Mitgliedern ihrer Population erstaunlich stark unterschieden und sich dennoch gemeinsam mit diesen erfolgreich fortpflanzen konnten. Ein Beispiel ist der Komplex aus Blaugans und Schneegans; viele weitere sind aufgeführt bei Mayr 1963, 150–158. Beide Befunde ließen sich mit der typologischen Artdefinition nicht vereinbaren.

Schließlich gelangte man in der biologischen Systematik zu der Erkenntnis, dass man einen neuen Artbegriff entwickeln musste, der sich nicht auf das Ausmaß der Unterschiede stützte, sondern auf ein anderes Kriterium. Dieser neue Begriff basierte auf zwei Beobachtungen: Erstens bestehen Arten aus Populationen, und zweitens gehören Populationen zu derselben Art, wenn sie sich untereinander erfolgreich kreuzen können. Diese Überlegungen führten zum so genannten *biologischen Artbegriff (biological species concept* oder *BSC): »Eine Art ist eine Gruppe natürlicher Populationen, die sich untereinander kreuzen können und von anderen Gruppen reproduktiv isoliert sind.«* Mit anderen Worten: Eine Art ist eine Fortpflanzungsgemeinschaft. Ihre reproduktive Isolation wird durch *Isolationsmechanismen* ermöglicht, das

Kasten 8.1 Geschwisterarten
Als Geschwisterarten bezeichnet man Arten, die reproduktiv voneinander isoliert sind: Sie leben vielfach sympatrisch nebeneinander, ohne sich zu kreuzen. Anhand traditioneller taxonomischer Merkmale sind sie kaum oder überhaupt nicht zu unterscheiden. Geschwisterarten kommen in den höheren Taxa bemerkenswert häufig vor.

heißt durch Eigenschaften von Individuen, die eine Kreuzung mit Individuen einer anderen Art verhindern (oder erfolglos machen).

Gibt es andere Artbegriffe und -definitionen?

In den letzten 50 Jahren wurden etwa sechs oder sieben weitere so genannte Artbegriffe formuliert (Wheeler und Meier 2000). Haben diese neuen Artbegriffe ihre Berechtigung? Mein zusammenfassendes Urteil lautet: nein. Kein Urheber der neuen Formulierungen hat den Unterschied zwischen dem *Begriff* und dem Taxon der Art verstanden. Es wurden nicht neue Begriffe vorgeschlagen, sondern neue, praktische Kriterien zur Abgrenzung der Arten als Taxa bzw. systematische Gruppen (siehe Kasten 8.2).

Ein Artbegriff gibt an, welche Rolle die Art in der Welt des Lebendigen spielt. Bisher wurden dafür nur zwei Kriteriensysteme vorgeschlagen: Eine Art ist entweder ein Typus, ein andersartiges Gebilde, und ihre Definition legt die Kriterien fest, durch die sie von anderen Arten abgegrenzt wird (typologischer Artbegriff), oder die Art wird als Fortpflanzungsgemeinschaft betrachtet (biologischer Artbegriff). Was die Auswahl der Kriterien angeht, mit denen man eine Art im Rahmen eines Artbegriffes abgrenzt, besteht ein gewisser Spielraum. In der Definition von Willi Hennig wurde der biologische Artbegriff an die Bedürfnisse der kladistischen Einteilung angepasst, sodass er die Abgrenzung geeigneter *Kladen* erlaubt. Der »Erkennungsbegriff« von Hugh Paterson ist schlicht eine andere Formulierung des biologischen Artbegriffs. G. G. Simpsons so genannter evolutionärer Artbegriff enthält undefinierbare Kriterien und ist in der Praxis nutzlos. Und die verschiedenen »phylogenetischen Artbegriffe« sind schlicht typolo-

Kasten 8.2 Die drei Bedeutungen des Begriffs »Art« (Spezies)

Das Wort »Spezies« wird leider in unterschiedlichen Bedeutungen gebraucht. Werden diese nicht deutlich unterschieden, ist große Verwirrung die Folge. Besonders wichtig ist, dass man drei Bedeutungen gegeneinander abgrenzt (Bock 1995):

Der Artbegriff. Ich habe dargelegt, wie der typologische Artbegriff, der in der klassischen Taxonomie vorherrschte, gegen Ende des 19. und Anfang des 20. Jahrhunderts allmählich durch den biologischen Artbegriff ergänzt (und weitgehend verdrängt) wurde. Die Philosophen sahen in den typologischen Arten natürliche Formen (*natural kinds*). Dieser typologische Begriff steht aber im Widerspruch zu der Tatsache, dass Arten Populationen sind und ein Evolutionspotenzial in sich tragen. Wenn Zweifel bestehen, ob man eine Population als Art einstufen soll, kann man den Maßstab des biologischen Artbegriffs wählen – die Verträglichkeit bei der Fortpflanzung. Hat man es mit sympatrischen Populationen zu tun, ist in der Regel eine eindeutige Entscheidung möglich. Bei allopatrischen Populationen dagegen kann man nur vermuten, ob sie das Ausmaß an Unverträglichkeit zeigen, das man bei sympatrischen Arten findet. Solche Vermutungen sind zwangsläufig ein wenig willkürlich. Nur zwei Artbegriffe, der biologische und der typologische, sind allgemein gebräuchlich.

Die Art als Taxon. Untersucht man das geografische Verbreitungsgebiet einer Art, so findet man meist zahlreiche lokale Populationen, die sich mehr oder weniger stark voneinander unterscheiden. Eine solche Gruppe von Populationen ist die systematische Einheit (das Taxon) der Art, die durch den biologischen Artbegriff definiert ist. Die systematische Einheit der Art (die Art als Taxon) hat immer mehrere Dimensionen, der Artbegriff dagegen ist nicht dimensional. Arten, die als systematische Einheit gut abgegrenzte Untergruppen (Unterarten) umfassen, bezeichnet man als polytypisch.

Die Art als Kategorie. Dies ist in der Linnaeusschen Hierarchie der Rang, auf dem man das Taxon der Art einordnet. Die durch Untersuchung ungeschlechtlicher Lebensformen abgegrenzten Agamospezies gelten in der Linnaeusschen Hierarchie ebenfalls als Arten, obwohl sie keine Populationen im Sinne des biologischen Artbegriffs bilden.

gische Vorschriften, wie man das Taxon der Art abgrenzen soll. Keiner dieser angeblich neuen Artbegriffe ist wirklich neu. Es handelt sich entweder um die Formulierung der beiden herkömmlichen Begriffe mit neuen Worten oder um Anweisungen, wie man das Taxon der Art abgrenzen soll.

Der biologische Artbegriff lässt sich nur auf Lebewesen anwenden, die sich sexuell fortpflanzen. Ungeschlechtliche Organismen ordnet man den Agamospezies zu (siehe unten). In den letzten Jahren wurden verschiedene andere Artbegriffe vorgeschlagen, aber keiner davon konnte an die Stelle des biologischen Artbegriffs treten.

Der Paläontologe G. G. Simpson war der Ansicht, in der Paläontologie sei ein eigener Artbegriff erforderlich, und deshalb formulierte er den Begriff der evolutionären Art. Seine Definition enthält aber mehrere Kriterien, die sich nicht eindeutig festlegen lassen. Außerdem ist sie keine Hilfe, wenn man die Art in einer stammesgeschichtlichen Abstammungslinie abgrenzen will. Der phylogenetische Artbegriff ist überhaupt kein Begriff, sondern eine typologische Anweisung, wie man die Art als systematische Gruppe in einem phylogenetischen Stammbaum abgrenzt. Ebenso ist der Begriff der Erkennungsart schlicht eine andere Formulierung des biologischen Artbegriffs.

Was Arten bedeuten

Als Darwinist möchte man immer wissen, warum sich die einzelnen Eigenschaften der Lebewesen in der Evolution entwickelt haben. Deshalb fragt man: »Warum gibt es Arten? Warum sind lebende Organismen, die sich sexuell fortpflanzen, zu Arten zusammengefasst? Warum besteht die Natur nicht einfach aus unabhängigen Individuen, die sich mit jedem anderen Individuum zusammen fortpflanzen können, sofern es ihnen einigermaßen ähnlich ist und sie mit ihm zusammentreffen?« Die Antwort auf solche Fragen liegt auf der Hand und wird besonders bei der Untersuchung von Hybriden aus zwei Arten deutlich. Solche Hybriden sind (insbesondere bei genetischen Rückkreuzungen) fast immer unterlegen und häufig sogar überhaupt nicht lebensfähig oder mehr oder weniger unfruchtbar. Besonders gilt das für Tiere.

Dies macht deutlich, dass Genotypen als genau ausbalancierte, harmonische Systeme sehr ähnlich sein müssen, damit eine Kreuzung gelingt. Ist das, wie meist bei der Kreuzung zweier Arten, nicht der Fall, stellen die gemischten Zygoten in der Regel unausgewogene, unharmonische Kombinationen elterlicher Gene dar, die mehr oder weniger lebensunfähige oder sterile Individuen hervorbringen.

Damit ist klar, warum es Arten geben muss. Die Isolationsmechanismen zwischen ihnen sind ein Hilfsmittel, das der Aufrechterhaltung ausgewogener, harmonischer Genotypen dient. Die Unterteilung von Individuen und Populationen in verschiedene Arten verhindert, dass solche ausbalancierten, erfolgreichen Genotypen zerstört werden, was bei der Kreuzung mit fremden, unverträglichen Genotypen geschehen würde; auf diese Weise wird auch die Entstehung unterlegener oder unfruchtbarer Hybriden unterbunden. Das ist der Grund, warum die Arten als abgegrenzte Gebilde von der natürlichen Selektion aufrechterhalten werden.

Isolationsmechanismen

Wie sehen die Isolationsmechanismen aus? Ihre Definition lautet: *Isolationsmechanismen sind biologische Eigenschaften einzelner Lebewesen, die eine Kreuzung von Populationen verschiedener, sympatrischer Arten verhindern.*

Aus dieser Definition geht eindeutig hervor, dass geografische Schranken oder andere ausschließlich äußere Trennungsursachen keine Isolationsmechanismen sind. Trennt ein Gebirge beispielsweise zwei Populationen, die sich untereinander kreuzen könnten, wenn sie sympatrisch wären, so handelt es sich nicht um einen Isolationsmechanismus. Außerdem sind Isolationsmechanismen insbesondere bei Pflanzen häufig »durchlässig«, das heißt, sie verhindern nicht gelegentliche »Fehler«, die zur Entstehung einer Hybriden führen. Eine solche seltene Hybridenbildung reicht aber nicht aus, damit es zur allgemeinen Kreuzung und Verschmelzung der beiden Artenpopulationen kommt.

Zur Einteilung der Isolationsmechanismen wurden verschiedene Methoden vorgeschlagen. Die von mir bevorzugte ordnet sie in der Reihenfolge an, in der diese Schranken von potenziellen Paarungspartnern überwunden werden müssen (Tabelle 8.3).

Die einzelnen Gruppen der Lebewesen haben unterschiedliche

Tabelle 8.3 Klassifikation der Isolationsmechanismen

1. Mechanismen, die vor der Paarung oder Zygotenbildung wirken und Paarungen zwischen den Arten verhindern.
   (a) Potenzielle Partner werden am Zusammentreffen gehindert (jahreszeitliche und umweltbedingte Isolation).
   (b) Verhaltensunverträglichkeiten verhindern die Paarung (ethologische Isolation).
   (c) Trotz Kopulationsversuch findet keine Samenübertragung statt (mechanische Isolation).

2. Mechanismen, die nach der Paarung oder Zygotenbildung wirken und den Erfolg der interspezifischen Kreuzung vermindern.
   (a) Samenübertragung findet statt, aber die Eizelle wird nicht befruchtet (Gametenunverträglichkeit).
   (b) Die Eizelle wird befruchtet, aber die Zygote stirbt ab (Zygotensterblichkeit).
   (c) Die Zygote entwickelt sich zu einer F1-Hybriden mit verminderter Lebensfähigkeit.
   (d) Die F1-Hybride ist in vollem Umfang lebensfähig, aber teilweise oder vollständig steril, oder es bringt eine fehlerhafte F2-Generation hervor.

Isolationsmechanismen. Säugetier- und Vogelarten zum Beispiel bleiben in der Regel vor allem durch gegenseitig unverträgliche Verhaltensweisen getrennt. Solche Arten mögen vollständig fruchtbar sein, sie paaren sich aber nicht – dies gilt zum Beispiel für viele Arten der Enten. Die Annahme, Unfruchtbarkeit sei der beherrschende Isolationsmechanismus, stimmt nicht. Sterilität ist offensichtlich bei Pflanzen von größerer Bedeutung als bei Tieren, denn bei Pflanzen ist die Befruchtung ein »passiver« Vorgang, das heißt, sie wird von Wind, Insekten, Vögeln oder anderen äußeren Einflüssen bewerkstelligt. Aus diesem Grund kommen Hybriden bei Pflanzen in der Regel häufiger vor als bei Tieren. Die gelegentliche Entstehung solcher Hybriden führt aber nur in seltenen Fällen zur vollständigen Verschmelzung der beiden Ausgangsarten. Allerdings kann die Hybridenbildung bei Pflanzen über die Allopolyploidie tatsächlich zur Entstehung neuer Arten führen (siehe Kapitel 9). Die Erforschung der genetischen Grundlagen für die verschiedenen Isolationsmechanismen steckt noch in den Anfängen. Die Zahl der Gene, die für reproduktive Isolation sorgen, reicht von eins – dem Verhältnis der Pheromone bei zwei Schmetterlingsarten – bis zu 14 oder mehr, die für die Unfruchtbarkeit männlicher Hybriden zwischen zwei eng verwandten Arten von *Drosophila* verantwortlich sind.

Hybridbildung

Hybridbildung wird traditionell als Kreuzung zwischen abgegrenzten Arten definiert. Eine Hybride oder ein Bastard ist dann das Produkt einer solchen Kreuzung. Der Genaustausch zwischen verschiedenen Populationen derselben Art, auch als Genfluss bezeichnet, kommt häufig vor, sollte aber nicht als Hybridbildung bezeichnet werden. Diese findet vielmehr dann statt, wenn die Isolationsmechanismen nicht hundertprozentig wirksam (»durchlässig«) sind. Erfolgreiche Hybridenbildung führt zur »Introgression«, der Übertragung von Genen einer Art in das Genom einer anderen. In manchen Populationen, insbesondere solchen mit starker Inzucht, kann dieser Vorgang eine Verbesserung der Fitness zur Folge haben.

Hybridenbildung kommt mit sehr unterschiedlicher Häufigkeit vor. Bei den meisten höheren Tieren ist sie selten, bei einzelnen Gattungen jedoch durchaus verbreitet. So findet man beispielsweise umfangreiche Hybridenbildung zwischen den sechs Arten der Grundfinken (*Geospiza*) auf den Galapagosinseln, und das offensichtlich, ohne dass dabei die Fitness abnimmt. Auch in manchen Pflanzenfamilien ist sie häufig. Aber trotz der vielfachen Introgression in solchen Familien kommt es durch Hybridenbildung anscheinend nur selten zur Verschmelzung zweier Arten und noch seltener zur Entstehung einer neuen Art. Bei Pflanzen kann die Verdoppelung der Chromosomenzahl eines sterilen Arthybrids zur Entstehung einer nahezu fruchtbaren allotetraploiden Art führen (siehe Abb. 5.2). In manchen Gruppen der Wirbeltiere (Reptilien, Amphibien und Fische) gehen Arthybriden auch zur Parthenogenese über und verhalten sich dann wie getrennte Arten. Die F1-Hybridengeneration zeigt bei manchen Kreuzungen zwischen zwei Arten eine gesteigerte Lebensfähigkeit (*hybrid vigor*), die aber in der F2- und späteren Generationen sowie bei Rückkreuzungen wieder verloren geht. Ganz allgemein entstehen Hybridenregionen, wenn zwei Populationen (»Arten«), die noch keine vollständig wirksamen Isolationsmechanismen erworben haben, sekundär wieder in Kontakt kommen.

Speziesspezifität

Obwohl jedes Individuum in einer Population einzigartig ist und obwohl sich jede lokale Population genetisch ein wenig von allen anderen unterscheidet, bedeutet diese Variabilität innerhalb einer biologischen Art nicht, dass ihre Angehörigen nicht gemeinsame, »speziesspezifische« Merkmale hätten. Solche Merkmale sind aber nicht unveränderlich wie eine Wesensform, sondern schwanken ebenfalls ständig, und – noch wichtiger – sie können sich in nachfolgenden Generationen weiterentwickeln. Die mit Abstand wichtigsten speziesspezifischen Eigenschaften sind die Isolationsmechanismen; andere können ökologischer Natur sein wie beispielsweise die Bevorzugung einer bestimmten Nische.

Trotz vieler lokaler Faktoren, welche die Auseinanderentwicklung begünstigen, sorgen mehrere Integrationsvorgänge für die Erhaltung jeder einzelnen Art. Am wichtigsten ist dabei der Genfluss (siehe Kapitel 5). Großen Einfluss hat aber auch die grundsätzlich konservative Natur des Genotyps. Der durchschnittliche Genotyp einer lokalen Population ist das Ergebnis der natürlichen Selektion über Hunderte oder Tausende von Vorgängergenerationen hinweg. Jeder Abweichung von diesem Optimum wirkt in der Regel die normalisierende Selektion entgegen.

Allerdings herrschen nicht überall im Verbreitungsgebiet einer Art die gleichen Selektionsfaktoren. So ändert sich beispielsweise mit der geografischen Breite auch die Temperatur, und die lokalen Populationen vieler Arten werden so selektioniert, dass sie sich am besten für die Temperaturverhältnisse der jeweiligen Region eignen. Dies führt bei solchen Arten zu abgestuften Merkmalen, die der klimatischen Abstufung entsprechen. Hier spricht man auch von einem *Merkmalsgradienten* oder *Klin*. Ein Klin betrifft immer eine bestimmte Eigenschaft. Solche Merkmalsgradienten beobachtet man häufig bei allen geografisch variablen Merkmalen einer Spezies.

Arten ungeschlechtlicher Lebewesen (Agamospezies)

Zu den biologischen Arten von Lebewesen, die sich sexuell fortpflanzen, gibt es bei ungeschlechtlichen Organismen keine Entsprechung. Fortpflanzungsgemeinschaften im Sinne biologischer Populationen existieren bei Prokaryonten nicht. Deshalb besteht in der Frage, wie viele »Arten« von Bakterien man abgrenzen soll, beträchtliche Unsicherheit. Außerdem tauschen auch ganz unterschiedliche Bakterien, so die Eubacteria und Archaebacteria, die manchmal verschiedenen Reichen der Lebewesen zugeordnet werden, bekanntermaßen sehr häufig Gene durch horizontalen Gentransfer aus. In solchen Fällen ist man gezwungen, auf die typologische Artdefinition zurückzugreifen und diese Arten, die so genannten Agamospezies, ausschließlich auf Grund ihrer Unterschiede gegeneinander abzugrenzen.

Ungeschlechtliche Fortpflanzung kommt aber auch bei Eukaryonten häufig vor. Jedes Individuum, das sich auf diese Weise vermehrt, gehört zu einem Klon genetisch identischer Organismen. Ereignet sich eine Mutation, wird sie zum Ausgangspunkt eines neuen Klons. Alle Klone sind Objekte der Selektion, und viele von ihnen werden durch die natürliche Selektion beseitigt, sodass zwischen den Gruppen erfolgreicher Klone eindeutige Lücken entstehen. Sind die Lücken zwischen solchen Klonen groß genug, spricht man von verschiedenen Arten. Die Artbildung bei Prokaryonten, die durch Mutation und das nachfolgende Aussterben der Klone mit Zwischenformen erfolgt, ist etwas völlig anderes als die Artbildung bei biologischen Arten. *Agamospezies* (ungeschlechtliche Abstammungslinien), die sich von anderen solchen Abstammungslinien nach allgemeiner Einschätzung ebenso stark unterscheiden wie die Taxa der biologischen Arten, werden in der Linnaeusschen Hierarchie als Arten angesehen.

Im nächsten Kapitel werde ich erläutern, wie neue Arten entstehen können, obwohl verschiedene Isolationsmechanismen für den Zusammenhalt der bestehenden Spezies sorgen.

Kapitel 9

ARTBILDUNG

In den Kapiteln 5 bis 7 wurden die Evolutionsprozesse erörtert, die in einer vorhandenen Population stattfinden. Hätte es mit ihnen sein Bewenden, würde die Zahl der biologischen Arten auf der Erde immer gleich bleiben, auch wenn die einzelnen Arten sich vielleicht weiterentwickeln. Gäbe es dann noch das Phänomen des Aussterbens, müsste man die Frage beantworten, woher die nachrückenden Arten stammen. Dieses Problems war sich bereits Lamarck bewusst; er löste es, indem er die ständige Entstehung neuer Arten durch Spontanzeugung postulierte. Bei diesen Arten sollte es sich um die einfachsten Lebewesen handeln, die er kannte, und sie sollten sich dann allmählich zu höheren Pflanzen und Tieren entwickeln. Wie wir heute wissen, kann eine solche spontane Entstehung neuer Lebensformen, die vor 3,8 Milliarden Jahren möglich war, auf Grund der derzeitigen Zusammensetzung der Erdatmosphäre nicht mehr stattfinden. Also müssen wir nach einer anderen Antwort suchen.

Artbildung

Dass ständig neue Arten entstehen, ist nicht zu bestreiten; deshalb müssen wir den Mechanismus aufklären, der eine solche Vermehrung möglich macht. Wir wollen wissen, wie die vielen Millionen heute existierenden Arten entstanden sind. Diese Vermehrung der Artenzahl ist etwas völlig anderes als die stammesgeschichtliche Evolution einzelner Arten in einer Reihe von Fossilien. Und das ist noch nicht alles: Es interessiert uns auch, wie und warum so unterschiedliche Lebensformen entstanden sind, von Bakterien und Pilzen bis zu Mammutbäumen, Kolibris, Walen und Menschenaffen. Kurz gesagt: Wir wollen die Evolution der atemberaubenden Lebensvielfalt auf der Erde vollständig verstehen.

Antworten auf solche Fragen schälten sich nur sehr langsam heraus. Darwin selbst gelang es nicht, das Problem der Artbildung zu lösen. Selbst die Wiederentdeckung der Arbeiten Mendels im Jahr 1900 bedeutete für die Erforschung der biologischen Vielfalt zunächst einen Rückschlag, weil die Genetik auf der Ebene der Gene nach Antworten suchte. Deshalb waren führende Genetiker wie T. H. Morgan, H. J. Muller, R. A. Fisher, J. B. S. Haldane und Sewall Wright nicht in der Lage, nennenswert zu unseren Kenntnissen über die Artbildung beizutragen. Ihre Methodik konzentrierte sich auf Vorgänge, die sich in einer einzigen Population abspielen, und erlaubte es ihnen deshalb nicht, sich mit dem Thema der biologischen Vielfalt auseinander zu setzen.

Um in der Frage der Artbildung voranzukommen, musste man völlig anders vorgehen und verschiedene Populationen einer Spezies vergleichen, das heißt, man musste sich mit geografischen Abweichungen beschäftigen. Diesen Weg schlugen die systematisch orientierten Evolutionsforscher insbesondere in England, Deutschland und Russland tatsächlich ein. Nach 1859 dauerte es aber noch über 60 Jahre, bis die führenden Spezialisten für Vögel, Säugetiere, Schmetterlinge und einige andere Tiergruppen übereinstimmend zu der Ansicht gelangten, dass dieses geografische Verfahren der richtige Weg sei, um das Problem der Artbildung zu lösen. Sie formulierten die Theorie der *geografischen* oder *allopatrischen Speziation*: Danach kann sich eine neue Art entwickeln, wenn eine Population von ihrer Ausgangspopulation getrennt wird und dann neue Isolationsmechanismen erwirbt. Leider waren die Arbeiten dieser Pioniere aber den mathematisch orientierten Populationsgenetikern weitgehend unbekannt. Erst in den vierziger Jahren des 20. Jahrhunderts, im Zuge der so genannten Synthese der Evolutionsforschung, machten Genetiker und biologische Systematiker sich gegenseitig mit ihren Forschungsarbeiten bekannt, sodass es zu einer Synthese ihrer Befunde kam (Mayr und Provine 1980).

Wie man feststellte, kann man die Ursachen der biologischen Vielfalt nicht allein dadurch erkennen, dass man eine einzelne Population zu verschiedenen Zeitpunkten gewissermaßen »vertikal« untersucht; man muss vielmehr auch verschiedene, zur gleichen Zeit lebende Populationen einer Spezies einander gegenüberstellen. Zu Anfang vergleicht man lokale Populationen (Deme), die jeweils aus den potenziell kreuzungsfähigen Individuen in einer bestimmten Region bestehen. Anschließend beschäftigt man sich mit unterscheidbaren geografischen Rassen einer Spezies. Diese gehen entweder allmählich in andere geografische Rassen derselben Art über, oder aber – wenn sie durch eine geografische Schranke getrennt sind – sie unterscheiden sich durch eine eindeutige taxonomische Merkmalsabweichung. Manche geografisch isolierte Populationen unterscheiden sich tatsächlich so stark, dass man praktisch die Wahl hat, ob man sie noch als geografische Unterarten oder als neue Arten bezeichnet. Und schließlich studiert man die Unterschiede zwischen jenen – insbesondere sympatrischen – Arten, für die man die engste Verwandtschaft unterstellt. Bringt man solche unterschiedlichen Populationen in die richtige Reihenfolge, kann man den Ablauf der Artbildung rekonstruieren.

Am gründlichsten wurde die geografische Speziation untersucht, die bei Vögeln und Säugetieren anscheinend die ausschließliche Form der Artbildung darstellt (Mayr 1967; Mayr und Diamond 2001). Wenn wir die Entstehung neuer Arten umfassend beschreiben wollen, müssen wir das Thema zunächst historisch betrachten.

Um zu verstehen, wie eine Spezies mehrere Nachkommenarten hervorbringen kann, müssen wir uns zunächst klar machen, was eine Spezies eigentlich ist. Wie in Kapitel 8 dargelegt wurde, ist sie eine Gruppe von »Populationen, die sich untereinander kreuzen können und von anderen derartigen Gruppen reproduktiv isoliert sind«. Eine solche Fortpflanzungsgemeinschaft von Populationen unterscheidet sich sowohl von ihren Vorfahren als auch von ihren Nachkommen, und diese Eigenschaft führte zu Verwirrung. Paläontologen, die in einer stammesgeschichtlichen Abstammungslinie die Population zu verschiedenen Zeiten verglichen, bezeichneten diese häufig als unterschiedliche Arten, weil sie festgestellt hatten, dass sie sich voneinander unterschieden; solche Veränderungen wurden dann als Artbildung bezeichnet. In Wirklichkeit führt ein solcher Wandel in der zeitlichen Dimension aber nicht zu einer Zunahme der Artenzahl, und deshalb bezeichnet man ihn am besten als *phyletische Evolution* (Abb.

9.1). Wenn man in der modernen Evolutionsforschung von Artbildung spricht, meint man damit die *Vermehrung* der Arten, das heißt die Entstehung mehrerer neuer Arten aus einer einzigen Ausgangsart. Genau das hatte Darwin auf seiner Reise mit der *Beagle* beobachtet, als er zu dem Schluss gelangte, dass eine einzige Art südamerikanischer Spottdrosseln den Galapagos-Archipel besiedelt und dort auf verschiedenen Inseln drei verschiedene neue Arten hervorgebracht hatte. Einen solchen Vorgang bezeichnen wir heute als *geografische* oder *allopatrische Artbildung (Speziation).*

Der Ablauf der allopatrischen Artbildung

Im Zusammenhang mit der allopatrischen Artbildung stellt sich eine grundsätzliche Frage: Wie kommt es zur reproduktiven Isolation? Die Antwort findet man nicht, wenn man eine Art als einzelne Population betrachtet, sondern nur, wenn man den Blick auf die Spezies als vieldimensionales Taxon erweitert.

Nicht alle Populationen einer Art stehen in ständigem Kontakt miteinander und tauschen aktiv Gene aus. Manche Populationen sind von anderen geografisch isoliert; die Schranke kann dabei aus Wasser, Gebirgen, Wüsten oder einem anderen, für die jeweilige Art ungeeigneten Gelände bestehen. Bei Arten, die sich sexuell fortpflanzen, vermindern oder blockieren solche Barrieren den Genfluss, sodass jede isolierte Population sich unabhängig von den anderen Populationen der jeweiligen Art weiterentwickeln kann. Eine solche Population, die sich isoliert weiterentwickelt, nennt man beginnende Art (*incipient species*).

Was geschieht in der isolierten Population? Dort laufen zahlreiche genetische Vorgänge ab, die sich von ähnlichen Vorgängen in der Ausgangsart unterscheiden können. Es können neue Mutationen stattfinden, bestimmte Gene können durch zufällige Ereignisse verloren gehen, Rekombination führt zur Entstehung vielfältiger neuer Phänotypen, die anders sind als in der Ausgangsart, und gelegentlich können auch abweichende Gene aus anderen Populationen einwandern. Noch wichtiger aber ist, dass die isolierte Population in einer etwas anderen biologischen und physikalischen Umwelt lebt als die Ausgangsart und deshalb einem

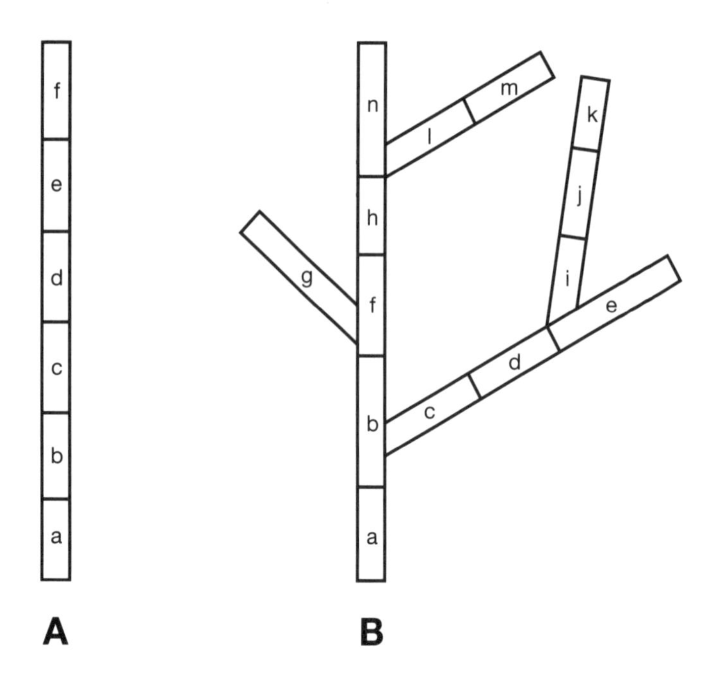

Abb. 9.1 Stammesgeschichtliche Evolution und Artbildung. Bei der stammesgeschichtlichen Evolution (A) hat sich die Spezies *a* nach vielen tausend Generationen zur Spezies *f* weiterentwickelt, es handelt sich aber immer noch um eine einzige Art. Bei der Artbildung (B) dagegen sind aus der Spezies *a* durch Artenvermehrung fünf Nachkommenarten (*g, m, n, k, e*) entstanden.

etwas anderen Selektionsdruck ausgesetzt ist. Trotz der ständigen Wirkung der normalisierenden Selektion wird die isolierte Population im Laufe der Zeit genetisch neu strukturiert, sodass sie sich immer stärker von der Ausgangsart wegentwickelt. Setzt sich dieser Vorgang lange genug fort, dann sind die genetischen Abweichungen irgendwann so stark, dass man die isolierte Population als neue Art bezeichnen kann. Sie macht sich im Laufe dieser Entwicklung häufig auch neue Isolationsmechanismen zu Eigen, die ihre Kreuzung mit der Ausgangspopulation selbst dann verhindern, wenn die neue Art auf Grund einer Veränderung in der trennenden Barriere irgendwann wieder in das Gebiet der Ausgangsart einwandern kann. Wenn es so weit ist, wird die beginnende Art als neue Art bezeichnet. Der hier beschriebene Ablauf stellt die geografische oder allopatrische Artbildung dar. Was geschieht im weiteren Verlauf mit den vielen beginnenden Arten, die sich ständig bilden? Die meisten von ihnen vereinigen sich wieder mit der Ausgangsart, bevor sie selbst das Niveau einer neuen Art erreicht haben, oder aber sie sterben aus. Nur ein kleiner Teil solcher isolierter, beginnender Arten schließt den Prozess der Artbildung ab. Eigentlich gibt es sogar zwei Formen der allopatrischen Artbildung.

Dichopatrische Artbildung

Bei der dichopatrischen Artbildung hat die Isolation ihre Ursache im Auftreten einer geografischen Schranke zwischen zwei Teilgebieten einer Art, die zuvor ineinander übergingen (Abb. 9.2). Als beispielsweise die Beringstraße am Ende der Eiszeit überflutet wurde, bildete das Meer eine neue Schranke zwischen Sibirien und Alaska. Damit begann die Auseinanderentwicklung der Populationen von Arten, die zuvor die gesamte Arktis besiedelt hat-

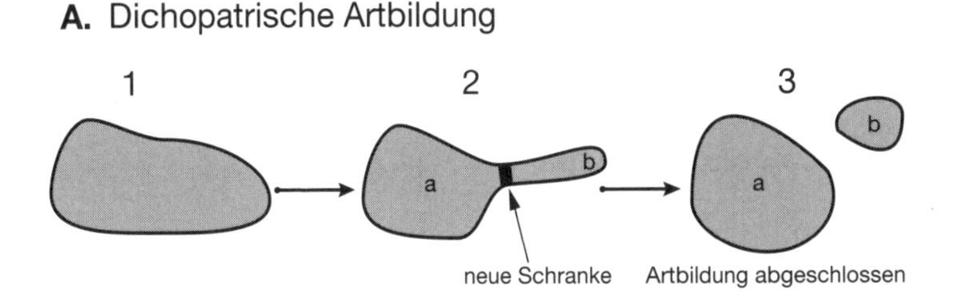

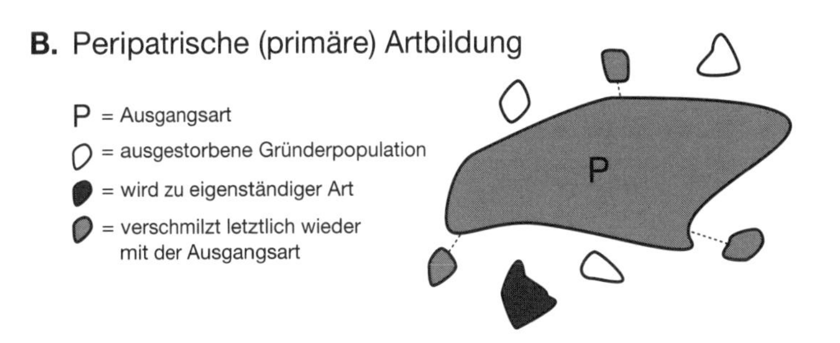

Abb. 9.2 Zwei Formen der allopatrischen Artbildung.

ten und jetzt in zwei Teile getrennt waren. Eine solche dichopatrische Artbildung durch sekundäre Isolation kommt am häufigsten in kontinentalen Regionen vor. Durch die zu Beginn der einzelnen Eiszeiten vordringenden Gletscher wurden die Populationen der Arten, die sich auf dem Rückzug befanden, in zahlreiche isolierte Gebiete abgedrängt, wo sie sich mehr oder weniger stark auseinander entwickelten. Etwas Ähnliches spielte sich offenbar auch in den Tropen ab, wo der Regenwald in den Trockenzeiten des Pleistozän in zahlreiche kleine Rückzugsgebiete zerfiel. In diesen Regionen entwickelten sich viele Populationen zu neuen Arten.

Peripatrische Artbildung

Bei der peripatrischen Artbildung kommt es zur Isolation, weil eine Gründerpopulation entsteht, die sich außerhalb des bisherigen Verbreitungsgebietes einer Art ansiedelt (Abb. 9.2). Diese Gründerpopulation ist von der Hauptmenge der Art durch ungeeignetes Gelände getrennt und kann sich unabhängig weiterentwickeln. Ihre große Bedeutung erlangt die peripatrische Artbildung dadurch, dass die Gründerpopulation klein und genetisch verarmt ist, weil sie beispielsweise nur auf ein einziges befruchtetes Weibchen oder wenige Individuen zurückgeht. Der Genvorrat der neuen Population unterscheidet sich deshalb aus statistischen Gründen von dem der Ausgangspopulation; das erleichtert die Umstrukturierung des Genotyps und insbesondere die Ausbildung neuer »epistatischer« Wechselwirkungen zwischen den Genen. Außerdem ist die Gründerpopulation dem stärkeren Selektionsdruck einer ganz neuen belebten und unbelebten Umwelt ausgesetzt. Deshalb sind Gründerpopulationen eine potenziell ideale Ausgangssituation für die evolutionäre Erkundung neuer Nischen und Anpassungszonen (Mayr 1954). Gleichzeitig sind sie aber auch besonders durch das Aussterben und den konservativen Einfluss des Genflusses bedroht. Damit eine neue Art entstehen kann, muss die Isolation praktisch vollständig sein (siehe Kapitel 10).

Andere Formen der Artbildung

In den fünfziger Jahren des 19. Jahrhunderts entwickelte Darwin eine Vorstellung von der Artbildung, die sich auf ökologische Auseinanderentwicklung stützte. Er postulierte, dass verschiedene Individuen einer Population, die eine Vorliebe für unterschiedliche Nischen entwickeln, nach vielen Generationen zu getrennten Arten werden. Eine solche Artbildung würde ohne geografische Isolation ablaufen, sodass man sie als sympatrisch bezeichnen müsste. Derartige Vorstellungen waren mehr als 80 Jahre lang die am weitesten anerkannte Theorie der Artbildung überhaupt (Mayr 1992). Man konnte sie aber in keinem der eingehend untersuchten Fälle von Artbildung bei Säugetieren, Vögeln, Schmetterlingen und Käfern bestätigen. In meinem 1942 erschienenen Buch *Systematics and the Origin of Species* konnte ich nachweisen, dass geografische Isolation in diesen Gruppen der einzige Artbildungsmechanismus war und dass sich kein einziger Fall von sympatrischer Artbildung belegen lässt.

Sympatrische Artbildung

Die Tatsache, dass bei Säugetieren und Vögeln ausschließlich allopatrische Artbildung vorkommt, schließt jedoch die Möglichkeit der sympatrischen Artbildung bei anderen Gruppen von Lebewesen nicht aus. Dies berichten übereinstimmend auch Insektenforscher über ihre Untersuchungen an Arten, die sich auf ganz bestimmte Wirtspflanzen spezialisieren (Bush 1994). Hier gibt es Anhaltspunkte für folgendes Szenario: Einige Individuen einer Insektenart, die sich auf ein Leben auf der Pflanzenart A spezialisiert hat, besiedeln die Pflanzenart B. Beschränkt sich die Paarung bei diesen Pionieren auf die Pflanzenart, auf der ein Individuum lebt, paaren sich die neuen Bewohner von B nur noch mit anderen Bewohnern von B, sodass sie allmählich geeignete Isolationsmechanismen erwerben können. In der Regel wird eine solche Artbildung verhindert, weil weiterhin Insekten von der Pflanze A die Pflanze B besiedeln und umgekehrt auch Insekten von der Pflanze B zur Pflanze A zurückkehren. Es gibt aber Indizien dafür, dass die Bewohner von B in manchen Fällen eine Vorliebe für die Paarung mit anderen, ebenfalls auf B lebenden Individuen entwickeln. Eine solche Bevorzugung bestimmter Partner würde dann als Schranke zwischen der Ausgangspopulation auf A und den Pionieren auf B wirken, die im Laufe der Zeit für die sympatrische Artbildung bei den Bewohnern von B sorgt.

Auch bei Süßwasserfischen findet man viele Fälle, in denen sich das Vorkommen zweier oder mehrerer eng verwandter Arten in einem relativ isolierten Gewässer am besten mit sympatrischer Artbildung erklären lässt. In manchen kleinen Kraterseen in Kamerun beispielsweise leben nebeneinander zwei oder mehrere sehr eng verwandte Arten von Buntbarschen, die einander stärker ähneln als ihren Vorfahren, einer Buntbarschart in dem Fluss, der aus dem See abfließt. In diesem und ähnlichen Fällen bei Fischen war für die sympatrische Artbildung ein Mechanismus verantwortlich, bei dem die Weibchen gleichzeitig einen bestimmten Lebensraum (Nische) und die Merkmale von Männchen mit der gleichen Lebensraum-Präferenz bevorzugten. Eine solche gleichzeitige Präferenz fand man bei amerikanischen Buntbarscharten nicht. Sympatrische Artbildung durch eine gleichzeitig erworbene Vorliebe für bestimmte Partner (sexuelle Selektion) und bestimmte ökologische Nischen wurde mittlerweile für mehrere Familien von Süßwasserfischen nachgewiesen. Hybriden zwischen den beiden beginnenden Arten sind dabei meist weniger lebensfähig als die Ausgangsart. Solche Fälle sprechen für die Theorie von Wallace und Dobzhansky über die Artbildung durch Bastardisierung. Wegen dieser Befunde besteht die hohe Wahrscheinlichkeit, dass sympatrische Artbildung auch bei Insektenarten vorkommt, die sich von ganz bestimmten Pflanzen ernähren, und auch hier ist dafür die gleichzeitige Vorliebe für Nische und Partner verantwortlich. Dies schließt aber die Möglichkeit nicht aus, dass die Evolution neuer wirtsspezifischer Arten auch über allopatrische Artbildung in Gründerpopulationen erfolgen kann.

Plötzliche Artbildung

Durch verschiedene Veränderungen der Chromosomen kann ein Individuum entstehen, das sofort von den Individuen der Ausgangsart reproduktiv isoliert ist. Bei Pflanzen kommt es zum Beispiel sehr häufig vor, dass eine sterile Artenhybride AB (mit jeweils einem Chromosomensatz der Arten A und B) eine Chromosomenverdoppelung durchmacht, wodurch Meiose und Gametenproduktion wieder möglich werden (AABB). Diese neue, polyploide Art ist dann lebensfähig (siehe Abb. 5.2). Durch weitere Hybridisierung und Chromosomenverdoppelung kann man ganze Serien polyploider Formen herstellen. Bei manchen Tieren (von Säugetieren und Vögeln kennt man es allerdings bisher nicht) geschieht stattdessen etwas anderes: Die sterile Arthybride geht zu Parthenogenese und ungeschlechtlicher Fortpflanzung über. Derartiges hat man bei Fischen, Amphibien und Reptilien beobachtet. Auch hier sieht es wie bei der Polyploidie so aus, als wären solche Fälle der nicht geografischen Artbildung recht seltene Sackgassen der Evolution. Über Fortpflanzung und Artbildung bei niederen Tieren ist zu wenig bekannt, als dass man für diese Gruppen eine Aussage über die Häufigkeit der nicht geografischen Artbildung machen könnte.

Parapatrische Artbildung

Nach Ansicht mancher Evolutionsforscher kann eine Anordnung bruchlos ineinander übergehender Populationen sich entlang einer Grenze mit ökologischem Gefälle in zwei getrennte Arten aufspalten. Diese Theorie, die allerdings von den meisten Evolutionsfachleuten abgelehnt wird, stützt sich auf die Beobachtung so genannter Hybridengürtel. Damit meint man Regionen, in denen zwei recht unterschiedliche Populationen (»Arten«) aufeinander treffen und Hybriden bilden. Nach der vorherrschenden Interpretation handelt es sich bei solchen Hybridengürteln jedoch um Gebiete, wo zwei zuvor isolierte, beginnende Arten in der Vergangenheit miteinander in Kontakt gekommen sind und dann trotz vieler Unterschiede, die während der vorangegangenen Isolation erworben wurden, keine hundertprozentig wirksamen Isolationsmechanismen entwickelt hatten.

Solche Fälle waren schon Darwin bekannt. Er führte mit Alfred Russel Wallace eine ergebnislose Diskussion darüber, ob die natürliche Selektion aus einem Hybridengürtel zwei vollständig ausgeprägte Arten machen kann. Wallace bejahte diese Frage, ihm schlossen sich später Dobzhansky und andere moderne Evolutionsforscher an; Darwin dagegen verneinte sie, und ihm folgten sowohl H. J. Muller als auch der Autor des vorliegenden Buches. Heute kennt man wenige Fälle, die für die Wallace-Theorie zu sprechen scheinen. Meist ist der Hybridengürtel ein »Abfluss« (*sink*), in dem die unterliegenden und teilweise unfruchtbaren

Hybriden ständig beseitigt werden, wobei Einwanderer aus den Nachbarpopulationen der beiden Ausgangsarten an ihre Stelle treten. Diese Einwanderung verhindert, dass ausgewogene Zwischenformen zwischen den beiden Arten oder Individuen mit verbesserten Isolationsmechanismen selektioniert werden.

Artbildung durch Hybridenbildung

In sehr seltenen Fällen bringt ein Hybrid zweier Pflanzenarten eine neue, nichtpolyploide Spezies hervor. Wie selten dies geschieht, zeigt sich an der sehr geringen Zahl von insgesamt nur acht Fällen, die bisher ordnungsgemäß dokumentiert wurden (Rieseberg 1997). In den meisten Fällen gehen sie von kleinen oder randständigen Populationen aus. Bei Tieren hat man bisher nichts Entsprechendes gefunden, aber ein gewisser Genaustausch (introgressive Hybridbildung) zwischen sympatrischen Arten kommt in gewissen Gruppen nicht selten vor, so beispielsweise bei Fischen und Amphibien, insbesondere wenn ihr Lebensraum durch Eingriffe des Menschen stark abgewandelt wurde. An fossilen Pflanzen kann man erkennen, dass die introgressive Hybridenbildung zwischen zwei Arten über Jahrmillionen hinweg ablaufen kann, ohne dass sich die Unterschiedlichkeit der betroffenen Arten verändert.

Artbildung durch Entfernung (ringförmige Überlappung)

Man kennt einige wenige Fälle, in denen eine lange Kette von Populationen einen Bogen beschreibt, sodass die Enden der Kette sich überlappen. Wie nicht anders zu erwarten, haben sich bis zu diesen Endpunkten so starke genetische Unterschiede entwickelt, dass zwischen ihnen keine Kreuzung mehr stattfindet; mit anderen Worten: Sie verhalten sich zueinander wie zwei verschiedene Arten. Solche Phänomene stehen zu den Prinzipien des Darwinismus in keinerlei Widerspruch. Wie man aber leicht erkennt, werfen sie für die biologische Systematik ein Problem auf. Soll man eine solche Kette trotz des sympatrischen Verhaltens der Enden als eine einzige Art ansehen, oder soll man sie in zwei (oder noch mehr) Arten aufteilen? Seit einiger Zeit sprechen viele Erkenntnisse, insbesondere aus der Feinanalyse der gesamten Kette, für die zweite Möglichkeit. Immer wieder zeigt sich nämlich, dass die Kette nur scheinbar stetig ist, in Wirklichkeit aber mehrere Brüche oder Überreste früherer Isolation enthält. Definiert man diese

Stellen als Artgrenzen, setzt sich der »Ring« aus mehreren Arten zusammen, und es gibt nirgendwo mehr zwei sympatrische Populationen derselben Art. Zwei gut untersuchte Fälle sind die Möwe *Larus argentatus* (Mayr 1963) und der Salamander *Ensatina* (Wake 1997; Abb. 9.3).

Wie kommt es zur genetischen Isolation zwischen zwei beginnenden Arten?

Wie man ohne weiteres erkennt, müssen die Isolationsmechanismen sehr effizient wirken, damit zwei beginnende Arten aufeinander treffen und nebeneinander existieren können, ohne dass es in größerem Umfang zu Kreuzungen kommt. Aber wie kann die natürliche Selektion solche Mechanismen begünstigen, während die betreffenden Populationen geografisch voneinander isoliert sind? Gewöhnlich werden drei Wege genannt, und vollständige Einigkeit besteht auf diesem Gebiet bisher nicht. Möglicherweise läuft der Vorgang in verschiedenen Fällen auch unterschiedlich ab.

1. Die Isolationsmechanismen entwickeln sich in der isolierten Population als zufälliges Nebenprodukt anderer, insbesondere ökologischer Unterschiede.
2. Die Unterschiede entstehen in den isolierten Populationen durch Zufall, ein Phänomen, das durch Chromosomenunterschiede zwischen isolierten Populationen gut belegt ist. Parasiten und wirtsspezifische Insekten, die sich von Pflanzen ernähren, können zufällig auf einen neuen Wirt übergehen, sodass sich automatisch ein Isolationsmechanismus für die neue Art ergibt.
3. Merkmale, die durch sexuelle Selektion erworben wurden, können ihre Funktion wechseln (siehe Kapitel 10). So können beispielsweise Farbmerkmale, welche die Männchen in bestimmten Fischgattungen im Zusammenhang mit der sexuellen Selektion annehmen, zu einem verhaltensphysiologischen Isolationsmechanismus werden, wenn zwei verschiedene Populationen sekundär wieder in Kontakt kommen.

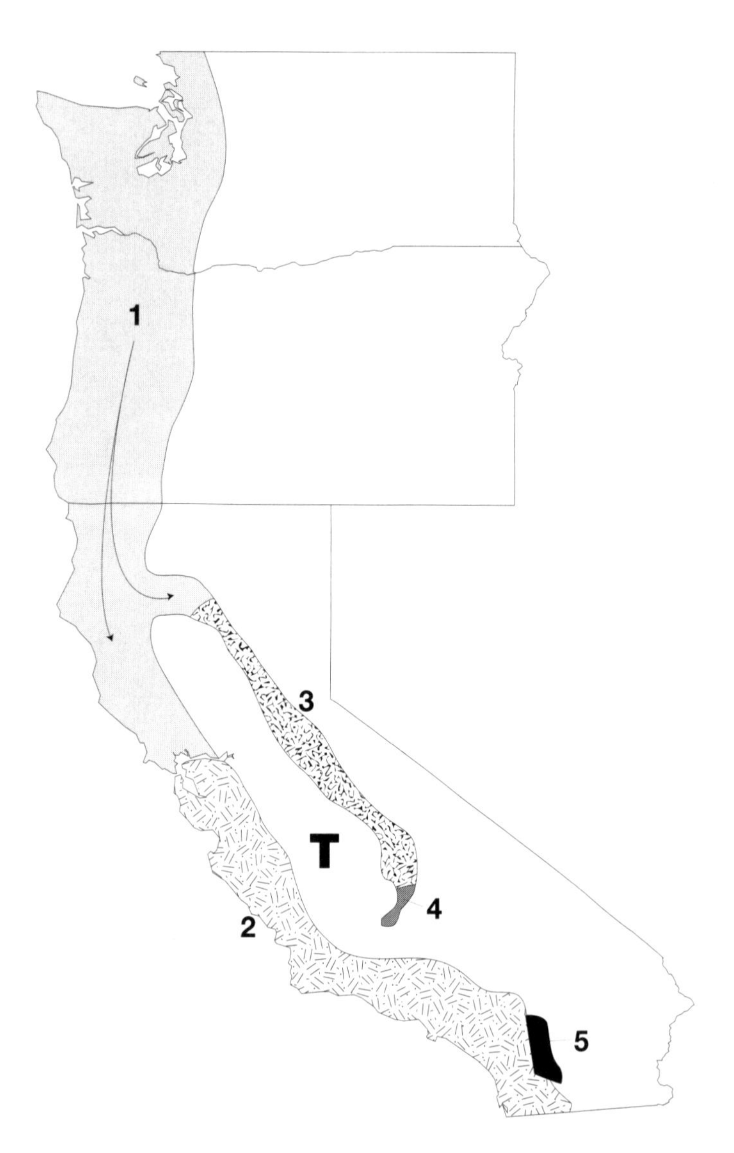

Abb. 9.3 »Ringspezies« (ringförmige Überlappung) beim Salamander *Ensatina eschscholtzii*. Die Arten teilen sich von Norden über das Tal in der Mitte (T) getrennt in zwei nach Süden wandernde Populationengruppen auf. Die eine folgt als Unterarten 3, 4 und 5 dem Gebirge, die andere als Unterarten 1 und 2 dem Hügelland an der Küste. Beide Teile der Art treffen in der Region 5 in Südkalifornien wieder zusammen und leben dort nebeneinander, ohne sich zu kreuzen.

Früher, insbesondere als man noch glaubte, neue Arten würden durch Mutationen entstehen, gab es zahlreiche Diskussionen über die Genetik der Artbildung, und man suchte nach Artbildungsgenen. Heute ist klar, dass dies nicht die geeignetste Sichtweise für die Artbildung ist. Die Definition der biologischen Art macht deutlich, dass man mit »Artbildung« den Erwerb wirksamer Isolationsmechanismen meint. Das wiederum bedeutet, dass die Genetik der Artbildung nichts anderes ist als die Genetik der Isolationsmechanismen und dass sie demnach äußerst vielfältig sein muss, weil die verschiedenen Isolationsmechanismen äußerst vielfältige genetische Grundlagen haben. Meines Wissens gibt es keine detaillierte Analyse der Gene, die in einem bestimmten Fall an der Artbildung beteiligt sind, aber wir haben Anhaltspunkte dafür, dass die verhaltensbedingte Isolation beispielsweise bei bestimmten Arten von Buntbarschen nur von wenigen Genen gesteuert wird. Sind dagegen ganze Chromosomen für die reproduktive Isolation verantwortlich, dürfte auch eine große Zahl von Genen beteiligt sein. Und da außerdem so viele verschiedenartige Isolationsmechanismen existieren, müssen an der Artbildung auch ganz unterschiedliche Gene und Chromosomen mitwirken. Ob und in welchem Umfang Regulationsgene zur Artbildung beitragen, ist nicht bekannt.

Was bestimmt die Geschwindigkeit der Artbildung?

Lange Zeit glaubte man, die Geschwindigkeit der Artbildung hänge von einem »Mutationsdruck« ab. Es gibt aber nur wenige Befunde, die für eine solche Vorstellung sprechen. Die Geschwindigkeit der Artbildung scheinen vielmehr vorwiegend ökologische Faktoren zu bestimmen. Wird das Verbreitungsgebiet einer Spezies durch geografische und ökologische Schranken zerstückelt, während gleichzeitig der Genfluss bei dieser Art eng begrenzt ist, entstehen schnell und häufig neue Arten. Auf Inseln oder in kontinentalen Regionen mit einem inselförmigen Verbreitungsmuster kommt es zu häufiger Artbildung. Auf großen, einheitlichen Kontinenten dagegen gibt es sie kaum. Dieses Thema sollte Anlass zu umfangreichen weiteren Forschungsarbeiten sein. Für die Artbildung bei bestimmten Vögel- und Säugetiergruppen verfügen wir über gute Analysen, aber bei vielen großen Tier- und Pflanzengruppen wissen wir sehr wenig über die Geschwindigkeit der Artbildung unter verschiedenartigen Umweltbedingungen. Die nächstliegende Verallgemeinerung lautet: Je weniger Genfluss zwischen den Populationen stattfindet, desto schneller läuft unter ansonsten gleichen Bedingungen die Artbildung ab.

Die Umwelt ist aber nur einer von mehreren Faktoren. In manchen Gruppen von Lebewesen kommt es nur selten oder sehr langsam zur Bildung neuer Arten, eine Beobachtung, für die man bisher keine ökologische Erklärung gefunden hat. Dazu gehören auch die so genannten *lebenden Fossilien*. Es gibt im Osten Nordamerikas eine Reihe von Pflanzenarten (darunter die Stinkende Zehrwurz), von denen man Populationen auch in bestimmten Gebieten Ostasiens findet. Diese weit voneinander getrennten Populationen auf zwei Kontinenten sind nicht nur morphologisch überhaupt nicht zu unterscheiden, sondern offenbar auch vollständig fruchtbar, obwohl sie seit mindestens sechs bis acht Millionen Jahren isoliert sein müssen. Der amerikanische Botaniker Asa Gray machte Darwin auf diese Tatsache aufmerksam (Gray 1963 [1876]). Das andere Extrem stellen die Buntbarsche dar. Von ihnen gab es im Victoriasee in Ostafrika bis vor kurzem über 400 endemische Arten, obwohl die Senke, in der sich der See befindet, noch vor 12000 Jahren knochentrocken war. Da alle Buntbarscharten in diesem See untereinander anscheinend enger verwandt sind als mit jenen in dem Fluss, der aus dem Victoriasee abfließt, müssen sie innerhalb der letzten 12000 Jahre entstanden sein. Leider wurde diese außerordentliche Vielfalt von Buntbarschen in jüngster Zeit durch eine große, neu eingeführte Art von Raubfischen, die Nilbarsche, ausgerottet.

Berechnungen durchschnittlicher Geschwindigkeiten der Artbildung, die sich auf Fossilfunde stützen, müssen zu systematischen Fehlern führen, denn weit verbreitete Arten mit zahlreichen Individuen sind in den Funden überrepräsentiert, und gleichzeitig haben sie in der Regel auch eine lange Lebensdauer, sodass ihre Artbildungsgeschwindigkeit gering ist. Die Wahrscheinlichkeit, lokal begrenzte Arten mit schneller Artbildung als Fossilien wieder zu finden, ist dagegen viel geringer. Betrachtet man das breite Spektrum der Artbildungsgeschwindigkeiten, ist es äußerst fraglich, ob die Angabe einer »durchschnittlichen« Artbildungsgeschwindigkeit überhaupt sinnvoll ist.

Kapitel 10

MAKROEVOLUTION

Betrachtet man Evolutionsphänomene im Überblick, so stellt man fest, dass sie sich ohne Schwierigkeiten in zwei Klassen einteilen lassen. Zu der ersten gehören alle Ereignisse und Vorgänge, die sich auf dem Niveau der biologischen Art oder darunter abspielen, wie die Variabilität von Populationen, anpassungsbedingte Veränderungen in Populationen, geografische Variation und Artbildung. Auf dieser Ebene hat man es fast ausschließlich mit Populationsphänomenen zu tun. Es ist eine Kategorie, die man zusammenfassend auch als *Mikroevolution* bezeichnen kann; sie wurde in den Kapiteln 5 bis 9 genauer untersucht. Die zweite Klasse umfasst Vorgänge, die oberhalb der Artebene stattfinden, insbesondere die Entstehung neuer höherer Taxa, die Besiedelung neuer Anpassungszonen und im Zusammenhang damit häufig auch der Erwerb evolutionärer Neuerungen wie der Flügel bei Vögeln, die Anpassung an das Landleben bei Vierbeinern oder die Warmblütigkeit bei Vögeln und Säugetieren. Diese zweite Gruppe von Evolutionsphänomenen nennt man *Makroevolution*.

Die Makroevolution ist ein eigenständiges Teilgebiet der Evolutionsforschung. Neue Erkenntnisse in dieser Disziplin lieferten früher vor allem Paläontologen und Systematiker. In den letzten Jahren lieferte jedoch die Molekularbiologie den wichtigsten Beitrag zu unserem Wissen über die Veränderungen der Makroevolution, und sie ermöglicht auch weiterhin erstaunliche Fortschritte.

Von Darwins Zeit bis heute wird hitzig darüber diskutiert, ob die Makroevolution einfach eine ununterbrochene Fortsetzung der Mikroevolution ist, wie Darwin und seine Nachfolger behauptet hatten, oder ob sie, wie seine Gegner annahmen, völlig von der Mikroevolution getrennt ist und mit ganz anderen Theorien erklärt werden muss. Nach dieser Vorstellung gibt es einen eindeutigen Bruch zwischen den Ebenen der biologischen Art und der höheren systematischen Einheiten.

Dass die Kontroverse bis heute nicht vollständig beigelegt ist, liegt vor allem daran, dass zwischen Theorie und Beobachtung ein erstaunlicher Widerspruch zu bestehen scheint. Nach der darwinistischen Theorie ist Evolution ein Phänomen der Populationen, das heißt, sie sollte allmählich und kontinuierlich ablaufen. Dies müsste demnach nicht nur für die Mikroevolution gelten, sondern auch für die Makroevolution und die Übergänge zwischen beiden. Leider sieht es aber so aus, als sprächen die Beobachtungen eine andere Sprache. Wo immer man auch die tatsächliche Lebenswelt betrachtet, ob auf der Ebene der höheren systematischen Einheiten oder auf dem Niveau einzelner Arten, man findet eine überwältigende Fülle von Unterbrechungen. So gibt es in den heute lebenden Taxa keine Zwischenform zwischen Walen und Landsäugetieren, und ebenso wenig zwischen den Reptilien auf der einen Seite und den Vögeln oder Säugetieren auf der anderen. Alle 30 Tierstämme sind durch große Lücken voneinander getrennt. Auch zwischen den Blütenpflanzen (Bedecktsamern) und ihren nächsten Verwandten scheint eine breite Kluft zu bestehen. Noch auffälliger sind solche Unterbrechungen in den Fossilfunden. Neue Arten tauchen in der Regel ganz plötzlich unter den Fossilien auf, ohne dass sie mit ihren Vorfahren durch eine Abfolge von Zwischenstufen verbunden wären. Tatsächlich kennt man nur in wenigen Fällen eine ununterbrochene Reihe von Arten, die sich allmählich weiterentwickelt haben.

Wie lässt sich dieser scheinbare Widerspruch auflösen? Auf den ersten Blick sieht es so aus, als gäbe es keine Methode, mit der man Phänomene der Makroevolution durch Theorien der Mikroevolution erklären könnte. Aber müsste nicht dennoch die Möglichkeit bestehen, die Vorgänge der Mikroevolution auf die Makroevolution zu erweitern? Und lässt sich nicht außerdem nachweisen, dass die Theorien und Gesetze der Makroevolution vollständig im Einklang mit den Befunden über die Mikroevolution stehen?

Dass eine solche Erklärung möglich ist, zeigten mehrere Autoren, insbesondere Rensch und Simpson, im Rahmen der Synthese der Evolutionstheorie. Es gelang ihnen, im Zusammenhang mit der Makroevolution eine darwinistische Verallgemeinerung zu entwickeln, ohne dass sie die damit zusammenhängenden Veränderungen der Genhäufigkeiten analysieren mussten. Ihr Verfahren stand im Einklang mit der modernen Definition, wonach Evolution eine Veränderung von Angepasstheit und Vielfalt ist, nicht aber eine Veränderung von Genhäufigkeiten, wie die Reduktionisten angenommen hatten. Zusammengefasst kann man sagen: Um nachzuweisen, dass es einen ununterbrochenen, kontinuierlichen Übergang zwischen Makro- und Mikroevolution gibt, mussten die Darwinisten zeigen, dass scheinbar ganz unterschiedliche »Typen« von Lebewesen nichts anderes sind als die Endpunkte in einer ununterbrochenen Reihe von Populationen, die der Evolution ausgesetzt sind.

Evolution als allmählicher Vorgang

Wichtig ist die Erkenntnis, *dass alle Vorgänge der Makroevolution in Populationen und in den Genotypen ihrer Individuen stattfinden und dass sie demnach gleichzeitig auch Mikroevolutionsprozesse sind.* Solche Abstufungen beobachtet man immer, wenn man den entwicklungsgeschichtlichen Wandel in lebenden Populationen untersucht. Ein gutes Beispiel ist die Antibiotikaresistenz von Bakterien. Als in den vierziger Jahren des 20. Jahrhunderts das Penicillin eingeführt wurde, wirkte es verblüffend gut gegen eine Vielzahl von Bakterien. Jede Infektion, beispielsweise mit Streptokokken oder Spirochäten, wurde fast sofort geheilt. Aber Bakterien sind genetisch wandelbar, und die empfindlichsten Typen fielen den Antibiotika als Erste zum Opfer. Einige wenige waren durch Mutationen in den Besitz von Genen gelangt, durch die sie resistenter wurden, und deshalb überlebten sie länger, manchmal über das Ende der Behandlung hinaus. Auf diese Weise nahm die Häufigkeit von Stämmen mit einer gewissen Resistenz in der menschlichen Bevölkerung allmählich zu. Gleichzeitig fanden neue Mutationen und Genübertragungen statt, die zu einer noch stärkeren Resistenz führten. Diese unbeabsichtigte Selektion für immer größere Resistenz setzte sich fort, obwohl man immer höhere Penicillindosen anwandte und die Behandlung verlängerte. Schließlich hatten sich einige vollständig resistente Stämme entwickelt. Durch allmähliche Evolution war also aus einer vollständig empfindlichen Bakterienspezies eine vollständig resistente geworden. Die Fachliteratur aus Medizin und Landwirtschaft (im Zusammenhang mit der Pestizidresistenz) berichtet buchstäblich über Hunderte ähnlicher Fälle.

Wohin man auch blickt, überall kann man eine solche allmähliche Evolution beobachten. Die Geschichte unserer Haustiere und Nutzpflanzen ist eine Geschichte der allmählichen Evolution, die allerdings in diesem Fall durch künstliche Selektion vorangetrieben wurde. Außerdem hat man in jüngster Zeit fossilreiche geologische Schichten gefunden, in denen man eine ununterbrochene Abfolge von Fossilien beobachten kann und die demnach den allmählichen Wandel deutlich machen.

Noch überzeugender ist die Untersuchung der geografischen Artbildung (siehe Kapitel 9): Hier kann man verfolgen, wie sehr gut gegeneinander abgegrenzte Arten sich durch einen Prozess, der in den Populationen abgelaufen ist, immer weiter auseinander entwickelt haben. Selbst die allmähliche Evolution von Gattungen ist durch eine Fülle von Belegen nachgewiesen. Das alles steht vollständig im Einklang mit der darwinistischen Theorie. Damit stellt sich aber zwangsläufig die Frage: Warum spiegelt sich der allmähliche Wandel nicht in vollem Umfang in den Fossilfunden wider?

Eine Antwort gab schon Darwin, und wie sich später herausstellte, war es die richtige. Er erklärte, die scheinbaren Lücken bei den Fossilfunden seien ein Kunstprodukt, das durch die Unwägbarkeiten bei der Erhaltung und Entdeckung von Fossilien entsteht. Darwin behauptete, die verfügbaren Fossilfunde seien nur eine unglaublich unvollständige Stichprobe der Lebensformen, die früher tatsächlich existierten, und diese Unvollständigkeit sei der Grund, warum eine in Wirklichkeit kontinuierliche Entwicklung so lückenhaft erscheine. Alle neueren Forschungsergebnisse haben Darwins Schlussfolgerung bestätigt. Vergrößert wurden die Schwierigkeiten allerdings durch zwei stillschweigende Unterstellungen, die beide falsch sind.

Aufspaltung und Abspaltung

Die erste dieser Unterstellungen lautet: Evolution besteht aus der Aufspaltung von Abstammungslinien, die sich in der Folgezeit mit ähnlicher Geschwindigkeit auseinander entwickeln. Beobachtungen, aber auch die Theorie der Evolution durch Artbildung (siehe unten) haben gezeigt, dass diese Annahme nicht unbedingt stimmen muss. Zugegeben: Eine solche Aufspaltung von Abstammungslinien durch dichopatrische Artbildung kommt tatsächlich vor. Viel häufiger spaltet sich aber offensichtlich eine neue Abstammungslinie von einer Ausgangsform durch peripatrische Artbildung ab und besetzt eine neue Anpassungszone, in der sie dann eine schnelle Evolution durchmacht, während die Ausgangslinie in ihrer alten Umwelt bleibt und auch ihre bisherige, geringe Wandlungsgeschwindigkeit beibehält.

Nehmen wir beispielsweise an, die zu den Vögeln führende Abstammungslinie habe sich von einer der verschiedenen Archosaurierlinien abgezweigt. Diese neue Linie der Vögel, die durch das Leben in der Luft einem starken Selektionsdruck ausgesetzt war, veränderte sich sehr schnell, die Ausgangslinie der Archosaurier dagegen blieb wahrscheinlich weitgehend unverändert. Dass die Evolution häufig nach diesem Prinzip verläuft, ist an den Fossilfunden aus fast allen wichtigen systematischen Gruppen zu erkennen, in theoretischen Diskussionen wird es aber häufig übersehen. Die schnelle Veränderung der abgeleiteten Linie im Vergleich zum langsamen Wandel der Ausgangsform wird sich in den Fossilfunden zweifellos in Form einer Lücke widerspiegeln, die durch den schnellen Wechsel vom Ausgangszustand zu den Anforderungen der neuen Anpassungszone entstanden ist. Erstaunlich wenige Paläontologen haben der Tatsache, dass die meisten entwicklungsgeschichtlichen Abstammungslinien nicht durch Aufspaltung, sondern durch Abspaltung *(budding)* entstehen, Rechnung getragen. Und zur Abspaltung kommt es in der Regel durch sehr einfache peripatrische Artbildung. Auch die sympatrische Artbildung ist gewöhnlich ein Abspaltungsvorgang.

Der zweite Irrtum, dem man im Zusammenhang mit der Makroevolution häufig unterliegt, ist die Vorstellung, Evolution sei ausschließlich ein linearer Prozess in der zeitlichen Dimension. Zeigte sich in einer linearen Abfolge von Fossilien eine scheinbare Lücke, so wurde entweder eine sprunghafte Evolution oder eine unglaublich starke, für kurze Zeit andauernde Zunahme der Evolutionsgeschwindigkeit unterstellt. Beide Annahmen passen nicht zu der Theorie, die durch die Synthese der Evolutionsforschung entwickelt wurde, und werden auch nicht durch glaubhafte Belege gestützt. Wie kann man demnach die verschiedenen Widersprüche erklären? Was ist die Ursache derartiger Unterbrechungen?

Diskontinuität

Ein besseres Verständnis für die Evolution wurde lange Zeit behindert, weil man zwei Bedeutungen des Begriffs »Diskontinuität« verwechselte. Man muss zwischen *phenetischer Diskontinuität* und *taxischer Diskontinuität* unterscheiden. Ein eindeutiger Unterschied zwischen Angehörigen desselben Dems ist eine phenetische Diskontinuität. Wenn verschiedene Angehörige eines Säugetier-Dems entweder zwei oder drei Molaren (hintere Backenzähne) besitzen oder wenn die Mitglieder eines Vogel-Dems zwölf oder 14 Schwanzfedern haben, liegt eine phenetische Diskontinuität vor. Trennt der gleiche Unterschied aber zwei Arten oder Artengruppen (Taxa), handelt es sich um eine taxische Diskontinuität. Jeder eindeutige Unterschied zwischen zwei Taxa ist unabhängig von der systematischen Ebene eine taxische Diskontinuität.

Leider gelangten einige im typologischen Denken verhaftete Evolutionsforscher zu der falschen Schlussfolgerung, eine phenetische Diskontinuität führe in einem einzigen Schritt zu einer taxischen Diskontinuität. In Wirklichkeit bereichert eine neue phenetische Diskontinuität nur die Variationsbreite in einem Dem; sie erzeugt Polymorphismen, und dann ist ein langer Selektionsprozess notwendig, bevor eine phenetische Diskontinuität zu einer Diskontinuität zwischen zwei Taxa wird. Aber wann und wo geht eine solche individuelle Variation in einem Dem oder einer Gruppe von Demen in einen Unterschied zwischen Taxa über?

Evolution durch Artbildung

Diese Frage wurde durch die Untersuchung der Artbildung bei heutigen Lebewesen beantwortet. Dabei wurde deutlich, dass das Taxon der Art zu einem bestimmten Zeitpunkt nicht nur die lineare Dimension der Zeit hat, sondern auch die geografischen Dimensionen der Länge und Breite. Es ist also sowohl zeitlich als auch räumlich stark eingeschränkt. Jede Art ist sozusagen auf allen Seiten von Lücken umgeben. Dennoch besteht ein vollkommen kontinuierlicher Übergang von der Ausgangsart, aus der sie hervorgegangen ist, zu der Tochterart, die sie selbst hervorbringt. Außerdem bestehen die meisten Tierarten nicht nur aus einer einzigen, mehr oder weniger weit verbreiteten, ununterbrochenen Population, sondern sie sind recht polytypisch, das heißt, sie gliedern sich in zahlreiche lokale Populationen, von denen viele – insbesondere am Rand des Verbreitungsgebietes der Art – in unterschiedlichem Ausmaß voneinander isoliert sind. Dies führte zur Theorie der *Evolution durch Artbildung* (*speciational evolution*, Mayr 1954): Isolierte Gründerpopulationen, die sich außerhalb des zusammenhängenden Verbreitungsgebietes der Art niederlassen, können eine mehr oder weniger tief greifende genetische Umstrukturierung durchmachen. Dieser Vorgang kann in Verbindung mit der nachfolgenden Inzucht innerhalb der neuen Population dazu führen, dass ungewöhnliche neue Genotypen und ein neues epistatisches Gleichgewicht entstehen. Große Populationen sind in dieser Hinsicht offensichtlich träger: Sie können sich über die Auswirkungen mehrfacher epistatischer Wechselwirkungen weniger gut hinwegsetzen als kleine, genetisch verarmte Populationen. Solche kleinen Populationen unterliegen weniger Einschränkungen und können stärker von der Norm ihrer Ausgangsform abweichen. Dies wurde im Experiment an großen und kleinen Populationen von *Drosophila* nachgewiesen (siehe Abb. 6.4). Gleichzeitig ist die Gründerpopulation auf Grund der neuen Eigenschaften ihrer Umwelt einem neuen, verstärkten Selektionsdruck ausgesetzt. Deshalb kann eine solche Population sehr schnell zu einer neuen Art werden (siehe Kapitel 9). Zu dieser Theorie gelangten unabhängig auch mehrere Botaniker (Grant 1963). Die Wahrscheinlichkeit, dass man eine solche lokal begrenzte, isolierte Population und die durch eine derartige peripatrische Artbildung entstandene neue Spezies in fossiler Form findet, ist natürlich äußerst gering. Obwohl also bei einer solchen Evolution durch Artbildung ein völlig bruchloser Übergang zwischen den Populationen erfolgt, erscheint sie in den wenigen Fossilfunden als Sprung und wurde auch als solcher beschrieben. Dies ist eindeutig eine Fehlinterpretation, denn die Evolution durch Artbildung ist in jedem ihrer Schritte ein allmählicher, in Populationen ablaufender Vorgang.

Elredge und Gould (1972) bezeichneten diesen Vorgang als »Evolution durch unterbrochene Gleichgewichte« (*punctuated equilibrium*). Sie weisen darauf hin, dass eine solche neue Art, wenn sie erfolgreich ist und sich gut auf eine neue Nische oder Anpassungszone eingestellt hat, anschließend Hunderttausende oder sogar Millionen von Jahren lang unverändert erhalten bleiben kann. Eine derartige *Stasis* weit verbreiteter Arten mit großer Individuenzahl beobachtet man in den Fossilfunden sehr häufig.

Wie wichtig ist die Evolution durch Artbildung?

Die Theorie der Evolution durch Artbildung wurde nicht auf Grund theoretischer Überlegungen entwickelt, sondern ausschließlich anhand tatsächlicher Beobachtungen. Der Autor des vorliegenden Buches untersuchte eine Reihe randständiger, isolierter Populationen einer Vogelart und bemerkte, dass die am weitesten am Rand stehende Population, die durch eine Abfolge aufeinander folgender Besiedlungsvorgänge entstanden war, in der Regel auch die stärksten Abweichungen aufwies. Bestätigt und unterstrichen wurde diese Beobachtung durch die Untersuchungen von H. L. Carson, K. V. Kaneshiro und A. R. Templeton an *Drosophila*-Arten auf Hawaii. Ihren Befunden zufolge kann die Besiedlung einer anderen Insel oder eines anderen Gebirges auf derselben Insel zu einer morphologisch stark abweichenden neuen Art führen, und das sogar bei *Drosophila*, einer Gattung mit einem stabilen Phänotyp.

In ihrer Mehrzahl unterscheiden sich peripher isolierte Populationen jedoch kaum oder überhaupt nicht von der Ausgangspopulation. Sie haben nur eine begrenzte Lebensdauer – früher oder später sterben sie entweder aus, oder sie vereinigen sich wieder mit der Spezies, aus der sie hervorgegangen sind. Findet man aber bei einer Art eine abweichende Population, so handelt es sich fast immer um eine Gruppe, die weit entfernt am Rand isoliert wurde. Dieser Vorgang der Evolution durch Artbildung wurde auch als »Flaschenhals-Evolution« (*bottleneck evolution*) bezeichnet. Er kann sich auch in vorübergehend stark isolierten oder übrig gebliebenen (*relict*) Populationen abspielen.

Damit die neue Spezies sich durchsetzen kann, muss sie mit

größeren, vielgestaltigeren Arten konkurrieren können. Untersuchungen von Verbreitungsgebieten weisen darauf hin, dass Arten, die auf Inseln in Malaysia und Polynesien stark isoliert sind, nicht in die Gebiete weiter verbreiteter Arten im Westen eindringen können. Damit solche Gründerpopulationen im Wettbewerb mit Ausgangs- und Schwesterarten erfolgreich sein können, müssen ihre Größe und Vielgestaltigkeit erst zunehmen. Eine solche Entwicklung ist bei Restpopulationen in Pleistozän-Rückzugsgebieten möglich: Verändern sich die äußeren Bedingungen, kann ihr Verbreitungsgebiet sich wieder erweitern.

Die Geschwindigkeit des evolutionären Wandels

Physikalische Prozesse, beispielsweise chemische Reaktionen oder der radioaktive Zerfall, laufen in der Regel mit konstanter Geschwindigkeit ab. Untersucht man dagegen, wie schnell Veränderungen in der Evolution stattfinden, so findet man etwas ganz anderes. Insbesondere die Evolutionsforscher G. G. Simpson und B. Rensch machten nachdrücklich darauf aufmerksam, wie stark die Evolutionsgeschwindigkeit variieren kann.

In Kapitel 9 war von der sehr unterschiedlichen Geschwindigkeit der Artbildung die Rede. Ebenso große Unterschiede gibt es auch bei der Geschwindigkeit des einfachen entwicklungsgeschichtlichen Wandels in stammesgeschichtlichen Abstammungslinien. Das eine Extrem sind die so genannten lebenden Fossilien – einzelne Tier- und Pflanzenarten, die sich in mehr als 100 Millionen Jahren nicht erkennbar verändert haben. Zu ihnen gehören die Pfeilschwanzkrebse (*Limulus*, Trias), die Kieferfüße (*Triops*) und die Armfüßer der Gattung *Lingula* (Silur). Ebenso langlebige Gattungen hat man auch bei Pflanzen gefunden: *Ginkgo* (der bis in die Jurazeit zurückgeht), *Araucaria* (vermutlich aus dem Trias), *Equisetum* (mittleres Perm) und *Cycas* (*Primo-Cycas*, spätes Perm).

Ein solcher vollständiger Stillstand (Stasis) einer evolutionären Abstammungslinie über viele – manchmal Hunderte – von Jahrmillionen hinweg erscheint höchst rätselhaft. Wie ist er zu erklären? Alle Arten, mit denen ein lebendes Fossil vor 100 oder 200 Millionen Jahren zusammen vorkam, haben sich seit jener Zeit

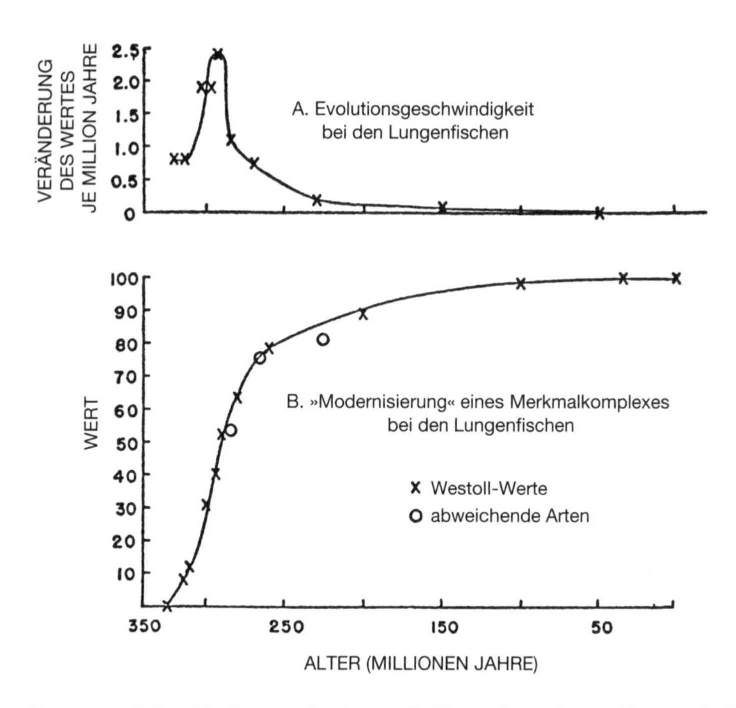

Abb. 10.1 Wie die Lungenfische nach ihrer Entstehung ihre typischen Merkmale erwarben. (A) Erwerb neuer Merkmale je Million Jahre. (B) Annäherung an den endgültigen Körperbauplan der Lungenfische. Die Neugestaltung des Bauplanes findet zum größten Teil während der ersten 20 Prozent der Lebensdauer einer systematischen Gruppe statt. *Quelle*: Simpson, George G. (1953). *The Major Features of Evolution*, Columbia Biological Series No. 17, Columbia University Press: NY.

entweder tief greifend verändert, oder sie sind ausgestorben. Warum konnte diese eine Art weiterhin ohne Veränderung ihres Phänotyps gedeihen? Eine Antwort glaubten manche Genetiker mit der normalisierenden Selektion gefunden zu haben, die alle Abweichungen vom optimalen Genotyp ausmerzt. Aber die normalisierende Selektion ist in Abstammungslinien, die sich schnell weiterentwickeln, ebenso am Werk. Um zu erklären, warum der grundlegende Genotyp der lebenden Fossilien und anderer Abstammungslinien mit sehr langsamer Evolution so erfolgreich war, braucht man Kenntnisse über die Embryonalentwicklung, die bisher nicht zur Verfügung stehen.

Nicht nur Arten und Gattungen, sondern auch höhere Taxa unterscheiden sich voneinander in ihrer Evolutionsgeschwindigkeit. Die Paläontologen konnten beispielsweise nachweisen, dass Säugetiere sich weitaus schneller verändern als Muscheln. Zum Teil dürfte dieser Unterschied eine Verfälschung sein, eine Folge der Methodik der biologischen Systematik. Eine Muschelschale hat weit weniger taxonomisch verwertbare Merkmale als das Skelett eines Säugetiers, sodass eine feinere Unterteilung der Taxa bei den Muscheln bisher unterblieben ist. Aber selbst in den Abstammungslinien des Tierreichs, die sich mit der größten Geschwindigkeit weiterentwickeln, bleibt der Wandel je Million Jahre erstaunlich gering.

Der umgekehrte Fall, ein außerordentlich schneller evolutionärer Wandel, ist uns allen natürlich bestens vertraut. Hierher gehört der Erwerb der Antibiotikaresistenz durch Krankheitserreger und die Widerstandsfähigkeit gegen Pestizide bei landwirtschaftlichen Schädlingen. Ähnliches gilt höchstwahrscheinlich auch für die Menschen in Regionen, in denen der Malariaerreger *Plasmodium falciparum* heimisch ist: Hier haben sich vermutlich in weniger als 100 Generationen das Sichelzellgen und andere Gene angereichert, die eine Teilresistenz gegen diesen Erreger verleihen.

Eine Abstammungslinie kann Phasen des langsamen und schnelleren Wandels durchmachen. Sehr deutlich wird dieses Phänomen an der Evolution der Lungenfische (Westoll 1949). In dieser Klasse der Fische fand im Laufe von 75 Millionen Jahren eine grundlegende anatomische Umgestaltung statt, und dann gab es in den folgenden 250 Millionen Jahren praktisch keine weitere Veränderung mehr (Abb. 10.1). Solche auffälligen Unterschiede in der Geschwindigkeit des evolutionären Wandels bei jungen und älteren systematischen Gruppen sind praktisch die Regel. Die Fledermäuse entwickelten sich innerhalb weniger Millionen Jahre aus einem Insektenfresser-ähnlichen Vorfahren, in den folgenden 40 Millionen Jahren dagegen veränderte sich ihr grundlegender Körperbauplan kaum noch. Auch die Wale entstanden nach geologischen Zeitmaßstäben sehr schnell, und dann erlebte der neue anatomische Typus praktisch eine Stasis. In allen diesen Fällen war die Abstammungslinie in eine neue Anpassungszone übergegangen, und dort unterlag sie eine Zeit lang einem sehr starken Selektionsdruck, bis sie sich an die neue Umgebung optimal angepasst hatte. Sobald eine ausreichende Anpassung erreicht war, nahm die Geschwindigkeit des Wandels drastisch ab. Manche Autoren übersahen die starken Schwankungen der Evolutionsgeschwindigkeit und gelangten deshalb zu falschen Interpretationen.

Wie misst man die Evolutionsgeschwindigkeit?

Lange Zeit war es eine völlig offene Frage, wie lange das Leben auf der Erde schon existiert, und ebenso wenig wusste man, wann Eukaryonten, Wirbeltiere oder Insekten entstanden sind. Heute kennt man zahlreiche konkrete Zeitpunkte. Die ältesten Fossilien (Bakterien) sind etwa 3,5 Milliarden Jahre alt, das Kambrium begann vor 544 Millionen Jahren, und die ältesten Fossilien von Australopithecinen stammen aus der Zeit vor 4,4 Millionen Jahren. Wie gelangt man zu solchen Zahlen?

Die wichtigsten Aufschlüsse liefert die Geologie. Viele Gesteinsschichten, insbesondere solche von Vulkanasche oder Lavaströmen, enthalten radioaktive Mineralien, deren Alter man durch Messung ihres Zerfalls messen kann (siehe Kasten 2.1). Zu diesem Zweck kennt man heute mehrere Methoden, und die modernsten unter ihnen liefern sehr genaue Ergebnisse.

Mit einer ganz anderen Methode kann man herausfinden, wann der letzte gemeinsame Vorfahre zweier heutiger biologischer Arten lebte: Dazu bedient man sich der so genannten *molekularen Uhr* (siehe Kasten 10.1). Ihre Grundlage ist die Beobachtung, dass alle Gene (Moleküle) sich mit ziemlich gleichmäßiger Geschwindigkeit verändern und dass die beiden Abstammungslinien, die aus einem gemeinsamen Vorfahren hervorgehen, sich im Laufe der Zeit immer stärker unterscheiden. Ist der gemeinsame Vorfahre durch ein Fossil repräsentiert, dessen Alter man mit geologischen Methoden bestimmt hat, kann man die durchschnittliche Geschwindigkeit der molekularen Veränderungen mit Hilfe der molekularen Uhr genau feststellen. Diese Methode ist nur dann zuverlässig, wenn die Veränderungen in den Molekülen mit konstanter Geschwindigkeit ablaufen. Leider gibt es aber in der Geschwindigkeit der molekularen Uhr alle möglichen Unregelmäßigkeiten, sodass man unterschiedliches Material untersuchen muss, um einigermaßen zuverlässige Befunde zu erhalten. Nicht codierende Gene sind in der Regel gegenüber solchen, die selek-

Kasten 10.1 Altersbestimmung mit Hilfe der molekularen Uhr

Nach der Hypothese der molekularen Uhr läuft der entwicklungsgeschichtliche Wandel in allen Abstammungslinien ungefähr mit der gleichen Geschwindigkeit ab. In Wirklichkeit gibt es aber keine »allgemeine« Geschwindigkeit für alle Moleküle und Evolutionslinien, sondern jedes Molekül, ob DNA oder Protein, verändert sich mit einer spezifischen Geschwindigkeit. Wenn die meisten Mutationen in ihrer Selektionswirkung neutral oder nahezu neutral sind und wenn diese Mutationsgeschwindigkeit sich über lange Zeit hinweg nicht verändert hat, sollte auch die Evolutionsgeschwindigkeit eines Moleküls konstant sein, sodass man das Alter der Abstammungslinien abschätzen kann. Wie man jedoch mittlerweile nachgewiesen hat, liegt die Evolutionsgeschwindigkeit in Wirklichkeit bei manchen Abstammungslinien aus unterschiedlichen Gründen höher als in anderen (dies gilt zum Beispiel für Nagetiere und Primaten). Sieht man von solchen und anderen Einschränkungen einmal ab, kann man Moleküle, die sich mit konstanter Geschwindigkeit wandeln, als »Zeitgeber« benutzen und eine »Abstammungslinien-spezifische« Zeit der Auseinanderentwicklung berechnen, aus der sich das Alter des letzten gemeinsamen Vorfahren zweier Arten ableiten lässt.

Um die molekulare Uhr auf diese Weise nutzen zu können, muss man ihre »Ganggeschwindigkeit« eichen. Dazu gibt es mehrere Mittel, beispielsweise die Fossilfunde (wobei zu bedenken ist, dass das erste Auftauchen eines Fossils immer nur dem Mindestalter der betreffenden Abstammungslinie entspricht) oder charakteristische plattentektonische Vorgänge. Wenn man beispielsweise das homologe Gen A aus zwei Arten sequenziert hat und wenn man die Evolutionsgeschwindigkeit (zum Beispiel 2% je Million Jahre) auf Grund der vorherigen Eichung kennt, kann man aus dem Prozentanteil der Unterschiede das Alter des letzten gemeinsamen Vorfahren errechnen. Unterscheiden sich die Arten in dem Beispiel in 10% der DNA-Sequenz des Gens A, wird man den letzten gemeinsamen Vorfahren in die Zeit vor 2,5 Millionen Jahren verlegen. So lange haben die beiden Abstammungslinien gebraucht, damit sich ihre Veränderungen – jeweils 2% in einer Million Jahren – zu den beobachteten 10% addieren konnten.

tionsbedingten Veränderungen unterliegen, zu bevorzugen. Sehr deutlich werden diese Schwierigkeiten, wenn man die Vermutungen über den Entstehungszeitpunkt der höheren Taxa (Familien und Ordnungen) von Säugetieren und Vögeln betrachtet. Die ältesten Fossilien fallen in der Regel in den Zeitraum vor 50 bis 70 Millionen Jahren; ältere Funde gibt es nicht, obwohl man aus der entscheidenden Zeit über ausgezeichnete Fossil-Lagerstätten verfügt. Molekularbiologischen Befunden zufolge müssen diese Taxa aber bereits in der frühen Kreidezeit vor mehr als 100 Millionen Jahren entstanden sein. Hat sich die Laufgeschwindigkeit der molekularen Uhr verändert?

Neutrale Evolution

Wie man auf Grund molekularbiologischer Untersuchungen weiß, kommen häufig Mutationen vor, ohne dass das neu entstandene Allel zu einer veränderten Fitness des Phänotyps führt. Solche Mutationen bezeichnete Kimura (1983) als neutrale Evolution, andere Autoren sprachen stattdessen von nicht darwinistischer Evolution. Beide Begriffe sind irreführend. Evolution betrifft die Fitness der Individuen und Populationen, nicht aber die der Gene. Wenn ein von der Selektion begünstigter Genotyp einige neu entstandene, völlig neutrale Allele als Trittbrettfahrer mitschleppt, hat dies auf die Evolution keinen Einfluss. Kimura hat aber Recht mit seinem Hinweis, dass die vielfältigen molekularen Abweichungen im Genotyp zu einem großen Teil auf neutrale Mutationen zurückzuführen sind. Da sie sich nicht auf den Phänotyp auswirken, sind sie gegenüber der Selektion immun.

Artenwandel und Artensterben

In der Paläontologie machte man die verblüffende Beobachtung, dass die Lebenswelt sich von einer Periode der Erdgeschichte zur nächsten stetig verändert. Neue Arten kommen hinzu und alte verschwinden, weil sie aussterben. Das Artensterben verläuft nicht ständig mit der gleichen Geschwindigkeit, in der Regel stirbt aber in einem beliebigen Zeitraum jeweils nur eine relativ geringe Zahl von Arten aus. Dieses *Hintergrund-Aussterben* gibt es seit dem Beginn des Lebens auf der Erde (Nitecki 1984). Der Grund scheint zu sein, dass jeder Genotyp nur eine begrenzte Veränderungsfähigkeit besitzt, und diese Einschränkung kann sich bei bestimmten – insbesondere plötzlichen – Veränderungen der Umweltbedingungen als tödlich erweisen. So stellen sich beispielsweise unter Umständen nicht die erforderlichen Mutationen ein, wenn das Klima sich wandelt oder plötzlich ein neuer Konkurrent, natürlicher Feind oder Krankheitserreger auftaucht. Jede Population, die nicht mehr genügend Nachkommen hervorbringt, um den aus natürlichen Ursachen eintretenden Verlust zu ergänzen, stirbt aus. Kein Lebewesen ist vollkommen; wie schon Darwin deutlich machte, muss jeder Organismus nur so gut sein, dass er erfolgreich mit seinen derzeitigen Konkurrenten in Wettbewerb treten kann. Tritt eine Notsituation ein, steht unter Umständen nicht genügend Zeit zur Verfügung, um eine angemessene genetische Umstrukturierung abzuschließen; dann ist das Aussterben die Folge. Dieses stetige Aussterben einzelner Arten ist in fast allen Fällen auf biologische Ursachen zurückzuführen. Außerdem beobachtet man in der Regel, dass eine Spezies umso leichter ausstirbt, je kleiner ihre Population ist. Gelegentlich haben sich aber auch kleine Populationen anscheinend dem Aussterben erfolgreich widersetzt.

Das tatsächliche Aussterben sollte man nicht mit dem Pseudoaussterben verwechseln. Mit diesem Begriff bezeichnet man in der Paläontologie manchmal einen Vorgang, durch den eine Art sich zu einer neuen Art weiterentwickelt, sodass die Paläontologen ihr dann einen neuen Namen geben. Deshalb verschwindet der alte Name dann von den Listen der Tierarten. Die biologische Gruppe, die den Namenswechsel erlebt hat, ist aber keineswegs ausgestorben, sondern ihr scheinbares Verschwinden ist einfach nur auf einen Namenswechsel zurückzuführen.

In einigen Fällen hat sich in der äußeren Umwelt keine erkennbare Veränderung abgespielt, und dennoch ging es mit einer größeren Gruppe von Lebewesen bergab, bis sie schließlich ausstarb. So erging es möglicherweise den Trilobiten. In Ermangelung einer besseren Antwort äußerten Paläontologen die Vermutung, diese Tiere seien im Wettbewerb mit den »physiologisch überlegenen«, neu entstandenen Muscheln zu Grunde gegangen. Das hört sich zwar nach einer plausiblen Theorie an, die Belege, die dafür sprechen, erscheinen aber bisher sehr unzureichend. Manche Fachleute machen mittlerweile auch für das Aussterben der Trilobiten eine Klimaveränderung verantwortlich.

Konkurrenz

Häufig stehen eine oder mehrere Ressourcen, die eine Population benötigt, nur in begrenztem Umfang zur Verfügung. In solchen Fällen konkurrieren die Individuen der Population untereinander (intraspezifische Konkurrenz). Dieser Wettbewerb ist ein Teil des Kampfes ums Überleben. Er kann einfach darin bestehen, dass die begrenzten Ressourcen aufgebraucht werden, oder die Konkurrenten beeinträchtigen einander sogar gegenseitig. Außerdem sind in der ökologischen Fachliteratur zahlreiche Beispiele für den Wettbewerb zwischen Individuen verschiedener Arten beschrieben. Dabei muss es sich nicht immer um ähnliche Arten handeln: Auch Ameisen und kleine Nagetiere konkurrieren beispielsweise in den Wüsten der südwestlichen USA um Samenkörner. Stehen zwei Arten in allzu starkem Wettbewerb, wird eine von beiden ausgelöscht. In solchen Fällen gilt das Konkurrenzausschlussprinzip: Es besagt, dass zwei oder mehrere untereinander im Wettbewerb stehende Arten nicht auf unbegrenzte Zeit nebeneinander existieren können, wenn sie genau die gleichen Ressourcen nutzen. Die Unterschiede können allerdings recht geringfügig sein – in der Literatur wird über Fälle berichtet, in denen man bei zwei gleichzeitig existierenden, konkurrierenden Arten keinerlei Unterschiede in der Nutzung der Ressourcen feststellen konnte. Aber so etwas ist recht selten. Normalerweise ist die Konkurrenz ein wichtiger Teil des Selektionsdruckes, dem die Individuen einer Population ausgesetzt sind. Der Wettbewerb zwischen zwei Arten um eine begrenzte Ressource ist anscheinend häufig der Grund, warum eine der beiden ausstirbt.

Massenaussterben

Etwas ganz anderes als das stetige Verschwinden einzelner Arten ist das so genannte *Massenaussterben* (Nitecki 1984). Dabei wird ein großer Teil der Lebensgemeinschaften in einem nach geologischen Maßstäben sehr kurzen Zeitraum ausgelöscht. Das Massenaussterben hat physikalische Ursachen. Am berühmtesten ist das Ereignis am Ende der Kreidezeit, das zum Verschwinden der Dinosaurier und vieler anderer Meeres- und Landbewohner führte.

Tabelle 10.1 Massenaussterben

Aussterbeereignis	Alter (x 10^6 Jahre)	Familien (%)	Gattungen (%)	Arten (%)
spätes Eozän	35,4	–	15	35+/–8
Ende der Kreidezeit	65,0	16	47	76+/–5
Anfang der späten Kreidezeit	90,4	–	26	53+/–7
Ende der Jurazeit	145,6	–	21	45+/–7,5
Anfang der Jurazeit	187,0	–	26	53+/–7
Ende des Trias	208,0	22	53	80+/–4
Ende des Perm	245,0	51	82	95+/–2
spätes Devon	367,0	22	57	83+/–4
Ende des Ordoviziums	439,0	26	60	85+/–3

Die Ursachen dieses katastrophalen Aussterbens waren lange Zeit rätselhaft; heute erklärt man es entsprechend dem Vorschlag von Walter Alvarez mit dem Einschlag eines Asteroiden, der vor 65 Millionen Jahren auf der Erde niederging. Den Einschlagkrater hat man mittlerweile an der Spitze der Halbinsel Yucatán in Mittelamerika entdeckt. Die riesige Staubwolke, die durch den Einschlag entstand, hatte einen drastischen Abfall der Temperatur auf der Erde und andere widrige Umweltbedingungen zur Folge, sodass ein großer Anteil der damals vorhandenen Lebensformen ausstarb. Bei den Reptilien verschwanden zwar die Dinosaurier, aber andere Arten dieser Gruppe, beispielsweise Schildkröten, Krokodile, Eidechsen und Schlangen, überlebten. Auch einige unauffällige, vermutlich nachtaktive Säugetiere überstanden die Katastrophe und erlebten dann im Paläozän und Eozän eine großartige Vermehrung der Artenzahl; dabei entstanden alle Ordnungen und viele Familien der heute lebenden Säugetiere. Die wenigen aus der Kreidezeit überlebenden Vogelarten machten anscheinend in den ersten 20 Millionen Jahren des Tertiär eine ähnlich explosive Auseinanderentwicklung durch.

Seit dem Beginn des Lebens auf der Erde gab es noch mehrere weitere Ereignisse des Massenaussterbens; am besten belegt sind jene, die sich seit der Entstehung der Tiere (Metazoa) abspielten (Tabelle 10.1). Das schwerwiegendste dieser Aussterbeereignisse, das offenbar noch katastrophalere Ausmaße hatte als das von

Alvarez beschriebene, fand am Ende der Permzeit statt und führte nach Schätzungen zur Auslöschung von 95 Prozent der damals existierenden Arten. Es wurde offensichtlich nicht durch einen Asteroideneinschlag ausgelöst, sondern durch eine Veränderung des Klimas oder der chemischen Zusammensetzung der Erdatmosphäre. Darüber hinaus kam es noch in drei weiteren Phasen, nämlich im Trias, Devon und Ordovizium, jeweils ebenfalls zum Massenaussterben, wobei zwischen 76 und 85 Prozent der zu der betreffenden Zeit lebenden Arten verschwanden. Auch heute leben wir in einer Ära des Massenaussterbens; die Ursache ist dieses Mal aber die Zerstörung von Lebensräumen und die Umweltverschmutzung, die durch den Menschen verursacht werden.

Kleinere Aussterbeereignisse betrafen einzelne Gruppen von Lebewesen. Während einer Dürrezeit im Pliozän (vor etwa sechs Millionen Jahren) wurden die weicheren C3-Gräser in Nordamerika weitgehend von den widerstandsfähigen C4-Gräsern verdrängt, die dreimal so viel Siliziumverbindungen enthalten. Bei den Pflanzen fressenden Pferden verschwanden daraufhin alle Arten mit Ausnahme jener, die über die längsten Zähne verfügten.

Die Phase im Pleistozän vor 10 000 Jahren, in deren Verlauf ein erheblicher Teil der großen Säugetiere auf allen Kontinenten einschließlich Australiens ausstarben, fällt offenbar mit einer Zeit der klimatischen Belastung zusammen, aber auch mit dem Auftauchen der ersten leistungsfähigen menschlichen Jäger. Zum Aussterben trugen wahrscheinlich beide Faktoren bei. Dass Menschen in der Tierwelt vieler Inseln (Hawaii, Neuseeland, Madagaskar und andere) die Ursache des Aussterbens waren, ist gut belegt.

Gegen das Massenaussterben schützt die natürliche Selektion natürlich nicht. Höchstwahrscheinlich ist das Überleben bei einem solchen Aussterbeereignis in beträchtlichem Umfang vom Zufall abhängig. Wer hätte beispielsweise zu Beginn der Kreidezeit vorausgesagt, dass die Dinosaurier – zu jener Zeit die erfolgreichste Gruppe der Wirbeltiere, die eine große Vielfalt ökologischer Nischen besetzten – 60 Millionen Jahre später durch das Alvarez-Ereignis vollkommen ausgerottet werden würden? Auch andere zuvor dominierende Gruppen starben am Ende der Kreidezeit aus, darunter viele Meeresbewohner wie die Nautilusartigen und die Ammoniten, die beide zuvor höchst erfolgreich gewesen waren. Auch mit noch so viel natürlicher Selektion konnte sich bei ihnen kein Genotyp entwickeln, der ihnen das Überleben ermöglicht hätte.

Hintergrund-Aussterben und Massenaussterben sind in vielerlei Hinsicht grundlegend unterschiedliche Vorgänge. Beim Hintergrund-Aussterben überwiegen biologische Ursachen und natürliche Selektion, beim Massenaussterben dagegen stehen physikalische Faktoren und Zufall im Vordergrund. Vom Hintergrund-Aussterben sind einzelne Arten betroffen, vom Massenaussterben dagegen höhere systematische Gruppen in ihrer Gesamtheit. Manche höheren systematischen Gruppen sind allerdings anfälliger für das Massenaussterben als andere. Wenn man das Aussterben statistisch analysiert, sollte man beide Typen nie in einen Topf werfen.

Größere Übergänge

Obwohl die Makroevolution allmählich verläuft, ist sie von zahlreichen wichtigen Neuerungen gekennzeichnet, die nach Ansicht mancher Autoren entscheidende Schritte in der Weiterentwicklung des Lebendigen darstellen. Das beginnt schon bei den mutmaßlichen Übergängen, die mit der Entstehung des Lebens und der Entwicklung der Prokaryonten zu tun haben. Die Evolution des Lebendigen von den Prokaryonten bis zu den vielgestaltigen Tieren und Pflanzen ist die Geschichte zahlreicher derartiger Veränderungen, darunter der Aufstieg der Eukaryonten (mit einem membranumhüllten Zellkern, Chromosomen, Mitose, Meiose und Sexualität), die Symbiose der Zellorganellen, Vielzelligkeit, Gastrulation, Segmentierung, Spezialisierung der Organe, verbesserte Sinnesorgane, Höherentwicklung des Nervensystems, Brutpflege und Kulturkreise. Fast alle diese Schritte trugen anscheinend zur besseren Anpassung der Abstammungslinien bei, in denen sie auftraten (Maynard Smith und Szathmary 1995).

Der Ursprung entwicklungsgeschichtlicher Neuerungen

Manche Darwin-Kritiker räumten freimütig ein, eine vorhandene Struktur könne durch Gebrauch und Nichtgebrauch oder durch natürliche Selektion verbessert werden, aber wie, so fragten sie, können solche Vorgänge zu einer völlig neuen Struktur führen? Eine typische Frage lautet zum Beispiel: »Wie kann man die Entstehung der Flügel bei den Vögeln mit der natürlichen Selektion erklären?« Ein kleiner Flügel, so diese Ansicht, wäre zum Fliegen nutzlos und würde deshalb keinen Selektionsvorteil bieten. Natürliche Selektion könne erst dann wirksam werden, wenn bereits eine funktionierende Struktur vorhanden ist. Diese Behauptung ist in Wirklichkeit aber nur die halbe Wahrheit, denn eine bereits vorhandene Struktur kann durch eine Verhaltensänderung eine zusätzliche Funktion übernehmen, und diese wandelt dann die ursprüngliche Struktur so ab, dass daraus in der Evolution etwas Neues wird. Entwicklungsgeschichtliche Neuerungen können auf zwei Wegen erworben werden: durch die Verstärkung einer Funktion oder durch die Übernahme einer völlig neuen Aufgabe (Mayr 1960).

Verstärkung der Funktion. Bei der normalen, allmählichen Evolution unterscheiden sich die meisten später entstandenen systematischen Gruppen nur quantitativ von ihren Vorfahren. Sie sind vielleicht größer, können sich schneller fortbewegen, besitzen eine raffiniertere Färbung oder weichen in der Ausprägung einer anderen Eigenschaft von den älteren Gruppen ab. Die Endprodukte des allmählichen entwicklungsgeschichtlichen Wandels sind aber häufig von ihren allerersten Vorfahren so verschieden, dass es den Anschein hat, als habe ein größerer Sprung stattgefunden. Ein gutes Beispiel sind die Vordergliedmaßen der Säugetiere. Sie sind normalerweise an das Gehen angepasst, bei Maulwürfen und anderen unter der Erde lebenden Säugetieren jedoch eignen sie sich gut zum Graben; bei Arten, die – wie die großen und kleinen Affen – auf Bäumen leben, sind sie zum Greifen geeignet, bei Wasser bewohnenden Säugetieren sind sie zu Paddeln oder Flossen geworden, und bei Fledermäusen schließlich haben sie sich in Flügel verwandelt. In allen diesen Fällen außer dem zuletzt genannten handelt es sich nur um die Fortentwicklung eines ohnehin vorhandenen Potenzials. Dies bezeichnet man in der Evolutionsforschung als Verstärkung der Funktion.

Der vielleicht spektakulärste Fall der Verstärkung einer Funktion ist das Auge. Für Darwin war es noch ein Rätsel, wie ein derart vollkommenes Organ sich allmählich entwickelt haben kann.

Die Lösung ergab sich aus vergleichenden anatomischen Untersuchungen verschiedener Lebewesen. Das einfachste, primitivste Stadium der Reihe, die zum Auge führt, ist ein lichtempfindlicher Fleck auf der Epidermis. Er bietet von Anfang an einen Selektionsvorteil, und jede weitere Abwandlung des Phänotyps, die zu einer verbesserten Funktion des lichtempfindlichen Flecks führt, wird von der Selektion begünstigt. Solche Abwandlungen sind zum Beispiel die Einlagerung von Pigment rund um den Fleck, jede Verdickung der Epidermis, die schließlich zur Entwicklung einer Linse führt, die Entstehung von Muskeln, die das Auge bewegen können, und andere Hilfsstrukturen; am wichtigsten ist aber natürlich die Entstehung eines lichtempfindlichen Nervengewebes nach Art einer Netzhaut.

Lichtempfindliche, augenähnliche Organe haben sich in der Tierwelt mindestens vierzigmal unabhängig voneinander entwickelt, und auch bei heute lebenden Arten aus verschiedenen Taxa findet man alle Schritte vom einfachen lichtempfindlichen Fleck bis zu den kompliziert gebauten Augen der Wirbeltiere, Kopffüßer und Insekten (Abb. 10.2). Unter ihnen sind auch Zwischenstadien, und damit ist die Behauptung widerlegt, die allmähliche Evolution eines kompliziert gebauten Auges sei undenkbar (Salvini-Plawen und Mayr 1977). Den meisten lichtempfindlichen Organen der Wirbellosen fehlt die Perfektion des Wirbeltier-, Kopffüßer- und Insektenauges, aber auch ihre Entstehung und nachfolgende Evolution wurden von der natürlichen Selektion vorangetrieben. Solange eine Variante überlegen war, wurde sie begünstigt, wobei mehrere geringfügige Vorteile einander gegenseitig verstärkten.

Jedes Individuum besitzt gegenüber anderen Mitgliedern seiner Population eine Fülle – vielleicht Hunderte – sehr geringfügiger Unterschiede. Manchmal entstand der Eindruck, diese Unterschiede seien zu klein, als dass sie von der natürlichen Selektion begünstigt werden könnten. Dabei übersieht man aber, dass viele kleine Vorteile sich zum Effekt eines großen Vorteils addieren können. Solche geringfügigen Vorteile sammeln sich im Laufe der Generationen an und spielen deshalb in der Evolution eine immer größere Rolle. Eine kleine Pigmentanhäufung und ein lichtempfindlicher Fleck zum Beispiel sind vielleicht noch kein auffälliges Ziel für die Selektion, aber sie führen zusammen mit mehreren an-

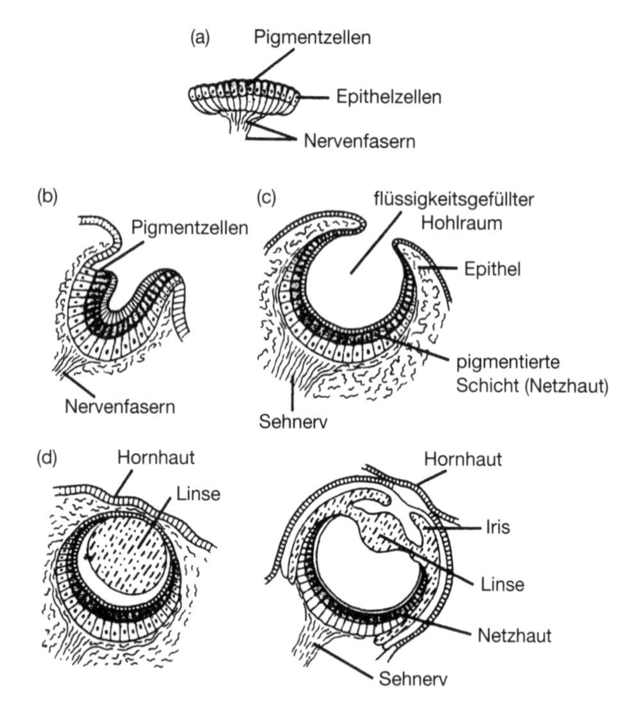

Abb. 10.2 Evolutionsstadien des Weichtierauges. (a) Pigmentfleck; (b) einfache pigmentierte Vertiefung; (c) Augenbecher der Abalonemuschel; (d) kompliziertes Linsenauge von Meeresschnecken und Tintenfischen. *Quelle*: Freeman/Herron, *Evolutionary Analysis*, 2. Aufl., Copyright 1997. Nachdruck mit Genehmigung von Pearson Education, Inc., Upper Saddle River, NJ.

deren, ebenso geringfügigen Vorteilen des Phänotyps zu verbesserten Überlebenschancen.

Die Entstehung von Augen in 40 Zweigen des Evolutionsstammbaumes galt immer als Beispiel für unabhängige, konvergente Entwicklung. Mittlerweile wissen wir aber auf Grund molekularbiologischer Befunde, dass diese Ansicht nicht ganz stimmt. Vor kurzem wurde ein übergeordnetes Regulationsgen namens *Pax 6* entdeckt, das offensichtlich in ganz unterschiedlichen Ästen des Stammbaumes die Entwicklung der Augen steuert (siehe Kapitel 5). Das gleiche Gen kommt aber auch in systematischen Gruppen vor, deren Arten überhaupt keine Augen besitzen. Offensichtlich ist *Pax 6* ein ganz grundlegendes Regulationsgen, das vermutlich im Nervensystem noch andere Aufgaben erfüllt. Mit molekularbiologischen Methoden hat man noch eine ganze Reihe weiterer grundlegender Regulationsgene entdeckt, die sich in manchen Fällen bis in eine Zeit vor der Aufspaltung der großen Tierstämme zurückverfolgen lassen. Wenn das Überleben durch den Erwerb einer neuen Struktur oder einer anderen Eigenschaft begünstigt wird, bedient sich die Selektion aller Moleküle, die im Genotyp bereits vorhanden sind.

Das Auge ist auch in der Welt des Lebendigen keineswegs der einzige Fall, in dem eine Struktur bei ganz unterschiedlichen Arten von Lebewesen mehrere Male entstanden ist. Nachdem sich bei den Tieren die Lichtrezeptoren entwickelt hatten, entstand bei verschiedenen biologischen Arten mindestens dreißigmal unabhängig die Biolumineszenz. Dabei wurden in den meisten Fällen grundsätzlich ähnliche biochemische Mechanismen genutzt. In den letzten Jahren wurde eine wahre Fülle ähnlicher Fälle entdeckt, und vielfach wird dabei das verborgene, von den ersten Vorfahren ererbte Potenzial des Genotyps genutzt.

Funktionswechsel. Ist eine Verstärkung von Funktionen der einzige Weg, auf dem komplizierte neue Organe entstehen können? Die Antwort auf diese Frage lautet: Nein. Es gibt tatsächlich einen zweiten Vorgang, der die gleiche Wirkung hat, und auf ihn wiesen Darwin, Anton Dohrn und A. N. Sewertzoff besonders hin: Neue Organe können auch dadurch erworben werden, dass eine vorhandene Struktur ihre Funktion wechselt. Eine solche Veränderung erfordert, dass die Struktur sowohl die alte als auch die neue Aufgabe gleichzeitig ausführen kann. So wurden beispielsweise die Gleitflügel der primitiven Vögel irgendwann auch zum Flatterflug verwendet. Zahlreiche Neuerungen der Evolution lassen sich auf diese Weise erklären. Die Schwimmpaddel von *Daphnia* waren ursprünglich Antennen (das heißt Sinnesorgane) und üben diese Funktion auch heute noch aus, gleichzeitig dienen sie aber jetzt auch der Fortbewegung. Bei den Fischen verwandelte sich die Lunge in eine Schwimmblase, und die Extremitäten der Gliederfüßer übernahmen eine ganze Reihe neuer Aufgaben. In vielen Fällen spricht man besser nicht von einer neuen Funktion, sondern von einer neuen ökologischen Aufgabe. Die Fähigkeit einer Struktur, auf diese Weise eine neue Funktion zu übernehmen, bezeichnet man als *Präadaptation*; dies ist ein rein deskriptiver Begriff, der keinerlei teleologische Kräfte unterstellt.

Alle besonders spektakulären neuen Körperteile oder Verhaltensweisen entstanden in der Geschichte der Lebewesen durch einen Wechsel der ökologischen Aufgabe. Solche Verschiebungen zeigen besonders augenfällig, wie opportunistisch die Evolution funktioniert. Wie Jacob (1977) mit seinem *principle of tinkering* (»Prinzip des Herumspielens«) deutlich macht, kann jede vorhandene Struktur für einen neuen Zweck verwendet werden.

Auch bei der Artbildung dürfte ein Funktionswechsel in einigen Fällen eine Rolle spielen. Insbesondere bei der sympatrischen Artbildung kommt es durchaus vor, dass ein Faktor, der von der sexuellen Selektion begünstigt wird, die neue Funktion eines verhaltensbedingten Isolationsmechanismus übernimmt.

Jeder Funktionswechsel scheint ein Sprung zu sein, in Wirklichkeit handelt es sich aber immer um den allmählichen Wandel von Populationen. Zunächst ist in einer Population nur ein einziges Individuum betroffen; für die Evolution erlangt die Veränderung erst dann eine Bedeutung, wenn sie von der natürlichen Selektion begünstigt wird und sich allmählich auf die anderen Individuen der Population sowie später auf die anderen Populationen der Art ausbreitet. Auch die Evolution durch Funktionswechsel ist also ein allmählicher Prozess.

Adaptive Radiation

Jedesmal, wenn eine biologische Art sich eine neue Fähigkeit zu Eigen macht, erwirbt sie gewissermaßen den Schlüssel zu einer anderen ökologischen Nische oder Anpassungszone in der Natur. Der Zweig der Reptilien, der die Federn erfand und später die Fähigkeit zum Fliegen erwarb, eroberte sich eine riesige neue Anpassungszone. Deshalb gibt es heute ungefähr 9800 Vogelarten, im Vergleich zu nur 4800 Arten von Säugetieren und 7150 Reptilienarten. Besonders erfolgreich ist der Körperbauplan, den wir »Insekten« nennen: Er hat mehrere Millionen Arten hervorgebracht. Dagegen war allen Versuchen der Vögel, im Wasser heimisch zu werden, nur mäßiger Erfolg beschieden. Es gibt rund 150 Arten entenähnlicher Vögel sowie einige Lappentaucher (20), Alken (21) und Taucher (4), und die Pinguine, die von allen Wasser bewohnenden Vögeln am besten an das nasse Element angepasst sind, gliedern sich in 15 Arten; nur 2 Prozent aller Vogelarten sind also Wasserbewohner. Unter den Säugetieren ist eine beträchtliche Zahl von Arten erfolgreich zu Blattfressern geworden, unter den Vögeln jedoch haben nur wenige diese Nische erobert, darunter mit größtem Erfolg das Schopfhuhn (Hoatzin). Und keiner einzigen Amphibienart ist es gelungen, sich an Salzwasser anzupassen.

Die Entwicklung des Lebendigen: eine Geschichte der adaptiven Radiation

Wenn es einer Abstammungslinie gelingt, sich in zahlreichen unterschiedlichen Nischen und Anpassungszonen durchzusetzen, spricht man von *adaptiver Radiation*. Am auffälligsten ist sie in den höheren systematischen Einheiten. Die Reptilien entwickelten sich in der Evolution zu Krokodilen, Schildkröten, Eidechsen, Schlangen, Ichthyosauriern und Pterosauriern, ohne dabei ihren Grundbauplan aufzugeben. Bei den Säugetieren entstanden Mäuse, Affen, Fledermäuse und Wale; die Evolution der Vögel führte in die Nischen von Falken, Störchen, Singvögeln, Straußen, Kolibris und Pinguinen. Jede dieser Gruppen besetzte in der Natur ihre eigenen Nischen, ohne dass sich an dem ursprünglichen Typ des Bauplans etwas Wesentliches verändert hätte.

Eigentlich kann man den ganzen Aufstieg des Lebendigen als adaptive Radiation in der zeitlichen Dimension betrachten. Von den allerersten selbstverdoppelnden Molekülen über die Entstehung membranumhüllter Zellen, die Bildung der Chromosomen und der mit einem Zellkern ausgestatteten Eukaryonten, die ersten vielzelligen Lebewesen, den Erfolg der wechselwarmen Physiologie und die Evolution eines großen, höchst komplexen Zentralnervensystems ermöglichte jeder Schritt die Nutzung einer anderen Gruppe von Ressourcen aus der Umwelt, das heißt die Eroberung einer anderen Anpassungszone.

Unterschiedlichkeit

Die Vielfalt des Lebendigen hat eine Fülle verschiedener Formen. Sie kann sich rein quantitativ ausdrücken wie bei den großen Kolonien der Ameisen und Termiten oder in der Zahl der Arten einer

Familie wie bei den Rüsselkäfern (und der Ordnung der Käfer insgesamt) sowie natürlich in der riesigen Biomasse der Prokaryonten. Aber Vielfalt findet man auch im Ausmaß der Unterschiede, in der Zahl verblüffend unterschiedlich gebauter Lebewesen. Hier hat die Evolution zu einer echten Überraschung geführt. Betrachtet man den Aufstieg der Metazoa (das heißt der Tiere), so würde man damit rechnen, dass sie kurz nach ihrem ersten Auftauchen in den Fossilfunden aus einer Reihe recht ähnlicher Ordnungen bestanden, die sich im Laufe der Zeit immer weiter auseinander entwickelten. Die Wirklichkeit sieht aber ganz anders aus! In den ersten, etwa 550 Millionen Jahre alten Fossilien von Metazoen (die es damals allerdings schon seit etwa 200 Millionen Jahren gegeben haben muss) findet man vier bis sieben bizarre Körperbaupläne, die bald darauf ausstarben. Alle anderen Stämme aus dem Kambrium überlebten, und zwar überraschenderweise ohne größere spätere Umgestaltung ihres Grundbauplanes. Betrachtet man einzelne Stämme, findet man das Gleiche. Die heutigen Klassen der Gliederfüßer sind mit dem gleichen Körperbauplan bereits im Kambrium vorhanden. Darüber hinaus gibt es aber wiederum im Kambrium eine Hand voll seltsamer Gliederfüßertypen, die heute nicht mehr existieren. Auf Grund dieser Befunde bin ich wie andere der Ansicht, dass im Kambrium eine größere Vielfalt von Körperbauplänen realisiert war als heute. Außerdem ist in den 500 Millionen Jahren seit dem Kambrium kein grundlegender Körperbauplan mehr neu entstanden.

Die Lösung für dieses Rätsel muss aus der Entwicklungsbiologie kommen. Bei den heutigen Tierstämmen wird die Entwicklung durch die *Hox*-Gene und andere Regulationsgene in enge Bahnen gelenkt. Es gibt Anhaltspunkte dafür, dass dieses Steuerungssystem seit dem Kambrium erheblich strenger geworden ist. Als die Metazoen entstanden, war die Fähigkeit des Regulationssystems, die Entwicklung zu kanalisieren, offensichtlich erst in Ansätzen vorhanden. Damals konnten scheinbar geringfügige Mutationen zu völlig neuartigen Strukturen führen. Diese »Konstruktionsfreiheit« ging mit der zunehmenden Vervollkommnung des Regulationsapparates verloren, und heute, mehrere hundert Millionen Jahre später, können zwar noch Buntbarsche mit unterschiedlichen Fressgewohnheiten entstehen, aber alle sind dennoch Buntbarsche. Die Behauptung, es gebe bei den Körperbauplänen der heute lebenden Tiere noch die gleiche Unterschiedlichkeit wie im Kambrium, stimmt einfach nicht. Aber der Gegensatz zwischen der auf Neuerungen angelegten Tierwelt des Kambriums und dem konservativen Charakter der heutigen Baupläne stellt kein unlösbares Rätsel mehr dar, wenn man die jüngsten Erkenntnisse der molekularen Entwicklungsbiologie angemessen in Rechnung stellt.

Koevolution

Immer wenn zwei Arten von Lebewesen in Wechselwirkung treten – beispielsweise als Räuber und Beute, Wirt und Parasit, Blütenpflanze und bestäubendes Insekt –, üben sie gegenseitig einen Selektionsdruck aufeinander aus. Dies hat zur Folge, dass sie sich gemeinsam weiterentwickeln. Ein Beutetier kann sich beispielsweise bessere Fluchtmechanismen zu Eigen machen, die dann wiederum den Räuber zwingen, seine Angriffsfähigkeiten zu verbessern. Viele Evolutionsvorgänge laufen in Form einer solchen *Koevolution* ab.

Tiere, welche die Blüten von Pflanzen bestäuben, ob es nun Schmetterlinge, andere Insekten, Vögel oder Fledermäuse sind, haben sich an die Blüten ihrer Wirtspflanzen angepasst, und die Blüten haben sich ihrerseits im Laufe der Evolution so entwickelt, dass die Bestäubung möglichst gut gelingt. Darwin untersuchte in einer faszinierenden Studie die Anpassung der Orchideen an den Bestäubungsvorgang. Wenn man in der Natur Fälle von Symbiose oder Mutualismus findet, unterliegen sie auf Grund der natürlichen Selektion immer einer solchen Koevolution.

Pflanzen schützen sich durch die Produktion aller möglichen giftigen Substanzen vor Pflanzenfressern, beispielsweise mit Alkaloiden, die sie für viele Tiere ungenießbar machen. Zur Lösung dieses Problems entwickeln die Pflanzenfresser ihrerseits Enzyme, welche die Giftstoffe abbauen. Daraufhin entwickeln die Pflanzen wiederum neue Verbindungen, um sich zu schützen. Die Pflanzenfresser müssen weitere geeignete Entgiftungsenzyme entwickeln, um sich gegen die neuen Giftstoffe zur Wehr zu setzen. Eine solche Serie von Wechselbeziehungen wurde auch als »evolutionärer Rüstungswettlauf« bezeichnet, und derartige Phänomene findet man bei den Lebewesen in fast unbegrenzter Zahl. Meeresschnecken zum Beispiel schützen sich gegen Schnecken fressende Krebse durch die Evolution eines kräftigeren Gehäuses, dessen Struktur außerdem mit allen möglichen Mitteln so gestaltet wird, dass der Krebs es möglichst nicht zermalmen kann. Bei den Krebsen wiederum entwickeln sich kräftigere Scheren, was die Schnecken zur Produktion noch widerstandsfähigerer Gehäuse veranlasst, und so weiter.

Für einen Krankheitserreger ist es natürlich nicht die beste Evolutionsstrategie, seinen Wirt auszurotten. Im Gegenteil: Die Evolution weniger bösartiger Stämme sollte belohnt werden. Manchmal kann man einen solchen Evolutionsvorgang tatsächlich beobachten. Als man beispielsweise in Australien gezielt das Myxomatosevirus aussetzte, um die überhand nehmende Kaninchenpopulation einzudämmen, töteten die bösartigsten Stämme des Erregers ihre Wirtstiere so schnell, dass keine Viren mehr auf andere Kaninchen übertragen werden konnten. Die Folge war, dass die besonders tödlichen Stämme ausstarben. Kaninchen, die von weniger bösartigen Stämmen angegriffen wurden, überlebten länger und wurden zur Ansteckungsquelle für ihre Artgenossen. Schließlich führte diese Evolution zu weitaus weniger virulenten Stämmen, die nur einen bestimmten Prozentsatz der Kaninchen töteten, während der größte Teil überlebte. Gleichzeitig starben die anfälligsten Kaninchen, und es entstand eine Population von Kaninchen, die weniger leicht durch das Myxomatosevirus erkrankte.

In einem ähnlichen Fließgleichgewicht befinden sich derzeit die meisten europäischen Infektionskrankheiten. Die Bevölkerung Europas ist über die Jahrtausende hinweg in einem gewissen Umfang resistent gegen die betreffenden Erreger geworden, sodass die Sterblichkeit heute relativ gering ist. Anders jedoch bei fremden Bevölkerungsgruppen, die nach 1492 erstmals mit den Europäern in Kontakt kamen. Auf der ganzen Welt, insbesondere aber in Amerika, wurde die einheimische Bevölkerung durch Epidemien europäischer Infektionskrankheiten dahingerafft, insbesondere durch die Pocken. Die Zahl der amerikanischen Ureinwohner – zu der Zeit, als Kolumbus zum ersten Mal auf den Bahamas landete, schätzungsweise 60 Millionen Menschen – war 20 Jahre später auf nur fünf Millionen geschrumpft. Diese Krankheiten waren so tödlich, weil die amerikanische Urbevölkerung keine Koevolution mit ihnen durchgemacht hatte. Als die Krankheitserreger sich dann ausbreiteten, waren die Menschen ihnen schutzlos ausgesetzt.

Innere Parasiten wie Band-, Saug- und Fadenwürmer werden in der Regel allmählich immer spezifischer für einen bestimmten Wirt; nachdem sie einen neuen Organismus besiedelt haben, machen sie mit diesem zusammen eine Koevolution durch. Spaltet sich die Spezies des Wirtes in zwei Arten auf, tut der Parasit zu gegebener Zeit das Gleiche. Deshalb kann man in manchen Fällen für Parasiten einen phylogenetischen Stammbaum konstruieren, der zu dem des Wirtes parallel verläuft. Allerdings gibt es Ausnahmen, denn hin und wieder gelingt es einem Parasiten, auf eine ganz andere Abstammungslinie von Wirtsorganismen überzugehen. Diese Regel gilt nicht nur für innere Parasiten, sondern ebenso auch für äußere wie Läuse, Läuslinge (Kieferläuse) und Flöhe.

Symbiose

In Erörterungen über die Evolution richtet sich nicht annähernd genug Aufmerksamkeit auf die überwältigende Bedeutung der Symbiose. Als *Symbiose* bezeichnet man das Zusammenwirken zweier Arten von Lebewesen in einem System der gegenseitigen Hilfeleistung. Ein häufig genanntes Beispiel sind die Flechten, ein System aus einem Pilz und einer Alge. Sehr verbreitet ist die Symbiose anscheinend bei Bakterien, wo ganze Lebensgemeinschaften eine gemeinsame Evolution durchmachen; dies gilt beispielsweise für die Bodenbakterien, deren einzelne Arten unterschiedliche Stoffwechselprodukte herstellen und damit ihren Nachbararten helfen.

Alle Insekten, die sich von Pflanzen und Pflanzensäften ernähren, besitzen in ihren Zellen eigene Symbionten, die geeignete Enzyme zur Verdauung des pflanzlichen Materials produzieren. Auch bei Blut saugenden Insekten erleichtern häufig Symbionten in den Zellen die Verwertung des aufgenommenen Materials.

Das wichtigste Ereignis in der Geschichte des Lebens auf der Erde, die Entstehung der ersten Eukaryonten, begann offensichtlich mit der Symbiose zwischen einem Eu- und einem Archaebakterium, das dann zu einem Mischwesen aus den beiden Bakterienarten wurde. Im weiteren Verlauf nahm der neue Eukaryont symbiontische Purpurbakterien auf, die sich zu Mitochondrien entwickelten, und bei Pflanzen wurden in die Zelle eingewanderte Cyanobakterien zu Chloroplasten. Auch andere Zellorganellen sind Symbionten (Margulis 1981; Margulis und Fester 1991; Sapp 1994).

Evolutionsfortschritt

Evolution ist gleichbedeutend mit gerichtetem Wandel. Seit den Anfängen des Lebens auf der Erde und dem Aufstieg der ersten Prokaryonten (Bakterien) vor 3,5 Milliarden Jahren sind die Lebewesen weitaus vielgestaltiger und komplexer geworden. Ein Wal, ein Schimpanse oder ein Mammutbaum sind sicher etwas ganz anderes als ein Bakterium. Wie kann man diesen Wandel charakterisieren?

Am häufigsten erhält man darauf die Antwort, das Leben sei einfach immer komplexer geworden. Im Ganzen betrachtet, stimmt das tatsächlich, aber es ist keine allgemein gültige Regel. Viele Abstammungslinien lassen einen Trend zur Vereinfachung erkennen – dies gilt insbesondere für die verschiedensten Spezialisten, beispielsweise Höhlenbewohner und Parasiten. Dennoch, so wird behauptet, sei Evolution mit Fortschritt verbunden. Sind nicht Wirbeltiere und Bedecktsamer (Blütenpflanzen) höher entwickelt als die »niederen« Tiere und Pflanzen, und sind sie nicht erst recht weiter fortgeschritten als die Bakterien? Wir haben uns bereits mit dieser Behauptung befasst und dabei gesehen, wie problematisch die Anwendung von Bezeichnungen wie »höher« und »niederer« ist. Tatsächlich sind die Prokaryonten, insgesamt betrachtet, ganz offensichtlich ebenso erfolgreich wie die Eukaryonten. Andererseits fand aber Generation für Generation jeder Evolutionsschritt, der schließlich zu Nagetieren, Walen, Gräsern und Mammutbäumen führte, gewissermaßen unter der Kontrolle der natürlichen Selektion statt. Führt das nicht zwangsläufig dazu, dass jede Abstammungslinie Generation für Generation immer besser wird? Die Antwort lautet: Nein, denn die meisten Wandlungen werden in der Evolution durch die Notwendigkeit erzwungen, mit den derzeitigen, vorübergehenden Veränderungen der physikalischen und biologischen Umwelt fertig zu werden. Zieht man dann noch die enorme Häufigkeit des Aussterbens und der rückschrittlichen Evolution in Betracht, kann man sich der Einsicht nicht verschließen, dass die Vorstellung von einem allgemeinen Evolutionsfortschritt abzulehnen ist. Betrachtet man jedoch einzelne Abstammungslinien zu bestimmten Zeitpunkten ihrer Evolution, gelangt man unter Umständen zu anderen Antworten. Bei einer erheblichen Zahl von Entwicklungslinien kann man während ihrer größten Blütezeit sicher von Fortschritt sprechen.

Führt Selektion zu Fortschritt und letztlich zur Vollkommenheit?

Im 18. Jahrhundert glaubte man allgemein, Gott habe die Welt in vollkommener Form erschaffen, und selbst da, wo die Vollkommenheit noch nicht erreicht sei, habe er Gesetze in Kraft gesetzt, durch die sie sich letztlich einstellen werde. In dieser Überzeugung spiegelten sich nicht nur die Gedanken der Naturtheologie wider, sondern auch der Optimismus der Aufklärung und die teleologische Denkweise (Finalismus), die zu jener Zeit weit verbreitet war. Lamarcks Evolutionstheorie ging beispielsweise von einem stetigen Aufstieg zur Vollkommenheit aus. Heute wird die Vorstellung, Evolution könne letztlich Vollkommenheit hervorbringen, von der Evolutionsforschung abgelehnt. Die meisten Fachleute sind allerdings dennoch der Ansicht, dass sich seit den Anfängen des Lebens ein gewisser Evolutionsfortschritt eingestellt hat. Der allmähliche Wandel von den Bakterien über einzellige Eukaryonten zu Blütenpflanzen und höheren Tieren wurde oftmals als fortschrittsorientierte Evolution bezeichnet. Insbesondere wurden solche Begriffe im Zusammenhang mit dem Menschen verwendet: Er galt als das Endstadium einer Reihe, die von den Reptilien über die primitiven Säugetiere zu den Plazentatieren und schließlich zu Kleinaffen, Menschenaffen und Hominiden führte. Früher herrschte fast unangefochten die Ansicht, der Mensch sei der Höhepunkt der Schöpfung, und alles, was zu seiner Vollkommenheit führe, sei fortschrittlich.

Ist die Kette vom Bakterium zum Menschen nicht tatsächlich ein Beleg für Fortschritt? Und wenn ja, wie ist dieser offenkundig fortschrittliche Wandel zu erklären? In den letzten Jahren erschien eine ganze Reihe von Büchern, in denen die Frage nach dem Evolutionsfortschritt eingehend erörtert wurde. Bei diesem Thema bestehen große Meinungsverschiedenheiten, insbesondere weil das Wort »Fortschritt« so viele Bedeutungen hat. Die Anhänger einer teleologischen Denkweise werden beispielsweise die Ansicht vertreten, Fortschritt sei auf einen inneren Drang oder ein Streben nach Vollkommenheit zurückzuführen. Darwin verneinte eine solche Kausalbeziehung, und auch die modernen Darwinisten lehnen sie ab; tatsächlich wurde nie ein genetischer Mechanismus gefunden, der einen solchen Drang steuern könnte. Man kann aber Fortschritt auch rein empirisch definieren; dann bezeichnet er das Erreichen von irgendetwas, das in irgendeiner Form besser, leistungsfähiger und erfolgreicher ist als das Frühere. Auch die Begriffe »höher« und »niederer« wurden kritisiert. »höher« ist im modernen Darwinismus kein Werturteil, sondern es bedeutet »jünger« im geologischen Zeitablauf oder höher im phylogenetischen Stammbaum. Aber ist ein Lebewesen »besser«, weil es im phylogenetischen Stammbaum an einer höheren Stelle steht? Es wird behauptet, Fortschritt sei durch größere Komplexität gekennzeichnet, durch raffinierte Arbeitsteilung zwischen den Organen, bessere Nutzung der Ressourcen aus der Umwelt und bessere Rundumanpassung. Das mag bis zu einem gewissen Grade stimmen, aber der Schädel eines Säugetiers oder Vogels ist nicht annähernd so kompliziert gebaut wie der ihrer ältesten Vorfahren, die zu den Fischen gehörten.

Kritiker des Fortschrittsbegriffs haben darauf hingewiesen, dass Bakterien in mancherlei Hinsicht mindestens ebenso erfolgreich sind wie Wirbeltiere oder Insekten – warum also, so wird gefragt, soll man Wirbeltiere im Vergleich zu den Prokaryonten als fortschrittlich bezeichnen? Die Entscheidung, wer Recht hat, hängt im Wesentlichen davon ab, was man unter Fortschritt versteht.

Betrachtet man den Ablauf der Evolution, so ist es nicht zu leugnen: Bei manchen erst in jüngerer Zeit entstandenen Taxa haben sich Anpassungen entwickelt, die das Überleben besonders gut ermöglichen. Durch die Warmblütigkeit zum Beispiel kommt ein Lebewesen mit Klima- und Wetterschwankungen besser zurecht, als es einem wechselwarmen Organismus möglich ist. Ein großes Gehirn und längere Brutpflege erlauben die Entwicklung einer Kultur und ihre Weitergabe von einer Generation zur nächsten (siehe unten). Jeder dieser Fortschritte war eine Folge der natürlichen Selektion – der Überlebende war gegenüber jenen, die nicht überlebten, im Vorteil. In diesem rein deskriptiven Sinn war die Evolution in bestimmten Abstammungslinien sicher mit einem Fortschritt verbunden. Es war die gleiche Art von Fortschritt, die auch ein modernes Auto von älteren Typen wie dem Ford-Modell T unterscheidet. Die Fahrzeughersteller führen jedes Jahr Neuerungen ein, die dann dem Selektionsdruck des Marktes ausgesetzt sind. Viele Modelle mit bestimmten neuen Entwicklungen verschwinden wieder; und jene, die sich halten können, bilden den Ausgangspunkt für die nächste Innovationsrunde. Das hat zur Folge, dass die Autos sich von Jahr zu Jahr verbessern – sie werden sicherer, schneller, haltbarer und wirtschaftlicher. Die modernen Fahrzeuge stellen sicher einen Fortschritt dar. Wenn wir der Ansicht sind, dass ein modernes Auto fortschrittlicher ist als das Ford-Modell T, können wir mit der gleichen Begründung auch behaupten, die menschliche Spezies sei fortschrittlicher als die niederen Eu- und Prokaryonten. Es hängt allein davon ab, wie wir das Wort »Fortschritt« definieren. Darwinistischer Fortschritt ist aber niemals zielgerichtet.

Für den Evolutionsfortschritt wurden viele Definitionen formuliert. Mir gefällt vor allem jene, die das Schwergewicht auf die Anpassung legt: Fortschritt ist »eine Tendenz der Abstammungslinien, ihre an ihre jeweilige Lebensweise angepasste Eignung kumulativ zu verbessern, indem sie die Zahl der Merkmale steigern, die sich in Anpassungskomplexen verbinden« (Richard Dawkins, *Evolution* 51(1997):1016). Andere Definitionen und Beschreibungen des Fortschritts finden sich bei Nitecki (1988).

Die Aufnahme symbiontischer Prokaryonten durch die ersten Protisten war ganz offensichtlich ein höchst fortschrittlicher Akt, der zu dem ungeheuer erfolgreichen Organismenreich der Eukaryonten führte. Andere Stufen des Fortschritts wurden schon häufig benannt: Vielzelligkeit, die Entwicklung spezialisierter Körperteile und Organe, Warmblütigkeit, hoch entwickelte Brutpflege und die Entstehung eines großen, leistungsfähigen Zentralnervensystems. Die »Erfinder« jeder derartigen Neuerung waren äußerst erfolgreich, und das trug zu ihrer ökologischen Dominanz bei. Hier liegt der Kern jedes Selektionsereignisses: Es begünstigt Individuen, denen es gelungen ist, eine fortschrittliche Antwort auf die derzeitigen Probleme zu finden. Die Summe aller derartigen Schritte bezeichnen wir als Evolutionsfortschritt.

Ich möchte meine Analogie noch weiter treiben: Durch die Entwicklung des Autos wurden alle anderen Arten der Fortbewegung keineswegs verdrängt. Gehen, Pferde, Fahrräder, die Eisenbahn – sie alle gibt es neben dem Auto ebenfalls, und alle werden je nach den Umständen benutzt. Ebenso wenig wurden Eisenbahn oder Auto durch die Erfindung des Flugzeugs überflüssig. Genauso verhält es sich mit der Evolution des Lebendigen. Die recht primitiven Prokaryonten leben mehr als drei Milliarden Jahre nach ihrem ersten Auftauchen auf der Erde immer noch. In den Ozeanen haben Fische nach wie vor die Vorherrschaft, und wenn man einmal von Menschen absieht, sind Nagetiere in den meisten Lebensräumen erfolgreicher als Primaten. Und wie man an Höhlenbewohnern oder Parasiten erkennt, bedeutet Evolution häufig auch Rückschritt. Dennoch ist es durchaus legitim, die Schritte von den Prokaryonten zu Eukaryonten, Wirbeltieren, Säugetieren, Primaten und Menschen als Fortschritt zu bezeichnen. Jeder Schritt dieser Abfolge war das Ergebnis einer gelungenen natürlichen Selektion. Die Überlebenden dieses Vorganges haben sich gegenüber jenen, die beseitigt wurden, als überlegen erwiesen. Nach jedem erfolgreichen so genannten Rüstungswettlauf kann man das Endprodukt als Beispiel für Fortschritt bezeichnen.

Biosphäre und Evolutionsfortschritt

Die Geschichte des Lebens auf der Erde wird meist so beschrieben, als wäre die Umwelt während der gesamten Zeit unverändert geblieben, aber so war es in Wirklichkeit nicht. Insbesondere in der Zusammensetzung der Lufthülle trat eine drastische Veränderung ein. Vor etwa 3,8 Milliarden Jahren, als das Leben entstand, war die Erde von einer reduzierenden Atmosphäre umgeben, die vorwiegend aus Methan (CH_4), Ammoniak (NH_3), molekularem Wasserstoff (H_2) und Wasserdampf (H_2O) bestand. Freien Sauerstoff gab es kaum, und die geringen Mengen, die von Cyanobakterien produziert wurden, verschwanden schnell in verschiedenen Abflüssen (*sinks*), insbesondere durch die Oxidation von Eisen zu Eisenoxid. Dies führte zur Ablagerung der so genannten gestreiften Eisenformationen. Vor etwa zwei Milliarden Jahren war der Vorrat an oxidierbarem Eisen in den Weltmeeren erschöpft. Da die Cyanobakterien aber weiterhin freien Sauerstoff produzierten, reicherte dieser sich nun in der bisher sauerstoffarmen Atmosphäre an, und das trug zur Evolution eines breiten Spektrums vielzelliger Tiere bei. Man nimmt an, dass die so genannte »kambrische Explosion« der Körperbaupläne bei Tieren durch die zur gleichen Zeit ablaufende Anreicherung der Atmosphäre mit Sauerstoff unterstützt wurde.

Die evolutionsbedingten Veränderungen der Lebenswelt während der letzten 550 Millionen Jahre haben sich stark auf die Zusammensetzung der Atmosphäre ausgewirkt. Am wichtigsten waren die Eroberung des Landes durch die Pflanzen (die vor rund 450 Millionen Jahren begann), die Entwicklung großer Wälder von Angiospermen mit ihrer Fähigkeit, CO_2 zu verbrauchen, und die Evolution der Abfall verwertenden Bakterien.

Vernadsky (1926) wies als Erster auf die auch heute noch laufende Koevolution Sauerstoff produzierender und Sauerstoff verbrauchender Organismen hin und machte auch darauf aufmerksam, dass Veränderungen in der Lebenswelt nicht nur durch katastrophale Umwelteinflüsse wie das Massenaussterben verursacht werden, sondern auch durch allmählichen Wandel. Lebewesen können nur dann auf Umweltveränderungen reagieren, wenn sie sehr schnell die geeigneten, von der natürlichen Selektion benötigten Varianten hervorbringen. Gelingt ihnen das nicht, sterben sie aus. Sauerstoff ist nicht das einzige Element, mit dem die Lebewesen in einer sehr intensiven Wechselbeziehung stehen. Ähnliches gilt für Calcium (Kreide, Kalkstein, Korallen, Muscheln) und Kohlenstoff (Kohle, Erdöl). Auch Veränderungen des Weltklimas haben sich natürlich stark auf die Evolution ausgewirkt; dies gilt insbesondere für die Eiszeiten und die mit ihnen verbundenen Wandlungen in der Richtung der Meeresströmungen vor allem rund um die Antarktis.

Wie sind Evolutionstrends zu erklären?

Wenn Paläontologen verwandte Lebewesen in aufeinander folgenden Gesteinsschichten vergleichen, stoßen sie häufig auf »Trends«. In vielen Fällen werden beispielsweise Nachkommen im Vergleich zu ihren Vorfahren immer größer. Dieser Trend zur Größenzunahme, der unter den Abstammungslinien der Tiere weit verbreitet ist, wird als Copesches Gesetz bezeichnet. Einen Trend kann man als gerichtete Veränderung eines Merkmals in einer Abstammungslinie oder einer Gruppe verwandter Linien definieren. Als man beispielsweise die Evolution der Pferde im Tertiär untersuchte, fand man eine Tendenz zur Verminderung der Zehenzahl; das heutige Pferd besitzt nur noch einen seiner ursprünglich fünf Zehen. Gleichzeitig war in manchen Abstammungslinien der Pferde die Tendenz zu beobachten, dass die hinteren Backenzähne (Molaren) immer höher wurden und während des gesamten Lebens weiterwuchsen, ein Phänomen, das als Hypsodontie oder Hochkronigkeit bezeichnet wird. Ähnliche Trends entdeckte man auch bei Ammoniten, Trilobiten und praktisch allen Gruppen der Wirbellosen. Die Zunahme der Gehirngröße ist nicht nur bei Primaten, sondern bei allen Säugetieren im Tertiär ebenfalls ein weit verbreiteter Trend. Eine solche Entwicklung bei einer besonders begünstigten Eigenschaft (zum Beispiel die Hypsodontie bei Pferden) kann Trends in anderen, verwandten Eigenschaften nach sich ziehen. Mit anderen Worten: Ein einzelner Trend ist unter Umständen nichts anderes als das Nebenprodukt eines Trends bei einer anderen Eigenschaft, beispielsweise der Körpergröße.

Manche Paläontologen wunderten sich darüber, dass einige dieser Trends gradlinig zu verlaufen scheinen. Nach ihrer Ansicht ist die Selektion viel zu sehr vom Zufall bestimmt, als dass sie eine solche lineare Entwicklung verursachen könnte. Mit dieser Argumentation übersieht man aber, dass jede evolutionäre Veränderung in einer Abfolge verschiedener Lebewesen engen Beschränkungen unterliegt – so kann beispielsweise die Zunahme der Körpergröße bei Pferden nur in sehr engen Grenzen zu größeren Zähnen führen. Die Körpergröße wiederum unterliegt bei flugfähigen Lebewesen einer engen Beschränkung, und das ist der Grund, warum die fliegenden Wirbeltiere (Fledermäuse, Vögel,

Pterosaurier) nur einen Bruchteil der Größe ihrer größten landlebenden Verwandten erreichen. Außerdem sind fast alle Trends nicht durchgehend gradlinig, sondern ihre Richtung ändert sich früher oder später, manchmal auch mehrmals, oder sie kehrt sich sogar völlig um.

In der Zeit, als noch allgemein das teleologische Denken vorherrschte, deutete man Trends als Beleg für innere Tendenzen oder Bestrebungen. Dies war das wichtigste Argument einer recht beliebten Schule der Evolutionsforschung, deren Anhänger an die teleologische Orthogenese glaubten (siehe Kapitel 4). Das fast naturgesetzliche Fortschreiten mancher derartigen Trends war nach Ansicht dieser Schule unvereinbar mit Darwins natürlicher Selektion. Spätere Forschungsarbeiten lieferten jedoch den Nachweis, dass ein solcher Widerspruch in Wirklichkeit nicht besteht. Man fand nie den geringsten Anhaltspunkt dafür, dass es innere Evolutionstrends gibt; vielmehr lassen sich alle Trends sehr zuverlässig mit dem darwinistischen Modell erklären, wenn man die bestehenden Beschränkungen gebührend berücksichtigt. Heute ist ganz klar, dass man alle beobachteten Evolutionstrends in vollem Umfang als Folgen der natürlichen Selektion deuten kann.

Evolution im Zusammenhang

Jedes Lebewesen ist ein genau ausbalanciertes, harmonisches System, und kein Teil davon kann sich verändern, ohne dass sich dies auf andere Teile auswirkt. Betrachten wir noch einmal die Größenzunahme der Zähne bei Pferden. Diese Veränderung erfordert größere Kieferknochen, und die wiederum setzen einen größeren Schädel voraus. Damit der Hals den größeren Schädel tragen kann, muss er ebenfalls neu konstruiert werden. Die Zunahme der Schädelgröße wirkt sich also auf den übrigen Körper und insbesondere auch auf die Fortbewegung aus. Bis zu einem gewissen Grade muss also das ganze Pferd umgestaltet werden, damit es größere Zähne erwerben kann. Dies wurde durch eine eingehende anatomische Untersuchung der hypsodonten Pferde bestätigt. Und da das ganze Pferd umgestaltet werden musste, konnte sich die Veränderung nur allmählich und langsam über Tausende von Generationen hinweg vollziehen. Viele Pferde-Abstammungslinien mit niedrigen Backenzähnen brachten nicht die erforderlichen genetischen Variationen für die Hypsodontie hervor und starben aus.

Auch der Übergang von der vierbeinigen Fortbewegung eines echsenähnlichen Reptils zum zweibeinigen Gang und der Flugfähigkeit der Vögel war mit einer beträchtlichen Umgestaltung des Körperbauplanes verbunden: Der ganze Körper musste kompakter werden, damit sein Schwerpunkt an einer geeigneten Stelle liegt, ein leistungsfähigeres Herz mit vier Kammern musste sich entwickeln, die Atemwege mit Lunge und Luftsäcken mussten anders gebaut sein, die Sehfähigkeit musste sich verbessern, das Zentralnervensystem musste größer werden, und die Warmblütigkeit musste entstehen. Der Erwerb aller dieser Anpassungen war von Notwendigkeiten bestimmt. Einzelheiten werden aber oft durch Beschränkungen und die verfügbaren genetischen Variationen vorgegeben.

Manchmal hat eine Entwicklung in einem Aspekt des Phänotyps ganz unerwartete Folgen für andere Körperteile. Dies zeigt sich sehr deutlich an der Evolution der Reptilien. In diesem Taxon unterscheidet man zwei große Untergruppen: die Synapsida mit einer Öffnung im Schläfenbereich und die Diapsida, die zwei solche Öffnungen besitzen. Die Schildkröten, bei denen eine derartige Öffnung völlig fehlt, hielt man für eine alte Gruppe, die ihren Ursprung vor der Entstehung der Schläfenöffnungen hatte. Bei molekularbiologischen Analysen stellte sich jedoch heraus, dass die Schildkröten in Wirklichkeit Diapsida sind – ihre nächsten Verwandten unter den lebenden Reptilien sind die Krokodile. Offensichtlich gingen die Öffnungen im Schädel bei ihnen im Zusammenhang mit der Entwicklung des Panzers verloren, die mit einer allgemeinen Verminderung sämtlicher Öffnungen nach außen verbunden war. Dieses Beispiel zeigt nebenbei auch, wie tief greifend sich der Wert eines taxonomischen Merkmals im Laufe der Evolution verändern kann.

Komplexität

In der Anfangszeit der Evolutionsforschung waren viele Fachleute davon überzeugt, dass die Evolution stetig in Richtung immer größerer Komplexität voranschreite. Tatsächlich sind die Prokaryonten, die mehr als eine Milliarde Jahre lang allein das Leben auf der Erde repräsentierten, weit weniger komplex als die Eukaryonten, deren Evolution erst viel später einsetzte. Andererseits gibt es aber innerhalb der Gruppe der Prokaryonten selbst keinerlei Anhaltspunkte, dass die Komplexität während der langen Zeit ihrer Existenz zugenommen hätte. Auch unter den Eukaryonten findet man kein Indiz für einen solchen Trend. Im Ganzen betrachtet sind vielzellige Lebewesen natürlich komplexer als Protisten, gleichzeitig findet man bei Pflanzen und Tieren aber auch zahlreiche Abstammungslinien, die sich von der Komplexität in Richtung größerer Einfachheit entwickelt haben. Der Schädel eines Säugetiers ist beispielsweise weit weniger kompliziert gebaut als der seiner Vorfahren, der Placodermata (Plattenhäuter). Wohin man auch blickt, überall findet man nicht nur Trends in Richtung größerer Komplexität, sondern auch einen Hang zur Vereinfachung. Die ganze Gruppe der Parasiten ist gerade wegen ihrer vielfältigen körperlichen und physiologischen Vereinfachungen bekannt. Alle Theorien, die bei sämtlichen Lebewesen einen inneren Trend in Richtung größerer Komplexität postulierten, sind ein für alle Mal widerlegt. Die Ansicht, größere Komplexität sei ein Kennzeichen des Evolutionsfortschritts, ist durch nichts gerechtfertigt.

Mosaikevolution

Lebewesen erleben niemals als Typen eine Evolution; immer wirkt auf manche Eigenschaften ein größerer Selektionsdruck als auf andere, und entsprechend schneller verläuft bei diesen Eigenschaften dann auch die Evolution. In der Evolution des Menschen beispielsweise haben sich viele Enzyme und andere Proteine seit sechs oder mehr Millionen Jahren nicht verändert, das heißt, sie gleichen noch heute genau denen der Schimpansen oder noch früherer Vorfahren unter den Primaten. In anderer Hinsicht haben die Hominiden sich gegenüber den Primaten drastisch verändert, insbesondere was das Zentralnervensystem angeht. Das australische Schnabeltier (*Platypus*) ist behaart, säugt seine Jungen und besitzt auch andere Eigenschaften primitiver Säugetiere, es legt aber Eier wie die Reptilien und zeigt einige spezialisierte Merkmale wie Giftstachel und Entenschnabel, die »Sackgassen« der Evolution darstellen. Eine solche ungleichmäßige Evolutionsgeschwindigkeit bei verschiedenen Eigenschaften eines Lebewesens, die so genannte *Mosaikevolution*, kann Schwierigkeiten bei der Klassifikation aufwerfen. Die erste Spezies in einem neuen Ast des phylogenetischen Stammbaumes besitzt ein einziges entscheidendes, abgeleitetes Merkmal, gleicht aber in allen anderen Eigenschaften ihren Schwesterarten. In der darwinistischen Systematik klassifiziert man solche Arten in der Regel gemeinsam mit derjenigen Schwesterart, mit der sie in den meisten Merkmalen übereinstimmt. In der Hennigschen Kladistik würde man sie jedoch einer neuen Klade zuordnen.

Die Tatsache, dass verschiedene Bestandteile im Phänotyp eines Lebewesens ihre Evolution bis zu einem gewissen Grade unabhängig voneinander erleben können, erlaubt bei der Weiterentwicklung der Organismen eine große Flexibilität. Damit ein Lebewesen erfolgreich in eine neue Anpassungszone vordringen kann, muss es vielleicht nur begrenzte Aspekte seines Phänotyps verändern. Ein gutes Beispiel ist der *Archaeopteryx*: Er ist in vielerlei Hinsicht (zum Beispiel bei Zähnen und Schwanz) noch ein Reptil, besitzt andererseits aber Federn, Flügel, Augen und Gehirn eines Vogels. Noch augenfälliger wird die Mosaikevolution bei der sehr unterschiedlichen Evolutionsgeschwindigkeit einzelner Proteine und anderer Moleküle.

Die Genetiker nahmen die Mosaikevolution lange Zeit nicht zur Kenntnis, weil sie nicht wussten, wie man sie erklären sollte. Mittlerweile wurde eine Theorie der »Genmodule« vorgeschlagen: Danach werden manche Gengruppen (»Module«) tätig. Solche Module könnten sich dann in einem gewissen Ausmaß unabhängig voneinander weiterentwickeln.

Pluralistische Lösungen

Evolution ist ein opportunistischer Prozess. Wo sich eine Gelegenheit bietet, einen Konkurrenten zu überflügeln oder eine neue Nische zu besetzen, nutzt die natürliche Selektion jede beliebige Eigenschaft des Phänotyps, damit das Vorhaben gelingt. In der Regel stehen für jede Herausforderung, welche die Umwelt bietet, mehrere Lösungen zur Verfügung.

Das Fliegen wurde von den Wirbeltieren dreimal erfunden, aber die Flügel sehen in jeder Gruppe flugfähiger Tiere – Vögel, Pterosaurier und Fledermäuse – anders aus. Noch unterschiedlicher sind die Flügel bei den verschiedenen Insektengruppen, beispielsweise bei Libellen, Schmetterlingen und Käfern, obwohl sie alle von einem einzigen flugfähigen Urtypus abzustammen scheinen.

Pluralismus ist für alle Aspekte des Evolutionsprozesses charakteristisch. Bei den meisten Eukaryontenarten wird die genetische Variationsbreite durch die sexuelle Fortpflanzung (Rekombination) aufrechterhalten, bei den Prokaryonten erfüllt einseitige Genübertragung diese Aufgabe. Ursache der reproduktiven Isolation ist bei den meisten höheren Tieren ein Mechanismus (beispielsweise im Verhalten), der vor der Bildung der Zygote wirkt, in anderen Fällen wird sie durch Chromosomenunverträglichkeit, Sterilität und weitere nach der Zygotenentstehung wirksame Mechanismen erzeugt. Zur Artbildung kommt es bei landlebenden Wirbeltieren in der Regel aus geografischen Gründen, bei bestimmten Gruppen der Fische jedoch und vielleicht auch bei Insekten, die auf bestimmte Wirtspflanzen spezialisiert sind, ist sie sympatrisch. Der Genfluss ist bei manchen Arten stark vermindert, andere tauschen ihre Gene so leicht aus, dass die gesamte Spezies praktisch panmiktisch ist. Außerdem enthalten manche Familien ganze Gattungen mit aktiver Artbildung, in anderen findet man nur wenige alte, monotypische Gattungen.

Angesichts dieses auffälligen Pluralismus auf der Ebene von Mikro- und Makroevolution sollte man große Vorsicht walten lassen, wenn man Befunde, die man an einer Gruppe von Lebewesen gewonnen hat, auf andere überträgt. Was für eine Gruppe gilt, ist nicht unbedingt eine Widerlegung für abweichende Beobachtungen, die an einer anderen Gruppe angestellt wurden.

Konvergente Evolution

Besonders deutlich wird die Leistungsfähigkeit der natürlichen Selektion an dem Phänomen der konvergenten Evolution. Die gleiche ökologische Nische oder Anpassungszone wird auf verschiedenen Kontinenten häufig von äußerst ähnlichen Lebewesen besetzt, die aber überhaupt nicht miteinander verwandt sind. Die von der gleichen Anpassungszone geschaffene Gelegenheit führte

Abb. 10.3 Konvergente Evolution der australischen Beuteltiere (rechts) und der Plazentatiere auf den anderen Kontinenten. Sie ähneln sich paarweise in Körperbau und Lebensweise. *Quelle:* Salvador E. Luria et al., *A View of Life*. Copyright 1981 Benjamin Cummings. Nachdruck mit freundlicher Genehmigung.

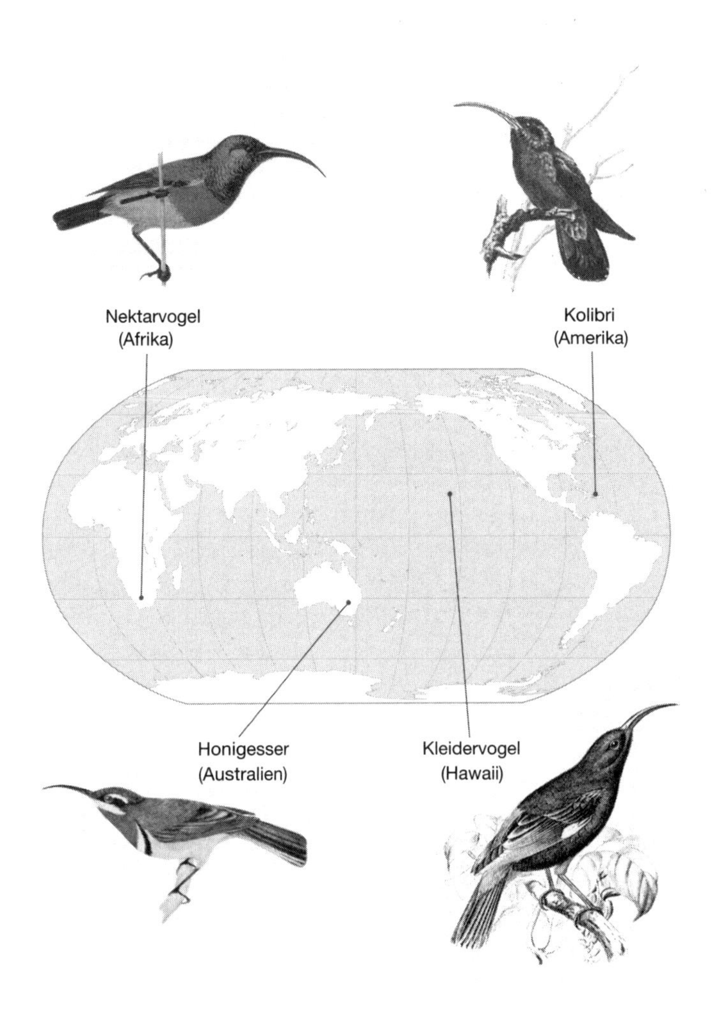

Abb. 10.4 Unabhängige Evolution der Anpassung an das Nektarfressen in vier Familien von Singvögeln: Nektarvögel (Nectariniidae), Kolibris (Trochilidae), Honigesser (Meliphagidae) und Kleidervögel (Drepanididae). *Quellen*: Kleidervögel (Hawaii), Wilson, S. B. und Evans, A. H. (1890–1899), *Aves Hawaiienses: The Birds of the Sandwich Islands*; Honigesser (Australien), Serventy, D. L. und Whitell, H. M. (1962), *Birds of Western Australia* (3.Aufl.), Paterson Brokensha: Perth; Nektarvögel (Afrika), Newman, K. (1996), *Newman's Birds of Southern Africa: The Green Edition*. University Press of Florida: Gainesville, FL. Nachdruck mit Genehmigung von Struik Publishers, Kapstadt, Südafrika, und Kenneth Newman; Kolibris (Amerika), James Bond (1974), *Field Guide to the Birds of the West Indies*, Harper Collins Publishers.

zur Evolution ähnlich angepasster Phänotypen. Diesen Vorgang nennt man *Konvergenz*. Das berühmteste Beispiel sind die australischen Beuteltiere. Da in Australien keine Plazentatiere vorhanden waren, brachten diese einheimischen Säugetiere eine Fülle von Typen hervor, die denen der Plazenta-Säugetiere auf den nördlichen Kontinenten analog sind. Dem nördlichen Wolf entspricht der Tasmanische Beutelwolf, dem Plazenta-Maulwurf der Beutelmaulwurf, dem Flughörnchen der Gleithörnchenbeutler; andere Analogien – Maus, Dachs (Wombat), Ameisenesser – sind nicht ganz so eng (Abb. 10.3). Arten, die an das Leben unter der Erde angepasst sind (und starke Konvergenzähnlichkeit zeigen) haben sich in vier Ordnungen der Säugetiere und in acht Familien der Nagetiere entwickelt (Nevo 1999). Solche Fälle von konvergenter Evolution sind keine Ausnahme, sondern sogar recht weit verbreitet. Einige weitere sind die amerikanischen und afrikanischen Stachelschweine, die Neuweltgeier (Catharidae, mit den Störchen verwandt) und Altweltgeier (Accipitridae, mit den Falken verwandt) sowie die Vögel, die sich von Nektar ernähren: die Kolibris (Trochilidae) in Amerika, die Nektarvögel (Nectariniidae) in Afrika und Südasien, die Honigesser (Meliphagidae) in Australien und die Kleidervögel (Drepanididae) auf Hawaii (Abb. 10.4). Jeder Zoologe, der etwas von seinem Fach versteht, könnte eine mehrseitige Liste mit solchen Fällen der konvergenten Evolution zusammenstellen.

Durch konvergente Evolution der Wirbeltiere in den Meeren entstanden Haie, Delfine (Säugetiere) und die ausgestorbenen Ichthyosaurier (Reptilien). Konvergenzentwicklungen gab es aber nicht nur in vielen Gruppen des Tierreiches, sondern auch unter den Pflanzen. Parallel zu den verschiedenen Kaktusarten in Amerika gibt es in Afrika analoge Arten unter den Euphorbiaceae oder Wolfsmilchgewächsen (Abb. 10.5). Die Konvergenz zeigt sehr augenfällig, wie die Selektion sich der bereits vorhandenen Variabilität der Lebewesen bedient, um angepasste Typen für fast jede Nische der Umwelt hervorzubringen.

Polyphylie und Parallelophylie

In vordarwinistischer Zeit ordnete man konvergente Gruppen auf Grund ihrer Ähnlichkeit häufig in eine gemeinsame systematische Gruppe ein. Eine solche taxonomische Zuordnung bezeichnet man als *Polyphylie*. Die Schaffung polyphyletischer Taxa stand im Widerspruch zu Darwins Forderung, jede Gruppe (Taxon) solle monophyletisch sein, das heißt, sie solle ausschließlich aus den Nachkommen des letzten gemeinsamen Vorfahren beste-

Abb. 10.5 Parallele Evolution ähnlicher Anpassungen an Trockengebiete bei amerikanischen Kakteen (A) und afrikanischen Wolfsmilchgewächsen (B) (aus Starr et al., 1999). *Quelle:* Fotos Copyright 1992, Edward S. Ross. Nachdruck mit freundlicher Genehmigung.

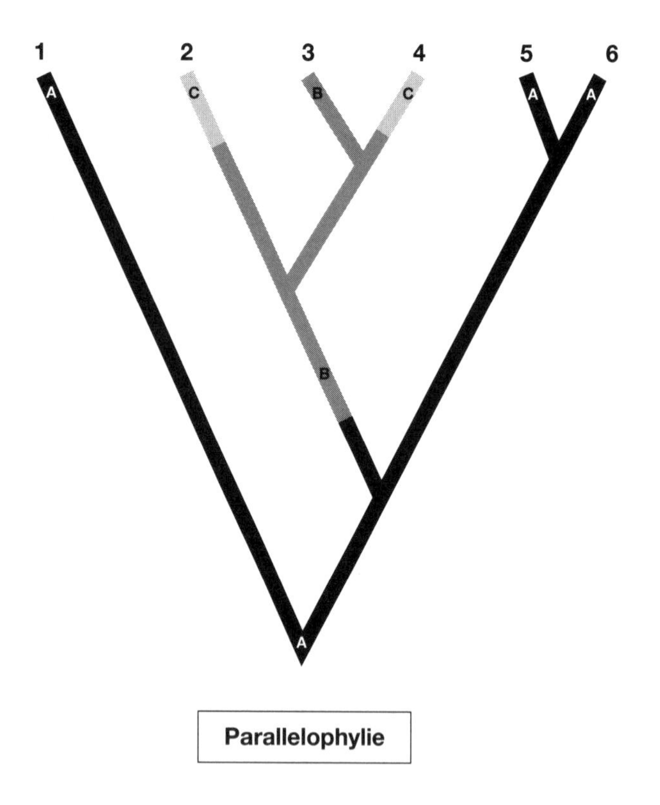

Abb. 10.6 Parallelophylie: unabhängige Evolution ähnlicher Phänotypen (2, 4) durch Vererbung der gleichen Disposition des gemeinsamen Vorläufer-Genotyps (3).

hen. Die darwinistischen Systematiker nahmen deshalb die polyphyletischen Gruppen auseinander und ordneten ihre verschiedenen Teile den jeweils nächsten Verwandten zu. Ein solches polyphyletisches Taxon, das man später verwarf, bestand aus Walen und Fischen.

Sorgfältig unterscheiden muss man aber zwischen Konvergenz und *Parallelophylie*, der unabhängigen Entstehung des gleichen Merkmals in zwei verwandten Abstammungslinien, die auf einen letzten gemeinsamen Vorfahren zurückgehen (Abb. 10.6). So kommen zum Beispiel gestielte Augen unabhängig voneinander und ohne feste Regel in verschiedenen Linien der Acalyptera (einer Gruppe der Fliegen) vor, weil alle diese Linien von ihrem gemeinsamen Vorfahren die Fähigkeit des Genotyps geerbt haben, solche Augen zu erzeugen. Realisiert wurde diese Disposition aber nur in einem Teil der Abstammungslinie. Viele, vielleicht sogar die meisten Fälle von *Homoplasie* entstehen durch eine derartige Parallelophylie. Bei der Rekonstruktion der Stammesgeschichte muss man nicht nur den Phänotyp berücksichtigen, sondern auch den Genotyp der Vorfahren und sein Potenzial, denselben Phänotypus mehrmals hervorzubringen.

Die Entstehung der Vögel: eine Fallgeschichte

Die derzeit größte Kontroverse in phylogenetischen Fragen lässt sich vielleicht beilegen, wenn man die Parallelophylie heranzieht. Es geht um die Entstehung der Vögel. Über die Erkenntnis, dass Vögel sich von der alten Reptiliengruppe der Diapsida abgespalten haben, gibt es keine Meinungsverschiedenheiten. Die Frage ist nur, wann das geschah. Schon in den sechziger Jahren des 19. Jahrhunderts machte T. H. Huxley auf die bemerkenswerte Ähnlichkeit der Skelette von Vögeln und bestimmten Reptilien aufmerksam, und er zog daraus den Schluss, die Vögel müssten von Dinosauriern abstammen. Später postulierten andere Autoren eine viel frühere Entstehung, in jüngster Zeit vertraten die Kladisten jedoch erneut sehr energisch die Abstammung von den Dinosauriern, und derzeit scheint dies die mehrheitlich anerkannte Erklärung für den Ursprung der Vögel zu sein. Tatsächlich sind sich Becken und Beine bei Vögeln und bestimmten aufrecht gehenden Dinosauriern verblüffend ähnlich (siehe Abb. 3.6).

Aber auch die Gegner dieser Ansicht haben überzeugende Argumente. Die Abfolge der Fossilfunde scheint der Dinosauriertheorie zu widersprechen. Gerade jene aufrecht gehenden Dinosaurier, die den Vögeln am stärksten ähneln, tauchen gegen Ende der Kreidezeit vor 70 bis 100 Millionen Jahren auf, *Archaeopteryx* dagegen – der älteste Vogel, dessen Fossilien man kennt – lebte schon vor 145 Millionen Jahren. *Archaeopteryx* besitzt so viele weit fortgeschrittene Merkmale eines Vogels, dass man den Ursprung der Vögel nicht in die späte Jurazeit, sondern bereits in einen viel früheren Zeitraum verlegen muss, vielleicht sogar ins Trias; aus dieser Periode kennt man aber keine vogelähnlichen Dinosaurier. Außerdem besaßen Dinosaurier an ihrer Hand die Finger 2, 3 und 4, an der Hand der Vögel sind es die Finger 1, 2 und 3. Ferner sind die Vorderextremitäten der vogelähnlichen Dinosaurier stark zurückgebildet und in keinerlei Hinsicht so angepasst, dass daraus Flügel werden könnten. Wie sie schließlich zum Fliegen gebraucht worden sein sollen, kann man sich nicht vorstellen. Neben diesen Beobachtungen sprechen zahlreiche weitere Tatsachen dagegen, dass die Vögel in der Kreidezeit aus Dinosauriern hervorgegangen sind. Vielleicht wird man die Diskussion erst dann beilegen können, wenn weitere Fossilien aus dem Trias gefunden werden.

Gibt es Evolutionsgesetze?

Diese Frage stellen vor allem Physiker und Philosophen sehr gern. Wenn man sie beantworten will, muss man sich zunächst darüber klar werden, was man unter einem »Gesetz« versteht. Mit wirklichen Gesetzen, wie sie für die physikalische Wissenschaft charakteristisch sind – mit der Möglichkeit einer mathematischen Formulierung und ohne jede Ausnahme –, hat man es manchmal auch bei biologischen Funktionen zu tun. Auf viele biologische Phänomene lassen sich mathematische Verallgemeinerungen anwenden, wie beispielsweise das Hardy-Weinberg-Gleichgewicht im Zusammenhang mit der Verteilung von Allelen in Populationen. Alle so genannten Evolutionsgesetze dagegen sind vorläufige Verallgemeinerungen und stehen demnach nicht auf der gleichen Stufe wie die Gesetze der Physik. »Gesetze« wie das Dollo-Gesetz der unumkehrbaren Evolution oder das Cope-Gesetz über die Zunahme der Körpergröße im Laufe der Evolution sind empirische Verallgemeinerungen; sie haben zahlreiche Ausnahmen und unterscheiden sich ganz grundsätzlich von den universell gültigen Gesetzen der Physik. Empirische Verallgemeinerungen sind nützlich, wenn man Beobachtungen einordnen und nach Kausalfaktoren suchen will. Einen besonders nützlichen Beitrag zu diesem Thema leistete Rensch (1947) mit dem Hinweis, dass Evolutions»gesetze« in ihrer Gültigkeit sowohl zeitlich als auch räumlich stark eingeschränkt sind und deshalb nicht der traditionellen Definition naturwissenschaftlicher Gesetze entsprechen.

Zufall oder Notwendigkeit?

Viele Jahre lang wurde hitzig darüber diskutiert, ob *Zufall* oder *Notwendigkeit* (Determinismus) der beherrschende Evolutionsfaktor ist. Überzeugte Darwinisten neigten dazu, jede Eigenschaft eines Lebewesens mit Anpassung zu erklären. In jeder Generation, so ihre Argumentation, werden alle Populationen drastisch dezimiert, sodass von den vielen hundert, tausend oder in manchen Fällen sogar Millionen Nachkommen eines Elternpaares durchschnittlich nur zwei übrig bleiben. Nur die am besten angepassten Individuen, so hieß es, überstehen diesen erbarmungslosen Ausleseprozess. Damit haben jene, die in der Anpassung die beherrschende Evolutionskraft sehen, tatsächlich ein sehr stichhaltiges Argument.

Leider übersehen aber manche dieser strengen Adaptionisten, dass die natürliche Selektion ein Zweistufenprozess ist. Im zweiten Schritt ist die Selektion für Anpassung tatsächlich entscheidend. Davor liegt aber der erste Schritt, die Entstehung der Variation, die der natürlichen Selektion das Material liefert, und hier herrschen stochastische Prozesse (das heißt Zufälle) vor. Diese Zufälligkeit bei der Variation ist der Grund für die gewaltige, häufig sehr bizarre Formenvielfalt in der Welt des Lebendigen. Zwei Fälle wollen wir etwas genauer betrachten. Der erste ist die gewaltige Vielfalt der einzelligen Eukaryonten (»Protisten«). Margulis und Schwartz (1998) unterscheiden in diesem Organismenreich nicht weniger als 36 Stämme meist einzelliger Lebewesen, viele davon Parasiten. Dazu gehören höchst unterschiedliche Organismen wie Amöben, Radiolarien, Foraminiferen, Sporozoen, Plasmodien, Zooflagellaten, Ciliaten, Grünalgen, Braunalgen, Dinoflagellaten, Diatomeen, Euglena, Schleimpilze und Chytridiomycoten, um nur einige bekanntere Gruppen zu nennen. Andere Fachleute sprechen sogar von bis zu 80 Stämmen. Viele dieser Gruppen unterscheiden sich verblüffend stark, und in manchen Fällen ist noch nicht klar, ob man sie besser den Pilzen, Pflanzen oder Tieren zuordnen soll. Ist es wirklich notwendig, dass es bei einzelligen Eukaryonten so viele verschiedene Körperbaupläne für eine gute Anpassung gibt?

Noch verblüffender ist die Vielfalt bei den vielzelligen Lebewesen. Wir kennen nicht nur vielzellige »Protisten« wie die Braunalgen; noch gewaltiger sind die Unterschiede zwischen den drei großen Reichen der Vielzeller, den Pilzen, Pflanzen und Tieren. Waren alle diese Unterschiede notwendig, damit sie sich gut anpassen konnten? Betrachten wir beispielsweise die bizarren Formen in der Fauna des Burgess-Schiefers. Der Verdacht ist nicht von der Hand zu weisen, dass viele von ihnen eine Folge zufälliger Mutationen waren, die von der Selektion aber nicht ausgemerzt wurden. Manchmal frage ich mich sogar, ob der Auswahlprozess nicht hin und wieder weit großzügiger ist, als man allgemein annimmt. Außerdem darf man nicht vergessen, dass der Zufall sogar im zweiten Schritt der Evolution, dem des Überlebens und der Fortpflanzung, eine beträchtliche Rolle spielt. Und nicht alle Aspekte des angepassten Zustandes werden in jeder Generation überprüft.

Man kann sich auch die rund 35 heutigen Stämme des Tierreiches ansehen. Sie sind die Überlebenden von mindestens 60 Körperbauplänen, die es im frühen Kambrium gab. Befasst man sich näher mit ihren Unterschieden, so gewinnt man nicht den Eindruck, dass es sich immer um Notwendigkeit handelt. Viele, vielleicht sogar die meisten ihrer einzigartigen Eigenschaften könnten ihren Ursprung in einem zufälligen Entwicklungsereignis haben, das von der Selektion toleriert wurde, während das scheinbare Versagen der ausgestorbenen Formen die Folge eines Zufallsereignisses war (wie das Massenaussterben als Folge des Alvarez-Asteroiden). Solche Zufälligkeiten sind das Hauptthema in dem Buch *Wonderful Life* von S. J. Gould (1989; dt. *Zufall Mensch*, 1991), und ich bin zu dem Schluss gelangt, dass er in diesem Punkt im Wesentlichen Recht hat.

Aus derartigen Beobachtungen kann man die Erkenntnis ableiten, dass Evolution weder ausschließlich eine Reihe von Zufällen noch eine deterministische Entwicklung in Richtung immer besserer Anpassung darstellt. Sicher, Evolution ist teilweise ein Anpassungsprozess, denn die natürliche Selektion ist in jeder Generation wirksam. Das Prinzip des Adaptionismus wurde von den Darwinisten in so großem Umfang anerkannt, weil es eine heuristische Methodik impliziert. Die Frage, worin bei jeder Eigenschaft eines Lebewesens die angepassten Merkmale bestehen, führt fast zwangsläufig zu einem tieferen Verständnis. Aber jedes Merkmal ist letztlich das Produkt von Variationen, und diese Variationen sind im Wesentlichen eine Folge von Zufallsereignissen. Viele Autoren können offensichtlich nur schwer begreifen, dass hier zwei scheinbar entgegengesetzte Kausalprozesse, nämlich Zufall und Notwendigkeit, praktisch gleichzeitig am Werk sind. Aber genau das ist der Grund für die große Leistungsfähigkeit des darwinistischen Prozesses.

Können wir solche Schlussfolgerungen auch auf den Menschen anwenden? Einige besonders begeisterte Anhänger des Zufallsprinzips behaupteten, der Mensch sei »nichts als ein Zufall«. Diese Aussage steht natürlich völlig im Widerspruch zur Lehre der meisten Religionen, wonach der Mensch die Krone der Schöpfung oder der Endpunkt eines langen Strebens nach Vollkommenheit ist. Der Erfolg der Menschheit in den letzten 500 Jahren – zumindest was Bevölkerungswachstum und Verbreitungsgebiet angeht – scheint ein Beweis zu sein, dass der Mensch tatsächlich gut angepasst ist. Wäre aber die Entstehung des Menschen ein deterministischer Vorgang gewesen, stellt sich andererseits die Frage: Warum hat es 3,8 Milliarden Jahre gedauert, bis er entstand? Die Spezies *Homo sapiens* ist rund eine Viertelmillion Jahre alt, und vor dieser Zeit nahmen unsere Vorfahren im Tierreich keinerlei Sonderstellung ein. Niemand hätte vorhersagen können, dass ein schutzloses Lebewesen, das sich langsam auf zwei Beinen fortbewegte, zur Krönung der Schöpfung werden sollte. Aber eine Population von Australopithecinen erwarb auf irgendeine Weise die notwendige Leistungsfähigkeit des Gehirns, um mit ihrer Intelligenz zu überleben. Man kann sich kaum dem Gedanken entziehen, dass dies mehr oder weniger Zufall war, aber reiner Zufall war es andererseits auch wieder nicht, denn jeder Schritt in der Verwandlung vom Australopithecus zum *Homo sapiens* wurde von der natürlichen Selektion vorangetrieben.

TEIL IV
Die Evolution des Menschen

Kapitel 11

WIE SIND DIE MENSCHEN ENTSTANDEN?

Die Menschen haben immer geglaubt, sie seien etwas ganz anderes als die übrige Schöpfung. Diese Behauptung wird in der Bibel aufgestellt, und die Philosophen von Platon über Descartes bis Kant schlossen sich ihr in vollem Umfang an. Im 18. Jahrhundert ordneten zwar manche Philosophen den Menschen auf der *Scala naturae* ein, aber das hatte keinerlei Auswirkungen auf die Ansichten des Durchschnittsbürgers. Der Mensch galt allgemein als Krone der Schöpfung, die sich von allen Tieren in vielfacher Hinsicht unterscheidet, insbesondere durch den Besitz einer vernunftbegabten Seele. Deshalb war es für das viktorianische Zeitalter ein entsetzlicher Schock, als Darwin sich an seine Theorie der gemeinsamen Abstammung hielt und die Spezies Mensch als Nachkommen von Primaten in das Tierreich einordnete. Darwin selbst drückte sich zwar anfangs noch recht vorsichtig aus, aber einige seiner Nachfolger, beispielsweise Huxley (1863) und Haeckel (1866) waren ganz begeistert davon, Menschenaffen als Vorfahren des Menschen zu bezeichnen. Und auch Darwin legte seine Ansichten über die Evolution des Menschen schließlich in seinem umfassenden, 1871 erschienenen Werk *The Descent of Man* (*Die Abstammung des Menschen*) dar.

Die auffällige Ähnlichkeit zwischen Menschen und Menschenaffen war natürlich auch der Aufmerksamkeit früherer Naturforscher nicht entgangen. Linnaeus hatte den Schimpansen sogar der Gattung *Homo* zugeordnet. Dennoch hatten nicht nur Theologen und Philosophen, sondern auch praktisch alle anderen Menschen diese offenkundige Ähnlichkeit schlicht und einfach nicht beachtet. Ebenso ignorierte man Lamarcks Ausführungen über die Evolution des Menschen. Erst Darwins neue Theorie der gemeinsamen Abstammung, wonach alle Lebewesen aus gemeinsamen Vorfahren hervorgegangen sind, führte unausweichlich zu der Erkenntnis, dass die Ursprünge des Menschen bei den Primaten zu suchen sind.

Was sind Primaten?

Zur Säugetierordnung der Primaten (»Herrentiere«) gehören die Halbaffen (Lemuren und Loris), Koboldmakis, Alt- und Neuweltaffen sowie die Menschenaffen (Tabelle 11.1). Sie stehen keiner anderen Säugetierordnung besonders nahe – ihre nächsten Verwandten sind offensichtlich die Riesengleiter (*Galeopithecus*) und die Spitzhörnchen (Scandentia). Die ältesten Fossilien von Primaten stammen aus der späten Kreidezeit.

Aus den Altweltaffen gingen vor 33 bis 24 Millionen Jahren die Menschenaffen hervor. Der fossile Affe *Aegyptopithecus* aus dem späten Oligozän besaß bereits einige anthropoide (menschenaffenähnliche) Merkmale. *Proconsul* aus Ostafrika (vor 23 bis 15 Millionen Jahren) war eindeutig ein Menschenaffe und Vorfahre des Menschen wie auch der heutigen afrikanischen Großaffen.

Tabelle 11.1 Klassifikation der Primaten

Ordnung Primates (Primaten)
- Unterordnung Prosimii (Halbaffen)
  - Teilordnung Lemuriformes (Lemurenartige)
  - Teilordnung Lorisiformes (Loriartige)
- Unterordnung Tarsiiformes (Koboldmakis)
- Unterordnung Anthropoidea (Affen)
  - Teilordnung Platyrrhini (Neuweltaffen)
  - Teilordnung Catarrhini (Altweltaffen)
    - Überfamilie Hominoidea (Menschenartige)
      - Familie Hylobatidae (Gibbons)
      - Familie Hominidae (Menschenaffen)
        - Unterfamilie Ponginae (Orang-Utans)
        - Unterfamilie Homininae (Afrikanische Menschenaffen, Menschen)

Diese Primatengruppen grenzte man ursprünglich auf Grund morphologischer Unterschiede gegeneinander ab. Ihre Echtheit und die jeweiligen Verwandtschaftsbeziehungen wurden in den letzten Jahren durch molekulargenetische Befunde bestätigt.

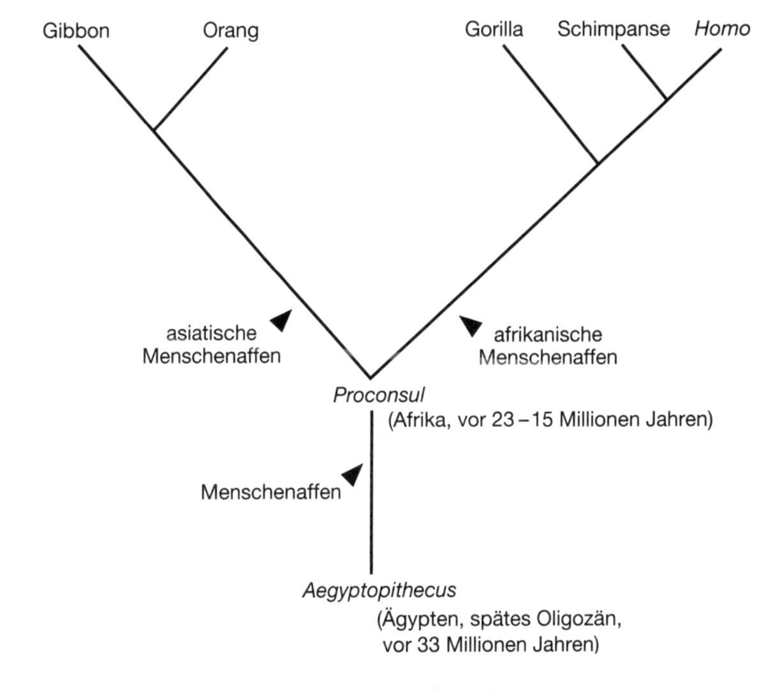

Abb. 11.1 Stammesgeschichte der Menschenaffen.

Leider kennt man aber aus Afrika keine Menschenaffenfossilien, die sieben bis 13,5 Millionen Jahre alt wären (Abb. 11.1).

Die heutigen Großaffen lassen sich in zwei Gruppen einteilen: die afrikanischen Menschenaffen (Gorilla, Schimpanse und Mensch) und die asiatischen Menschenaffen (Gibbons und Orang-Utan). Zwischen den beiden Gruppen liegt eine deutliche Lücke; die Aufspaltung fand offenbar vor zwölf bis 15 Millionen Jahren statt.

Welche Belege sprechen für die Abstammung des Menschen von Primaten?

Kein gebildeter Mensch zweifelt heute noch daran, dass wir von Primaten und insbesondere von Menschenaffen abstammen. Die Belege für diese Erkenntnis sind schlicht überwältigend; im Wesentlichen handelt es sich um dreierlei Tatsachen.

Anatomische Belege. Der Mensch stimmt bis in kleine Einzelheiten seines Körperbaus mit den afrikanischen Menschenaffen und insbesondere mit den Schimpansen überein. R. Owen glaubte einmal, er habe im Aufbau des Gehirns eine echte Abweichung gefunden, aber diese Behauptung wurde von T. H. Huxley widerlegt; es handelt sich nur um einen quantitativen, nicht aber um einen qualitativen Unterschied. Das Gleiche stellte sich auch später bei ähnlichen Versuchen heraus. Die wenigen ausschließlich menschlichen Merkmale betreffen die Proportionen von Armen und Beinen, die Beweglichkeit des Daumens, die Körperbehaarung, die Hautpigmentierung und die Größe des Zentralnervensystems, insbesondere des Vorderhirns.

Fossilfunde. Als Darwin 1859 seine kühnen Überlegungen veröffentlichte, kannte man noch keine Fossilien, die für einen allmählichen Übergang von einem schimpansenähnlichen Vorfahren zum heutigen Menschen gesprochen hätten. Bis heute hat man keine Fossilien aus der Zeit vor sechs bis acht Millionen Jahren gefunden, in der das eigentliche Aufspaltungsereignis stattgefunden hat, aber zahlreiche Funde aus der Zeit vor fünf Millionen Jahren bis heute zeigen, wie die Zwischenstadien zwischen Schimpansen und Menschen ausgesehen haben (siehe unten).

Molekulare Evolution. Eine der großen Leistungen der Molekularbiologie war der Nachweis, dass Makromoleküle genauso eine Evolution durchmachen wie sichtbare körperliche Merkmale. Deshalb konnte man damit rechnen, dass der Vergleich zwischen Makromolekülen von Mensch und Menschenaffen neues Licht in die Evolution des Menschen bringen würde, und genauso war es auch. Man kann tatsächlich feststellen, dass die Moleküle des Menschen denen der Schimpansen ähnlicher sind als vergleichbaren Molekülen aller anderen Lebewesen, und außerdem ähneln die afrikanischen Menschenaffen dem Menschen auch stärker als allen anderen Primaten. Manche Enzyme und andere Proteine, beispielsweise das Hämoglobin, sind bei Mensch und Schimpanse praktisch identisch. Andere unterscheiden sich geringfügig, aber die Abweichungen sind geringer als zwischen Schimpansen und Kleinaffen.

Fasst man diese umfangreichen anatomischen, fossilen und

molekularen Belege zusammen, so kann man feststellen: Die sehr enge Verwandtschaft zwischen Menschen, Schimpansen und anderen Menschenaffen ist jetzt überzeugend nachgewiesen. Die überwältigenden Beweise infrage zu stellen wäre völlig sinnlos.

Wann trennte sich die Abstammungslinie der Hominiden von jener, die zu den Schimpansen führte?

Oder anders gefragt: Wie alt ist die Abstammungslinie der Hominiden? Als man noch glaubte, der Mensch sei etwas völlig anderes als alle Tiere, verlegte man den Verzweigungspunkt sehr weit in die Vergangenheit, beispielsweise an den Beginn des Tertiärs vor rund 50 Millionen Jahren. Als aber neue Fossilien und immer mehr Ähnlichkeiten zwischen Menschen und afrikanischen Menschenaffen entdeckt wurden, setzten sich allmählich immer jüngere Daten durch. Relativ lange war ein Zeitpunkt vor 16 Millionen Jahren allgemein anerkannt. Als man dann aber die Unterschiede von Proteinen und DNA untersuchen konnte und eine molekulare Uhr konstruierte, legten die Befunde die Vermutung nahe, dass die Verzweigung in Wirklichkeit erst vor sechs bis acht Millionen Jahren stattgefunden hat. Spätere Erkenntnisse, die mit einer Reihe verschiedener Methoden gewonnen wurden, sprechen für das gleiche Datum. Mit diesen Methoden wurde auch nachgewiesen, dass die Verzweigung zwischen Menschen und Schimpansen anscheinend später stattgefunden hat als die zwischen Schimpansen und Gorillas. Auf Grund der heutigen Erkenntnisse ist es nunmehr völlig gesichert, dass die Schimpansen unsere nächsten Verwandten sind und dass sie dem Menschen näher stehen als den Gorillas.

Was können wir aus den Fossilfunden lernen?

Bis 1924 hatte man nur wenige Fossilien von Hominiden gefunden, und alle repräsentierten die jüngsten Stadien der Menschwerdung, das heißt den Aufstieg der Gattung *Homo*. Diese Funde stammten aus Europa, Java und China. Deshalb nahm man allgemein an, der Mensch sei ursprünglich irgendwo in Asien entstanden, und man unternahm große Expeditionen nach Zentralasien, um ältere Fossilien zu finden. Leider hatte man damit aber keinen Erfolg. Einige weitsichtige Autoren hatten zwar bereits erklärt, die Wahrscheinlichkeit spreche wegen der engen Verwandtschaft des Menschen mit Schimpansen und Gorillas für einen afrikanischen Ursprung, aber erst 1924 entdeckte man auf dem Schwarzen Kontinent das erste Fossil eines Hominiden (*Australopithecus africanus*). Seither hat man in Afrika viele weitere Fundstücke entdeckt, und nur von diesem Kontinent kennt man fossile Hominiden, die älter als zwei Millionen Jahre sind. Heute besteht kein Zweifel mehr, dass Afrika die Wiege der Menschheit war.

Die Entstehung des fossilen Menschen

In der anthropologischen Literatur war es früher üblich, die Geschichte des fossilen Menschen in der chronologischen Reihenfolge der Entdeckungen zu erzählen. Sie begann in der Regel mit dem Neanderthaler (1849, 1856) und setzte sich über den *Homo erectus* (Java 1894, China 1927) bis zu den Entdeckungen in Afrika (seit 1924) fort. Aus der Sicht der Evolutionsforschung ist es aber sinnvoller, mit den ältesten Fossilien zu beginnen und erst dann über erdgeschichtlich jüngere Entdeckungen zu berichten. Diese Vorgehensweise werde ich hier wählen.

Die Abstammungslinie der Schimpansen spaltete sich einige Zeit nach ihrer Trennung von der Hominidenlinie in zwei allopatrische Arten auf. Die eine ist der weit verbreitete Schimpanse (*Pan troglodytes*), dessen Verbreitungsgebiet von West- bis nach Ostafrika reicht, die andere der Zwergschimpanse oder Bonobo (*Pan paniscus*), der ausschließlich in den Wäldern am Westufer des Flusses Kongo in Zentralafrika vorkommt. Der Fluss trennt die beiden Arten. In manchen Verhaltensweisen scheint der Bonobo dem Menschen noch ähnlicher zu sein als der Schimpanse, aber das bedeutet nicht, dass der Bonobo unser Vorfahre gewesen wäre. Die Aufspaltung zwischen Schimpansen und Bonobos fand erst vor wenigen Millionen Jahren statt, lange nachdem sich die Abstammungslinien von Hominiden und Schimpansen getrennt hatten.

Wie rekonstruiert man den Weg vom Affen zum Menschen?
Die Paläoanthropologie hat unter anderem die Aufgabe, die Abfolge der Veränderungen vom Affen zum Menschen zu rekonstruieren. Die ersten Fachleute, die menschliche Fossilien untersuchten und sich eine solche Rekonstruktion vornahmen, waren als Anatomen ausgebildet und verfügten über alle Voraussetzungen, um die Veränderungen zu beschreiben. Was jedoch ihren begrifflichen Rahmen anging, waren sie auf ihre Aufgabe nicht ausreichend vorbereitet. Als Typologen stellten sie sich einen Wandel vom »Affen« zum »Menschen« vor. Sie wollten die Stufen finden, die den allmählichen Wandel vom Typus »Affe« zum Typus »Mensch« repräsentierten. Außerdem glaubten sie fast teleologisch an einen geradlinigen Trend »in Richtung größerer Vollkommenheit«, an eine fortschrittliche Entwicklung, die im *Homo sapiens* ihren Höhepunkt erreichte.

Leider erwies es sich aber als äußerst schwierig, die Schritte der Menschwerdung zu rekonstruieren. Zunächst einmal stammten die ersten Fossilien, die man fand, aus der jüngsten Zeit. Der Weg der Rekonstruktion verlief also nicht vom Affen zum Menschen, sondern vom Menschen rückwärts zum Affen. Noch verwirrender war, dass es sich als völlig unmöglich erwies, die erwünschte, bruchlose Kontinuität nachzuweisen. Das lag natürlich vor allem an den unvollständigen Fossilfunden, aber sie waren nicht der einzige Grund, und genau darüber war man beunruhigt. Wie wir noch sehen werden (Einzelheiten siehe unten), waren manche Fossiltypen wie *Australopithecus africanus, A. afarensis* und *Homo erectus* relativ häufig und weit verbreitet, zwischen ihnen und ihren nächsten Vorfahren oder Nachkommen klafften aber Lücken. Dies gilt besonders für die Kluft zwischen *Australopithecus* und *Homo*.

Welche Belege liefern die Fossilien heute?

Leider kennt man aus der Zeit vor sieben bis 13 Millionen Jahren bis heute keine Fossilien von Hominiden – und auch keine von Schimpansen. Das Aufspaltungsereignis zwischen den Abstammungslinien von Hominiden und Schimpansen ist also nicht belegt. Ferner sind auch noch die meisten Hominidenfossilien recht unvollständig. Sie bestehen häufig nur aus einem Teil eines Unterkiefers, dem oberen Abschnitt eines Schädels ohne Gesicht und Zähne oder aus einem Teil der Extremitäten. Die Rekonstruktion der fehlenden Teile ist zwangsläufig subjektiv. Seit den Anfängen der Humanpaläontologie überwog die Neigung, jedes Fossil mit dem *Homo sapiens* zu vergleichen. Ein Fossil (oder bestimmte Teile davon) galt als »fortgeschritten« oder primitiv (»affenähnlich«). Bei solchen Vergleichen stellte sich öfters heraus, dass die Evolution der Hominiden in hohem Maße ein »Mosaik« war. Ein sehr *Homo*-ähnliches Gebiss war beispielsweise mit recht affenähnlichen Gliedmaßen verbunden, und ebenso fand man andere Kombinationen, die nicht zusammenzupassen schienen.

Ein allgemeines Buch über die Evolution wie das vorliegende kann nicht das Pro und Kontra aller Deutungen umstrittener Hominidenfunde erörtern (und mehr oder weniger umstritten sind praktisch alle!). Dies würde für einen Leser, der auf dem Fachgebiet nicht zu Hause ist, zu völliger Verwirrung führen. Deshalb habe ich etwas getan, das mir sicher viel Kritik einbringen wird: Ich habe unter den vielen Interpretationen diejenige ausgewählt, die mir mit der größten Wahrscheinlichkeit richtig zu sein scheint. Dabei muss klar sein, dass die Zuordnung aller Fossilien in meiner Beschreibung nur vorläufigen Charakter hat. Jeder neue Fund kann die Lage tief greifend verändern. Besonders anfechtbar sind Vorschläge wie die vorläufige Eingruppierung des *Homo habilis* bei den Australopithecinen oder die Vermutung, *Homo* sei aus anderen Gebieten Afrikas nach Ostafrika eingewandert. Wichtig ist in dieser verwirrenden Situation, dass man nichts für gesichert hält. Ein sehr hilfreicher Bericht über die Vielfalt der Hominidenfossilien stammt von Tattersall und Schwartz (2000). Anthropologen, die Hominiden vor dem Hintergrund ihrer Anatomie klassifizieren wollen, müssen stets daran denken, dass taxonomische Artnamen wie *afarensis*, *erectus* oder *habilis* keine Typen bezeichnen, sondern recht vielgestaltige Populationen oder Populationsgruppen.

Wie unvollständig unsere Kenntnisse über die fossilen Hominiden sind, zeigt sich besonders deutlich an der Tatsache, dass allein zwischen 1994 und 2001 nicht weniger als sechs neue Arten von Hominidenfossilien beschrieben wurden. Bisher hat noch niemand versucht, sie in einem neuen Stammbaum der Hominiden am richtigen Platz unterzubringen. Bis zu welchem Grade die Unterschiede zwischen den Fossilien auf geografische Variationen zurückzuführen sind, lässt sich anhand der wenigen spärlichen Überreste nicht feststellen.

Stadien der Menschwerdung

Was aber den allgemeinen Trend in der Evolution des Menschen betrifft, sind die Fossilfunde dennoch eine beträchtliche Hilfe. Ich möchte hier mit einer Abfolge historischer Beschreibungen die einzelnen Schritte auf dem Weg vom Menschenaffen zum Menschen rekonstruieren; dabei stütze ich mich auf Interpretationen zahlreicher Autoren, insbesondere aber auf Stanley (1996) und Wrangham (2001). Das Bild, das sich dabei ergibt, gründet sich ausschließlich auf Schlussfolgerungen, und jeder seiner Teile kann jederzeit widerlegt werden. Andererseits ist eine zusammenhängende Geschichte aber wesentlich lehrreicher als eine lange Liste unzusammenhängender Tatsachen. Die gewichtigste gesicherte Erkenntnis, die sich in jüngster Zeit aus den Studien ergeben hat, lautet: Der *Homo sapiens* ist das Endprodukt zweier großer ökologischer Verschiebungen (Veränderungen der bevorzugten Lebensräume) bei unseren Vorfahren, den Hominiden. Deshalb kann man drei Stadien der Menschwerdung unterscheiden:

Regenwald-Stadium	Schimpanse
Baumsavannen-Stadium	*Australopithecus*
Buschsavannen-Stadium	*Homo*

Das Schimpansenstadium. Im Regenwald bewegen sich Menschenaffen von Baum zu Baum meist durch Schwinghangeln fort. Ihre Nahrung besteht zum größten Teil aus Früchten und anderen weichen Pflanzenteilen (Blätter, Stängel und so weiter). Typische Kennzeichen sind ein kleines Gehirn und ein starker Geschlechtsdimorphismus. Die Menschenaffen leben meist auf Bäumen; einen Selektionsdruck zu Gunsten des aufrechten Ganges gibt es nicht.

Das Australopithecinenstadium. Vor etwa sechs bis acht Millionen Jahren gelang es einer Spezies schimpansenähnlicher Menschenaffen, mit Gründerpopulationen in den Gürtel der Baumsavanne rund um den Regenwald einzudringen. Die Baumsavanne bedeckte zu jener Zeit anscheinend riesige Gebiete Afrikas, und aus den Pionieren, die sie besiedelten, entwickelten sich die Australopithecinen. Sie hatten anscheinend ungeheuer großen Erfolg und verbreiteten sich überall da, wo es in Afrika Baumsavannen gab, auch wenn man ihre Fossilien bisher nur in Ostafrika von Äthiopien bis Tansania und in Südafrika gefunden hat. Als Ausnahmen hat man einige Funde im Gebiet des Tschad in Zentralafrika gemacht.

Um sich an den neuen Lebensraum anzupassen, mussten diese Menschenaffen nur erstaunlich wenig Veränderungen durchmachen. Zwischen den einzelnen Bäumen lagen häufig gewisse Abstände, sodass die Affen sich einen aufrechten Gang zu Eigen machen mussten, aber im Wesentlichen blieben sie Baumbewohner, die wie andere Menschenaffen in Nestern auf den Bäumen schliefen. Der Übergang zum zweibeinigen Gang dürfte für einen Primaten nicht so schwierig sein, wie man manchmal annimmt. Ich selbst konnte im Zoo von Phoenix (Arizona) zusehen, wie südamerikanische Klammeraffen beträchtliche Entfernungen auf zwei Beinen zurücklegten. Als einzige weitere Anpassung brauchten die Menschenaffen härtere und längere Zähne: Weiche tropische Früchte waren in dem neuen, trockeneren Lebensraum meistens knapp, sodass sie auch härteres pflanzliches Material in ihren Speisezettel aufnehmen mussten. Nach Ansicht mancher Anthropologen entdeckten sie, dass auch unterirdische Speicherorgane von Pflanzen essbar sind, beispielsweise Knollen, Wurzeln und Zwiebeln, die in trockenen Gebieten häufig vorkommen. Löwen, Geparde, wilde Hunde und andere Fleischfresser, die schneller laufen können als ihre Beute, waren in der Baumsavanne selten oder fehlten ganz, und außerdem standen immer Bäume zur Verfügung, auf die man sich vor natürlichen Feinden flüchten konnte. Deshalb war für die Australopithecinen bei den meisten Eigenschaften ihrer Schimpansenvorfahren keine Veränderung erforderlich: Die geringe Größe, der starke Geschlechtsdimorphismus (die Männchen waren rund 50 Prozent größer als die Weibchen), das kleine Gehirn, die langen Arme und kurzen Beine blieben erhalten.

Zwei Arten graziler Australopithecinen sind gut belegt: *A. afarensis* in Ostafrika von Äthiopien bis Tansania vor 3,9 bis 3,0 Millionen Jahren und *A. africanus* in Südafrika vor 3,0 bis 2,4 Millionen Jahren (Abb. 11.2). Beide haben ein kleines Gehirn von etwa 430 bis 485 Kubikzentimetern. Es handelt sich zwar um Allospezies, aber *A. africanus* ist jünger und ähnelt *Homo* stärker, außer in den Proportionen der Gliedmaßen. Angesichts der Tatsache, dass bereits die Schimpansen in der Benutzung von Werkzeugen recht geschickt waren, kann man das Gleiche auch für die Australopithecinen unterstellen; von ihnen bearbeitete Steinwerkzeuge hat man allerdings bisher nicht entdeckt. Von den Gerätschaften, die sie möglicherweise aus Holz, Pflanzenfasern und Tierhäuten herstellten, ist nichts erhalten. Es spricht nichts gegen die Annahme, dass die Australopithecinen in den Baumsavannen des gesamten afrikanischen Kontinents zu Hause waren.

Australopithecus war weitgehend Vegetarier. Er hatte größere Schneidezähne als die heutigen Menschen, und auch die Backenzähne, die bei Schimpansen beträchtlich kleiner sind, waren größer.

Australopithecus konnte zwar auf zwei Beinen gehen, lebte aber anscheinend immer noch meist auf Bäumen, und in vielen seiner körperlichen Eigenschaften, beispielsweise in der Länge der Arme, unterschied er sich stark von heutigen Menschen. Nach Ansicht von Stanley (1996) ergibt sich daraus auch, dass die Weibchen ihre Säuglinge nicht auf den Armen tragen konnten (weil sie diese zum Klettern brauchten); das Junge musste vielmehr in der Lage sein, sich nach Art der Menschenaffen an der Mutter festzuklammern. Ebenso mussten die Jungen bei der Geburt bereits so weit entwickelt sein wie beispielsweise kleine Schimpansen.

Sowohl in der Alten als auch in der Neuen Welt findet man nur wenige Primatengattungen (zum Beispiel *Cercopithecus*), bei denen zwei Arten nebeneinander in der gleichen Region zu Hause sind. Bei den Australopithecinen war dies aber offensichtlich der Fall. Im südafrikanischen Verbreitungsgebiet der grazilen Spezies *A. africanus* lebte auch *A. robustus*, ein Mitglied einer »robusten« Abstammungslinie. Und in Ostafrika findet man in der Zeit von vor 3,5 bis 3,0 Millionen Jahren den robusten *A. boisei* neben dem grazilen *A. afarensis* sowie vor 2,4 bis 1,9 Millionen Jahren auch neben *Homo*. Vor rund 3,8 Millionen Jahren gab es die noch ältere

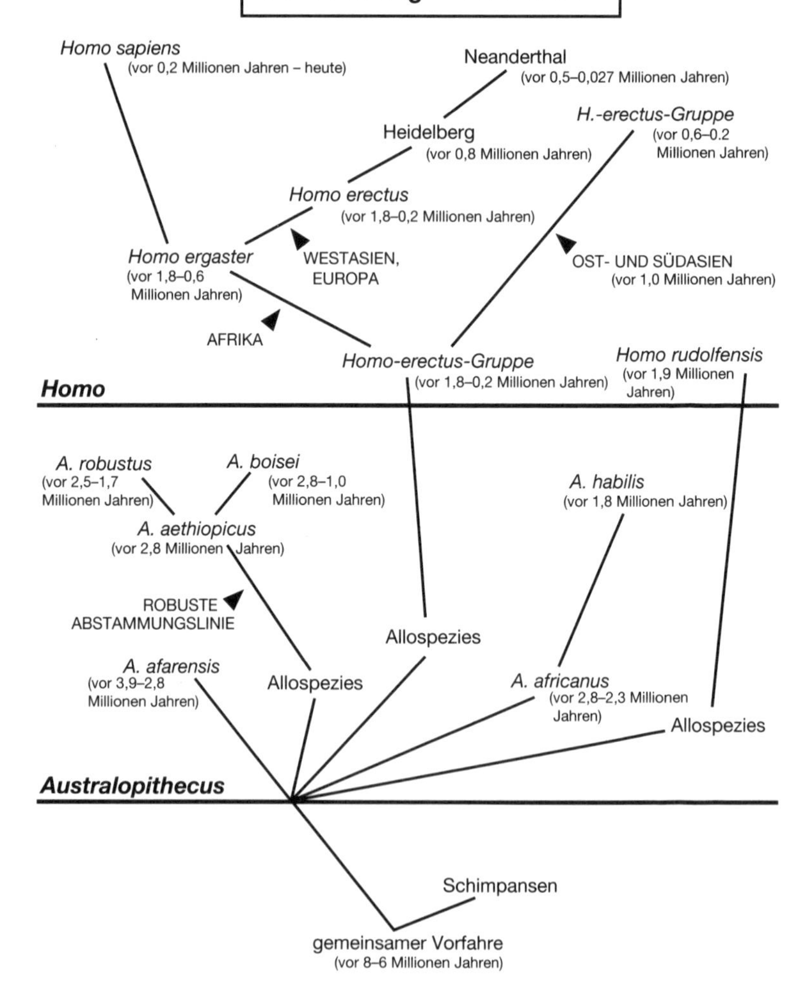

Abb. 11.2 Ein vorläufiger Vorschlag für die Stammesgeschichte des Menschen. Insbesondere die Zeitpunkte für das Auftreten der einzelnen Arten können jederzeit umgeworfen werden. Nach 1990 entdeckte Hominiden sind nicht berücksichtigt.

robuste Spezies *A. aethiopicus*, die sich aber möglicherweise nicht von *A. boisei* unterscheidet. Obwohl die robusten Australopithecinen anscheinend sehr kräftig waren, sprechen alle Anzeichen dafür, dass auch sie als friedliche Vegetarier lebten. Grundsätzlich haben sie den gleichen Körperbau wie die grazilen Formen, manche Autoren rechnen die robusten Australopithecinen allerdings einer eigenen Gattung namens *Paranthropus* zu.

Die grazilen Populationen von *Australopithecus* lebten vor 3,8 bis 2,4 Millionen Jahren. Was die Körpergröße und den geringen Umfang ihres Gehirns angeht, waren sie Menschenaffen. Bemerkenswert ist aber vor allem, dass sie sich in dieser ganzen, 1,5 Millionen Jahre langen Phase kaum veränderten; es war eine Periode der Stasis. Zwar gab es gewisse Unterschiede zwischen dem südafrikanischen *A. africanus* und dem ostafrikanischen *A. afarensis*, die nicht ganz genau zur gleichen Zeit lebten, aber diese Abweichungen kann man auch auf geografische Variationen zurückführen, die durch das Klima und andere Umweltverhältnisse verursacht wurden. Eine Annäherung an die Merkmale von *Homo* fand während dieser ganzen langen Zeit nicht statt.

Die Australopithecinen: Menschenaffen oder Menschen?

Die Frage, ob die Australopithecinen als Menschenaffen oder als Menschen anzusehen sind, war nach 1924, als man *A. africanus* entdeckt hatte, Gegenstand hitziger Auseinandersetzungen. Wie man sie beantwortet, hängt natürlich von der Bewertung der Merkmale ab, in denen sich *Australopithecus* von *Pan* und *Homo* unterscheidet. Seit man erkannt hatte, dass *Homo* ein Menschenaffe ist, galten der aufrechte Gang und die Fortbewegung auf zwei Beinen immer als charakteristische Eigenschaften des Menschen, und da *Australopithecus* diese Merkmale mit uns gemeinsam hat, ordnete man die Australopithecinen den Menschen zu. Teilweise schon im 19. und dann fast durchgehend im 20. Jahrhundert galt der zweibeinige Gang als äußerst wichtiges Merkmal. Man argumentierte, die aufrechte Haltung mache Arme und Hände für andere Aufgaben frei, insbesondere für die Herstellung und Verwendung von Werkzeugen. Das wiederum erforderte eine verstärkte Gehirntätigkeit, und deshalb galt es als Hauptgrund dafür, dass die Gehirngröße beim Menschen zunahm. Wegen solcher Überlegungen hielt man den aufrechten Gang für den wichtigsten Meilenstein der Menschwerdung.

Heute hat dieser Gedankengang an Überzeugungskraft verloren. Die Australopithecinen gingen mehr als zwei Millionen Jahre lang aufrecht, und doch ist während dieser gesamten Zeit keine nennenswerte Größenzunahme des Gehirns zu beobachten. Auch die Bedeutung des Werkzeuggebrauchs schätzt man heute nicht mehr so hoch ein, nachdem man entdeckt hat, dass auch Schimpansen in großem Umfang Werkzeuge benutzten und dass Ähnliches in Ansätzen sogar bei Rabenvögeln und anderen Tieren zu beobachten ist. Außerdem hatten die Australopithecinen mit Ausnahme des aufrechten Ganges und einiger Eigenschaften der Zähne fast alle Merkmale mit den Schimpansen gemeinsam. Und was sicher noch wichtiger ist: Die besonders typischen Merkmale von *Homo* fehlten ihnen völlig. Sie hatten kein großes Gehirn, sie stellten keine Werkzeuge aus bearbeiteten Steinen her, der Geschlechtsdimorphismus war noch ebenso groß wie bei den Menschenaffen, die Arme waren lang und die Beine kurz, und ihre Körpergröße war gering. Außerdem muss man zwischen zwei Arten der zweibeinigen Fortbewegung unterscheiden: auf der einen Seite die der baumbewohnenden Australopithecinen, auf der anderen die der Menschen, die ausschließlich am Boden leben. Vermutlich kann man zu Recht behaupten, dass die Australopithecinen in der Gesamtheit ihrer Eigenschaften den Schimpansen näher standen als der Gattung *Homo*. Der Schritt vom affenähnlichen Stadium des *Australopithecus* zum Stadium von *Homo* war eindeutig das wichtigste Ereignis in der Geschichte der Menschwerdung.

Die Eroberung der Buschsavanne

Die Geschichte der Menschen wurde offensichtlich immer entscheidend von der Umwelt beeinflusst. Seit der Zeit vor 2,5 Millionen Jahren verschlechterte sich das Klima im tropischen Afrika in Verbindung mit dem Beginn der Eiszeit auf der Nordhalbkugel. Es wurde immer trockener, die Bäume in der Baumsavanne litten, und je mehr von ihnen zu Grunde gingen, desto stärker wurde die Umgebung zu einer Buschsavanne. Damit waren die Australopithecinen ihrer Fluchtmöglichkeiten beraubt – in einer baumlosen Savanne waren sie völlig schutzlos. Löwen, Leoparden, Hyänen und wilde Hunde stellten ihnen nach, und alle konnten schneller laufen als sie. Sie hatten weder Hörner noch kräftige Eckzähne als Waffen, und ebenso wenig verfügten sie über die Kraft, um in einem Ringkampf mit einem ihrer natürlichen Feinde den Sieg davonzutragen. Die meisten Australopithecinen mussten in den mehreren hunderttausend Jahren des Vegetationswechsels zwangsläufig zu Grunde gehen. Es gab nur zwei Ausnahmen. Erstens befanden sich manche Baumsavannen in besonders bevorzugten Regionen, sodass einige Australopithecinen, beispielsweise *A. habilis* und die beiden robusten Arten (*Paranthropus*) dort noch eine Zeit lang überleben konnten.

Wichtiger für die Geschichte des Menschen ist aber die zweite Tatsache: Manche Populationen der Australopithecinen überlebten, weil sie mit ihrer Intelligenz wirksame Verteidigungsmechanismen erfinden konnten. Über die Frage, was das für Mechanismen waren, kann man nur spekulieren. Vielleicht warfen die Überlebenden mit Steinen, oder sie benutzten primitive Waffen, die sie aus Holz und anderen pflanzlichen Materialien hergestellt hatten. Sie könnten sich langer Stangen bedient haben wie manche Schimpansen in Westafrika, oder sie schwangen Äste mit Dornen, und vielleicht verwendeten sie sogar eine Art Trommel, um Lärm zu machen. Ihre wichtigste Verteidigung war aber sicher das Feuer, und da sie nun nicht mehr in Nestern auf Bäumen schlafen konnten, legten sie sich höchstwahrscheinlich an Lagerplätzen im Schutz der Flammen zur Ruhe. Als Erste stellten sie bearbeitete Steinwerkzeuge her, und möglicherweise fertigten sie mit scharfen Steinsplittern auch Lanzen an. Jedenfalls überlebten diese Nachkommen der Australopithecinen, die sich jetzt zu der Gattung *Homo* entwickelten, und irgendwann ging es ihnen wieder besser. Aus dem zweibeinigen Gang der Baumbewohner war die aufrechte Fortbewegung des am Boden lebenden *Homo* geworden.

Dieser Übergang war der grundlegendste in der gesamten Geschichte der Hominiden. Er stellt eine weitaus größere Veränderung dar als der Wechsel des Lebensraumes vom Regenwald in die Baumsavannen und führte zur Evolution einer ganzen Reihe wichtiger, charakteristischer Merkmale der neuen Gattung *Homo*.

Die Gehirngröße wuchs schnell an und hatte sich bereits bei *H. erectus* mehr als verdoppelt. Der Geschlechtsdimorphismus ging von 50 Prozent auf ein nur 15 Prozent höheres Körpergewicht der Männer zurück. Die Zähne, insbesondere die Molaren, wurden wesentlich kleiner, die Arme verkürzten sich, und die Beinlänge nahm zu. Der frühe *Homo* bediente sich des Feuers anscheinend nicht nur zum Schutz, sondern auch zum Kochen. Die Verkleinerung der Zähne bei *Homo* wurde gewöhnlich auf den zunehmenden Fleischanteil in der Ernährung zurückgeführt. Wrangham et al. (2001) sind jedoch der Ansicht, dass die durch Kochen weichere pflanzliche Nahrung ein wesentlich wichtigerer Grund war. Fast alle derartigen Überlegungen sind umstritten. Besonders unsicher ist der Zeitpunkt, als das Feuer gezähmt wurde, und manche anfänglich vorgeschlagenen Daten erwiesen sich als Fehlinterpretationen. Wenn das Feuer für die Evolution von *Homo* tatsächlich so wichtig war, wie es heute den Anschein hat, müssen bereits die ältesten Vertreter dieser Gattung sich seiner bedient haben, aber das ist bisher nicht belegt.

Der Ursprung der Gattung *Homo*

Die Evolution von *Homo* ist durch – allerdings recht lückenhafte – Fossilfunde belegt. Vor rund zwei Millionen Jahren tauchte in Ostafrika plötzlich eine ganz andere Hominidenart auf. Sie wurde anfangs als *Homo habilis* bezeichnet, aber wie man schon bald er-

Tabelle 11.2 Zunahme der Gehirngröße in der Abstammungslinie der Hominiden

Art	*Körpergewicht (kg)*	*Gehirngewicht (g)*
Cercopithecus	4,24	66
Gorilla	126,5	506
Schimpanse	36,4	410
Australopithecus afarensis	50,6	415
Homo rudolfensis	–	700–900
Homo erectus	58,6	826
Homo sapiens	44,0	1250

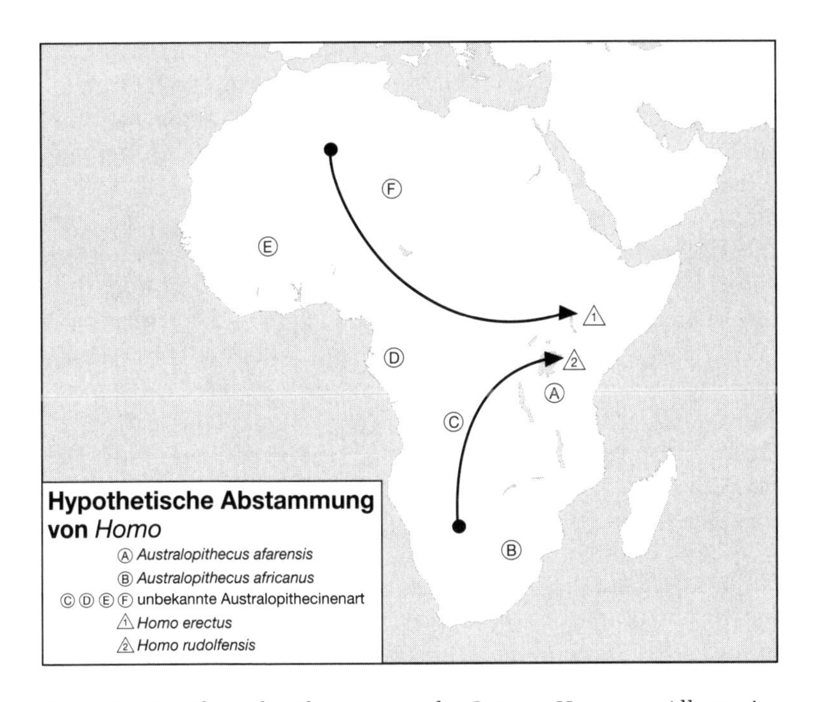

Abb. 11.3 Hypothetische Abstammung der Gattung *Homo* von Allospezies der Australopithecinen.

kannte, waren die unter diesem Namen eingeordneten Fundstücke so vielgestaltig, dass man sie nicht zu einer einzigen Spezies zusammenfassen konnte. Deshalb trennte man die Exemplare mit größerem Gehirn ab und bezeichnete sie als *Homo rudolfensis*. Die Entdeckung weiterer Stücke führte zu einer tief greifend veränderten Interpretation. Den Namen *habilis* verwendete man jetzt nur noch für kleinere Exemplare. Das Gehirn der Funde von »*Homo*« *habilis* hatte nur ein Volumen von 450, 500 und 600 Kubikzentimetern, was eine starke Größenüberschneidung mit *Australopithecus* darstellte; das Gehirn von *H. rudolfensis* dagegen war mit 700 bis 900 Kubikzentimetern erheblich größer (Tabelle 11.2). Auch in anderen Merkmalen unterschied sich *H. rudolfensis* von den Australopithecinen; er hatte kürzere Arme und längere Beine, die Backenzähne waren kleiner und die Schneidezähne größer. Die Steinwerkzeuge, die man ursprünglich *habilis* zugeschrieben hatte, rechnet man jetzt zu *H. rudolfensis*, und der

»*Homo*« *habilis* gilt mittlerweile als späte Spezies von *Australopithecus*. Rätselhaft ist das Ganze vor allem deshalb, weil *H. rudolfensis* anscheinend nicht von irgendeiner bekannten ost- oder südafrikanischen *Australopithecus*-Spezies abstammt, sondern offensichtlich aus einer anderen Region des Kontinents nach Ostafrika einwanderte. Unterarten oder Allospezies der Australopithecinen muss es mit Sicherheit auch in West- und Nordafrika gegeben haben, entsprechende Fossilien hat man dort allerdings bisher nicht gefunden. *Homo* muss jedoch aus einer dieser randständigen Populationen hervorgegangen sein. Das würde erklären, warum der bereits weit entwickelte Hominide *Homo* so unvermittelt in Ostafrika auftaucht (Abb. 11.3). Eine ganz andere Deutung für die Wanderungen der frühen Hominiden findet sich bei Strait und Wood (1999). Diese Autoren stützen sich auf die Annahme, dass Hominiden nur in jenen Teilen Afrikas vorkamen, wo man auch ihre Fossilien gefunden hat.

Eine ähnliche Geschichte muss man auch für *Homo erectus* annehmen, der offenbar ungefähr zur gleichen Zeit wie *H. rudolfensis* in Afrika entstand. Er wurde zuerst allerdings auf Grund von Funden aus Java (1892) und China (1927) beschrieben, weil man damals in Afrika noch keine Fossilien aus der Frühzeit entdeckt hatte. Der erste Vertreter der afrikanischen Abstammungslinie von *erectus* ist der 1,7 Millionen Jahre alte *H. ergaster*, den man vielleicht am besten als Unterart von *H. erectus* einstuft. Diese afrikanische Population verbreitete sich vermutlich irgendwann vor 1,9 bis 1,7 Millionen Jahren nach Asien.

Homo erectus war offensichtlich äußerst erfolgreich. Er verbreitete sich als erster Hominide auch außerhalb Afrikas. Fossilien, die dieser Spezies zugeschrieben werden, fand man von Ostasien (Peking) und Java bis nach Georgien im Kaukasus (1,7 Millionen Jahre alt) sowie in Ost- und Südafrika. Und die Spezies war nicht nur weit verbreitet, sondern sie existierte auch ohne größere Veränderungen mindestens eine Million Jahre lang. Die jüngsten Fossilien von *H. erectus* aus Afrika sind ungefähr eine Million Jahre alt und lassen einen Trend in Richtung des *H. sapiens* erkennen. Dies passt gut zu der Erkenntnis, dass der *H. sapiens* seinen Ursprung in Afrika hatte. Das charakteristische Kennzeichen von *H. erectus* sind einfache Steinwerkzeuge, aber ihm gelang es offensichtlich auch, das Feuer zu zähmen. Die Fähigkeit, sich des Feuers zu bedienen, war vermutlich der entscheidende Schritt der Menschwerdung.

Die beispiellose Zunahme der Gehirngröße vollzog sich zur gleichen Zeit, als die Baumsavanne von der Buschsavanne verdrängt wurde. Die Australopithecinen konnten sich jetzt vor den Raubtieren nicht mehr auf Bäumen in Sicherheit bringen und mussten sich stattdessen ihres Erfindungsreichtums bedienen. So entstand ein starker Selektionsdruck zu Gunsten einer zunehmenden Gehirngröße. Dies belegen die entsprechenden Werte bei den ersten Fossilien von *Homo*. Das Gehirn von *H. rudolfensis* (vor 1,9 Millionen Jahren) hatte ein Volumen von 700 bis 900 Kubikzentimetern und war damit fast doppelt so groß wie das von *Australopithecus* (Durchschnittsgröße 450 Kubikzentimeter). Eine ähnliche Größenzunahme spielte sich auch in der Abstammungslinie von *H. erectus* ab, bei dem das Gehirnvolumen schließlich auf mehr als 1000 Kubikzentimeter anstieg.

Das Wachstum des Gehirns hatte eine genetische Grundlage und zog die verschiedensten Folgen für den Körperbau ungeborener Kinder und ihrer Mutter nach sich. Zu dieser Veränderung leistete auch die Tatsache, dass der Lebensraum sich nun ausschließlich am Boden befand, einen wichtigen Beitrag. Sobald die Mutter sich nicht mehr an Zweigen festhalten musste, hatte sie die Arme für andere Aufgaben frei, und damit unterlag sie nicht mehr den gleichen Beschränkungen wie die *Australopithecus*-Weibchen. Ein Neugeborenes der Australopithecinen musste ebenso weit entwickelt sein wie ein Schimpanse und wissen, wie es sich an seiner Mutter festklammern konnte. Der Geburtskanal im Becken erlaubte auf Grund seiner Größe nur die Passage eines relativ kleinen Kopfes; deshalb musste ein kleines Gehirn ausreichen, um die begrenzten Bedürfnisse des Neugeborenen und eines ausgewachsenen Australopithecinen zu befriedigen.

Die stärkste Zunahme der Gehirngröße in der gesamten Geschichte der Menschenvorläufer spielte sich ab, als die Gattung *Homo* entstand. *Homo rudolfensis* und *H. erectus* konnten nur überleben, weil sie mit ihrem Erfindungsreichtum ihre schutzlose Situation in der Umwelt wettmachten. Das Wachstum des Gehirns muss durch einen ungeheuren Selektionsdruck begünstigt worden sein, aber die Größenzunahme warf auch neue Probleme auf. Säuglinge mit einem größeren Gehirn hatten auch einen größeren

Kopf, aber wie man an den paläontologischen Befunden erkennen kann, war ein entsprechendes Wachstum des Geburtskanals offensichtlich nicht mit dem aufrechten Gang und der zweibeinigen Fortbewegung zu vereinbaren. Das Wachstum des Gehirns musste deshalb zu einem großen Teil auf die Zeit nach der Geburt verlegt werden, oder anders ausgedrückt: Die Kinder mussten vorzeitig zur Welt kommen. Glücklicherweise brauchten die Mütter ihre Arme aber nicht mehr zum Klettern, sondern sie konnten damit jetzt ihre Jungen versorgen. Eine frühzeitige Geburt wurde so begünstigt. Der Übergang zu einer ausschließlich bodengebundenen Lebensweise muss in der Geschichte der Menschheit eine schwierige Phase gewesen sein. Der Wechsel wirkte sich sowohl auf das Neugeborene als auch auf die Mutter aus, denn beide mussten sich auf die neue Situation und den neuen Selektionsdruck einstellen. Hatte das Kind ein zu großes Gehirn und damit auch einen zu großen Kopf, starb es bei der Geburt. Überleben konnte es nur, wenn es ein wenig früher zur Welt kam und wenn die Größenzunahme des Gehirns sich zum Teil in die Zeit nach der Geburt verlagerte. Ein Mensch kommt eigentlich 17 Monate zu früh zur Welt. Auch die Mutter war auf mehrfache Weise betroffen. Sie musste größer werden, damit sie das schwerere Kind über die lange Zeit hinweg, in der sie es versorgen musste, auch tragen konnte. Dies führte zu einem auffälligen Rückgang des Geschlechtsdimorphismus beim Körpergewicht.

Oder anders ausgedrückt: Erst mit 17 Monaten hat ein menschlicher Säugling die Beweglichkeit und Selbstständigkeit eines neu geborenen Schimpansen erlangt. Aber sind die derart zu früh geborenen Kinder für das Überleben geeignet? Für einen Säugling, der heute zu früh zur Welt kommt, ist Wärme die wichtigste Notwendigkeit, und das Gleiche galt zweifellos auch für die Neugeborenen des frühen *Homo.* Als Antwort auf diesen Selektionsdruck entwickelte sich bei ihnen unter der Haut eine Fettschicht, die einen sehr wirksamen Kälteschutz darstellte; in der Folgezeit konnten sie dann auf Behaarung verzichten. Ohne Zweifel erforderte die Verschiebung des Geburtszeitpunktes eine Fülle von Anpassungen, insbesondere was die Wachstumsgeschwindigkeit von Mutter und Kind betrifft. Andererseits ermöglichte sie aber innerhalb weniger Millionen Jahre eine Zunahme der Gehirngröße, ohne dass der Geburtskanal entsprechend mitwachsen musste. Die Verlagerung des Gehirnwachstums auf die Zeit nach der Geburt erfordert, dass das Gehirn eines Menschenbabys im ersten Lebensjahr seine Größe nahezu verdoppelt.

Die Nachkommen von *Homo erectus*

Es ging so oft wie in der Evolution durch Artbildung: Nach einer kurzen Phase der ungeheuer schnellen Entwicklung erlebte der *Homo erectus* eine Periode der Stasis, und von der Zunahme der Gehirngröße abgesehen, änderte sich auch durch die Weiterentwicklung des *H. erectus* zum *H. sapiens* nicht viel. *Erectus* war der erste sehr mobile Hominide, und er entwickelte sich in seinem großen Verbreitungsgebiet – Nordchina, Südostasien, Europa und das gesamte Afrika – zu verschiedenen geografischen Rassen weiter. Der allmähliche Übergang vom *H. erectus* über den *H. heidelbergensis* zum Neanderthaler ist durch bemerkenswert reichhaltige Fossilfunde belegt. Die Fundorte dieser Übergangsformen reichen von England (Swanscomb) über Deutschland (Steinheim) und Griechenland (Petralona) bis nach Java (Ngangdong).

Diese Fossilien stuft man am besten als »archaische Neanderthaler« ein. Sie wandelten sich stetig von einem stärker *erectus*-artigen Typ bis zu Formen, die dem klassischen Neanderthaler ähneln. Was Europa und den Nahen Osten angeht, bestehen wenig Zweifel, dass die westlichen Populationen von *H. erectus* schließlich den Neanderthaler hervorbrachten. Unklar ist aber noch, wie sich der *H. erectus* in Ost- und Südasien sowie in Afrika weiterentwickelte.

Die Neanderthaler lebten in der Zeit vor 250 000 bis 30 000 Jahren. Vor rund 100 000 Jahren wurde ihr Verbreitungsgebiet von einer Einwanderungswelle des *Homo sapiens* erfasst, die vermutlich vor 150 000 bis 200 000 Jahren in Afrika südlich der Sahara ihren Anfang genommen hatte. Der *H. sapiens* stammt eindeutig von den afrikanischen Populationen des *H. erectus* ab. Vom asiatischen *H. erectus* war er vermutlich seit mindestens einer halben Million Jahre isoliert, und in dieser Zeit nahm er die charakteristischen Merkmale von *sapiens* an. Schließlich verließ er in einer großen Welle den afrikanischen Kontinent und verbreitete sich nun schnell über die ganze Welt. Australien hatte er vor 50 000 bis

60 000 Jahren erreicht, Ostasien vor 30 000 Jahren und Nordamerika, den Berichten zufolge, vor rund 12 000 Jahren. Manche Indizien sprechen aber auch für eine frühere Besiedlung Amerikas vielleicht schon vor 50 000 Jahren.

Die Geschichte der europäischen Hominiden ist verwickelt. Neanderthaler-Fossilien hat man in Turkestan, dem nördlichen Iran und Palästina, aber auch an der gesamten Nordküste des Mittelmeeres, in Mitteleuropa und in Westeuropa bis hin nach Spanien und Portugal gefunden. Die Untersuchung ihrer Zähne und kultureller Hinterlassenschaften legen die Vermutung nahe, dass die Neanderthaler sich vorwiegend von Fleisch ernährten. Es gibt aber keine Anzeichen, dass sie die Tierbestände ernsthaft dezimiert und damit das eigene Überleben infrage gestellt hätten. Vor rund 35 000 Jahren hatte die Besiedlung durch den modernen *H. sapiens* Westeuropa erreicht, und nach mehreren tausend Jahren der Koexistenz verschwanden die Neanderthaler. Warum es im Einzelnen dazu kam (Klimafaktoren, kulturelle Unterlegenheit oder Völkermord durch den *H. sapiens*), ist bis heute umstritten. Eine Analyse der Mitochondrien-DNA zeigte, dass die Abstammungslinien von Neanderthaler und *H. sapiens* sich vor ungefähr 467 000 Jahren getrennt hatten.

Die nach Westeuropa eingewanderte Gruppe von *H. sapiens*, Cromagnon genannt, war höchst erfolgreich; anatomisch aber, und insbesondere in der Größe des Gehirns (1350 Kubikzentimeter), veränderte sich in den nahezu 100 000 Jahren ihrer Vorherrschaft kaum etwas. Sie hatte eine höher entwickelte Kultur und schuf unter anderem die berühmten Höhlenmalereien von Lascaux und Chauvet.

Wenn man die Evolution der Hominiden vom Menschenaffen bis auf die heutige Zeit zusammenfassen will, kann man insbesondere auf die tief greifenden Veränderungen im Körperbau verweisen. Am auffälligsten ist der Übergang vom teilweise auf Bäumen lebenden *Australopithecus* zu *Homo*, der ausschließlich am Boden zu Hause ist. Die Gehirngröße wuchs in vier Millionen Jahren auf mehr als das Dreifache, und das machte eine erstaunliche kulturelle Entwicklung möglich. Der Wandel verlief nicht immer mit gleicher Geschwindigkeit, beschleunigte sich aber nach dem Übergang zu *Homo*. Während des Australopithecinen-Zeitalters spielte sich in mehr als zwei Millionen Jahren keine auffällige Veränderung ab. Erst mit *Homo* tauchte etwas Neues auf, auch wenn es im Hinblick auf die Verwandtschaft zwischen *H. habilis, H. rudolfensis* und *H. erectus* noch Unsicherheiten gibt. *Homo* lebte ausschließlich am Boden und hatte eindeutig ein größeres Gehirn als die Menschenaffen. Mit *H. erectus* war dann anscheinend eine weitere Periode der Stasis erreicht: Auch in den 1,5 Millionen Jahren, die er existierte, veränderte sich relativ wenig.

In den einzelnen Aspekten des menschlichen Phänotyps spielten sich auf dem Weg vom Menschenaffen zum Menschen sehr unterschiedlich starke Wandlungen ab (ein Fall von Mosaikevolution). Viele grundlegende Enzyme und andere Makromoleküle, beispielsweise das Hämoglobin, veränderten sich überhaupt nicht. Auch der Grundbauplan des menschlichen Körpers ist dem des Schimpansen bemerkenswert ähnlich – das war einer der Gründe, warum Linnaeus den Schimpansen ohne Zögern in die Gattung *Homo* einordnete. Ein Körperteil jedoch, das Gehirn, übertraf mit der Geschwindigkeit seines Wandels alle anderen; die Veränderung begann vor rund 2,4 Millionen Jahren, beschleunigte sich aber in der letzten halben Million Jahre. Was ist am menschlichen Gehirn so bemerkenswert?

Das Gehirn

Das Gehirn des Menschen ist ein unvorstellbar komplexes Gebilde. Es enthält bei einem Erwachsenen ungefähr 30 Milliarden Nervenzellen oder Neuronen. Die Großhirnrinde, die in der menschlichen Art so hoch entwickelt ist, besteht aus rund zehn Milliarden Neuronen, und die sind durch eine Million Milliarden Verbindungen, die so genannten Synapsen, verknüpft. Jedes Neuron hat einen Hauptfortsatz, das Axon, und zahlreiche kleinere Verzweigungen, die Dendriten, die an den Synapsen mit anderen Neuronen in Kontakt treten. Über die elektrophysiologischen Vorgänge in den Neuronen weiß man eine ganze Menge, über ihre Funktion im menschlichen Geist ist aber nur wenig bekannt. Die Synapsen scheinen beispielsweise eine wichtige Rolle für die Speicherung von Erinnerungen zu spielen, aber wie sie diese Aufgabe erfüllen, ist fast völlig ungeklärt.

Seit langem herrscht die Auffassung, dass unser Gehirn uns erst zu Menschen macht. Zu jedem anderen Teil unserer Anatomie gibt es bei irgendeinem Tier eine entsprechende Struktur, die ihm ebenbürtig oder überlegen ist. Aber auch das Gehirn des Menschen ist anderen, weitaus kleineren und einfacheren Säugetiergehirnen im Grundsatz recht ähnlich. Seine einzigartige Eigenschaft sind offenbar die vielen (vielleicht bis zu 40) verschiedenen Neuronentypen, von denen einige möglicherweise ausschließlich beim Menschen vorkommen.

Am erstaunlichsten ist vielleicht, dass das Gehirn des Menschen sich anscheinend seit dem ersten Auftauchen des *Homo sapiens* vor rund 150 000 Jahren nicht im Geringsten verändert hat. Der kulturelle Aufschwung der Menschheit von einfachen Jägern und Sammlern zur Landwirtschaft und städtischen Zivilisation spielte sich ab, ohne dass die Gehirngröße nennenswert zugenommen hätte. Offensichtlich wird ein größeres Gehirn in einer umfangreicheren, komplizierteren Gesellschaft nicht mehr durch einen Vorteil bei der Fortpflanzung belohnt. Auch dies zeigt mit Sicherheit, dass es in der Abstammungslinie der Hominiden keinen teleologischen Trend zu einer stetigen Größenzunahme des Gehirns gibt.

Früher glaubte man, aufrechter Gang und Werkzeuggebrauch seien die wichtigsten Schritte der Menschwerdung gewesen. Die Erkenntnis, dass der auf zwei Beinen gehende *Australopithecus* immer ein Menschenaffe war, und die Entdeckung des Werkzeuggebrauchs bei Schimpansen (und anderen Tieren) führten dazu, dass man diese Überzeugung aufgab. In Wirklichkeit scheint vielmehr das schnelle Wachstum des Gehirns in engem Zusammenhang mit zwei Entwicklungen in der menschlichen Evolution zu stehen: mit der Befreiung von einem sicheren Leben auf den Bäumen und mit der Entstehung der Sprache, des typisch menschlichen Kommunikationsmittels. Wie kam es dazu?

Die Einzigartigkeit des Menschen

Als man erkannt hatte, dass Menschenaffen die Vorfahren des Menschen sind, verstiegen sich manche Autoren zu der Behauptung: »Der Mensch ist auch nur ein Tier.« Aber das stimmt ganz und gar nicht. Der Mensch ist tatsächlich so einzigartig, so verschieden von allen anderen Tieren, wie Theologen und Philosophen es seit jeher behauptet haben. Das ist unser Stolz und unsere Last.

Bisher habe ich beschrieben, über welche Stadien hinweg die Unterschiede zwischen dem Menschen und seinen Affenvorfahren immer größer wurden; jetzt muss ich erläutern, welche Eigenschaften ausschließlich menschlich sind. Die meisten davon haben mit der ungeheuren Entwicklung des Gehirns und der erweiterten Brutpflege zu tun. Bei den meisten Wirbellosen (insbesondere bei den Insekten) sterben die Eltern, bevor die Nachkommen aus dem Ei schlüpfen. Was das Verhalten angeht, steht dem Neugeborenen ausschließlich die Information zur Verfügung, die in seiner DNA enthalten ist. Später, während seines meist recht kurzen Lebens, kann es nur in begrenztem Umfang Neues hinzulernen, und dies wird nicht an die Nachkommen weitergegeben. Nur bei Arten mit hoch entwickelter Brutpflege, so bei manchen Vögeln und Säugetieren, haben die Jungen eine Gelegenheit, zusätzlich zu ihren genetischen Informationen von den Eltern und Geschwistern etwas zu lernen, gelegentlich auch von anderen Mitgliedern ihrer sozialen Gruppe. Solche Informationen können dann von Generation zu Generation weitergegeben werden, obwohl sie nicht im genetischen Programm enthalten sind. Die Informationsmenge, die durch ein solches nicht genetisches Übertragungssystem vermittelt werden kann, ist allerdings bei den meisten Tierarten eng begrenzt. Beim Menschen dagegen ist die Weitergabe kultureller Informationen zu einem zentralen Aspekt des Lebens geworden. Diese Fähigkeit begünstigte auch die Entwicklung der Sprache, ja man kann sogar sagen: Sie machte die Entstehung einer Sprache notwendig.

Das Wort »Sprache« verwenden wir zwar häufig auch in Verbindung mit der Informationsübermittlung bei Tieren, beispielsweise wenn wir von der »Bienensprache« sprechen. In Wirklichkeit verfügen aber alle diese Tierarten nur über Systeme, mit denen sie Signale aussenden und empfangen können. Damit ein Kommunikationssystem zur Sprache wird, müssen Syntax und Grammatik hinzukommen. Psychologen versuchen seit einem halben Jahrhundert, Schimpansen eine Sprache beizubringen – vergeblich. Den Schimpansen fehlt offensichtlich die nervliche Ausstattung, mit der sie sich eine Syntax aneignen könnten. Deshalb können sie nicht über Zukunft oder Vergangenheit sprechen. Nachdem unsere Vorfahren die Sprache erfunden hatten, entwickelte sich eine reichhaltige Tradition der mündlichen Überlieferung, lange bevor Schrift und Buchdruck aufkamen. Die Entwicklung der Sprache erzeugte ihrerseits wieder einen gewaltigen Selektionsdruck zu Gunsten einer Vergrößerung des Gehirns, insbesondere jener Teile, die der Informationsspeicherung (dem Gedächtnis) dienten. Dieses vergrößerte Gehirn machte schließlich die Entwicklung von Kunst, Literatur, Mathematik und Naturwissenschaften möglich.

Denken und Intelligenz sind bei warmblütigen Wirbeltieren (Vögel und Säugetiere) weit verbreitet. Aber die Intelligenz des Menschen scheint selbst die der intelligentesten Tiere um Größenordnungen zu übertreffen. Aus den Fossilfunden können wir, was die Evolution des Gehirns angeht, etwas recht Überraschendes ablesen. Ursprünglich glaubte man, der aufrechte Gang sei ein wichtiger Faktor für die Zunahme der Gehirngröße gewesen, weil er die Hände für andere Tätigkeiten frei machte. Die auf zwei Beinen gehenden Australopithecinen hatten jedoch ein Gehirn, das mit meist unter 500 Kubikzentimetern kaum größer war als das eines Schimpansen. Was löste also die auffällige Größenzunahme des Gehirns bei *Homo* aus? Wie bei so vielen umstrittenen Fragen, so wird auch hier zunehmend deutlich, dass dafür mehrere Faktoren eine Rolle spielten, die in verschiedenen Stadien unserer Entstehungsgeschichte ihre stärksten Auswirkungen hatten.

Die Vorstellung, es müsse bei der Menschwerdung ein ununterbrochenes Spektrum von Übergangsstadien geben, gründet sich auf die typologische Denkweise. Schon vor Darwin hatten die Naturforscher nachgewiesen, dass höhere Lebewesen nicht als Typen existieren, sondern als vielgestaltige Populationen. Sie bilden geografisch variable Arten, meist mit einer zentralen, zusammenhängenden Hauptpopulation, die in vielen Fällen an ihren Rändern von isolierten, beginnenden Arten und Allospezies umgeben ist. Viele Indizien sprechen dafür, dass weit verbreitete Arten nur relativ wenig evolutionären Wandel durchmachen (siehe Kapitel 9) und dass Neuerungen der Evolution hauptsächlich in den randständigen, beginnenden Arten auftreten. Stichhaltige Gründe sprechen für die Annahme, dass Evolution und Artbildung bei den Hominiden nach den gleichen Prinzipien erfolgt sind wie bei der Mehrzahl aller landlebenden Wirbeltiere.

Peripher isolierte Populationen haben häufig so viel Erfolg, dass sie das Verbreitungsgebiet der Ausgangsart besetzen und diese manchmal sogar ausrotten. In den Fossilfunden zeigt sich ein solches Ereignis als abgegrenzter Bruch, als »Sprung« zwischen Ausgangs- und Tochterart. In Wirklichkeit handelt es sich aber nur um eine geografische Verschiebung. Nehmen wir beispielsweise an, bei einer Allospezies von *Australopithecus africanus* aus West- oder Nordafrika hätten sich allmählich die Merkmale von *Homo* entwickelt, und dann hätte sie sich plötzlich als *Homo rudolfensis* nach Ostafrika ausgebreitet. Zwischen diesem Szenario und der darwinistischen Erklärung besteht kein Widerspruch, denn während der gesamten geografischen Artbildung von *H. rudolfensis* bestand in den Populationen eine vollständige Kontinuität. Wir müssen daraus aber lernen, dass man die Evolution der Hominiden nicht als linearen, typologischen Ablauf in der zeitlichen Dimension betrachten darf, der sich auf eine einzige geografische Region beschränkt, sondern dass es sich um eine Abfolge geografischer Artbildungsereignisse in vielen Dimensionen handelt. Dies nimmt der Menschwerdung viel von ihrer Rätselhaftigkeit.

Das von den Australopithecinen ererbte Gehirn von knapp 500 Kubikzentimetern wuchs nun auf über 700 an. Damit vollzog sich der Übergang zum *Homo*. In diesem Stadium der Hominidenevolution trug nichts anderes so stark zum Überleben bei wie die Intelligenz. Die ersten nachgewiesenen Arten, die diese neue Ebene der Menschwerdung erreichten, waren *Homo rudolfensis* und *H. erectus*. Seltsamerweise nahm die Gehirngröße nach dem ersten, zu *H. rudolfensis* führenden Schub bei *H. erectus* ungefähr eine Million Jahre lang nur noch langsam zu, beim späten *H. erectus* stieg sie dann aber auf 800 bis 1000 Kubikzentimeter an, um bei *H. sapiens* schließlich einen Durchschnittswert von 1350 Kubikzentimetern zu erreichen. Bei den größeren und robusteren Neanderthalern erreichte die Gehirngröße sogar einen Wert von 1600 Kubikzentimetern; im Verhältnis zur Körpergröße war das aber kaum mehr als beim *H. sapiens*.

Werkzeugkultur

Die verschiedenen Arten von *Homo* erkennt man unter anderem auch an den Werkzeugen, die sie hergestellt haben. Die ältesten in Afrika entdeckten Steinwerkzeuge, zur so genannten Oldowan-Kultur gehörig, schrieb man anfangs dem *Homo habilis* zu. Heute jedoch, wo man zwischen *H. rudolfensis* und *H. habilis* unterscheidet, macht man *H. rudolfensis* für ihre Herstellung verantwortlich. *Homo erectus* hatte höher entwickelte Werkzeuge, die als Acheuléen-Kultur bezeichnet werden. Diese veränderte sich in den 1,5 Millionen Jahren, in denen es *H. erectus* gab, bemerkenswert wenig, gewisse geografische Abweichungen sind aber zu beobachten. Noch raffinierter waren die Mousterién-Werkzeuge der Neanderthaler, und als schließlich der *H. sapiens* (Cromagnon) auf der Bildfläche erschien, waren seine Werkzeuge, Aurignacien genannt, nochmals erheblich überlegen. Warum man Aurignacien-Werkzeuge auch in manchen Höhlen mit Neanderthalerfossilien gefunden hat, ist bisher nicht geklärt. Trieben die Neanderthaler und ihre Cromagnon-Nachbarn Handel mit den Werkzeugen?

Was ist *Homo?*

Die frühen Arten *Homo rudolfensis* und *H. erectus* reichten mit ihrem Gehirnvolumen nicht an die Neanderthaler (1600 Kubikzentimeter) oder den *H. sapiens* (1350 Kubikzentimeter) heran, aber die Zunahme vom Australopithecinengehirn mit seinen 450 Kubikzentimetern zu den 700 bis 900 Kubikzentimetern bei *H. rudolfensis* stellt fast eine Verdoppelung dar und ist ein viel größerer Fortschritt als der Wandel von 900 zu 1350 Kubikzentimetern, in dem ich keinen qualitativen Zugewinn erkennen kann. Eine Gattung ist gewöhnlich ein Anzeichen für eine ökologische Einheit, für einen nennenswerten Unterschied in der Nutzung der Umwelt. Diese Bedeutung hat auch die Bezeichnung *Homo.* Sie steht für die Befreiung vom Leben auf den Bäumen. Nachdem diese Unabhängigkeit erreicht war, lag das Schwergewicht auf der Steigerung der Intelligenz, vorausgesetzt, die Evolutionseinheit war so klein, dass sie auf Selektion ansprechen konnte. Die evolutionsbedingte Zunahme der Gehirngröße ging zu Ende, als ein weiteres Wachstum von der Selektion nicht mehr mit einem Vorteil bei der Fortpflanzung belohnt wurde.

Mitte des 20. Jahrhunderts, als die Kenntnisse über geistige Fähigkeiten und Gefühle bei warmblütigen Wirbeltieren zunahmen, entdeckte man allmählich eine ganze Reihe erstaunlicher Ähnlichkeiten zum Menschen. In früheren Zeiten jedoch, als man vorwiegend an die uneingeschränkte Einzigartigkeit unserer Spezies glaubte, wurden alle Ansichten, die auf solche Ähnlichkeiten aufmerksam machten, als *Anthropomorphismus* bezeichnet. Heute erkennen wir allmählich, dass derartige Ähnlichkeiten angesichts unserer Vorgeschichte alles andere als verwunderlich sind.

Die Ähnlichkeit zu den warmblütigen Angehörigen unserer Wirbeltier-Abstammungslinie gilt für die meisten nicht körperlichen Merkmale des Menschen. Dass viele Säugetiere und Vogelarten (zum Beispiel Rabenvögel und Papageien) eine bemerkenswert hoch entwickelte Intelligenz besitzen, wird von den Psychologen heute nicht mehr in Frage gestellt. Darüber hinaus wird aber deutlich, dass viele Tiere auch Angst, Glück, Vorsicht, Niedergeschlagenheit und fast alle anderen menschlichen Gefühlsregungen erkennen lassen. Nicht alle Berichte in der Literatur über solche Beobachtungen sind glaubwürdig, aber es gibt zahlreiche bestätigte Fälle, die sich auf sorgfältige Beobachtungen und Untersuchungen stützen (Griffin 1981, 1984, 1992; Kaufmann 1981; Masson und McCarthy 1995). Dass diese menschlichen Merkmale nicht alle bei der Geburt des *Homo sapiens* mit einem großen Sprung entstanden sein können, liegt auf der Hand. Dass wir ihre Vorstufen bei vielen Tierarten finden, ist ganz natürlich.

Die Evolution der menschlichen Ethik

Kaum ein anderer Aspekt der Evolution war so umstritten wie die Versuche, die Entstehung der menschlichen Ethik zu erklären. Seit 1859 wurde immer wieder der Einwand erhoben, altruistisches Verhalten sei mit der natürlichen Selektion nicht zu vereinbaren. Häufig wurde gefragt: Ist egoistisches Verhalten nicht das Einzige, was von der Selektion belohnt werden kann? Was ist Altruismus und wie kann man ihn definieren? Beruht Selbstlosigkeit auf einer genetischen Disposition oder ist sie ausschließlich auf Erziehung und Lernen zurückzuführen?

Man kann wohl mit Fug und Recht behaupten, dass man mit der Beantwortung solcher Fragen erst vorankam, als man entsprechende Verhaltensweisen bei verschiedenen Tierarten untersuchte. Dabei stellte sich heraus, dass man zwischen verschiedenen Arten des Altruismus unterscheiden muss, und entsprechend kann man unterschiedliche Klassen von Begünstigten abgrenzen, auf die sich das altruistische Verhalten richtet.

Nach der traditionellen Definition ist eine Handlung altruistisch, wenn sie dem Empfänger nützt, während sie für den Altruisten einen Aufwand bedeutet. Diese Definition schließt alle Formen von Freundlichkeit und Hilfsbereitschaft aus, die nicht mit nennenswertem Aufwand verbunden sind. In einer sozialen Gruppe handelt es sich jedoch bei großen Teilen des Verhaltens um Akte der Freundlichkeit oder Rücksichtnahme, bei denen keine nennenswerten »Kosten« entstehen. Und genau diese Art von Verhalten ist nicht nur äußerst wichtig für den Zusammenhalt einer solchen Gruppe, sondern sie stellt auch eine Brücke zum streng definierten Altruismus dar.

Drei Arten von Altruismus

Vergleicht man verschiedene altruistische Verhaltensweisen, so kann man drei Kategorien abgrenzen, die sich in dem Ausmaß und der entwicklungsgeschichtlichen Bedeutung ihres Altruismus unterscheiden.

Altruismus zum Nutzen der eigenen Nachkommen. Dass diese Form des Altruismus von der natürlichen Selektion begünstigt wird, braucht nicht weiter begründet zu werden. Jede Tätigkeit eines Elternteils, die dem Wohlbefinden und Überleben seiner Nachkommen dient, nützt seinem eigenen Genotyp.

Bevorzugte Behandlung enger Verwandter (Verwandtenselektion/*kin selection*). Die meisten Mitglieder einer sozialen Gruppe gehören einer Großfamilie an und haben Teile ihres Genotyps gemeinsam. Deshalb wird jeder Altruismus zwischen Verwandten durch die natürliche Selektion begünstigt. Diese Art des Altruismus ist charakteristisch für Geschwister (Brüder und Schwestern), die einander seit der Geburt kennen und zusammen aufgewachsen sind. Wie J. B. S. Haldane vielleicht als Erster deutlich machte, trägt jede Unterstützung, die man einem engen Verwandten angedeihen lässt, zur eigenen *fitness* bei, weil die Begünstigten einen Teil des eigenen Genotyps besitzen (*inclusive fitness selection*). Dass diese Schlussfolgerung stichhaltig ist, wies Hamilton (1964) nach: Er erklärte mit ihrer Hilfe, warum es bei Staaten bildenden Insekten (Hymenoptera) verschiedene Kasten gibt. Die Frage, inwieweit auch entferntere Verwandte begünstigt werden, ist umstritten.

Altruismus unter Angehörigen einer sozialen Gruppe. Soziale Gruppen bestehen in der Regel nicht nur aus Mitgliedern einer Großfamilie, sondern zu ihnen gehören auch »Einwanderer«, die aus anderen Gruppen stammen und Anschluss gesucht haben. Die Mitglieder einer Gruppe erkennen offenbar, dass zusätzliche Arbeitskräfte oder potenzielle Eltern in manchen Fällen die Gruppe stärken, und deshalb bringen sie gegenüber solchen Neuankömmlingen meist eine gewisse Toleranz auf. Wahrscheinlich wird sogar die Entwicklung freundlicher, kooperativer Gefühle zwischen allen Angehörigen einer sozialen Gruppe durch natürliche Selektion begünstigt. Inwieweit der Altruismus in einer solchen Gruppe zwischen verwandten Individuen größer ist (Verwandtenselektion) als zwischen anderen Angehörigen der Gruppe, ist nicht mit Sicherheit bekannt.

Gegenseitige Hilfeleistung. Gegenseitige Hilfeleistungen verstärken den Zusammenhalt einer sozialen Gruppe. Bei gesellschaftsbildenden Tieren kann man häufig beobachten, dass ein Individuum einem anderen hilft und dabei erwartet, dass der Begünstigte sich später einmal für den Gefallen erkenntlich zeigt. Ein solches Verhalten bezeichnet man in der Regel als gegenseitigen Altruismus, aber wegen der erwarteten Gegenseitigkeit stehen hinter der Hilfeleistung offensichtlich egoistische Motive. Gegenseitige Hilfe findet man nicht nur unter Angehörigen einer sozialen Gruppe, sondern manchmal auch zwischen den Mitgliedern unterschiedlicher Gruppen, gelegentlich sogar zwischen Individuen verschiedener biologischer Arten. Ein gutes Beispiel für diese Hilfeleistung zwischen den Arten sind die »Putzerfische«, die größere Raubfische von äußeren Parasiten befreien (zugegebenermaßen als Gegenleistung für Nahrung und Schutz). Man kann sogar noch weiter gehen und das ganze Spektrum der symbiontischen Wechselbeziehungen in diese Kategorie einordnen.

Verhalten gegenüber Außenstehenden. Außenstehende kommen nur selten in den Genuss jener Formen von Altruismus, die anderen Angehörige einer sozialen Gruppe erwiesen werden. Die einzelnen sozialen Gruppen stehen in der Regel untereinander in Konkurrenz, und nicht selten bekämpfen sie einander sogar. Es besteht kaum ein Zweifel daran, dass auch die Geschichte der Hominiden eine Geschichte des Genozids war. Das Gleiche gilt anscheinend auch für Schimpansen. Wie konnte dann die Neigung zu altruistischem Verhalten von den Mitgliedern einer sozialen Gruppe so umgelenkt werden, dass unter ihren Nutznießern auch Individuen sind, die nicht der eigenen Gruppe angehören? Wie kann ein solcher Altruismus gegenüber Außenstehenden zu Stande kommen? Dass eine echte Ethik sich nur dann entwickeln kann, wenn zu dem »egoistischen« Altruismus der sozialen Gruppe ein solcher umfassender Altruismus hinzukommt, liegt auf der Hand.

Wie konnte der Altruismus gegenüber Fremden sich in der menschlichen Spezies durchsetzen? Kann man sich dafür auf die natürliche Selektion berufen? Dies wurde oft versucht, aber nur mit geringem Erfolg. Man kann nur schwer ein Szenario konstruieren, in dem wohlwollendes Verhalten gegenüber Konkurrenten und Feinden von der natürlichen Selektion belohnt wird. In diesem Zusammenhang ist es interessant, das Alte Testament zu lesen; dabei stellt man fest, dass immer wieder ein Unterschied zwischen dem Verhalten innerhalb der eigenen Gruppe und gegenüber Außenstehenden gemacht wird. Dies steht in völligem Gegensatz zu der Ethik, die das Neue Testament vertritt. Das Gleichnis Jesu über den Altruismus des barmherzigen Samariters war eine auffällige Abweichung von den üblichen Sitten. Altruismus gegenüber Fremden ist ein Verhalten, das von der natürlichen Selektion nicht begünstigt wird.

Die Neigung zu altruistischem Verhalten gegenüber anderen Mitgliedern der eigenen sozialen Gruppe ist als Bestandteil der Evolution einer echten Ethik von überragender Bedeutung. Diese erfordert aber auch einen kulturellen Faktor, die Umsetzung der Lehren eines Religionsstifters oder Philosophen. Durch Evolution entsteht sie nicht automatisch. Echte Ethik ist das Ergebnis der Gedanken kultureller Führungsgestalten. Mit altruistischen Empfindungen gegenüber Außenstehenden werden wir nicht geboren, sondern wir erwerben sie durch kulturell bedingtes Lernen. Sie erfordern, dass wir unsere angeborenen altruistischen Neigungen auf ein neues Ziel lenken: auf Außenstehende.

Die altruistischen Neigungen sind bei einzelnen Menschen sehr unterschiedlich stark ausgeprägt. Hin und wieder begegnen wir jemandem, der eine außergewöhnlich große Fähigkeit zu Menschenfreundlichkeit, Selbstlosigkeit, Großzügigkeit und kooperativem Verhalten besitzt. Die Familien, aus denen solche Personen stammen, behaupten stets steif und fest, der oder die Betreffende sei schon von Kindheit an so gewesen. Wir kennen aber auch das umgekehrte Extrem, das völlig sozialfeindliche Verhalten. Viele Kriminelle besitzen eine solche pathologische Disposition, und dann scheitern in der Regel alle Erziehungsversuche. Die meisten Menschen liegen aber irgendwo zwischen diesen beiden Polen. Sie können durch Lernen eine echte Ethik erwerben (auch gegenüber Außenstehenden). Wie sich diese Form des Lernens auswirken kann, wird unter anderem durch die geringe Kriminalitätsrate im US-Bundesstaat Utah belegt, in dem die ethischen Prinzipien der Mormonen weit verbreitet sind.

Die Befürworter ethischer Prinzipien für die Menschheit haben seit jeher einen schweren Stand, denn die angeborene Neigung zu Misstrauen und Feindseligkeit gegenüber Fremden (Außenstehenden) lässt sich nur schwer überwinden. Es gibt aber auch Faktoren, die eine Aneignung von Ethik erleichtern. Die gegenseitige Hilfeleistung funktioniert mit Außenstehenden ebenso gut wie mit Angehörigen der eigenen Gruppe. Weit wichtiger war jedoch die Vielfalt innerhalb der menschlichen Bevölkerung. In allen Bevölkerungsgruppen gibt es Personen mit besonders freundlichen Neigungen, und die tragen dazu bei, Brücken zwischen Gruppen und Populationen zu schlagen. Diese Vielfalt und ihre Anerkennung sind eine große Hilfe, um eine strenge typologische Interpretation von Begriffen wie »Rasse« zurückzuweisen.

Die Diskriminierung Außenstehender, vielleicht der wichtigste Grund, warum sich eine allgemein anerkannte menschliche Ethik bis heute nicht weltweit durchgesetzt hat, wird allmählich von einigen grundlegenden sozialen Prinzipien verdrängt, die sich in Begriffen wie Gleichberechtigung, Demokratie, Toleranz und Menschenrechte verkörpern. Mehrere Weltreligionen haben mit großem Erfolg ethische Erziehung praktiziert. Und wo die Religionen versagt haben, so bei der Vermeidung der beiden entsetzlichen Weltkriege, können wir heute hoffen, dass die Welt aus den Fehlern der Vergangenheit gelernt hat. Man sollte es durchaus anerkennen: Die Kulturen der christlichen Welt verfügen tatsächlich über ethische Prinzipien, die im Ganzen betrachtet gut und vernünftig sind, auch wenn wir oft nicht in der Lage waren, uns daran zu halten.

Mensch und Umwelt

Unser überragendes Gehirn hat uns in die Lage versetzt, eine Erfindung nach der anderen zu machen und so zunehmend unabhängig von der Umwelt zu werden. Keinem anderen Tier ist es jemals gelungen, sich auf allen Kontinenten und in allen Klimazonen erfolgreich anzusiedeln. Kein anderes Tier hat jemals die gleiche, relativ große Vorherrschaft über die Natur erlangt. In den letzten 50 Jahren ist jedoch immer deutlicher geworden, dass wir nach wie vor völlig auf die Natur angewiesen sind und dass unsere Bemühungen, sie zu beherrschen, einen hohen Preis haben. Zu diesen Kosten, die sich jetzt vor uns auftürmen, gehören die übermäßige Ausbeutung nicht erneuerbarer Energiequellen und die fortwährende Zerstörung der Quellen erneuerbarer Ressourcen. Dazu gehören Luft- und Wasserverschmutzung, die beschleunigte Zerstörung natürlicher Lebensräume und der Früchte der Evolution – der Vielfalt des Pflanzen- und Tierlebens –, aber auch die Entstehung schrecklicher gesellschaftlicher Phänomene wie Slums, Armut und Elendsviertel (Ehrlich 2000).

Die Zukunft der Menschheit

Was die Zukunft der Menschheit betrifft, werden häufig zwei Fragen gestellt. Die erste lautet: Wie groß ist die Wahrscheinlichkeit, dass die menschliche Spezies in mehrere biologische Arten zerfällt? Hier gibt es eine eindeutige Antwort: Diese Wahrscheinlichkeit ist gleich null. Menschen besetzen von der Arktis bis in die Tropen alle vorstellbaren ökologischen Nischen, in denen ein menschenähnliches Tier überhaupt leben kann. Außerdem gibt es zwischen den menschlichen Bevölkerungsgruppen keinerlei geografische Isolation. Wenn sich während der letzten 100 000 Jahre irgendwo geografisch isolierte Menschenrassen gebildet hatten, kreuzten sie sich bereitwillig mit anderen Rassen, sobald der Kontakt wieder hergestellt war. Heute bestehen zwischen allen Bevölkerungsgruppen viel zu viele Kontakte, als dass irgend eine Form langfristiger Isolierung zur Artbildung führen könnte.

Als Zweites wird gefragt: Könnte die heutige menschliche Spezies sich zu einer »besseren« neuen Art weiterentwickeln? Könnte der Mensch zum Übermenschen werden? Auch hier bestehen keine großen Hoffnungen. Sicher, im Genotyp der Menschen gibt es eine Fülle genetischer Variationen, die als Material für eine entsprechende Selektion dienen könnten, aber heute herrschen ganz andere Bedingungen als zu der Zeit, als einige Gruppen des *Homo erectus* sich zum *Homo sapiens* entwickelten. Damals bestand unsere Spezies aus kleinen Rudeln, und eine starke natürliche Selektion begünstigte jeweils diejenigen Merkmale, die schließlich zum *Homo sapiens* führten. Außerdem fand wie bei den meisten sozialen Tieren zweifellos eine starke Gruppenselektion statt.

Heute bilden die Menschen dagegen eine Massengesellschaft, und es gibt keinerlei Indizien für irgendeine natürliche Selektion überlegener Genotypen, die einen Aufstieg der menschlichen Spezies über ihre derzeitigen Fähigkeiten hinaus ermöglichen würden. Da keine Selektion für Verbesserungen mehr stattfindet, besteht auch keine Aussicht auf die Evolution einer überlegenen menschlichen Spezies. Manche Experten für solche Fragen befürchten sogar, es müsse unter den Bedingungen der Massengesellschaft zwangsläufig zu einem Niedergang kommen. Genetischer Verfall ist aber angesichts der großen Vielfalt im Genvorrat der Menschen keine unmittelbar drohende Gefahr.

Gibt es Menschenrassen?

Vergleicht man einen Inuit mit einem afrikanischen Buschmann, einen Farbigen vom Nil mit einem australischen Ureinwohner oder einen Chinesen mit einem blonden, blauäugigen Nordeuropäer, dann sind die so genannten Rassenunterschiede nicht zu übersehen. Stehen sie nicht im Widerspruch zu unserer leidenschaftlichen Überzeugung, dass alle Menschen gleich sind? Die

Antwort heißt: Nein, vorausgesetzt, wir definieren sowohl Gleichheit als auch Rasse richtig.

Gleichheit bedeutet Gleichberechtigung in der Gesellschaft. Es bedeutet Gleichheit vor dem Gesetz, und es bedeutet gleiche Chancen. Es ist aber nicht gleichbedeutend mit völliger Identität, denn wie wir heute wissen, ist jeder der sechs Milliarden Menschen genetisch einzigartig. Nicht jeder Mensch verfügt über die mathematischen Fähigkeiten eines Einstein oder kann so schnell laufen wie ein Olympiasportler, und nicht jeder hat die Fantasie eines guten Romanschriftstellers oder das ästhetische Empfinden eines hervorragenden Malers. Alle Eltern wissen, dass jedes ihrer Kinder einzigartig und anders ist. Es ist an der Zeit, sich mit diesen Unterschieden abzufinden und sie anzuerkennen. Wichtig ist die Erkenntnis, dass es die gleichen Unterschiede auch innerhalb aller Menschenrassen gibt.

Die Rassenproblematik hat ihre Ursache vor allem darin, dass viele Menschen ein völlig falsches Verständnis von Rasse haben. Diese Menschen denken typologisch: In ihren Augen hat jeder Angehörige einer Rasse alle tatsächlichen und vermeintlichen Merkmale dieser Rasse. Um dieses Vorurteil beispielhaft ins Absurde zu treiben: Man müsste annehmen, jeder Afroamerikaner könne die 100-Meter-Strecke schneller laufen als jeder Amerikaner europäischer Abstammung. Würde man aber die Schüler einer gemischtrassigen Schulklasse je nach ihrer Leistung bei verschiedenen geistigen, körperlichen, manuellen und künstlerischen Aufgaben nebeneinander setzen, ergäbe sich eine ganz andere Rangfolge, und in fast allen Teilen dieser Rangfolge wäre jede »Rasse« vertreten. Mit anderen Worten: Wenn man die typologische Denkweise ablegt, wonach jeder Angehörige einer Rasse ein Typus ist, und sie stattdessen durch das Populationsdenken ersetzt und jedes Individuum auf der Grundlage seiner besonderen Fähigkeiten betrachtet, gelangt man zu einem besseren Verständnis der Realität. Gleichzeitig verhindert man typologische Einstufungen und jede auf sie gestützte Diskriminierung.

Sind die Menschen allein im Universum?

Häufig wird gefragt: Sind wir die einzigen intelligenten Wesen in diesem riesigen Universum? Wenn wir darauf eine Antwort finden wollen, müssen wir die Frage in mehrere Einzelbestandteile zerlegen. Wo könnte Leben existieren? Nur auf Planeten, denn die Sterne sind viel zu heiß. Mit Sicherheit besitzen viele Sterne eigene Planeten, aber erst in den letzten 20 Jahren hat man solche Himmelskörper außerhalb unseres eigenen Sonnensystems entdeckt. Sie alle erwiesen sich bisher als völlig ungeeignet für die Entstehung und Aufrechterhaltung von Leben. Die Bedingungen auf der Erde (und früher einmal vielleicht auch auf Mars und Venus), die Leben möglich machen, sind anscheinend eine ziemliche Ausnahme. Betrachtet man allerdings die große Zahl von Planeten, herrschen auf einigen von ihnen vermutlich dennoch Bedingungen, die sich für die Entstehung von Leben eignen.

Wie steht es mit der Wahrscheinlichkeit, dass sich auf einem geeigneten Planeten etwas Lebendiges bildet? Sie ist offensichtlich recht hoch. Viele Moleküle, die für die Entstehung von Leben gebraucht werden, so beispielsweise Purine, Pyrimidine und Aminosäuren, sind im Universum weit verbreitet. In Laborexperimenten konnte man nachweisen, dass unter bestimmten Bedingungen einer sauerstofffreien Atmosphäre recht komplizierte organische Moleküle von selbst aus einfacheren Vorstufen entstehen können. Man kann sich also durchaus vorstellen, dass manche primitiven Lebensformen auf anderen Planeten immer wieder entstanden sind. Wenn eine solche Evolution erfolgreich war, konnte sie letztlich zu bakterienähnlichen Organismen führen.

Leider liegt aber zwischen Bakterien und Menschen ein langer, schwieriger Weg. Nach der Entstehung des Lebens auf der Erde gab es eine Milliarde Jahre lang nichts als Prokaryonten, und hochintelligentes Leben entwickelte sich erst vor ungefähr 300 000 Jahren bei einer einzigen der mehr als eine Milliarde Arten, die in der Erdgeschichte entstanden sind. Wahrhaft schlechte Aussichten.

Und selbst wenn irgendwo in dem unendlichen Universum etwas geschehen sein sollte, das mit dem Ursprung der menschlichen Intelligenz verglichen werden könnte, muss man die Chance, dass wir in Austausch treten könnten, als nicht vorhanden einstufen. Ja, unter allen praktischen Gesichtspunkten ist der Mensch allein im Universum.

Schluss

Evolution gilt häufig als etwas Überraschendes. Wäre es nicht viel natürlicher, so fragen manche Evolutionsgegner, wenn alles immer gleich bliebe? Das war vielleicht eine berechtigte Frage, als man noch nichts über Genetik wusste, aber heute ist sie bedeutungslos. Die Art, wie die Lebewesen aufgebaut sind, macht Evolution unvermeidlich. Jedes Lebewesen, selbst das einfachste Bakterium, hat ein Genom aus mehreren tausend bis vielen Millionen Basenpaaren. Aus Beobachtungen weiß man, dass jedes Basenpaar gelegentlich eine Mutation durchmacht. In verschiedenen Populationen ereignen sich unterschiedliche Mutationen, und wenn sie voneinander isoliert sind, werden die Unterschiede zwischen den Populationen zwangsläufig von Generation zu Generation immer größer. Schon dieses einfachste aller denkbaren Szenarien bedeutet Evolution. Nimmt man weitere biologische Vorgänge wie Rekombination und Selektion hinzu, steigt die Evolutionsgeschwindigkeit exponentiell an. Deshalb macht schon die Tatsache, dass es genetische Programme überhaupt gibt, die Vorstellung von einer unveränderlichen Welt unmöglich. Evolution ist keine Vermutung oder Annahme, sondern eine nüchterne Tatsache.

Es ist sehr fraglich, ob man heute noch den Begriff »Evolutionstheorie« benutzen sollte. Dass die Evolution stattgefunden hat und ständig stattfindet, ist eine so überzeugend nachgewiesene Tatsache, dass es unvernünftig geworden ist, von einer Theorie zu sprechen. Sicher, es gibt bestimmte Evolutionstheorien, beispielsweise über gemeinsame Abstammung, die Entstehung des Lebens, Gradualismus, Artbildung und natürliche Selektion, aber wissenschaftliche Debatten um widersprüchliche Theorien, die mit diesen Themen zusammenhängen, beeinträchtigen in keiner Form die grundlegende Erkenntnis, dass die Evolution als solche eine Tatsache ist. Sie findet statt, seit das Leben entstanden ist.

Kapitel 12

AKTUELLE THEMEN DER EVOLUTIONSFORSCHUNG

Wie jeder weiß, sind unsere Kenntnisse über die Welt trotz aller großartigen Fortschritte der Naturwissenschaften immer noch unvollständig. Deshalb müssen wir uns fragen, inwieweit dies auch für die Evolutionsforschung gilt.

Es muss betont werden, dass die Entwicklung der Molekularbiologie zu einer gewaltigen Zunahme des Interesses an der Evolution und unserer Kenntnisse über sie geführt hat. Mindestens ein Drittel aller Fachaufsätze, die heute in der Molekularbiologie veröffentlicht werden, befassen sich mit Fragen der Evolution. Mit molekularbiologischen Methoden lassen sich viele Fragen beantworten, die man früher nicht untersuchen konnte. In den meisten Fällen geht es dabei um Fragen der Stammesgeschichte, des chronologischen Ablaufs der Evolution und der Bedeutung der Embryonalentwicklung.

Betrachtet man rückblickend die Auseinandersetzungen der letzten 140 Jahre, so fällt vor allem auf, wie gut die ursprüngliche darwinistische Lehre sich durchgesetzt hat. Die drei wichtigsten Theorien, die mit ihr in Konkurrenz standen – Transmutation, Lamarckismus und Orthogenese –, waren bis ungefähr 1940 eindeutig widerlegt, und in den letzten 60 Jahren wurde keine stichhaltige Alternative zum Darwinismus mehr vorgelegt. Das bedeutet aber nicht, dass wir über alle Aspekte der Evolution vollständig Bescheid wüssten. Im Folgenden möchte ich eine Reihe von Evolutionsphänomenen benennen, die weiterer Forschung und Erklärung bedürfen.

Zunächst einmal verfügen wir nur über sehr unvollständige Kenntnisse über die biologische Vielfalt. Zwar wurden bereits etwa zwei Millionen Tierarten beschrieben, Schätzungen über die Zahl der noch unbeschriebenen Arten reichen aber bis zu 30 Millionen. Noch schlechter erforscht sind Pilze, niedere Pflanzen,

Protisten und Prokaryonten. Die phylogenetischen Verwandtschaftsverhältnisse zwischen den meisten dieser Taxa sind nur schlecht geklärt oder völlig unbekannt, auch wenn heute molekularbiologische Methoden jeden Tag neue Beiträge zu unseren Kenntnissen über sie liefern. Die Fossilfunde, die Aufschluss über frühere Evolutionsereignisse geben, sind nach wie vor bedauerlich unvollständig – dies wird an den Hominidenfossilien besonders deutlich. Fast jeden Monat wird irgendwo auf der Welt ein neues Fossil gefunden, das die Antwort auf eine alte Frage gibt oder eine neue aufwirft. Und das Auf und Ab früherer Lebensgemeinschaften führt zu unzähligen Fragen nach den Ursachen des Massenaussterbens sowie nach dem Schicksal der verschiedenen Abstammungslinien und höheren Taxa. Selbst auf diesem vorwiegend deskriptiven Niveau herrscht immer noch große Unkenntnis. Aber auch in vielen Aspekten der Evolutionstheorie bestehen noch Unsicherheiten.

Zwar gibt es keinen Zweifel, dass geografische (allopatrische) Artbildung und (bei Pflanzen) Polyploidie die vorherrschenden Artbildungsmechanismen sind, aber was die Häufigkeit anderer Mechanismen wie beispielsweise der sympatrischen Artbildung betrifft, haben wir keine gesicherten Erkenntnisse. Auch der Beitrag verschiedener Faktoren zu der außerordentlich schnellen Artbildung (weniger als 10 000 oder sogar 1000 Jahre) in bestimmten Gruppen der Fische ist bisher nicht bekannt.

Ebenso rätselhaft ist die erstaunliche Verlangsamung oder Stasis bestimmter Evolutionslinien (»lebende Fossilien«), insbesondere angesichts der Tatsache, dass alle anderen Mitglieder ihrer Lebensgemeinschaften sich mit normaler Geschwindigkeit weiterentwickelt haben. Das umgekehrte Extrem, die ungeheuer schnelle Umstrukturierung bestimmter Genotypen in Gründerpopulationen, stellt gleichfalls eine ungeklärte Frage dar.

Alle diese ungelösten Rätsel scheinen letztlich auf den Aufbau des Genotyps zurückzugehen. Mit molekularbiologischen Methoden hat man entdeckt, dass es ganz verschiedenartige Gene gibt: Manche sind für die Produktion bestimmter Substanzen (Enzyme) verantwortlich, andere wirken an der Aktivitätssteuerung weiterer Gene mit. Die meisten Gene sind anscheinend nicht ständig aktiv, sondern nur in bestimmten Zellen (Geweben) und zu bestimmten Zeitpunkten im Lebenszyklus. Andere Gene scheinen neutral zu sein, und ein verblüffend großer Anteil der DNA hat offensichtlich überhaupt keine Funktion. Zwischen den Genen eines Genotyps bestehen also höchst komplizierte Wechselbeziehungen. Wegen dieser vielen Wechselwirkungen zwischen allen Genen unterliegt ein solches System engen Beschränkungen. Auf manche Einflüsse oder Zwänge aus der Umwelt kann es reagieren, aber die meisten davon führen zu einem Ungleichgewicht und zu einer Gegenselektion.

Manchen Vermutungen zufolge waren die Genotypen in der Frühzeit der Metazoen weniger stark eingeschränkt, sodass sich im späten Präkambrium oder im frühen Kambrium während eines Zeitraumes von 200 bis 300 Millionen Jahren nicht weniger als 70 oder 80 neue Körperbaupläne entwickeln konnten. Von ihnen sind heute rund 35 übrig, und keiner davon hat sich in den 500 Millionen Jahren seit dem Kambrium in seinen Grundzügen gewandelt. Wie ist eine solche offenkundige, drastische Veränderung der Evolutionsgeschwindigkeit zu erklären? Innerhalb der überlebenden Grundstrukturen gab es jedoch eine bemerkenswerte Vermehrung der Formenvielfalt, beispielsweise bei Insekten und Wirbeltieren.

Der Nutzen des Evolutionsdenkens

Eine auf der Evolution basierende Denkweise und insbesondere ein Verständnis für neue Begriffe der Evolutionsbiologie wie Population, biologische Art, Koevolution, Anpassung und Konkurrenz ist für die meisten Tätigkeiten der Menschen unentbehrlich. Evolutionsdenken und Evolutionsmodelle wenden wir an, wenn wir uns mit der Antibiotikaresistenz von Krankheitserregern, der Pestizidresistenz von Schädlingen, der Bekämpfung von Krankheitsüberträgern (z. B. Malariamücken), Krankheitsepidemien, der Herstellung neuer Nutzpflanzen durch Evolutionsgenetik und vielen anderen Aufgaben auseinander setzen (Futuyma 1998: 6–9).

Letztlich erforschen Wissenschaftler die Evolution, weil sie unsere Kenntnisse über dieses Phänomen erweitern wollen, das die Welt des Lebendigen in allen ihren Aspekten beeinflusst. Aber die Evolutionsforschung hat auch viele wichtige Beiträge zum Wohlergehen der Menschen geliefert, und Evolutionsdenken hat fast alle anderen Teilgebiete der Biologie gewaltig bereichert. So wird heute beispielsweise an mehr als einem Drittel aller molekularbiologischen Fachveröffentlichungen deutlich, wie man mit einer Vorgehensweise, die sich an der Evolution orientiert, Wesen und Vergangenheit wichtiger biologischer Moleküle aufklären kann. Die Entwicklungsbiologie erlebte eine regelrechte Wiederbelebung, als man sich mit Fragen der Evolution beschäftigte, beispielsweise mit der Entstehung verschiedener Genkategorien und ihrer Verfeinerung. Außerdem hat das Evolutionsdenken großartige Einblicke in die Geschichte der Menschheit geliefert. Nichts hat zu unserem Verständnis für typisch menschliche Merkmale wie Geist, Bewusstsein, Altruismus, Charaktereigenschaften und Emotionen mehr beigetragen als entwicklungsgeschichtlich orientierte, vergleichende Untersuchungen am Verhalten von Tieren.

Man darf nie vergessen, dass der Genotyp ein ausgewogenes System zahlreicher Wechselbeziehungen darstellt, das als Ganzes der natürlichen Selektion ausgesetzt wird. Sobald es im Vergleich zu einem anderen Genotyp unterlegen ist, wird es von der Selektion benachteiligt, und das kann zum Aussterben der unterlegenen Spezies führen.

In der Biologie versucht man auch drei andere komplexe Systeme zu erklären: Embryonalentwicklung, Nervensystem und Ökosystem. Mit diesen Aufgaben befassen sich drei wichtige Teilgebiete der Biologie. Die Embryonalentwicklung ist das Forschungsgebiet der Entwicklungsbiologie, mit dem Zentralnervensystem befasst sich die Neurobiologie, und das Ökosystem ist Thema der Ökologie. In allen drei Fällen bestimmt jedoch letztlich der Aufbau des Genotyps, wie ein Lebewesen die Anforderungen dieser drei Systeme meistert. Unsere Kenntnisse über die grundlegenden Bausteine aller drei Systeme sind bereits weit fortgeschritten, aber noch fehlen Erklärungen über die Steuerung der Wechselwirkungen, die zwischen ihren Einzelbestandteilen ablaufen. Auch zu diesem Thema wird die Evolutionsbiologie zweifellos wichtige Beiträge leisten.

ANHANG

Anhang A

WELCHE KRITIK WURDE AN DER EVOLUTIONSTHEORIE GEÜBT?

Die Erkenntnisse über die Evolution, die man in den letzten fünfzig Jahren zusammengetragen hat, werden auch heute noch angefochten und kritisiert. Die Kritiker sind entweder Anhänger einer völlig anderen Ideologie – dies gilt für die Kreationisten –, oder sie haben die darwinistische Lehre schlicht nicht verstanden. Wer sagt: »Ich kann nicht glauben, dass das Auge sich durch eine Reihe von Zufällen entwickelt hat«, zeigt damit nur, dass er die Evolution als Zwei-Schritt-Prozess nicht begriffen hat. Und ein Typologe, der nicht an das populationsorientierte Denken gewöhnt ist, wird in der Tat große Schwierigkeiten haben, das Ausmaß der genetischen Variabilität zu verstehen, die der Selektion in natürlichen Populationen zur Verfügung steht.

Alle Theorien des Darwinismus könnten aufgegeben werden, wenn sie widerlegt würden. Sie sind, anders als die offenbarten Lehren der Religionen, nichts Unveränderliches. In der Geschichte der Evolutionsbiologie kennt man zahlreiche Fälle, in denen theoretische Vorstellungen einer Überprüfung letztlich nicht standhielten. Eine solche widerlegte Theorie ist die Vorstellung, ein Gen könne unmittelbarer Gegenstand der Selektion sein. Eine andere ist die Vererbung erworbener Merkmale.

In den vorangegangenen Kapiteln habe ich versucht, die Phänomene und Vorgänge der Evolution so darzustellen, wie es den heutigen Erkenntnissen der Evolutionsforschung entspricht. Diese Erkenntnisse werden aber nicht allgemein anerkannt, und deshalb ist es lohnend, ein paar Kritikpunkte und die Antworten der Evolutionsforschung kurz zusammenzufassen. Außerdem werde ich einige biologische Phänomene erörtern, die nach Ansicht mancher Autoren im Widerspruch zum Darwinismus stehen.

Kreationismus

Die Behauptungen der Kreationisten wurden so häufig und gründlich widerlegt, dass es nicht notwendig ist, das Thema hier noch einmal aufzugreifen. Ich verweise in diesem Zusammenhang auf die im Literaturverzeichnis aufgeführten Veröffentlichungen von Berra, Alters, Elredge, Futuyma, Kitcher, Montagu, Newell, Peacocke, Ruse und Young (siehe Kasten 1.1).

Unterbrochenes Gleichgewicht (punctuated equilibrium)

Manche Autoren (Gould 1977) haben die Behauptung aufgestellt, das Auftreten unterbrochener Gleichgewichte stehe im Widerspruch zur allmählichen darwinistischen Evolution. Das stimmt nicht. Selbst das unterbrochene Gleichgewicht, das auf den ersten Blick für sprunghafte Evolution und Diskontinuität zu sprechen scheint, ist in Wirklichkeit ein reines Populationsphänomen und demnach gradualistisch (Mayr 1963). Es steht auch in keinerlei Widerspruch zu den Erkenntnissen der evolutionstheoretischen Synthese (siehe Kapitel 10).

Neutrale Evolution

Kimura (1983) und andere haben behauptet, die neutrale Evolution stehe im Widerspruch zum Darwinismus. Das ist nicht richtig, denn die Theorie der neutralen Evolution geht von der Annahme aus, das Gen und nicht das Individuum sei der Gegenstand der Selektion. In Wirklichkeit jedoch zielt die Selektion auf das Individuum als Ganzes. Unter diesen Umständen besteht selbst dann kein Widerspruch zum Darwinismus, wenn bei der Selektion bestimmter, begünstigter Individuen auch einige neutrale Austauschereignisse stattfinden und die betreffenden Gene dann als zufällige Bestandteile des begünstigten Genotyps an die nächste Generation weitergegeben werden (siehe Kapitel 10).

Morphogenese

Von manchen Autoren wurde behauptet, die Phänomene der Morphogenese und insbesondere der Embryonalentwicklung stünden im Widerspruch zum Darwinismus. Zwar sind viele Kausalzusammenhänge der Embryonalentwicklung noch nicht ausreichend geklärt, aber eines weiß man: Sie sind vollständig mit einer darwinistischen Erklärung vereinbar. Manche von denen, die hier Kritik üben, unterstellen offenbar, nur der ausgewachsene Phänotyp im letzten Entwicklungsstadium sei der Selektion ausgesetzt. In Wirklichkeit unterliegt ein entstehender Organismus in jedem Stadium von der befruchteten Eizelle (Zygote) bis ins hohe Alter ständig der Selektion. Nach Ende der reproduktiven Phase ist das weitere Schicksal der Individuen für die Evolution jedoch nicht mehr relevant (siehe Kapitel 6).

Ursache für Missverständnisse

Dass der Evolutionsprozess so häufig missverstanden wird, hat eine Reihe von Gründen. Einige davon sollen hier näher betrachtet werden.

Mehrere gleichzeitige Ursachen. Wenn es um ein bestimmtes Evolutionsphänomen geht, betrachten viele Autoren jeweils nur eine Ursache: entweder die nahe liegende oder die auf Evolution gestützte. Das kann zu falschen Schlussfolgerungen führen, denn jedes Evolutionsphänomen ist sowohl auf unmittelbare als auch auf ferner liegende Ursachen zurückzuführen. Solche Mehrfachursachen spielen für alle Selektionsvorgänge eine Rolle, denn neben der Selektion wirken immer auch Zufallsereignisse mit. Ich möchte ein Beispiel nennen: Artbildung ist niemals nur eine Frage von Genen oder Chromosomen, sondern immer wirken auch Eigenschaften und geografische Verbreitung der Populationen mit, in denen sich die genetischen Veränderungen abspielen. Beide, Geografie und genetischer Wandel in Populationen, haben gleichzeitig einen Einfluss auf den Artbildungsprozess.

Mehrfache Lösungen. Für fast alle Evolutionsaufgaben gibt es mehrere Lösungen. Bei der Artbildung können beispielsweise in einer Gruppe von Lebewesen zuerst neue, vor der Paarung wirkende Isolationsmechanismen auftreten, während sich in einer anderen zunächst Mechanismen für die Isolation nach der Paarung entwickeln. Geografische Rassen unterscheiden sich phänotypisch manchmal ebenso stark wie echte biologische Arten, ohne dass sie aber reproduktiv isoliert wären; andererseits kann bei phänotypisch ununterscheidbaren Arten (Schwesterarten) eine vollständige genetische Isolation vorliegen. Polyploidie und ungeschlechtliche Fortpflanzung sind in manchen Gruppen der Lebewesen von großer Bedeutung, in anderen fehlen sie völlig. In manchen Gruppen scheint die Umordnung von Chromosomen ein wichtiger Faktor der Artbildung zu sein, in anderen kommt sie nicht vor. Manche Gruppen bringen eine üppige Zahl neuer Arten hervor, in anderen ist Artbildung offensichtlich ein seltenes Ereignis. Der Genfluss ist bei manchen Arten umfangreich, bei anderen drastisch vermindert. Eine Abstammungslinie entwickelt sich manchmal sehr schnell, geografisch isolierte Arten dagegen können über Jahrmillionen hinweg in einem Zustand völliger Stasis bleiben. Kurz gesagt gibt es für die meisten Herausforderungen der Evolution mehrere mögliche Antworten, die aber alle mit der darwinistischen Lehre vereinbar sind. Aus diesem Pluralismus muss man die Erkenntnis ableiten, dass es in der Evolutionsbiologie nur in den wenigsten Fällen richtig ist, in Bausch und Bogen zu verallgemeinern. Selbst wenn etwas »für gewöhnlich« vorkommt, bedeutet das nicht, dass es sich immer ereignet (siehe Kapitel 10).

Mosaikevolution. Ich habe bereits mehrfach auf die höchst unterschiedliche Evolutionsgeschwindigkeit hingewiesen. Dieses Prinzip gilt nicht nur für Schwester-Abstammungslinien, sondern auch für die Bestandteile eines einzigen Genotyps. Als Beispiel habe ich die Auseinanderentwicklung von Schimpansen und Menschen seit ihrer Abstammung von einem gemeinsamen Vorfahren erörtert. In diesem Fall haben sich manche Gene für Proteine überhaupt nicht verändert, während diejenigen, die in der Abstammungslinie des Menschen zur Entwicklung des Zentralnervensystems beitragen, eine äußerst schnelle Evolution durchgemacht haben. Warum manche Abstammungslinien anscheinend in der Lage sind, in einen Zustand der vollständigen Stasis einzutreten und dann als »lebende Fossilien« viele Millionen Jahre lang erhalten zu bleiben, ist bis heute nicht geklärt (siehe Kapitel 10).

Die Befunde der Molekularbiologie

Manchmal wird behauptet, die Erkenntnisse der Molekularbiologie machten eine vollständige Revision der darwinistischen Theorie notwendig. Das ist nicht der Fall. Alle Befunde der Molekularbiologie, die mit der Evolution im Zusammenhang stehen, haben mit Wesen und Ursprung der genetischen Variation zu tun. Dazu gehören zwar auch einige unerwartete Phänomene wie die Transposons (Gene, die von einer Position in den Chromosomen zu einer anderen »springen« können), aber sie beeinflussen Art und Umfang der vorhandenen Variationsbreite kaum, und alle derartigen Variationen werden letztlich der natürlichen Selektion unterworfen, das heißt, sie sind Teile des darwinistischen Prozesses. Am bedeutsamsten für die Evolution sind drei Entdeckungen der Molekularbiologie:

1. Das genetische Programm (die DNA) stellt nicht selbst das Baumaterial für ein neues Lebewesen dar, sondern ist nur eine Blaupause (Information), anhand derer die Proteine des Phänotyps produziert werden.
2. Der Weg von den Nucleinsäuren zu den Proteinen ist eine Einbahnstraße. Proteine und die in ihnen enthaltene Information können nicht in Nucleinsäuren zurückübersetzt werden.
3. Nicht nur der genetische Code, sondern auch die meisten grundlegenden molekularen Mechanismen in den Zellen sind bei allen Lebewesen von den einfachsten Prokaryonten bis zu den Menschen die gleichen (siehe Kapitel 5).

Unbeantwortete Fragen

Die darwinistischen Evolutionsforscher haben allen Grund, auf die von ihnen entwickelte Lehre der Evolutionsbiologie stolz zu sein. In den letzten 50 Jahren sind alle Versuche, diese oder jene Annahme des Darwinismus zu widerlegen, fehlgeschlagen. Außerdem wurde auch keine Konkurrenztheorie vorgeschlagen, jedenfalls keine, der auch nur der geringste Erfolg beschieden gewesen wäre. Heißt das, dass wir mittlerweile den Evolutionsprozess in allen Einzelheiten verstehen? Die Antwort auf diese Frage lautet eindeutig: Nein.

Insbesondere ein Problem ist noch nicht völlig gelöst. Wenn man sich ansieht, was sich im Genotyp während des entwicklungsgeschichtlichen Wandels insbesondere im Zusammenhang mit extremen Phänomenen – wie sehr schneller Evolution und vollständiger Stasis – abspielt, müssen wir einräumen, dass unsere Kenntnisse noch lückenhaft sind. Das liegt vor allem daran, dass Evolution keine Frage der Veränderung einzelner Gene ist; sie besteht vielmehr im Wandel ganzer

Genotypen. In der Geschichte der Genetik erkannte man schon recht früh, dass die meisten Gene pleiotrop sind, das heißt, ein einzelnes Gen kann gleichzeitig mehrere Wirkungen auf verschiedene Aspekte des Phänotyps haben. Ebenso stellte sich heraus, dass die meisten Bestandteile des Phänotyps polygen bestimmt sind – sie werden von mehreren Genen beeinflusst. Solche allgemein verbreiteten Wechselwirkungen zwischen Genen sind für den Evolutionserfolg der Individuen und die Auswirkungen der Selektion von entscheidender Bedeutung. Andererseits lassen sie sich aber nur äußerst schwer analysieren. Die Populationsgenetik konzentriert sich auch heute noch meist auf die additive Wirkung von Genen und auf die Analyse einzelner Genloci. Das ist der Grund, warum Phänomene wie evolutionäre Stasis und die Konstanz der Körperbaupläne einer Analyse kaum zugänglich sind. Viele Anzeichen sprechen dafür, dass es innerhalb eines Genotyps getrennte Domänen gibt und dass bestimmte Genkomplexe einen inneren Zusammenhalt besitzen, der einer Trennung durch Rekombination entgegenwirkt. Aber das sind bis heute nur Ideen; entsprechende genetische Analysen liegen noch in der Zukunft. Die Frage nach dem Aufbau des Genotyps ist vielleicht das schwierigste noch verbliebene Problem der Evolutionsbiologie.

Anhang B

KURZE ANTWORTEN AUF HÄUFIG GESTELLTE FRAGEN ZUR EVOLUTION

1. Ist Evolution eine Tatsache?
2. Erfordert irgendein Vorgang in der Evolution eine teleologische Erklärung?
3. Worin besteht die darwinistische Theorie?
4. Wie unterscheiden sich die »Tatsachen« der Evolution von denen der Physik?
5. Wie kann man Evolutionstheorien aufstellen?
6. Ist der Darwinismus ein unveränderliches Dogma?
7. Warum ist Evolution nicht vorhersagbar?
8. Welche Leistung vollbrachte die Synthese der Evolutionsforschung?
9. Haben die Entdeckungen der Molekularbiologie eine Veränderung des darwinistischen Paradigmas notwendig gemacht?
10. Sind die Begriffe »Evolution« und »Stammesgeschichte« gleichbedeutend?
11. Ist Evolution mit Fortschritt verbunden?
12. Wie ist eine lang andauernde Stasis zu erklären?
13. Wie kann man die beiden großen Rätsel in der Stammesgeschichte der Tiere erklären?
14. Ist die Gaia-Hypothese mit dem Darwinismus unvereinbar?
15. Welche Rolle spielen Mutationen in der Evolution?
16. Ist die Vorstellung von der Speziesselektion stichhaltig begründet?
17. Gilt die Behauptung, das Individuum sei in der Regel das Ziel der Selektion, auch für ungeschlechtliche Lebewesen?
18. Was ist das Objekt der natürlichen Selektion?
19. In welchem Stadium seiner Entwicklung ist das Individuum ein Objekt der Selektion?
20. Ist der Begriff »Kampf ums Dasein« wörtlich zu verstehen?
21. Ist Selektion eine Kraft oder ein Druck?
22. An welcher Stelle spielt der Zufall (stochastische Prozesse) für die Selektion eine Rolle?
23. Führt Selektion zu Vollkommenheit?
24. Wie ist das Bewusstsein der Menschen in der Evolution entstanden?

Evolution ist ein so vielschichtiges Thema, dass sie für jeden, der sich zum ersten Mal mit ihr befasst, unzählige Fragen aufwirft. Zwar habe ich versucht, diese Fragen in den ersten zwölf Kapiteln ausführlich zu beantworten, aber im Folgenden möchte ich auf diejenigen Fragen, die am häufigsten gestellt werden, noch einmal eine kurze, prägnante Antwort geben.

1. Ist Evolution eine Tatsache?
Evolution ist nicht nur eine Idee, eine Theorie oder eine Vorstellung, sondern der Name für einen natürlichen Vorgang. Dass er abläuft, lässt sich mit ganzen Bergen von Belegen dokumentieren, die niemand jemals widerlegen konnte. Einige dieser Belege wurden in den ersten drei Kapiteln zusammengefasst. Heute ist es eigentlich irreführend, die Evolution als Theorie zu bezeichnen, nachdem man in den letzten 140 Jahren so umfangreiche Beweise für ihr Vorhandensein entdeckt hat. Evolution ist keine Theorie mehr, sondern schlechterdings eine Tatsache.

2. Erfordert irgendein Vorgang in der Evolution eine teleologische Erklärung?
Die Antwort lautet eindeutig: Nein. Zu früheren Zeiten glaubten viele Autoren, an der Evolution sei ein auf Vollkommenheit gerichteter Vorgang beteiligt. Bevor man das Prinzip der natürlichen Selektion entdeckte, konnte man sich außer der Teleologie keine andere Gesetzmäßigkeit vorstellen, die zu so offensichtlich vollkommenen Organen wie dem Auge, den jährlichen Tierwanderungen, bestimmten Arten der Krankheitsresistenz und anderen Eigenschaften der Lebewesen führen könnte. Heute sind aber die Orthogenese und andere teleologische Erklärungsversuche für die Evolution gründlich widerlegt; es wurde nachgewiesen, dass die natürliche Selektion tatsächlich in der Lage ist, alle jene Anpassungen hervorzubringen, die man früher auf die Orthogenese zurückführte (siehe Kapitel 6 und 7).

3. Worin besteht die darwinistische Theorie?
Diese Frage ist falsch gestellt. In der *Entstehung der Arten* und seinen späteren Werken formulierte Darwin zahlreiche Theorien, von denen vor allem fünf besonders wichtig sind (siehe Kapitel 4). Zwei davon, die Evolution als solche und die Theorie der gemeinsamen Abstammung, waren schon wenige Jahre nach Erscheinen der *Entstehung der Arten* (1859) unter den Biologen allgemein anerkannt (siehe Kasten 5.1). Das war die erste darwinistische Revolution. Die drei anderen Theorien – Gradualismus, Artbildung und natürliche Selektion – setzten sich erst viel später allgemein durch, nämlich in den vierziger Jahren des 20. Jahrhunderts, als es zur Synthese der Evolutionsforschung kam. Das war die zweite darwinistische Revolution.

4. Sind die »Tatsachen« der Evolutionsbiologie nicht etwas ganz anderes als die Tatsachen der Astronomie, beispielsweise dass die Erde um die Sonne kreist und nicht umgekehrt?
Ja, in gewisser Hinsicht schon. Die Bewegung der Planeten kann man unmittelbar beobachten. Evolution dagegen ist ein historischer Prozess. Frühere Stadien kann man nicht unmittelbar betrachten, sondern man muss aus dem Zusammenhang auf sie schließen. Aber solche Schlüsse kann man mit großer Sicherheit ziehen, denn erstens werden vorausgesagte Antworten sehr häufig durch tatsächliche Befunde bestätigt, zweitens lassen sich die Antworten mit mehreren unabhängigen Indizienketten bestätigen, und drittens ist in den meisten Fällen keine vernünftige Alternativerklärung zu finden.

Stößt man beispielsweise in einer chronologischen Abfolge geologischer Schichtungen auf eine Fossilienreihe von Reptilien aus der Gruppe der Therapsiden, die in den jüngeren Schichten den Säugetieren immer ähnlicher werden, und wenn am Ende schließlich eine Spezies steht, bei der die Spezialisten sich um die Zuordnung zu den Reptilien oder den Säugetieren streiten, dann kenne ich dafür keine andere vernünftige Erklärung, als dass Therapsiden die Vorfahren der Säugetiere waren. In Wirklichkeit findet man unter den Fossilien Tausende solcher Reihen, zugegebenermaßen allerdings in den meisten Fällen mit Lücken, die auf Brüche in den fossiltragenden Gesteinsschichten zurückzuführen sind.

Ehrlich gesagt, kann ich nicht erkennen, warum eine derart überwältigende Fülle stichhaltig begründeter Schlussfolgerungen nicht die gleiche wissenschaftliche Überzeugungskraft besitzen soll wie direkte Beobachtungen. Auch viele andere Theorien in historischen Wissenschaften wie Geologie und Kosmologie stützen sich auf Schlussfolgerungen. Der Versuch mancher Philosophen, zwischen den beiden Formen wissenschaftlicher Belege einen grundlegenden Unterschied zu konstruieren, geht nach meiner Überzeugung in die Irre.

5. Wie kann man Theorien über die Ursachen früherer Evolutionsprozesse aufstellen, wenn man doch bei ihnen die übliche naturwissenschaftliche Methode, das Experiment, nicht anwenden kann?
Dass wir beispielsweise keine Experimente mit dem Aussterben der Dinosaurier machen können, liegt auf der Hand. Um historische Vorgänge (darunter auch solche der Evolution) zu erklären, wendet man stattdessen die Methode des »historischen Berichts« *(historical narrative)* an: Man schlägt ein mutmaßliches historisches Szenario als mögliche Erklärung vor und prüft dann sehr gründlich nach, ob es wahrscheinlich stimmt. In dem Beispiel mit dem Aussterben der Dinosaurier prüfte man eine Reihe möglicher Szenarien (beispielsweise eine verheerende Virusepidemie oder eine Klimakatastrophe), aber man ließ sie schließlich fallen, weil sie mit tatsächlichen Befunden nicht zu ver-

einbaren waren. Schließlich konnte man die Theorie von Alvarez (wonach ein Asteroideneinschlag die Ursache war) mit allen vorhandenen Indizien und späteren Forschungsergebnissen in Einklang bringen, sodass sie heute allgemein anerkannt ist (siehe Kapitel 10).

6. Ist der Darwinismus ein unveränderliches Dogma?
Alle naturwissenschaftlichen Theorien, auch der Darwinismus, können widerlegt werden. Anders als die offenbarten Lehren der Religion sind sie nicht unveränderlich. Es gibt in der Literatur zahlreiche vorläufige Evolutionstheorien, die man später fallen ließ. Eine solche widerlegte Evolutionstheorie ist die Überzeugung, ein Gen könne unmittelbarer Gegenstand der Selektion sein. Auch die früher allgemein anerkannten Theorien von Transmutation und Transformation wurden widerlegt.

7. Warum ist Evolution nicht vorhersagbar?
Evolution wird durch eine Riesenzahl von Wechselwirkungen beeinflusst. Innerhalb einer einzigen Population können verschiedene Genotypen unterschiedlich auf die gleiche Umweltveränderung reagieren. Auch die Veränderungen der Umwelt lassen sich nicht vorhersagen, insbesondere wenn in einer Region neue natürliche Feinde und Konkurrenten auftauchen. Und schließlich spielen sich gelegentlich auch sehr tief greifende Veränderungen in der globalen Umwelt ab, die zum so genannten Massenaussterben führen. Bei solchen umfassenden Ereignissen dürfte das Überleben in großem Umfang vom Zufall abhängen. Da alle diese Faktoren sich nicht vorhersagen lassen, kann man zwangsläufig auch nichts Genaues darüber sagen, mit welcher entwicklungsgeschichtlichen Veränderung eine Population reagieren wird. Wenn man aber über das Potenzial eines Genotyps und die vorhandenen Beschränkungen Bescheid weiß, wird in den meisten Fällen eine einigermaßen genaue Voraussage möglich.

8. Welche Leistung vollbrachte die Synthese der Evolutionsforschung?
Besonders wichtig sind drei Errungenschaften der Synthese. Erstens führte sie dazu, dass drei mit dem Darwinismus konkurrierende Evolutionstheorien endgültig widerlegt wurden: die Orthogenese (Finalismus), die Transmutation (die von Entwicklungssprüngen ausging) und die Vererbung erworbener Eigenschaften; zweitens führte sie zur Synthese in der Denkweise der Fachleute für Anpassung (Anagenese) und für Vielfalt (Kladogenese); und drittens bestätigte sie die ursprüngliche darwinistische Lehre von Variation und Selektion, während alle Kritik daran widerlegt wurde.

9. Haben die Entdeckungen der Molekularbiologie eine Veränderung des darwinistischen Paradigmas notwendig gemacht?
Die Molekularbiologie hat zu unserem Wissen über den Evolutionsprozess große Beiträge geleistet. Die grundlegende darwinistische Vorstellung von Variation und Selektion wird davon aber in keiner Weise beeinflusst. Selbst die Erkenntnis, dass nicht Proteine, sondern Nucleinsäuren die Träger der genetischen Information sind, erforderte keine Veränderung der Evolutionstheorie. Im Gegenteil: Die Kenntnisse über das Wesen der genetischen Variationen haben den Darwinismus erheblich gestärkt. So wurde durch die Befunde der Genetik beispielsweise bestätigt, dass eine Vererbung erworbener Eigenschaften unmöglich ist. Außerdem haben molekularbiologische Befunde in Verbindung mit anatomischen Erkenntnissen dazu geführt, dass man viele Fragen der Stammesgeschichte beantworten konnte.

10. Sind die Begriffe »Evolution« und »Stammesgeschichte« gleichbedeutend?
Nein. Der Begriff »Evolution« ist viel umfassender. Die Stammesgeschichte ist nur eines von vielen Evolutionsphänomenen, nämlich das Muster der gemeinsamen Abstammung. Bei richtiger Betrachtung ist mit Stammesgeschichte aber nicht nur das Muster der Verzweigungspunkte gemeint, sondern auch die Veränderungen zwischen diesen Knotenpunkten.

11. Ist Evolution mit Fortschritt verbunden?
Stehen stammesgeschichtlich später entstandene Lebewesen »höher« als ihre Vorfahren? Ja, im phylogenetischen Stammbaum stehen sie höher. Aber stimmt es auch, dass sie »besser« sind als ihre Vorfahren? Die Vertreter dieser Behauptung zählen eine Reihe von Merkmalen »höherer« Lebewesen auf, die angeblich einen Fortschritt darstellen, wie die Arbeitsteilung zwischen den Organen, Differenzierung, größere Komplexität, bessere Nutzung der Ressourcen aus der Umwelt und eine allgemein bessere Anpassung. Aber bieten diese so genannten Maßstäbe für ein »Fortschreiten« tatsächlich stichhaltige Belege für einen Fortschritt?

Wer in der Reihe von den Bakterien bis zu den höheren Lebewesen jedes Anzeichen von Evolutionsfortschritt leugnet, legt dem Fortschrittsbegriff offensichtlich einen teleologischen oder deterministischen Aspekt bei. Betrachtet man die Abfolge von den Bakterien über einzellige Protisten zu höheren Pflanzen und Tieren, Primaten und Menschen, so scheint Evolution tatsächlich stark von Fortschritt geprägt zu sein. Andererseits sind aber die ältesten dieser Lebewesen, die Bakterien, gleichzeitig auch die erfolgreichsten: Ihre Biomasse dürfte insgesamt erheblich höher liegen als die aller anderen Lebewesen zusammen. Außerdem gibt es auch unter den höheren Lebewesen bestimmte Abstammungslinien wie Parasiten, Höhlenbewohner, unter der Erde lebende Tiere und andere Spezialisten, die zahlreiche Trends zu Rückschritt und Vereinfachung erkennen lassen. Sie mögen im phylogenetischen Stammbaum höher stehen, aber ihnen fehlen die Merkmale, die immer als Anzeichen für Evolutionsfortschritt angeführt werden. Eines aber ist nicht zu leugnen: In jeder Generation des Evolutionsprozesses ist ein überlebendes Individuum im Durchschnitt besser angepasst als der Durchschnitt der Nichtüberlebenden. So betrachtet, ist die Evolution also eindeutig mit Fortschritt verbunden. Außerdem traten in der Evolutionsgeschichte immer wieder Neuerungen auf, durch die bestimmte Abläufe effizienter wurden.

12. Wie ist eine lang andauernde Stasis zu erklären?
Wenn eine Spezies sich wirksame Isolationsmechanismen angeeignet hat, verändert sie sich manchmal über Jahrmillionen hinweg nicht mehr nennenswert. Die so genannten lebenden Fossilien sind sogar für mehrere hundert Millionen Jahre praktisch unverändert geblieben. Wie ist so etwas zu erklären? Man hat die Ansicht vertreten, die Stasis sei auf normalisierende Selektion zurückzuführen, die alle Abweichungen von einem optimalen Genotyp beseitigt. Aber die normalisierende Selektion ist in Abstammungslinien, die eine schnelle Evolution durchmachen, ebenso aktiv. Stasis ist offensichtlich ein Anzeichen für einen Genotyp, der sich auf alle Veränderungen der Umwelt einstellen kann, ohne dass grundlegende Veränderungen des Phänotyps notwendig werden. Zu erklären, wie dies bewerkstelligt wird, ist die Aufgabe der Entwicklungsgenetik.

13. Wie kann man die beiden großen Rätsel in der Stammesgeschichte der Tiere erklären?
Das erste Rätsel liegt in der Tatsache, dass zu Beginn des Kambriums plötzlich 60 bis 80 unterschiedliche Körperbaupläne auftauchten, und das zweite ist die Frage, warum in den 500 Millionen Jahren seit dem Kambrium keine wichtigen neuen Typen mehr entstanden sind.

Mittlerweile ist klar, dass die scheinbar plötzliche Entstehung (innerhalb von zehn bis 20 Millionen Jahren) so vieler unterschiedlich gebauter Tiere im frühen Kambrium (das vor 544 Millionen Jahren begann) ein falscher Eindruck auf Grund der erhalten gebliebenen Fundstücke ist. Mit Hilfe der molekularen Uhr kann man die Entstehung der Körperbaupläne in die Zeit vor rund 670 Millionen Jahren zurückverlegen, aber die Tiere, die in der Zeit vor 670 bis 544 Millionen Jahren lebten, sind als Fossilien nicht erhalten geblieben, weil sie sehr klein waren und kein Skelett besaßen.

Komplizierter und nur teilweise beantwortet ist die Frage, warum in den nachfolgenden 500 Millionen Jahren keine wichtigen neuen Körperbaupläne entstanden sind. Eine mögliche Erklärung stammt aus der

Molekulargenetik. Die Embryonalentwicklung der heutigen Lebewesen wird durch präzise wirkende »Arbeitsgruppen« von Regulationsgenen sehr genau gesteuert. Im Präkambrium gab es anscheinend nur wenige derartige Gene, und sie kontrollierten die Entwicklung noch nicht so exakt wie später. Dies ermöglichte sehr viel häufiger eine grundlegende Umstrukturierung der Baupläne. Am Ende des Kambriums jedoch hatten diese Regulationsgene ihre beherrschende Stellung erreicht, sodass die Entstehung neuer Baupläne schwieriger oder völlig unmöglich wurde. Man muss immer daran denken, dass auch vor dem Kambrium die Veränderungen nicht plötzlich stattfanden, sondern über eine Periode von mehreren hundert Millionen Jahren hinweg, auch wenn sie nicht in den Fossilfunden belegt ist.

14. Ist die Gaia-Hypothese mit dem Darwinismus unvereinbar?
Die Gaia-Hypothese ist zwar bei der Mehrheit der Darwinisten nicht anerkannt, aber ihre prominenten Vertreter, beispielsweise Lynn Margulis, haben am Darwinismus keinen Zweifel. Hier besteht keinerlei Widerspruch.

15. Welche Rolle spielen Mutationen in der Evolution?
Mutationen sind die grundlegende Quelle neuer genetischer Variationen in einer Population. Die meisten Mutationen ereignen sich in der Meiose durch Fehler bei der DNA-Verdoppelung, die nicht von Reparaturmechanismen korrigiert werden. Einen Mutationsdruck gibt es nicht. Die meisten Variationen des Genotyps, die in einer Population für die Selektion zur Verfügung stehen, entstehen allerdings nicht durch neue Mutationen, sondern durch Rekombination.

16. Ist die Vorstellung von der Speziesselektion stichhaltig begründet?
Schon Darwin wies darauf hin, dass die nach Neuseeland eingeführten englischen Pflanzen und Tiere häufig für das Aussterben einheimischer Arten verantwortlich waren. Auch in anderen Teilen der Welt hat man häufig beobachtet, dass der Erfolg einer Spezies zum Untergang einer anderen führt. Dies wurde von manchen Autoren als Speziesselektion bezeichnet, aber der Begriff ist irreführend. In Wirklichkeit wirkt die Selektion auf die Individuen der beiden Arten, als gehörten sie einer einzigen Population an. Der »Kampf ums Dasein« findet zwischen den Individuen der beiden Arten statt, wobei die Individuen der einen auf lange Sicht erfolgreicher sind als die der anderen. Dieses ist ein typisches Beispiel für die darwinistische Selektion der Individuen. Die Art als Ganzes ist nie das Ziel der Selektion. Man kann allerdings einräumen, dass der unterschiedliche Erfolg ganzer Arten diese Selektion von Individuen überlagert. Um Missverständnisse zu vermeiden, sollte man lieber nicht von Speziesselektion sprechen, sondern von Artenwandel oder Speziesverdrängung.

17. Gilt die Behauptung, das Individuum sei in der Regel das Ziel der Selektion, auch für ungeschlechtliche Lebewesen?
Bei Lebewesen, die sich ungeschlechtlich fortpflanzen, stellt ein ganzer Klon, das heißt die Gesamtheit aller genetisch identischen Individuen, das eigentliche Individuum dar. Ein solches Individuum wird von der Selektion in dem Augenblick beseitigt, da das letzte Mitglied des Klons stirbt. Dies ist im Prinzip der gleiche Vorgang wie bei der Beseitigung eines Individuums durch natürliche Selektion bei den Lebewesen mit sexueller Fortpflanzung.

18. Was ist das Objekt der natürlichen Selektion?
Warum gab es in der Frage, was das Objekt der Selektion ist, so viele Meinungsverschiedenheiten? Zur Zeit der Synthese in der Evolutionsforschung glaubten die Genetiker, es sei das Gen, die Naturforscher dagegen hielten an Darwins ursprünglicher Überzeugung fest, die Selektion wirke auf das Individuum. In 40-jähriger Forschung wurde schließlich deutlich, dass das Gen als solches nie das unmittelbare Ziel der Selektion ist. Neben dem Individuum kann aber auch eine Gruppe das Objekt der Selektion sein, wenn es sich um eine soziale Gruppe handelt, in der Kooperation die Überlebenschancen verbessert. Schließlich sind auch die Gameten unmittelbar der Selektion ausgesetzt, und unterschiedliche Gameten desselben Individuums können unterschiedlich gut zur Befruchtung in der Lage sein.

19. In welchem Stadium seiner Entwicklung ist das Individuum ein Objekt der Selektion?
Vom Stadium der Zygote an. Manche Evolutionsforscher haben es versäumt, das Embryonal- oder Larvenstadium in ihre Betrachtung einzubeziehen. Häufig unterliegen diese Stadien einem größeren Selektionsdruck als das ausgewachsene Tier. Die Auswirkungen der Selektion auf die Evolution enden aber mit dem Aufhören der Fortpflanzungsfähigkeit. Beim Menschen beispielsweise wirkt die Selektion sich praktisch nicht auf Krankheiten aus, die erst nach dem Ende der fortpflanzungsfähigen Jahre auftreten. Bei sozialen Lebewesen können sie allerdings zu einer Verminderung des Beitrags führen, den gesunde Großeltern zur Verwandtenselektion leisten.

20. Ist der Begriff »Kampf ums Dasein« wörtlich zu verstehen?
Die Antwort lautet eindeutig: Nein! Schon Darwin wies darauf hin, dass dieser Begriff im übertragenen Sinn zu interpretieren ist. Am Rand einer Wüste kämpfen unter Umständen die Pflanzen untereinander ums Dasein, weil nur wenige von ihnen überleben werden, während die meisten den Verhältnissen in der Wüste zum Opfer fallen. Ein Kampf im wörtlichen Sinn kommt nur selten vor. Es gibt ihn bei polygynen Tierarten, wo die Männchen untereinander Revierkämpfe aus-

tragen, beim Kampf um Raum unter den Bewohnern des Meeresbodens und in ähnlichen Situationen. Am deutlichsten ist er zu erkennen, wenn Lebewesen um Raum konkurrieren. Bei sozialen Arten kämpfen rangniedrigere Individuen manchmal mit ranghöheren um Ressourcen.

21. Ist Selektion eine Kraft oder ein Druck?

Bei der Erörterung der Evolution wird häufig behauptet, ein »Selektionsdruck« habe zum Erfolg oder Verschwinden bestimmter Merkmale geführt. Die Begrifflichkeit wurde hier aus der Physik übernommen. Man meint damit natürlich schlicht, dass der ständig ausbleibende Erfolg bestimmter Phänotypen und ihre Beseitigung zu den beobachteten Veränderungen in einer Population führen. Es gilt immer daran zu denken, dass Begriffe wie »Kraft« oder »Druck« hier ausschließlich im übertragenen Sinn gebraucht werden; anders als in der Physik gibt es im Zusammenhang mit der Selektion weder einen tatsächlichen Druck noch eine Kraft.

22. An welcher Stelle spielt der Zufall (stochastische Prozesse) für die Selektion eine Rolle?

Der erste Schritt der Selektion, die Entstehung genetischer Variationen, ist fast ausschließlich vom Zufall bestimmt, allerdings mit der Einschränkung, dass an einem bestimmten Genlocus nur ganz bestimmte Arten von Veränderungen stattfinden können. Auch im zweiten Schritt, der Beseitigung weniger geeigneter Individuen, spielt der Zufall eine bedeutende Rolle. Besonders wichtig dürfte der Zufall in Phasen des Massenaussterbens sein, wo er häufig allein das Überleben bestimmt.

23. Führt Selektion zu Vollkommenheit?

Wie schon Darwin feststellte, führt Selektion niemals zu Vollkommenheit, sondern sie ermöglicht nur die Anpassung an bestehende Verhältnisse. So wurden beispielsweise Tiere und Pflanzen in Neuseeland durch Selektion so gestaltet, dass sie aneinander angepasst waren. Als man englische Tiere und Pflanzen nach Neuseeland brachte, starben viele einheimische Arten aus – sie waren nicht »vollkommen«, das heißt nicht an die Neuankömmlinge angepasst. Die Spezies Mensch ist höchst erfolgreich, obwohl der Übergang vom vierbeinigen zum zweibeinigen Gang noch nicht in allen Körperteilen abgeschlossen ist. In diesem Sinn ist auch sie nicht vollkommen.

24. Wie ist das Bewusstsein der Menschen in der Evolution entstanden?

Diese Frage stellen Psychologen sehr gern. Die Antwort ist eigentlich sehr einfach: aus dem Bewusstsein der Tiere! Für die verbreitete Annahme, Bewusstsein sei eine ausschließlich menschliche Eigenschaft, gibt es keinerlei Rechtfertigung. Fachleute für Tierverhalten haben mit einer Fülle von Belegen nachgewiesen, dass Bewusstsein auch bei Tieren weit verbreitet ist. Jeder Hundehalter kann beobachten, dass ein Hund »Schuldgefühle« zeigt, wenn er in Abwesenheit seines Herrchens etwas getan hat, wofür er eine Bestrafung erwartet. Wie weit »hinunter« im Tierreich man solche Anzeichen von Bewusstsein aufspüren kann, ist umstritten. Vielleicht lassen sich sogar die Vermeidungsreaktionen mancher Wirbellosen und sogar der Protozoen in diese Kategorie einordnen. Ganz sicher jedoch tauchte das menschliche Bewusstsein nicht in seinem ganzen Umfang erst bei der Spezies Mensch auf, sondern es ist nur der am weitesten entwickelte Endpunkt einer langen Evolutionsgeschichte.

Glossar

Acoelomata Tiere ohne Körperhöhle (Coelom). Ein Beispiel sind die Plattwürmer (Platyhelmintes).

Adaptation (Anpassung) Jede Eigenschaft eines Lebewesens, die zu seiner Eignung (Fitness) in der Evolution beiträgt.

Adaptionistisches Programm Die Untersuchung des möglichen Anpassungswertes eines körperlichen oder sonstigen Merkmals in einer systematischen Gruppe (Taxon).

Adaptive Radiation Die entwicklungsgeschichtliche Auseinanderentwicklung der Mitglieder einer einzigen Abstammungslinie, die dann verschiedene Nischen oder Anpassungszonen besetzen.

Allel Eine von mehreren möglichen Formen (Nucleotidsequenzen) eines Gens. Die verschiedenen Allele des gleichen Gens haben in der Regel unterschiedliche Auswirkungen auf den Phänotyp.

allopatrisch Eigenschaft von Populationen oder biologischen Arten, deren Verbreitungsgebiete sich nicht überschneiden.

Allospezies Biologische Art, die zu einer Überart gehört, geografisch aber von anderen Allospezies dieser Überart getrennt ist.

Allozym Die jeweilige Aminosäuresequenz eines Enzyms, das auf Grund eines Allels produziert wird, wenn es auch andere Allele des gleichen Enzyms gibt, die Enzyme mit abweichenden Aminosäuresequenzen hervorbringen.

Alvarez-Ereignis Der Einschlag eines Asteroiden auf der Erde am Ende der Kreidezeit vor 54 Millionen Jahren; nach der allgemein anerkannten Theorie des Physikers Walter Alvarez die Ursache des Massenaussterbens der Dinosaurier sowie anderer Tiere und Pflanzen.

Anagenese So genannte fortschrittsorientierte (»aufwärts gerichtete«) Evolution.

Anlage In der Embryonalentwicklung die Kapazität eines Gewebes, einen bestimmten Körperteil oder ein Organ hervorzubringen.

Anoxie Mangel oder völliges Fehlen von Sauerstoff.

Anthropomorphismus Nicht gerechtfertigte Übertragung menschlicher Eigenschaften auf andere Lebewesen oder Gegenstände.

Art als Taxon Ein Taxon (systematische Gruppe), das auf Grund des allgemein anerkannten Artbegriffs als Spezies definiert wird.

Artbegriff Die biologische Bedeutung oder Definition des Wortes »Art« (Spezies); Kriterien, anhand derer man das Taxon der Art abgrenzt.

Artbildung, allopatrische Entstehung einer neuen biologischen Art durch Erwerb wirksamer Isolationsmechanismen in einer geografisch isolierten Gruppe der Ausgangsart.

Artbildung, dichopatrische Entstehung einer neuen biologischen Art durch die Aufteilung der Ausgangsart, verursacht durch eine geografische, vegetationsbedingte oder andere äußere Schranke.

Artbildung, peripatrische Entstehung einer neuen biologischen Art durch Abwandlung randständiger, isolierter Gründerpopulationen. Siehe *Knospung*.

Artbildung, sympatrische Entstehung einer neuen biologischen Art ohne geografische Isolation; Entstehung neuer Isolationsmechanismen in einem Dem.

Ausbreitung Wanderung von Individuen, ausgehend von ihrem Entstehungsort; allgemeiner: die Ausbreitung von Individuen einer biologischen Art über ihr derzeitiges Verbreitungsgebiet hinaus.

Australopithecinen Frühe afrikanische Hominiden, die vor rund 4,4 bis 2,0 Millionen Jahren lebten; sie hatten ein kleines Gehirn (weniger als 500 Kubikzentimeter), gingen auf zwei Beinen, lebten aber noch vorwiegend auf Bäumen und stellten keine Steinwerkzeuge her.

Baldwin-Effekt Die Selektion von Genen, welche die genetische Grundlage einer Phänotyp-Variante stärken.

Bauplan Grundtypus des Körperbaues, beispielsweise der Wirbeltiere oder Gliederfüßer.

Befruchtung Verschmelzung der männlichen Geschlechtszelle (Samenzelle) mit der weiblichen Geschlechtszelle (Eizelle). Bei der Befruchtung vereinigen sich jeweils ein haploider Chromosomensatz des Vaters und der Mutter; die dadurch entstehende Zygote ist also diploid.

Beseitigung, nicht zufällige Die Beseitigung weniger geeigneter Individuen aus einer Population durch natürliche Selektion.

Biologische Art Gruppe natürlicher Populationen, die sich untereinander tatsächlich kreuzen oder kreuzen könnten und von anderen derartigen Gruppen reproduktiv isoliert sind.

Biom Die gesamte Tier- und Pflanzenwelt eines Gebietes.

Chromosomen Meist stäbchenförmige Gebilde im Zellkern, die den größten Teil des Erbmaterials (die Gene) enthalten. Chromosomen bestehen aus DNA und Proteinen.

Codon Nucleotid-Dreiergruppe im genetischen Programm (Genom), die eine bestimmte Aminosäure festlegt.

Crossing-over Austausch einander entsprechender Abschnitte zwischen mütterlichen und väterlichen Chromosomen. Findet in der

Prophase der ersten Meioseteilung statt, wenn die homologen Chromosomen von Mutter und Vater sich paaren.

Cynodonta Ausgestorbene Gruppe der Reptilien, Vorfahren der Säugetiere.

Daphnia Planktonkrebs der Ordnung Cladocera.

Darwinismus Die von Darwin entwickelten Begriffe und Theorien (vor allem die natürliche Auslese), auf die seine Nachfolger ihre Erklärungen über die Evolution stützen.

Dem Lokal begrenzte Population von Individuen, die sich untereinander kreuzen können.

Dendrogramm Schema in Form eines verzweigten Baumes, das die Verwandtschaftsbeziehungen zwischen systematischen Gruppen wiedergeben soll.

diploid Eigenschaft eines Lebewesens, das einen doppelten Chromosomensatz besitzt; ein Chromosomensatz stammt von der Mutter, der andere vom Vater.

Diskontinuität, phänotypische Lücke im Spektrum der Phänotypen einer Population.

Diskontinuität, taxonomische Lücke im Spektrum der Variationen zwischen verwandten Taxa, beispielsweise den Arten einer Gattung oder den Gattungen einer Familie.

Entropie Abbau von Materie und Energie im Universum zu einem Endzustand der strukturlosen Gleichförmigkeit. Entropie ist nur in einem geschlossenen System zu erreichen.

Epistase Wechselwirkungen zwischen zwei oder mehreren Genen.

Essentialismus Die Überzeugung, dass man alle natürlichen Variationen auf eine begrenzte Zahl grundlegender Kategorien zurückführen kann, die unveränderliche, genau gegeneinander abgegrenzte Typen darstellen; typologisches Denken.

Evolution Der Vorgang, durch den sich die Welt des Lebendigen nach der Entstehung des Lebens nach und nach entwickelt hat und weiterhin entwickelt.

Evolution durch Artbildung Beschleunigtes Entstehen einer neuen biologischen Art in einer Gründer- oder Reliktpopulation; führt manchmal zur Entstehung eines neuen höheren Taxons.

Evolutionssprung Plötzliches Ereignis, das zu einer Diskontinuität (Lücke) führt, wie die plötzliche Entstehung einer neuen Art oder eines höheren Taxons.

Fauna Gesamtheit der Tierarten, die zu einem bestimmten Zeitpunkt in einem bestimmten geografischen Gebiet leben.

Finalismus Die Überzeugung, dass es in der Natur einen Trend in Richtung eines vorbestimmten Ziels oder Zwecks gibt, beispielsweise zur Vollkommenheit. Siehe *Teleologie*.

Flora Gesamtheit der Pflanzenarten, die zu einem bestimmten Zeitpunkt in einem bestimmten geografischen Gebiet wachsen.

Furchungen Mitotische Zellteilungen der befruchteten Eizelle (Zygote), die das erste Embryonalgewebe entstehen lassen.

Gaia-Hypothese Hypothese, wonach insbesondere die chemischen Wechselwirkungen zwischen Lebewesen und ihrer unbelebten Umwelt einschließlich der Atmosphäre durch ein als Gaia bezeichnetes Programm gesteuert werden.

Gameten (Geschlechtszellen) Männliche und weibliche Fortpflanzungszellen; Samen- und Eizellen.

Gen Genetische Einheit (Abschnitt von Basenpaaren), die an einer bestimmten Stelle auf einem Chromosom liegt.

Gendrift Veränderungen der Genhäufigkeit, die nicht durch Selektion, sondern durch Zufall entstehen. Kommt besonders in kleinen Populationen vor.

Genetisches Programm Die in der DNA eines Lebewesens codierte Information.

Genfluss Wanderung von Genen zwischen verschiedenen Populationen einer biologischen Art.

Genotyp Die Gesamtheit der Gene eines Individuums.

Geschlechtskopplung Genetische Kopplung von Genen, die auf dem X- oder Y-Chromosom liegen.

Gründerpopulation Population, die außerhalb des bisherigen Verbreitungsgebietes der jeweiligen biologischen Art von einem einzigen Weibchen (oder einer kleinen Zahl von Artgenossen) begründet wird.

Gruppenselektionstheorie Theorie, wonach eine soziale Gruppe der Gegenstand der Selektion sein kann, wenn die Kooperation zwischen ihren Mitgliedern die Fitness der gesamten Gruppe verstärkt.

haploid Eigenschaft von Zellen, die einen einzigen Chromosomensatz besitzen, wie die Geschlechtszellen.

Heliozentrisches Weltbild Die Vorstellung, dass die Sonne in der Mitte des Sonnensystems steht, während die Planeten sie umkreisen.

heterozygot Eigenschaft einer Zelle oder eines diploiden Organismus, der in einem Paar homologer Chromosomen zwei verschiedene Allele eines bestimmten Gens besitzt.

Hintergrundaussterben Das ständige Aussterben einer bestimmten Zahl biologischer Arten in allen Epochen der Erdgeschichte.

Homöostase, genetische Die Fähigkeit des Genotyps, störende Umwelteinflüsse auszugleichen.

Homologie Bezeichnung für Struktur, Verhalten oder andere Merkmale zweier Taxa, die sich von dem gleichen oder einem äquivalenten Merkmal ihres letzten gemeinsamen Vorfahren ableiten.

Homoplasie Ähnlichkeit von Merkmalen in zwei systematischen Gruppen, die sich nicht vom gleichen Merkmal ihres letzten gemeinsamen Vorfahren ableiten. Siehe *Parallelophylie* und *Konvergenz*.

homozygot Eigenschaft einer Zelle oder eines Organismus, der in einem Paar homologer Chromosomen zwei gleiche Allele eines bestimmten Gens besitzt.

Infusorien Veralteter Begriff für kleine Wasserlebewesen (vorwiegend Protozoen, Krebstiere, Rädertiere und einzellige Algen).

Isolationsmechanismus Genetisch bedingte Eigenschaften (auch solche des Verhaltens) von Individuen, auf Grund derer Populationen verschiedener Arten sich nicht untereinander kreuzen, auch wenn sie in der gleichen Region nebeneinander leben.

Kategorie Als taxonomische Kategorie bezeichnet man die Stellung eines Taxons in einer Hierarchie verschiedener Ebenen; alle Taxa in einer Kategorie haben den gleichen Rang.

Klade Abschnitt eines phylogenetischen Stammbaumes zwischen zwei Verzweigungspunkten oder zwischen einem Verzweigungspunkt und dem Ende des Zweiges.

Kladogenese Komponente der Evolution, die durch Verzweigung (Auseinanderentwicklung) charakterisiert ist.

Klon Gruppe identischer Individuen, die durch ungeschlechtliche Fortpflanzung entstanden sind; auch eineiige Zwillinge.

Knospung Entstehung eines neuen Seitenastes in einer Abstammungslinie durch Artbildung, wobei die neu entstandene Art und ihre Nachkommen eine neue Nische oder Anpassungszone besetzen, was zu einem neuen, eigenständigen höheren Taxon führt.

Koevolution Parallele Evolution zweier biologischer Arten, die – wie Blüten und bestäubende Insekten – voneinander abhängig sind oder bei denen zumindest der eine vom anderen abhängig ist wie der Räuber von seiner Beute oder der Parasit von seinem Wirt; jede Veränderung bei einer der Arten führt zu einer Anpassungsreaktion bei der anderen.

Konkurrenzausschlussprinzip Die Überzeugung, dass zwei biologische Arten mit genau den gleichen ökologischen Anforderungen nicht am gleichen Ort existieren können.

Kontinentalverschiebung Die Bewegung der Kontinente in erdgeschichtlichen Zeiträumen, verursacht durch die Verschiebung der Platten der Erdkruste (Plattentektonik).

Konvergenz Äußere Ähnlichkeit von zwei Taxa, wobei die betreffenden Eigenschaften aber unabhängig erworben wurden und nicht auf den von einem gemeinsamen Vorfahren ererbten Genotyp zurückgehen.

Kopierfehler Ungenaue Verdoppelung eines Gens in Mitose oder Meiose; die Folge ist eine Mutation.

Kreationismus Glaube an die buchstäbliche Wahrheit der Schöpfung, wie sie im Ersten Buch Mose aufgezeichnet ist.

Lebendes Fossil Biologische Art, die bis heute erhalten geblieben ist, obwohl alle ihre Zeitgenossen schon vor mindestens 50 bis 100 Millionen Jahren ausgestorben sind.

Linnaeussches System Das von dem schwedischen Naturforscher Carl (Carolus) Linnaeus (früher: Carl von Linné, 1707–1778) entwickelte biologische Klassifikationssystem.

Locus Lage eines bestimmten Gens auf einem Chromosom.

Makroevolution Evolution oberhalb der Ebene der biologischen Art; Entstehung höherer Taxa und entwicklungsgeschichtlicher Neuerungen, beispielsweise neuer Körperbaupläne.

Massenaussterben Das Verschwinden eines großen Teils aller Lebensgemeinschaften auf der Erde, ausgelöst durch klimatische, geologische, kosmische oder andere Vorgänge in der Umwelt.

Meiose Besondere Form der Kernteilung, die sich bei Lebewesen mit sexueller Fortpflanzung während der Entstehung der Geschlechtszellen (Samen- und Eizellen) abspielt. In der Meiose finden Crossing-over und die Reduktion der Chromosomenzahl statt.

Merkmalsgradient (Klin) Abgestufte Variationen eines Merkmals bei einer biologischen Art, in der Regel parallel zu Abstufungen des Klimas oder anderer Umweltfaktoren.

Mikroevolution Evolution auf der Ebene der biologischen Art oder darunter.

Mimikry, Batessche Ähnlichkeit zwischen einer essbaren und einer ungenießbaren oder giftigen biologischen Art.

Mimikry, Müllersche Ähnlichkeit zwischen zwei gleichermaßen ungenießbaren oder giftigen Arten.

Missing Link (fehlendes Bindeglied) Fossil, das eine große Lücke zwischen einem Vorfahren und der von ihm abgeleiteten Gruppe von Lebewesen schließt, wie beispielsweise der zwischen Reptilien und Vögeln stehende *Archaeopteryx*.

Mitose Form der Zellteilung, bei der jedes Chromosom verdoppelt und der Länge nach »gespalten« wird, sodass jede Tochterzelle ein Exemplar des Chromosoms erhält. Die typische Zellteilung somatischer Zellen.

Molekulare Uhr Die mit der Regelmäßigkeit eines Uhrwerks ablaufende Veränderung eines Moleküls (Gens) oder eines ganzen Genotyps in erdgeschichtlichen Zeiträumen.

Mosaikevolution Entwicklungsgeschichtlicher Wandel innerhalb eines Taxons, der sich bei verschiedenen Strukturen, Organen und anderen Bestandteilen des Phänotyps mit unterschiedlicher Geschwindigkeit vollzieht.

Mutation Erbliche Veränderung im genetischen Material, verursacht meist durch einen Verdoppelungsfehler während der Zellteilung mit der Folge, dass ein Allel durch ein anderes ersetzt wird. Neben solchen Genmutationen gibt es auch Chromosomenmutationen, beispielsweise größere Veränderungen der Chromosomen wie bei der Polyploidie.

Natürliche Selektion Vorgang, durch den weniger geeignete Individuen in jeder Generation aus der Population beseitigt werden.

Naturwissenschaftliche Revolution (*scientific revolution*) Phase im 16. und 17. Jahrhundert, in der Gelehrte wie Galilei und Newton die moderne Naturwissenschaft begründeten.

Normalisierende (stabilisierende) Selektion Selektionsbedingte Beseitigung von Variationen, die außerhalb des normalen Schwankungsspektrums einer Population liegen.

Notwendigkeit Die unentrinnbare Kraft der Umstände.

Offenes Leseraster DNA-Sequenz, die in ein Protein umgesetzt werden kann.

Ökologische Funktion Beitrag eines Merkmals zum Überleben des betreffenden Organismus.

Ökologische Nische Konstellation von Eigenschaften der Umwelt, durch die sie sich für die Besetzung mit einer biologischen Art eignet.

Organisator Gewebe, das in anderen, undifferenzierten Geweben einen bestimmten Entwicklungsweg in Gang setzen kann.

Orthogenese Die widerlegte Hypothese, wonach geradlinige Evolutionstrends durch ein inneres, finalistisches Prinzip verursacht werden.

Orthologe Gene Gene verschiedener biologischer Arten, die sich in ihren Nucleotidsequenzen so ähnlich sind, dass man auf ihre Abstammung von einem gemeinsamen Vorfahren schließen kann.

Ortstreue Bestreben eines Individuums, in sein Heimatgebiet (Geburtsort oder eine andere Region, in der es heimisch ist) zurückzukehren.

panmiktisch Eigenschaft von Populationen und biologischen Arten, die sich so stark ausbreiten können, dass die Populationen in ihrem gesamten Verbreitungsgebiet sich ungehindert untereinander kreuzen.

Parallelophylie Mehrfache, unabhängige Entstehung des gleichen Merkmals bei verschiedenen Arten, deren letzter gemeinsamer Vorfahre die genetische Disposition für dieses Merkmal besaß, es aber selbst in seinem Phänotyp nicht ausprägte.

parapatrisch Eigenschaft von Populationen oder Arten, die unmittelbar aneinander angrenzen, sich aber nicht überschneiden.

Phänotyp Die Gesamtheit aller erkennbaren Merkmale eines Individuums während seiner Entwicklung und nach deren Abschluss mit allen Eigenschaften von Anatomie, Physiologie, Biochemie und Verhalten. Der Phänotyp ist das Ergebnis der Wechselwirkungen zwischen Genotyp und Umwelt.

Platte Stück der Erdkruste, das sich auf Grund der Plattentektonik bewegt.

Plattentektonik Theorie, wonach die Erdkruste aus beweglichen

Platten besteht, die sich in erdgeschichtlichen Zeiträumen verbinden oder trennen können.

Pleiotropie Eigenschaft eines Gens, das mehrere Aspekte des Phänotyps beeinflusst.

Polygene Vererbung Vererbung eines Merkmals (zum Beispiel der Körpergröße), das von mehreren Genen beeinflusst wird. Alle diese Gene wirken zusammen.

Polymorphismus Vorkommen mehrerer Allele oder unterschiedlicher Phänotypen in einer Population, wobei selbst die seltenste Form noch häufiger ist, als es allein durch immer wiederkehrende Mutationen möglich wäre.

Polymorphismus, balancierter Zustand, bei dem zwei verschiedene, in der gleichen Population nebeneinander existierende Allele einen heterozygoten Organismus entstehen lassen, der eine größere Fitness besitzt als jede der beiden homozygoten Formen.

Polyphylie Abstammung eines Taxons von zwei oder mehreren Vorläuferformen.

Präadaptation Bezeichnung für ein Merkmal, das eine neue Funktion oder ökologische Aufgabe übernehmen kann, ohne dass sich die Fitness vermindert; Besitz der Eigenschaften, die für den Übergang in eine neue Nische oder einen neuen Lebensraum notwendig sind, ohne dass die ursprünglichen Funktionen beeinträchtigt werden.

Protisten Zusammenfassende Bezeichnung für die gewaltige Vielzahl einzelliger Eukaryonten.

Reduktionismus Die Vorstellung, man könne die höheren Integrationsebenen eines komplexen Systems auf Grund der Kenntnis seiner kleinsten Bestandteile in vollem Umfang erklären.

Rekapitulation Auftauchen einer Struktur oder eines anderen Merkmals im Larvenstadium oder unreifen Zustand, das einem Merkmal der ausgewachsenen Individuen einer Vorläuferart ähnelt; wird als Beleg für Abstammung von diesem Vorfahren gedeutet.

Rekombination Umordnung der Gene in einer Zygote als Folge von Crossing-over und Neuordnung der Chromosomen während der Meiose. Auf diese Weise entstehen in jeder Generation neue Genotypen.

Rezessives Gen Gen, das seine Wirkung nicht entfalten kann, wenn es im heterozygoten Zustand (das heißt in einfacher Dosis) vorliegt. Die Wirkung wird nur dann sichtbar, wenn es im homozygoten Zustand (in doppelter Dosis) vorhanden ist.

Rudimentäres Merkmal Zurückgebildetes und funktionsunfähiges Merkmal, das aber bei den Vorfahren einer biologischen Art eine Funktion erfüllte, wie beispielsweise die Augen bei Höhlen bewohnenden Tieren oder der Blinddarm des Menschen.

Saltationismus Die Vorstellung, entwicklungsgeschichtlicher Wandel sei die Folge der plötzlichen Entstehung ganz neuartiger Individuen, die zu Vorfahren einer biologischen Art werden.

scala naturae Lineare Anordnung aller Lebensformen von den niedersten, nahezu unbelebten zu den vollkommensten Typen; die Große Seinskette.

Sexuelle Selektion Selektion von Merkmalen, die den Fortpflanzungserfolg steigern.

Sichelzellenkrankheit Genetisch bedingte Erkrankung der roten Blutkörperchen. Im homozygoten Zustand führt das Sichelzellgen frühzeitig zum Tode, im heterozygoten verschafft es aber seinem Träger in Malariagebieten einen Vorteil.

Somatische Mutation Mutation in einer somatischen Zelle.

Somatisches Programm In der Embryonalentwicklung die in benachbarten Geweben enthaltene Information, welche die weitere Entwicklung eines embryonalen Körperteils oder Gewebes beeinflusst oder steuert.

Sozialdarwinismus Politische Theorie, derzufolge erbarmungsloser Egoismus den größten Erfolg bringt.

Spontanzeugung Eine heute widerlegte Vorstellung früherer Zeiten, wonach komplizierte Lebewesen spontan aus unbelebten Substanzen entstehen können.

Stammesgeschichte (Phylogenie) Die abgeleiteten Abstammungsverhältnisse in einer Gruppe von Lebewesen mit der Rekonstruktion des gemeinsamen Vorfahren und des Ausmaßes der Auseinanderentwicklung zwischen den verschiedenen Zweigen.

Stammesgeschichtliche Evolution Entwicklungsgeschichtlicher Wandel einer Abstammungslinie im Laufe der Zeit.

Stasis In der Geschichte eines Taxons eine Phase, in der die Evolution zum Stillstand gekommen zu sein scheint.

Symbiose Wechselbeziehungen zwischen Individuen verschiedener biologischer Arten, in der Regel zum beiderseitigen Nutzen.

sympatrisch Eigenschaft biologischer Arten, deren Verbreitungsgebiete sich überschneiden, sodass sie teilweise im gleichen Gebiet nebeneinander existieren.

Synthese der Evolutionsforschung Herstellung von Einigkeit zwischen verschiedenen Schulen der Evolutionsforschung, die sich zuvor bekämpft hatten, wie experimentelle Genetik, Naturforschung und Paläontologie; zur Synthese kam es insbesondere zwischen 1937 und 1947; Vereinigung verschiedener Zweige der Evolutionsforschung, die sich z.B. mit Anagenese und Kladogenese befassten.

Taxon Monophyletische Gruppe von Lebewesen (oder niedrigeren systematischen Gruppen), die an einer definierten Anzahl gemeinsamer Merkmale zu erkennen ist.

Teleologie Philosophische Lehre von den letzten Ursachen; der Glaube an die Existenz von Kräften, die eine Richtung vorgeben.

Therapsida Ordnung fossiler Reptilien, aus der die Säugetiere hervorgegangen sind.

Transformationismus Widerlegte Theorie, wonach Evolution auf einen Wandel der Wesensform einer Art zurückzuführen ist, entweder durch die Vererbung erworbener Eigenschaften, direkte Einflüsse der Umwelt oder letzte Ursachen.

Transmutationismus Theorie, wonach evolutionärer Wandel auf plötzliche Neumutationen oder Evolutionssprünge zurückzuführen ist, bei denen ganz plötzlich eine neue Spezies entsteht. Siehe *Saltationismus.*

Typologie Eine Vorstellung, die Variationen außer Acht lässt und die Angehörigen einer Population als Kopien eines Typus betrachtet; Essentialismus.

Typologischer Artbegriff Unterscheidung biologischer Arten auf Grund des Ausmaßes ihrer phänotypischen Unterschiede.

Uniformitarianismus Theorie einiger Geologen in der Zeit vor Darwin, unter ihnen vor allem Charles Lyell; nach dieser Lehre laufen alle Veränderungen in der Erdgeschichte nicht in Sprüngen ab, sondern ganz allmählich. Deshalb kann man solche Veränderungen nicht als getrennte Schöpfungsakte betrachten.

Unterbrochenes Gleichgewicht (*punctuated equilibrium*) Wechsel zwischen sehr schnellem und normalem oder langsamem entwicklungsgeschichtlichem Wandel in einer Abstammungslinie als Folge der Evolution durch Artbildung.

Ursache, unmittelbare (*proximate cause*) Eine Ursache, die auf unmittelbare biologische, chemische oder physikalische Faktoren zurückgeht.

Verwandtenselektion (*kin selection*) Selektionsvorteil auf Grund des altruistischen Verhaltens von Individuen, die Teile ihres Genotyps gemeinsam haben (beispielsweise Geschwister).

Wallace-Linie Eine biogeografische Linie quer durch den indo-malaiischen Archipel; kennzeichnet den Ostrand des Sunda-Kontinentalsockels und ist die Ostgrenze des Verbreitungsgebietes vieler Tierarten vom tropischen asiatischen Festland, insbesondere der Säugetiere.

Zufälligkeit Ein nicht vorhersehbares Ereignis.

Zygote Befruchtete Eizelle, die aus der Vereinigung der beiden Geschlechtszellen und ihrer Zellkerne hervorgeht.

Literatur

Alters, B. J. und S. M. Alters. 2001. *Defending Evolution in the Classroom*. Sudbury, Mass.: Jones and Bartlett.
Anderson, M. 1994. *Sexual Selection*. Princeton: Princeton University Press.
Arnold, Michael L. 1997. *Natural Hybridization and Evolution*. Oxford: Oxford University Press.
Avery, O. T., C. M. MacLeod und M. McCarthy. 1944. Studies on the chemical nature of the substance inducing transformation of pneumococcal types. I. Induction of transformation by a deoxyribonucleic acid fraction isolated from pneumococcus type III. *Journal of Experimental Medicine* 79: 137–158.
Avise, John. 2000. *Phylogeography*. Cambridge, Mass.: Harvard University Press.
Baer, K. E. von. 1828. *Entwicklungsgeschichte der Thiere*. Königsberg: Bornträger.
Bartolomaeus, T. 1997/1998. Chaetogenesis in polychaetous Annelida. *Zoology* 100: 348–364.
Bates, H. W. 1862. Contributions to an insect fauna of the Amazon Valley. *Trans. Linn. Soc. London* 23: 495–566.
Bekoff, M. 2000. Animal emotions: Exploring passionate natures. *Bioscience* 50: 861–870.
Bell, G. 1996. *Selection*. New York: Chapman and Hall.
Berra, Tim M. 1990. *Evolution and the Myth of Creationism*. Stanford: Stanford University Press.
Bock, G. R. und G. Cardew (Hrsg.). 1999. *Homology. Novartis Symposium*. New York: John Wiley & Sons.
Bodmer, W. und R. McKie. 1995. *The Book of Man: The Quest to Discover Our Genetic Heritage*. London: Abacus.
Bonner, J. T. 1998. The origins of multicellularity *Integrative Biology*, S. 27–36.
Bowler, Peter J. 1996. *Life's Splendid Drama: Evolutionary Biology and the Reconstruction of Life's Ancestry*. Chicago: University of Chicago Press.
Brack, André (Hrsg.). 1999. *The Molecular Origins of Life: Assembling Pieces of the Puzzle*. Cambridge: Cambridge University Press.

Brandon, R. N. 1995. *Concepts and Methods in Evolutionary Biology.* Cambridge: Cambridge University Press.
Bush, G. L. 1994. Sympatric speciation in animals. *TREE* 9:285–288.
Butler, A. B. und W. M. Saidel. 2000. Defining sameness: Historical, biological, and generative homology. *Bioessays* 22: 846–853.
Cain, A. J., und P. M. Sheppard. 1954. Natural selection in *Cepaea. Genetics* 39: 89–116.
Campbell, Neil A. et al. 2002. *Biologie,* 2. dt. Auflage. Heidelberg: Spektrum Akademischer Verlag.
Cavalier-Smith, T.: 1998. A revised six-kingdom system of life. *Biol. Rev.* 73: 203–266.
Chatterjee, Sankar. 1997. *The Rise of Birds: 225 Million Years of Evolution.* Baltimore: Johns Hopkins University Press.
Cheetham, A. H. 1987. Tempo in evolution in a neogene bryozoan. *Paleobiology* 13: 286–296.
Corliss, J. O. 1998. Classification of protozoa and protists: The current status. In G. H. Coombs, K. Vickerman, M. A. Sleigh und A. Warren (Hrsg.), *Evolutionary Relationships Among Protozoa,* S. 409–447. London: Chapman and Hall.
Cracraft, Joel. 1984. The terminology of allopatric speciation. *Syst. Zool.* 33: 115–116.
Cronin, H. 1991. *The Ant and the Peacock.* Cambridge: Cambridge University Press.
Cuvier, G. 1812. *Recherches sur les ossemens fossiles des quadrupedes,....* 4 Bde. Paris: Deterville.
Darwin, C. 1859/1992. *Die Entstehung der Arten.* Darmstadt: Wissenschaftliche Buchgesellschaft.
– 1871/1966. *Die Abstammung des Menschen.* Wiesbaden: Fourier.
Dawkins, Richard. 1982. *The Extended Phenotype: The Gene as the Unit of Selection.* Oxford: Freeman.
– 1990. *Der blinde Uhrmacher.* München: dtv.
– 1995. *Und es entsprang ein Fluss in Eden. Das Uhrwerk der Evolution.* München: C. Bertelsmann.
– 1999. *Gipfel des Unwahrscheinlichen.* Reinbek: Rowohlt.
de Waal, Frans. 1997. *Der gute Affe: der Ursprung von Recht und Unrecht bei Menschen und anderen Tieren.* München: Hanser.
Dobzhansky, R. und O. Pavlovsky. 1957. An experimental study of interaction between genetic drift and natural selection. *Evolution* 11: 311–319.
Ehrlich, P. 2000. *Human Natures.* Washington, D.C.: Island Press.
Ehrlich, P. und D. H. Raven. 1965. Butterflies and plants: A study in coevolution. *Evolution* 18: 586–608.
Eldredge, N. 2000. *The Triumph of Evolution and the Failure of Creationism.* New York: W. H. Freeman.
Eldredge, N. und S. J. Could. 1972. Punctuated equilibria: An alterna-

tive to phyletic gradualism. In T. J. M. Schopf und J. M. Thomas (Hrsg.), *Models in Paleobiology*, S. 82–115. San Francisco: Freeman, Cooper.
Endler, John A. 1986. *Natural Selection in the Wild.* Princeton: Princeton University Press.
Erwin, D., J. Valentine und D. Jablonski. 1997. The origin of animal body plans. *American Scientist* 85: 126–137.
Fauchald, K. und G. W. Rouse. 1997. Polychaete systematics: Past and present. *Zool. Scripte.* 26: 71–138.
Feduccia, Alan. 1999. *The Origin and Evolution of Birds,.* 2nd ed. New Haven: Yale University Press.
Freeman, Scott und Jon C. Herron. 2000. *Evolutionary Analysis.* New York: Prentice Hall.
Futuyma, Douglas J. 1983. *Science on Trial. The Case for Evolution.* New York: Pantheon Books.
– 1998. *Evolutionary Biology,* 3rd ed. Sunderland, Mass.: Sinauer Associates.
Gehring, W. J. 1999. *Master Control Genes in Development and Evolution.* New Haven: Yale University Press.
Geoffroy St. Hilaire, Etienne. 1822. *La Loi de Balancement.* Paris.
Gesteland, R., T. Cech und J. Atkins. 1999. *The RNA World.* Cold Spring Harbor Laboratory Press.
Ghiselin, Michael T. 1996. Charles Darwin, Fritz Müller, Anton Dohrn, and the origin of evolutionary physiological anatomy. *Memorie della Societa Italiana di Scienze Naturali a del Museo Civico di Storia Naturale di Milano* 27: 49–58.
Giribet, G., D. L. Distel, M. Polz, W. Sterner und W. C. Wheeler. 2000. Triploblastic relationships with emphasis on the acoelomates and the position of Gnathostomulida, Cycliophora, Plathelminthes, and Chaetognatha. *Syst. Biol.* 49: 539–562.
Givnish, T. J. und K. J. Sytsma (Hrsg.). 1997. *Molecular Evolution and Adaptive Radiation.* Cambridge: Cambridge University Press.
Goldschmidt, R. 1940. *The Material Basis of Evolution.* New Haven: Yale University Press.
Gould, S. J. 1977. The return of hopeful monsters. *Natural History* 86 (Juni/Juli): 22–30.
– 1991. *Zufall Mensch: Das Wunder des Lebens als Spiel der Natur.* München: Hanser.
Gould, S. J., und R. Lewontin. 1979. The spandrels of San Marco and the Panglossian paradigm: A critique of the adaptationist programme. *Proceedings of the Royal Society of London, Series B* 205: 581-598.
Gram, D., und W. H. Li. 1999. *Fundamentals of Molecular Evolution,* 2. Aufl. Sunderland, Mass.: Sinauer Associates.
Grant, Verne. 1963. *The Origin of Adaptations.* New York: Columbia University Press.

– 1981. *Plant Speciation,* 2. Aufl. New York: Columbia University Press.
– 1985. *The Evolutionary Process.* New York: Columbia University Press.
Graur, Dan und Wen-Hsiung Li. 1999. *Fundamentals of Molecular Evolution,* 2. Aufl. Sunderland, Mass.: Sinauer Associates.
Gray, Asa. 1963 [1876]. *Darwiniana* (neue Ausgabe A. H. Dupree, Hrsg.), S. 181–186. Cambridge, Mass.: Harvard University Press.
Griffin, Donald R. 1981. *The Question of Animal Awareness: Evolutionary Continuity of Mental Experience,* rev. Aufl. Los Altos, Calif.: Kaufmann.
– 1985. Wie Tiere denken: ein Vorstoß ins Bewusstsein der Tiere. München, Wien, Zürich: BLV.
– 1992. *Animal Minds.* Chicago: University of Chicago Press.
Haeckel, E. 1866. *Generelle Morphologie der Organismen.* Berlin: Georg Reimer.
Haldane, J. B. S. 1929. The origin of life. *Rationalist Ann.,* S. 3.
– 1932. *The Causes of Evolution.* New York: Longman, Green.
Hall, B. K. 1998. *Evolutionary Developmental Biology,* 2.Aufl. Norwell, Mass.: Kluwer Academic Publishers.
– 2001. *Phylogenetic Trees Made Easy.* Sunderland, Mass.: Sinauer Associates.
Hamilton, W. D. 1964. The genetic evolution of social behavior. *Journal of Theoretical Biology* 7: 1–52.
Hartl, Daniel L. und Elizabeth W. Jones. 1999. *Essential Genetics,* 2. Aufl. Sudbury, Mass.: Jones and Bartlett.
Hatfield, T. und D. Schluter. 1999. Ecological speciation in sticklebacks: Environment dependent fitness. *Evolution* 53: 866–879.
Hines, P. und E. Culotta. 1998. The evolution of sex. *Science* 281: 1979-2008.
Hopson, J. A. und H. R. Barghusen. 1986. An analysis of therapsid relationships. In N. Hotton III et al. (Hrsg.), *The Ecology and Biology of Mammal-like Reptiles,* S. 83–106. Washington/London: Smithsonian Institution Press.
Howard, D. J. und S. H. Berlocher (Hrsg.). 1998. *Endless Forms: Species and Speciation.* New York: Oxford University Press.
Huxley, T. H. 1863. *Evidence as to Man's Place in Nature.*
– 1868. On the animals which are most closely intermediate between the birds and the reptiles. *Ann. Mag. Nat. Hist.* 2: 66–75.
Jacob, E. 1977. Evolution and tinkering. *Science* 196: 1161–1166.
Kay, Lily E. 2000. *Who Wrote the Book of Life? A History of the Genetic Code.* Stanford: Stanford University Press.
Keller, E. F. und E. A. Lloyd. 1992. *Keywords in Evolutionary Biology.* Cambridge, Mass.: Harvard University Press.
Keller, L. (Hrsg.). 1999. *Levels of Selection in Evolution.* Princeton: Princeton University Press.

Kimura, Motoo. 1983. *The Neutral Theory of Molecular Evolution.* Cambridge: Cambridge University Press.

Kirschner, M., und J. Gerhart. 1998. Evolvability. *Proceedings of the National Academy of Sciences* 98: 8420–8427.

Kitcher, Philip. 1982. *Abusing Science. The Case Against Creationism.* Cambridge, Mass.: MIT Press.

Lack, David. 1947. *Darwin's Finches.* Cambridge: Cambridge University Press.

Lamarck, Jean-Baptiste. 1809. *Philosophie Zoologique.* Paris.

Lawrence, P. A. 1992. *The Making of a Fly.* London: Blackwell.

Li, W. H. 1997. *Molecular Evolution.* Sunderland, Mass.: Sinauer Associates.

Lovejoy, A. B. 1993. Die große Kette der Wesen: Geschichte eines Gedankens. Frankfurt: Suhrkamp.

Magurran, Ann E. und Robert M. May (Hrsg.). 1999. *Evolution of Biological Diversity.* Oxford/New York: Oxford University Press.

Margulis, L. 1981. *Symbiosis in Cell Evolution.* San Francisco: W. H. Freeman.

– 1996. Archaeal-eubacterial mergers in the origin of Eukarya. Phylogenetic classification of life. *Proceedings of the National Academy of Sciences* 93: 1071–1076.

Margulis, Lynn und Rene Fester (Hrsg.). 1991. *Symbiosis as a Source of Evolutionary Innovation.* Cambridge, Mass.: MIT Press.

Margulis, L. und K. V Schwartz. 1998. *Five Kingdoms,* 3rd ed. New York: W. H. Freeman.

Margulis, Lynn, Dorion Sagan und Lewis Thomas. 1997. *Microcosmos: Four Billion Years of Evolution from Our Microbial Ancestors.* Berkeley: University of California Press.

Margulis, Lynn, Michael E. Dolan und Ricardo Guerrero. 2000. The chimeric eukaryote: Origin of the nucleus from the karyomastigont in amitochondriate protists. *Proceedings of the National Academy of Sciences* 97: 6954–6959.

Marshall, Charles und J. W. Schopf (Hrsg.). 1996. *Evolution and the Molecular Revolution.* Sudbury, Mass.: Jones and Bartlett.

Martin, W. und M. Müller. 1998. The hydrogen hypothesis for the first eukaryote. *Nature* 392: 37–41.

Masson, V. J. und Susan McCarthy. 1995. *When Elephants Weep: The Emotional Lives of Animals.* New York: Delacorte Press.

May, R. 1990. How many species? *Philos. Trans. Roy. Soc. London, Ser. B* 330: 293–301; (1994) 345: 13–20.

– 1998. The dimensions of life on earth. In *Nature and Human Society.* Washington, D.C.: National Academy of Sciences.

Maynard Smith, J. 1982. *Evolution and the Theory of Games.* Cambridge: Cambridge University Press.

– 1992. *Evolutionsgenetik.* Stuttgart, New York: Thieme.

Maynard Smith, J. und E. Szathmary. 1995. *The Major Transitions in Evolution.* Oxford: Freeman/Spektrum.
Mayr, Ernst. 1942. *Systematics and the Origin of Species.* New York: Columbia University Press.
– 1944. Wallace's line in the light of recent zoogeographic studies. *Quarterly Review of Biology* 19: 1–14.
– 1954. Change of genetic environment and evolution. In J. Huxley, A. C. Hardy und E. B. Ford (Hrsg.), *Evolution as a Process,* S. 157–180. London: Allen and Unwin.
– 1959. Darwin and the evolutionary theory in biology. In *Evolution and Anthropology: A Centennial Appraisal,* S. 1–10. Washington, D.C.: Anthropological Society of America.
– 1960. The emergence of evolutionary novelties. In Sol Tax (Hrsg.), *Evolution after Darwin. I. The Evolution of Life,* S. 349–380. Chicago: University of Chicago Press.
– 1967. *Artbegriff und Evolution.* Hamburg, Berlin: Parey.
– 1974. Behavior programs and evolutionary strategies. *American Scientist* 62: 650–659.
– 1975. *Grundlagen der zoologischen Systematik.* Hamburg, Berlin: Parey.
– 1982. *The Growth of Biological Thought: Diversity, Evolution, and Inheritance.* Cambridge, Mass.: Harvard University Press.
– 1983. How to carry out the adaptationist program? *American Naturalist* 121: 324–334.
– 1986. The philosopher and the biologist. Rezension von *The Nature of Selection: Evolutionary Theory in Philosophical Focus* von Elliott Sober (MIT Press, 1984). *Paleobiology* 12: 233–239.
– 1991. *Principles of Systematic Zoology,* rev. Ausg. mit Peter Ashlock. New York: McGraw-Hill.
– 1992. Darwin's principle of divergence. *J. Hist. Biol.* 25: 343–359.
– 1994. Recapitulation reinterpreted: The somatic program. *Quart. Rev. Biol.* 64: 223–232.
– 1997. The objects of selection. *Proceedings of the National Academy of Sciences* 94: 2091–2094.
Mayr, Ernst und J. Diamond. 2001. *The Birds of Northern Melanesia.* New York: Oxford University Press.
Mayr, Ernst und W. Provine (Hrsg.). 1980. *The Evolutionary Synthesis* (2. Aufl. mit neuem Vorwort 1999). Cambridge, Mass.: Harvard University Press.
McHugh, D. 1997. Molecular evidence that echiurans and pogonophorans are derived annelids. *Proceedings of the National Academy of Sciences* 94: 8006–8009.
Michod, Richard E. und Bruce R. Levin. 1988. *The Evolution of Sex.* Sunderland, Mass.: Sinauer Associates.
Midgley, M. 1994. *The Ethical Primate.* London: Routledge.

Milkman, R. 1982. *Perspectives on Evolution.* Sunderland, Mass.: Sinauer Associates.
Montagu, Ashley (Hrsg.). 1983. *Science and Creationism.* New York: Oxford University Press.
Moore, J. A. 2001. *From Genesis to Genetics.* Berkeley: University of California Press.
Morgan, T. H. 1910. Chromosomes and heredity. *American Naturalist* 44: 449–496.
Morris, S. Conway. 2000. The Cambrian »explosion«: Slow fuse or megatonnage? *Proceedings of the National Academy of Sciences* 97: 4426–4429.
Müller, Fritz. 1864. *Für Darwin.* In A. Moller (Hrsg.), *Fritz Müller, Werke, Briefe und Leben.* Jena: Gustav Fischer.
Nevo, Eviatar. 1995. Evolution and extinction. In W. A. Nierenberg (Hrsg.), *Encyclopedia of Environmental Biology,* Bd. 1, S. 717–745. San Diego, Calif.: Academic Press.
– 1999. *Mosaic Evolution of Subterranean Mammals: Regression, Progression, and Global Convergence.* New York: Oxford University Press.
Newell, Norman D. 1982. *Creation and Evolution: Myth or Reality:* New York: Columbia University Press.
Nitecki, Matthew H. (Hrsg.). 1984. *Extinctions.* Chicago: University of Chicago Press.
– 1988. *Evolutionary Progress.* Chicago: University of Chicago Press.
Oparin, A. I. 1957. *Die Entstehung des Lebens auf der Erde.* Berlin: Deutscher Verlag der Wissenschaften.
Page, R. D. M. und E. C. Holmes. 1998. *Molecular Evolution: A Phylogenetic Approach.* Oxford: Blackwell Science.
Paley, William. 1802. *Natural Theology: On Evidences of the Existence and the Attributes of the Deity.* London: R. Fauldner.
Paterson, Hugh E. H. 1985. The recognition concept of species. In E. S. Uerba (Hrsg.), *Species and Speciation,* Transvaal Museum Monograph No. 4, S. 21–29. Pretoria, Südafrika: Transvaal Museum.
Peacocke, A. R. 1979. *Creation and the World of Science.* Oxford: Clarendon Press.
Pickford, M. und B. Senut. 2001. *Comptes Rend. Acad. Sci.*
Raff, R. A. 1996. *The Shape of Life. Development and the Evolution of Animal Form.* Chicago: University of Chicago Press.
Ray, John. 1691. *The Wisdom of God Manifested in the Works of the Creator.*
Rensch, B. 1947. *Neuere Probleme der Abstammungslehre.* Stuttgart: Enke.
Rice, W. R. 1987. Speciation via habitat specialization: The evolution of reproductive isolation as correlated character. *Evolution and Ecology* 1: 301–314.

Ridley, Mark. 1996. *Evolution,* 2. Aufl. Cambridge, Mass.: Blackwell Science.
Riesenberg, Loren H. 1997. Hybrid origins of plant species. *Annual Review of Ecology and Systematics* 28: 359–389.
Ristan, Carolyn A. (Hrsg.). 1991. *Cognitive Ethology: The Minds of Other Animals.* Hillsdale, NJ.: Lawrence Erlbaum Associates.
Rizzotti, M. 1996. *Defining Life.* Padova: University of Padova.
– 2000. *Early Evolution: From the Appearance of the First Cell to the First Modern Organisms.* Boston: Birkhäuser.
Rose, Michael R. und G. V. Lander (Hrsg.). 1996. *Adaptation.* San Diego, Calif.: Academic Press.
Rüber, L., E. Verheyen und Axel Meyer. 1999. Replicated evolution of trophic specializations in an endemic cichlid fish lineage from Lake Tanganyika. *Proceedings of the National Academy of Sciences* 96: 10230–10235.
Ruse, Michael. 1982. *Darwinism Defended.* Reading, Mass.: Addison & Wesley.
– 1998 [1986]. *Taking Darwin Seriously.* Amherst, N.Y: Prometheus Books.
Sagan, Dorion und Lynn Margulis. 2001. Origin of eukaryotes. In S. A. Levin (Hrsg.), *Encyclopedia of Biodiversity, Bd.* 2, S. 623–633. San Diego, Calif.: Academic Press.
Salvini Plawen, L., und Ernst Mayr. 1977. On the evolution of photoreceptors and eyes. *Evolutionary Biology 10:* 207–263.
Sanderson, Michael und Larry Hufford (Hrsg.). 1996. *Homoplasy: The Recurrence of Similarity in Evolution.* San Diego, Calif.: Academic Press.
Sapp, J. 1994. *Evolution by Association: A History of Symbiosis.* New York/Oxford: Oxford University Press.
Schindewolf, H. O. 1950. *Grundfragen der Paläontologie.* Stuttgart: Schweizerbart.
Schopf, J. W. 1999. *Cradle of Life.* Princeton: Princeton University Press.
Simpson, G. G. 1953. *The Major Features of Evolution.* New York: Columbia University Press.
Singh, R. S. und C. B. Krimbas (Hrsg.). 2000. *Evolutionary Genetics: From Molecules to Morphology.* Cambridge/New York: Cambridge University Press.
Sober, E. und D. S. Wilson. 1998. *Unto Others.* Cambridge, Mass.: Harvard University Press.
Stanley, Steven M. 1998. *Children of the Ice Age: How a Global Catastrophe Allowed Humans to Evolve.* New York: W. H. Freeman.
Starr, Cecie und Ralph Taggart. 1992. *Diversity of Life.* Pacific Grove, Calif.: Brooks/Cole.
Stewart, W. N. 1983. *Paleobotany and the Evolution of Plants.* Cambridge: Cambridge University Press.

Strait, D. S. und B. A. Wood. 1999. Early hominid biogeography. *Proceedings of the National Academy of Sciences* 96: 9196–9200.
Strickberger, Monroe W. 1988. *Genetik.* München, Wien: Hanser.
– 1996. *Evolution,* 2. Aufl. Sudbury, Mass.: Jones and Bartlett.
Sussmen, Robert. 1997. *Biological Basis of Human Behavior.* New York: Simon and Schuster Custom Publishing.
Tattersall, I. und J. H. Schwartz. 2000. *Extinct Humans.* New York: Westview Press.
Taylor, T. und E. Taylor. 1993. *The Biology and Evolution of Fossil Plants.* New York: Prentice Hall.
Thompson, J. N. 1994. *The Coevolutionary Process.* Chicago: University of Chicago Press.
Vanosi, S. M. und D. Schluter. 1999. Sexual selection against hybrids between sympatric stickleback species. Evidence from a field experiment. *Evolution* 53: 874–879.
Vernadsky, Vladimir I. 1926 [1998]. *Biosfera (The Biosphere).* Vorwort von Lynn Margulis et al.; Einführung von Jacques Grinevald; übersetzt von David B. Langmuir; überarbeitet und mit Anmerkungen versehen von Mark A. S. McMenamin. New York: Copernicus.
Wake, D. B. 1997. Incipient species formation in salamanders of the *Ensatina* complex. *Proceedings of the National Academy of Sciences* 94: 7761–7767.
Wakeford, T. 2001. *Liaisons of Life: How the Unassuming Microbe Has Driven Evolution.* New York: John Wiley & Sons.
Watson, James D. und F. Crick. 1953. Molecular structure of nucleic acid. *Nature* 171: 737–738.
West-Eberhard, W. J. 1992. Adaptation. Current usages. In E. F. Keller und E. A. Lloyd (Hrsg.), *Keywords in Evolutionary Biology,* S. 13–18. Cambridge, Mass.: Harvard University Press.
Westoll, T. Stanley. 1949. On the evolution of the Dipnoi. In Glenn L. Jepsen, Ernst Mayr und George Gaylord Simpson (Hrsg.), *Genetics, Paleontology, and Evolution.* Princeton: Princeton University Press.
Wheeler, Quentin D. und Rudolf Meier (Hrsg.). 2000. *Species Concepts and Phylogenetic Theory: A Debate.* New York: Columbia University Press.
Willis, J. C. 1940. *The Course of Evolution.* Cambridge: Cambridge University Press.
Wills, C. und Jeffrey Bada. 2000. *The Spark of Life.* Boulder: Perseus Books.
Wilson, James Q. 1994. *Das moralische Empfinden: Warum die Natur des Menschen besser ist als ihr Ruf.* Hamburg: Kabel.
Wolf, J. B., E. D. Bradie und M. J. Wade. 2000. *Epistasis and the Evolutionary Process.* New York: Oxford University Press.
Wrangham, Richard W. 2001. Out of the pan and into the fire: From ape

to human. In F. de Waal (Hrsg.), *Tree of Origins.* Cambridge, Mass.: Harvard University Press.

Wright, R. 1996. *Diesseits von Gut und Böse: Die biologischen Grundlagen unserer Ethik.* München: Limes.

Wright, S. 1931. Evolution in Mendelian populations. *Genetics* 16: 97–159.

Young, Willard. 1985. *Fallacies of Creationism.* Calgary, Alberta, Canada: Detrelig Enterprises.

Zahavi, Amotz. 1998. *Signale der Verständigung: Das Handicap-Prinzip.* Frankfurt am Main, Leipzig: Insel.

Zimmer, Carl. 1998. *Die Quelle des Lebens: Von Darwin, Dinos und Delphinen.* Wien, München: Deuticke.

Zubbay, G. *2000. Origins of Life on Earth and in the Cosmos.* San Diego, Calif.: Academic Press.

Zuckerkandl, E. und L. Pauling. *1962.* In M. Kasha und B. Pullmann (Hrsg.), *Horizons in Biochemistry,* S. 189–225. New York: Academic Press.

Danksagung

Da ich mich schon seit vor 1920 für Evolution interessiere, verdanke ich den größten Teil meiner Kenntnisse den Altmeistern der Evolutionsforschung, denen ich nicht mehr persönlich danken kann. Insbesondere denke ich an Theodosius Dobzhansky, R. A. Fisher, J. B. S. Haldane, David Lack, Michael Lerner, B. Rensch, G. Ledyard Stebbins und Erwin Stresemann. Eigentlich müsste die Liste viel länger sein, aber diese Namen sind mir als Erste eingefallen. Sie alle gehörten sicher zu jenen tiefen Denkern, die den modernen Darwinismus aufgebaut haben.

Eine große Freude ist es mir aber auch, zahlreichen Evolutionsforschern, die mir mit Informationen und kritischen Anmerkungen bei der Arbeit an dem vorliegenden Buch geholfen haben, persönlich zu danken: Francisco Ayala, Walter Bock, Frederick Burkhardt, T. Cavalier-Smith, Ned Colbert, F. de Waal, Jared Diamond, Doug Futuyma, M. T. Ghiselin, G. Giribet, Verne Grant, Steve Gould, Dan Hartl, F. Jacob, T. Junker, Lynn Margulis, R. May, Axel Meyer, John A. Moore, E. Nevo, David Pilbeam, William Schopf, Bruce Wallace, E. O. Wilson, R. W. Wrangham und Elwood Zimmermann.

Die Bibliothekarinnen der Ernst Mayr Library am Museum of Comparative Zoology waren eine große Hilfe bei der Sucharbeit im Hinblick auf Literaturverweise und bei der Erstellung des Literaturverzeichnisses. Deborah Whitehead, Joohee Lee und Chenoweth Moffatt bereiteten das Manuskript vor und trugen auf vielerlei Weise zu seiner Fertigstellung bei. Doug Rand rettete das Computerprogramm mit den Abbildungen vor einer drohenden Katastrophe. Mein ganz besonderer Dank gilt schließlich dem Verlag Basic Books und seinem Lektorat, insbesondere Jo-Ann Miller, Christine Marra und John C. Thomas, die das Manuskript durch den Herstellungsprozess begleiteten.

Orts- und Sachregister

(**Halbfett** gesetzte Ziffern verweisen auf ausführliche Erläuterungen, *kursiv* gesetzte auf Abbildungen, entsprechende Bildlegenden und Kästen)

Personenregister

(*Kursiv* gesetzte Ziffern verweisen auf Bildlegenden bzw. Kästen)

Harald Lesch, Jörn Müller

Big Bang, zweiter Akt

Auf den Spuren des Lebens im All

448 Seiten

Von alters her bewegt uns die Frage nach der Einmaligkeit unserer Existenz. Kann sich nicht, ähnlich wie auf der Erde, auch anderswo im Kosmos Leben entwickelt haben? Sind wir wirklich allein im Universum? Und wie könnte außerirdisches Leben aussehen? Die Astrophysiker Harald Lesch, einem breiten Publikum durch die BR-Fernsehsendung »alpha-Centauri« und das Buch »Kosmologie für Fußgänger« bekannt, und Jörn Müller, stellen die neuesten Ergebnisse der wissenschaftlichen Forschung zu diesem Thema vor und eröffnen einen einzigartigen Blick auf unsere Welt - vom Mikrokosmos der Atome über die ersten Zellen, in denen alles Leben seinen Ursprung nimmt, bis hin zu den unendlichen Weiten des Universums.
Viele seriöse Wissenschaftler sind mittlerweile von der Existenz außerirdischen Lebens überzeugt. Die Autoren beschreiben die weltweit angestellten Forschungsprojekte, Planeten in anderen Sonnensystemen zu entdecken und potenzielle »Lebensbedingungen« auf Planeten und ihren Monden zu erkunden. Ihr mit zahlreichen Abbildungen versehenes Buch ist eine spannende, allgemein verständliche Einführung in ein Wissenschaftsgebiet, das auch das Verständnis von uns selbst grundlegend beeinflusst.

Mag es auch an guten Büchern zu Aufbau und Geschichte des Universums nicht fehlen – hier wurde ihnen eine Perle hinzugefügt. *Süddeutsche Zeitung*

Ein Geheimtipp. *natur&kosmos*

C. Bertelsmann

Ken Alder

Das Maß der Welt

Die Suche nach dem Urmeter

544 Seiten

Im Jahr 1792 machten sich die französischen Astronomen Delambre und Méchain auf, die Welt zu vermessen. Ihr Ziel: die exakte Berechnung des Meters und damit die Etablierung des metrischen Systems als einer globalen Maßeinheit, eines Systems, das »allen Menschen aller Zeiten« gehören sollte. Ken Alder erzählt die abenteuerliche Geschichte einer revolutionären Idee in revolutionären Zeiten – und die Geschichte eines verhängnisvollen Fehlers. Denn der Berechnung des Meters liegt, wie wir heute wissen, ein Irrtum zugrunde. Mit der Akribie des Wissenschaftlers recherchiert, mit der Eloquenz des Romanautors geschrieben – ein spannendes und unterhaltsames Leseabenteuer aus dem Bereich der Wissenschaftsgeschichte.

Wirklich exzellent... Ein wundervolles und unendlich faszinierendes Werk. *Simon Winchester, Autor von »Der Mann, der die Wörter liebte«*

Ken Alder erweist sich als eine höchst seltene Spezies: als Gelehrter, dessen moralischer Kompass so exakt kalibriert ist wie sein (tatsächlich wunderbar scharfsinniger) Verstand. Wie misst sich dieses Buch über das Messen mit anderen auf diesem Gebiet? Die Antwort ist klar: Es steht über allen anderen.

Allen Kurzweil, Autor von »Die Leidenschaften eines Bibliothekars«

Ken Alder hat seinen Stoff in eine der mitreißendsten Erzählungen gegossen, von der die Wissenschaftsgeschichte zu berichten weiß... Seine Schilderung dieses außergewöhnlichen Unternehmens weist alle Merkmale eines historischen Abenteuerromans auf – als wäre »Längengrad« mit »Eine Geschichte aus zwei Städten« vermischt worden, gewürzt noch mit einer Prise »Don Quijote«. *Richard Hamblyn, The Sunday Times*